国家科学技术学术著作出版基金资助出版

重质有机资源热解的自由基化学

The Free Radical Chemistry in Pyrolysis of Heavy Organic Resources

刘振宇 著

化学工业出版社

·北京·

内容简介

热解是煤、生物质、油页岩、重油等重质有机资源高效清洁生产燃料、化学品和材料的重要技术，主要历程是自由基反应。《重质有机资源热解的自由基化学》从热解及液化的基本工艺入手，循序渐进地分析前人对自由基反应的认识、研究方法和思路，论述这些认识对工艺调控和过程优化的作用，并探讨了研究热点和前沿进展，这些内容也有助于对有机固体废物热解和液化反应的认识及技术开发。

本书适合化工、化学、材料等领域科技人员，尤其是重质有机资源加工领域的科技人员阅读，也可作为相关领域研究生教材。

图书在版编目（CIP）数据

重质有机资源热解的自由基化学 / 刘振宇著. —北京：化学工业出版社，2023.11

ISBN 978-7-122-44065-5

Ⅰ. ①重… Ⅱ. ①刘… Ⅲ. ①高温分解-自由基反应-化学工业 Ⅳ. ①TQ

中国国家版本馆 CIP 数据核字（2023）第 165791 号

责任编辑：任睿婷 杜进祥　　文字编辑：向 东
责任校对：王鹏飞　　装帧设计：王晓宇

出版发行：化学工业出版社（北京市东城区青年湖南街 13 号 邮政编码 100011）
印　　装：盛大（天津）印刷有限公司
710mm×1000mm 1/16 印张 20½ 字数 389 千字 2024 年 1 月北京第 1 版第 1 次印刷

购书咨询：010-64518888　　售后服务：010-64518899
网　　址：http://www.cip.com.cn
凡购买本书，如有缺损质量问题，本社销售中心负责调换。

定　　价：158.00 元

前言

PREFACE

重质有机资源是由碳（C）、氢（H）、氧（O）、氮（N）、硫（S）通过C—C键、C—H键、C—O键、C—N键和C—S键等含碳共价键以及相关非碳共价键链接而成的有机大分子物质的总称，包括煤及其衍生物（煤焦油、沥青、煤液化残渣等）、石油及其衍生物（重油、沥青、残渣）、油页岩、生物质、废塑料、废橡胶等，涵盖化石资源、可再生资源和废弃有机资源，是化学工业的主要原料。重质有机资源高效清洁加工利用对保障我国化工行业稳定运行、国民经济可持续发展和资源节约型社会建设具有重要意义。在当今人类社会迈向碳达峰、碳中和目标的历程中，重质有机资源更是负有保障可再生资源利用份额逐渐加大、应对可再生资源供应波动的重大责任。

热解是重质有机资源加工生产燃料、基本有机原料、各种材料和制品的重要过程或方法之一，即在加热条件下重质有机资源中的共价键断裂产生自由基碎片，自由基碎片之间反应或自由基碎片被加氢形成产物。因此，重质有机资源热解被认为是自由基驱动的化学反应。自由基的测定可追溯至1954年Uebersfeld和Ingram等采用电子顺磁共振（electron spin resonance，ESR；或electron paramagnetic resonance，EPR）波谱仪发现天然含碳物质有ESR信号，随后有关煤及其热解产物中自由基浓度的研究被零星报道。作者于1990年前后参加美国能源部资助的煤直接液化项目（Consortium for Fossil Fuel Liquefaction Science，CFFLS）时，初次了解到自由基反应的概念，当时全球研究重质有机资源自由基反应的学者极少。作者于1995年起在中国科学院山西煤炭化学研究所继续研究煤及废橡胶的热解和液化，但在2000年前后才开始关注煤热解和液化过程中的自由基现象；2008年在科技部“973”计划能源领域研讨会上报告了自由基反应对煤转化的意义，然后将重质有机资源热解和液化过程中的自由基反应作为主要研究方向，带领团队拓展自由基反应的研究范围。通过长期探索，认识到ESR测定的自由基为稳定自由基，不能表述热解和液化过程中产生的活性自由基，进而发展了量化和关联ESR自由基和活性自由基的方法，认识了多种重质有机资源热解和液化过程中二者的变化规律，推进了热解自由基化学的发展。鉴于目前国内外尚无重质有机资源热解自由基化学方面的专著，作者以自己团队的研究成果为主要内容，结合国内外研究之所长，特著此书，抛砖引玉，为重质有机资源热解与液化技术的发展提供理论基础。

本书共分十章，以不同重质有机资源热解过程中的自由基化学为脉络，从热解工艺及宏观反应、不同自由基的生成与反应、基于自由基反应的工艺调控方法或应用展开论述。第 1 章从重质有机资源的化学结构入手，简单介绍这些资源的特点和共性特征；第 2 章主要介绍自由基的基本概念、ESR 测定自由基的方法及数据解析；第 3 章在简单介绍煤热解工艺和热解挥发物反应的基础上，阐述煤热解过程中自由基与挥发物反应及结焦的关系以及挥发物反应的调控；第 4 章简要介绍煤直接液化工艺和活性自由基测定方法，阐述不同煤的活性自由基生成速率和供氢溶剂的供氢速率，探讨活性自由基生成与加氢稳定之间的匹配；第 5 章至第 7 章以独立篇幅分别介绍生物质、油页岩、重质油热转化过程中的宏观反应、活性自由基的形成和稳定自由基的浓度，提出以稳定自由基浓度为探针的催化剂再生性能判断方法；第 8 章分析煤及固体废弃有机物热解中含硫自由基的迁移历程；第 9 章叙述不同重质有机资源的共热解行为及自由基诱导热解的进展；第 10 章简要叙述国内外有关重质有机资源热解过程中的自由基反应模拟进展，总结尚未认识的反应机理和反应网络。

本书从重质有机资源的基本概念和热转化基本工艺入手，循序渐进到自由基化学及理论，同时阐述基于自由基化学的工艺调控及应用，形成了新的前沿知识集群，不仅适合重质有机资源热解和液化领域同行阅读，也适合化工领域科技人员学习。另外，书中介绍了一些原创性研究方法，蕴含了丰富的研究思路，指出了研究方向，可作为相关专业研究生的参考书。

本书内容的积累得益于团队刘清雅教授和石磊副教授的学术贡献与支持，离不开历届博士生和硕士生的辛勤劳动与努力付出，尤其是博士生的系统研究和数据挖掘，作者向他们表示诚挚的感谢。科技部和国家自然科学基金委对作者及团队开展重质有机资源转化研究提供了多项资助，包括国家重点基础研究发展计划（“973”计划）项目（2011CB201300）和课题（2014CB744301）、国家重点研发计划项目课题（2016YFB0600302 和 2017YFB0602401）、国家自然科学基金委项目(21276019)，北京化工大学化工资源有效利用国家重点实验室为科研的顺利开展提供了强有力的平台，在此一并表示感谢。

作者虽然力求全面反映重质有机资源热解的自由基反应的研究进展，在撰写过程中不断增补文献内容，但因时间有限，内容仍不是很全面。同时迫于重质有机资源结构复杂和自由基反应研究难度大等客观原因，书中一些内容还局限于现象层面，有待进一步深化。本书作为重质有机资源热解自由基化学的国内外首部专著，一定存在不当与疏漏之处，诚请广大读者批评指正，作者不胜感激。

刘振宇

2023 年 10 月于北京化工大学

目录
CONTENTS

第 1 章

绪论

1.1 重质有机资源的种类与人类社会发展

一般认为，人类社会的发展是阶跃式的。人与动物最初的主要差别，或人类社会快速发展的第一个阶跃是用火。用火不仅提供了光和热，而且通过烹煮扩大了人类的食物范围，提高了吸收营养的效率，促进繁衍，还使人类的脑容量更大，更加聪明[1]。从深层次看，当时的用火实际上是燃烧生物质，即利用生物质和氧的反应。人类社会快速发展的第二个阶跃是发明蒸汽机，但是因为树木不足需要燃烧煤炭，才使得蒸汽机能够广泛使用，成为社会进步的动力[1]。人类社会发展的第三个阶跃是内燃机的发明，但石油炼制生产汽柴油才使得内燃机能够推动社会的发展。人类社会的第四个阶跃是以合成树脂和合成橡胶为代表的有机聚合物的合成与广泛使用，不仅节省下大量土地用于生产粮食，提高了人们的生活水平，还促进了生产力的发展。由此看来，生物质、煤、石油等能源或资源以及基于这些资源生产的人造产品是人类社会发展至今的主要基础。

从能源形态和化学结构看，相对于我们目前广泛使用的汽油、柴油和小分子气态烃类（如天然气），生物质、煤、石油以及与它们类似的油页岩、沥青、废弃有机聚合物（废塑料、废橡胶）等均为大分子固态或高黏度液态有机物，它们可称为重质有机资源[2]。虽然重质有机资源种类很多、名称各异，它们的利用方法和目的以及所属的工业领域不同，但均由碳（C）、氢（H）、氧（O）、氮（N）、硫（S）等元素通过共价键构建而成，所以它们具有类似的化学性质。它们的差别是这些元素的比例，比如 H/C 比和 O/C 比，图 1-1 是不同重质有机资源 H/C 摩尔比的范围和差异。除了人工合成的有机聚合物外，重质有机资源均由生物体产生，很多还经过不同时空条件下的演化，组成极其复杂。比如，生物质的种类很多，结构差异显著，其中木质素的结构各不相同；再比如，煤的种类很多，含碳量可在 50%～90%范围，即使同一地点采出的煤的组成和结构也会随地质深度的不同而不同，甚至可以说世界上没有两块煤是完全相同的。所以重质有机资源常被简单地用作燃料，通过氧化产生人类生存所必需的热量，这种方法一直到现在仍是社会运行和发展的重要基础。

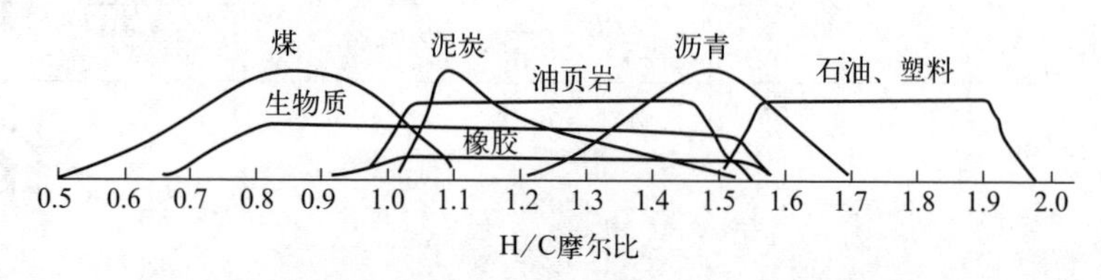

图 1-1　不同重质有机资源 H/C 摩尔比的范围

从现代观点看，重质有机资源燃烧的价值不高，燃烧排放的硫氧化物、氮氧化物以及其它有害物质对环境和人体健康的破坏很大，处理成本很高。燃烧排放的二氧化碳已被普遍认为是造成气候变化（大气升温）的主要根源，美国普林斯顿大学的 S. Manabe 和德国马克斯·普朗克气象研究所的 K. Hasselmann 因物理模拟该现象的杰出成就获得了 2021 年诺贝尔物理学奖。为了未来 30 年在全球范围内逐步减少二氧化碳排放乃至实现碳中和，构建可再生能源为主体的能源体系，可持续地实现能源转型，发展低碳甚至零碳清洁燃料、化学品和材料将成为利用重质有机资源的重要方向。

1.2　重质有机资源转化简史

将重质有机资源转化为燃料、化学品和材料的最早和共性方法是热解，其历史十分悠久。最早是生物质热解制取木炭，可追溯至 6000 年前，应该与青铜器冶炼技术有关（作为热源和还原剂）[3]。生物质热解也产生化学品，如甲醇（最初被称为木醇或木精）。用毛笔蘸墨书写文字和作画在我国有很长的历史，所用的墨就源于生物质热解，明代的《天工开物》对此有较为详细的描述："凡墨，烧烟凝质而为之"[4]。表面上是生物质燃烧生烟的凝结物，实质是生物质热解挥发物的缩聚析炭反应（即炭化）。图 1-2 是《天工开物》描述的制墨过程，左图是脱除松香（松液）的松木在缺氧炉中缓慢燃烧热解，挥发物缩聚形成的炭黑附着于炉顶。最靠近火源部分的挥发物浓度高，缩聚析出的炭黑粒度大（称为"烟子"），品质差，用于油漆；最远离火源部分的挥发物浓度低，缩聚析出的炭黑粒度小（称为"清烟"），是上品墨；中段炭黑的品质居中，称为"混烟"，用作普通墨料。右图是用羽毛刮取炭黑。炭黑刮取越及时，颗粒越小，墨的品质越好；刮取不及时，颗粒增大，墨的品质变差（原文：若刮取怠缓则烟老）。制墨也可用生物油，如桐油和猪油，但产墨量小。墨还可从石油通过类似的热解方法制造，据《墨经》记载，沈括用“延川石液”制墨，石液“生于水际石沙”，当地人称为“脂水”，沈括称其为“石油”，由其制得的墨称为“石烟”，当时用石油缺氧燃烧（热解）制墨的普遍性可从沈括的诗句“石烟多似洛阳尘”想象到。

图 1-2　《天工开物》描述的制墨过程

从青铜器到铁（兵）器的跨越应该与使用煤炭代替木炭有关，特别是与使用煤热解制取的焦炭有关，因为煤焦的燃烧温度高于生物焦的燃烧温度，可以满足熔铁的要求。考古发现，世界上最古老的冶炼铁器在公元前 2500 年左右出现于土耳其，我国最古老的冶炼铁器是甘肃省临潭县磨沟寺洼文化墓葬出土的两块铁条，大约造于公元前 1510 年至公元前 1310 年期间[5]。我国于西周末年开始规模化冶炼铁器并用到生活中，战国中期以后，铁工具成为农业和手工业的主要工具。目前的考古发现了金代时期墓葬中的焦炭和宋、元时期的炼焦炉遗址[6]。

通过煤热解（炼焦）制取焦油的报道可追溯至公元 1600 年左右，后来荷兰人 A. Cochrane 于 1780 年发明了通过控制煤窑的进气量制备煤焦油的方法（实质是缺氧燃烧部分热解），并于 1781 年获得了专利[7]。人们对焦油组成的研究始于 1822 年左右，当时英国建成了世界上第一个煤焦油蒸馏的工业装置[8]，生产用于浸渍木料（防虫防腐）的焦油，提取的苯、萘、蒽等芳香化合物成为后来有机化工的重要原料。今天，煤焦油仍在全球化工原料中占有重要地位，基本上所有的萘、蒽、芘、喹啉、咔唑等有机物均来自煤焦油，这些芳香化合物用于医药、农药、染料等生产过程。另外，煤焦油还用于生产车用燃料和特种燃料，煤焦油沥青用于生产炭黑、活性炭、针状焦和碳纤维等先进碳材料。

据东晋的《华阳国志》记载，我国在 4 世纪或更早就开始钻取石油，采用固定有钻头的竹竿。图 1-3 是清代画家描绘的依靠冲击方法的打井图，图中显示不断延长钻杆的情景，该方法在汉朝可打 10 米深的井，到 10 世纪钻深可达 1000 米，广泛用于采盐，也用于天然气和石油的开采[9]。石油最初的应用是燃烧及沥青铺路，后者可追溯到公元 8 世纪的巴格达。19 世纪 90 年代内燃机对汽油和柴油的需求催生了重油的热解（裂解）技术。1913 年 W. Burton 获得了石油热解（裂解）的专利，发明了将原油加热至 454 ℃ 以上使其裂解为小分子烃的工艺，1921 年建成了连续热裂化装置。1914 年 M. McAfee 获得了催化裂解专利，1923 年实现工业运行[9]。1936 年 E. Houdry 开发了硅酸铝裂解催化剂，Marcus Hook Sun 公司建成了固定床催化裂化装置，20 世纪 40 年代相继出现了移动床和流化床催化裂化技术[10,11]。

图 1-3　采用固定有钻头的竹竿依靠冲击方法的打井图[9]

我国油页岩的开发始于 1928 年，当时辽宁抚顺开始建制油厂，1930 年诞生了油页岩热解的抚顺炉，50 年代生产了全国一半的石油[12]。国外开发油页岩始于 17 世纪，1835 年于法国建厂，1937 年西欧通过油页岩热解的产油量达 50 万吨/年[12]，由油页岩热解生产的煤油、燃料油、润滑油、石脑油、石蜡、照明气和硫酸铵等得到了广泛应用。虽然 20 世纪 60 年代廉价石油的开采和利用（包括热解）大幅减少了油页岩的利用，但其燃烧发电和供热，热解制油、化学品、建筑材料和肥料等方面的工艺仍在包括我国在内的许多国家应用。

重质有机资源的热解出现在很多化学转化过程中，也是燃烧过程的初级步骤。热解过程看似简单，即原料在无氧或贫氧条件下受热分解，但气、液、固产物的组成和结构均很复杂，直接生成的产物需经高成本的分离和精制过程才能成为高价值产品，因此深刻认识重质有机资源热解过程的科学规律，发展高效低成本的热解产物调控技术一直是该领域的主要发展方向。但到目前为止，除去煤高温慢速的焦化和兰炭生产以外的煤中低温或快速热解技术的发展并不顺畅，以煤热解技术为原型的生物质热解技术、废塑料和废橡胶热解技术也难以高效稳定运行，重要原因还是人们对热解的基本化学反应和反应网络认识不清，对其中“卡脖子”问题的研究不足，还不能提出有效可靠的产物调控方法。

重质有机资源均含有类似的共价键，它们在加热条件下的反应历程或反应网络相似[2]。比如在相同温度下断裂的共价键种类类似，而且大都是均裂产生自由基碎片，最终产物的性质和产率取决于自由基碎片之间的反应，而该反应的方向和程度受挥发物时空条件分布的约束，包括挥发物在反应器中的产生速率及其经历的温度、压力、气氛、时间等历程。如慢速热解和快速热解过程中同时生成并参与反应的自由基碎片的种类和浓度不同，加氢热解涉及氢自由基（即氢原子或活化氢）的生成及其与重质有机资源自由基碎片的反应，加氢液化过程中自由基碎片的反应受溶剂和催化剂的影响。重质有机资源的燃烧虽然是它们氧化生成二氧化碳和水的过程，但也包括了共价键断裂生成自由基碎片的反应，生成黑烟（析炭或烟尘）就是直观的例子，生成硫氧化合物、氮氧化合物、二噁英等也遵循自由基反应。

1.3　自由基研究简史

人们对自由基（radical 或 free radical）反应的认识可以追溯到 1789 年[13]，当时 Lavoisier 认为酸由氧和一种称为“radical”的物质组成，尽管这种认识在今天看来是不正确的。随后，有机化学家用自由基表述官能团，如甲基自由基（$\cdot CH_3$）和乙基自由基（$CH_3CH_2\cdot$）等。1847 年法拉第首次证明氧分子（O_2）可被磁场吸引，因此具有强的顺磁性，相比之下一氧化氮（NO）具有弱的顺磁性。顺磁性源于这些分子中的孤电子（即自由基），孤电子的旋转使其表现为一个微小的磁体。V. Meyer 后来证明碘分子（I_2）会发生均裂产生碘自由基（I•）。重要的进展是 Gomberg 于 1900 年做出的，当时他研究了三苯甲基溴［图 1-4 中的物质（**1**）］与银的反应，发现在无氧条件下，生成了一种反应性很强的白色固体，但溶解后成为黄色液体。他误认为白色固体为六苯乙烷［图 1-4 中的物质（**3**），实际为物质（**4**）］，但正确的是其在溶液中生成了三苯甲基自由基［图 1-4 中的物质（**2**）］。三苯甲基自由基的发现得到了很多化学家的认同，于 1911 年被化学界正式确定。

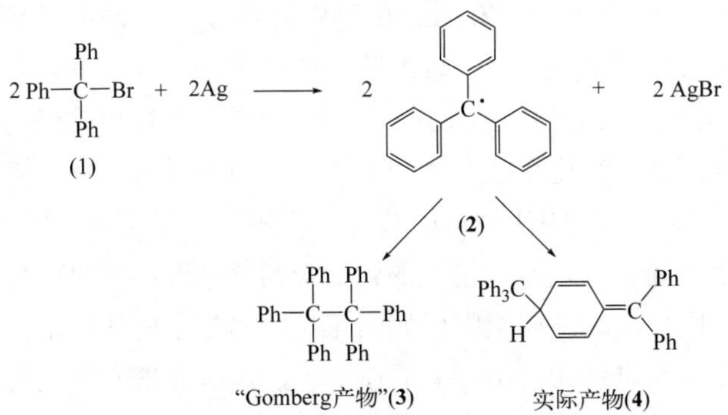

$$2\,Ph_3C{-}Br + 2Ag \longrightarrow 2\,Ph_3C\cdot + 2\,AgBr$$

(1)　(2)

“Gomberg产物”(**3**)　实际产物(**4**)

图 1-4　Gomberg 发现的三苯甲基溴与银的反应[13]

1929 年，Paneth 发现四甲基铅（图 1-5）在 200 °C 左右会在玻璃试管壁上生成镜子，并在短期内生成气态的甲基自由基，这些甲基自由基偶合生成乙烷。四乙基铅受热时也发生类似反应生成乙基自由基。由于这些自由基可以使汽油平稳燃烧，因而成为后来广泛使用的汽油抗爆剂[13]。

$$\mathrm{Pb(Me)_4} \xrightarrow{\text{加热}} \mathrm{Pb} + 4\mathrm{Me}\cdot$$

图 1-5 Paneth 发现的四甲基铅加热反应[13]

1937 年，Hen 等及 Kharrasch 发现过氧化合物 RO—OR 受热反应的机理为 O—O 弱共价键均裂生成以氧为中心的自由基 RO•。后来的研究发现，各种以碳为中心的自由基或各种以氧为中心的自由基的活性不尽相同[13]，由此促进了对自由基反应选择性的认识和应用。这些发现促进了对自由基链反应的认识，并广泛地用于合成橡胶、聚乙烯、聚氯乙烯、聚苯乙烯等聚合物的生产。上述对自由基反应的认识一直局限于理论分析，实验测定自由基的方法产生于 1954 年[14]，当时 Uebersfeld 和 Ingram 等报道了用电子顺磁共振（简称 ESR 或 EPR）波谱仪检测自由基（简称 ESR 自由基）的方法。自此以后，人们开始测定一些反应中 ESR 自由基的生成和消失，并分析这些自由基的结构，还发现油脂等食品的腐败过程涉及氧化生成 ESR 自由基中间体，由此开发了抗氧化剂以减小腐败速率。文献中对上述反应的详情和自由基机理研究得较多，有兴趣的读者可以参考一些有机化学和生物化学的著作和论文集[13,15]。

人们对煤及其它重质有机资源中的自由基以及这些资源热解过程中自由基变化的研究也可追溯到 1954 年的 ESR 研究[14]，但与有机化学和生物化学中的自由基研究和应用相比，重质有机资源热解过程中的自由基研究工作很少。现有的研究表明，天然重质有机资源含有 ESR 自由基，且其浓度随自然演化时间延长而增大[2]。重质有机资源在热解或液化过程中发生 ESR 自由基浓度及相关结构参数的规律性变化。很多学者认为 ESR 自由基是参与反应的活性自由基，因此他们将 ESR 自由基的信息（特别是自由基浓度）与热解反应参数相关联，比如与煤热解和煤加氢液化的速率、转化率或产物产率关联，由此提出了反应机理。但另一些学者认为，实际参与反应的活性自由基寿命极短，不是 ESR 可以测到的，所以 ESR 自由基大都不是参与反应并消失的活性自由基。近年来的研究证实，ESR 自由基是受限于空间位阻或结构位阻（如图 1-4 中的三苯甲基自由基或热解生成的焦及沥青等大分子物质中的自由基）的孤电子，这些孤电子无法与其它自由基接触，因而表现出长寿命或高稳定性，所以才能被 ESR 检测到。作者团队的研究表明，利用某些供氢溶剂与自由基的反应可以测定活性自由基的量，比如通过四氢萘或二氢蒽与煤共热解，它们结构中饱和环部分的氢会被煤热解生成的活性自由基碎片夺取，从而转化成萘或蒽，通过萘或蒽的生成量就可以计算出参与热解反应的煤的活性自由基量[16,17]。研究发现，很多情况下重质有机资源热解生成并反应的活性自由基浓度大约比 ESR 自由基浓度高 3 个数量级[18]。这种活性自由基的量化方法以及由此提出的反应机理和网络拓展了自由基反应的理论，并为自由基反应控制提供了新方法和新思路。

1.4　重质有机资源热解对我国可持续发展的作用

我国于 2020 年提出了“CO_2 排放力争于 2030 年前达到峰值，努力争取 2060 年前实现碳中和”的宏伟目标后进入了能源资源利用方式快速转型的时代，特别要求我们在未来几十年内将重质有机资源的燃料利用方式转向为生产低碳甚至零碳的清洁燃料、化学品和材料的原料利用方式，并与可再生能源为主体的能源体系共同满足未来社会的可持续发展，实现碳中和。这就要求我们深入认识重质有机资源转化的原理，发展高效低碳的化学转化技术，包括热解技术。鉴于目前国内外对重质有机资源热解过程中的自由基反应认识零散，尚没有一本相关书籍，本书从历史的角度向读者展示相关知识的发展状况，报告最新研究结果，以期促进该领域的快速发展。

参考文献

[1] 阿尔弗雷德・克劳士比. 人类能源史 [M]. 北京：中国青年出版社, 2009.
[2] 刘振宇. 重质有机资源热解过程中的自由基化学 [J]. 北京化工大学学报（自然科学版）, 2018, 45(5): 12-28.
[3] 容志毅. 中国古代木炭史说略 [J]. 广西民族大学学报(哲学社会科学版), 2007, 29(4): 118-121.
[4] 杨维增. 天工开物 [M]. 北京：中华书局, 2021.
[5] 陈建立, 毛瑞林, 王辉, 等. 甘肃临潭磨沟寺洼文化墓葬出土铁器与中国冶铁技术起源 [J]. 文物, 2012(8): 45-53.
[6] 西部资源编辑部. 中国对煤炭的利用历史 [J]. 西部资源, 2012(1): 31.
[7] 理查德・罗兹. 能源传 [M]. 刘海翔, 甘露, 译. 北京：人民日报出版社, 2020.
[8] 杜明明. 煤焦油加工技术现状及深加工发展方向 [J]. 广州化工, 2011, 39(20): 29-30.
[9] Smil V. Oil [M]. Oxford: Oneworld, 2008.
[10] 杜灿屏. 从煤焦油进展到一个丰富多样的大工业——75 年化学工业进展的回顾（上）[J]. 世界科学, 1999, 9: 8-10.
[11] 山红红, 李春义, 钮根林, 等. 流化催化裂化技术研究进展[J]. 中国石油大学学报（自然科学版）, 2005, 29(6): 135-150.
[12] 刘招君, 杨虎林, 董清水, 等. 中国油页岩 [M]. 北京: 石油工业出版社, 2009.
[13] Parsons A F. An introduction to free radical chemistry [M]. Oxford :Blackwell Science Ltd, 2000.
[14] Zhou B, Liu Q, Shi L, et al. Electron spin resonance studies of coals and coal conversion processes: A review [J].

Fuel Processing Technology, 2019, 188: 212-227.
[15] Zard S Z. Advances in free radical chemistry [M]. Volume 2. Stanford: JAI Press, 1999.
[16] Liu M, Yang J, Yang Y, et al. The radical and bond cleavage behaviors of 14 coals during pyrolysis with 9,10-dihydrophenanthrene [J]. Fuel, 2016, 182: 480-486.
[17] Zhao X, Liu Z, Liu Q. The bond cleavage and radical coupling during pyrolysis of Huadian oil shale [J]. Fuel, 2017, 199: 169-175.
[18] Zhang X, Liu Z, Chen Z, et al. Bond cleavage and reactive radical intermediates in heavy tar thermal cracking [J]. Fuel, 2018, 233: 420-426.

第2章

自由基及ESR表征

2.1 引言

物质中的共价键和离子键都由电子对构成，但一些物质也含有未成对电子，即孤电子或自由基。煤、石油、油页岩等重质有机资源以及它们热解生成的油和焦，生物质和有机固体废物热解生成的油和焦等均含有自由基，过渡金属离子、电荷转移配合物、三重态分子、半导体、有点缺陷的晶体以及一些无机分子（如氧气和一氧化氮等）等也含有自由基。自由基具有顺磁性，可用电子顺磁共振（electron paramagnetic resonance，EPR），即电子磁共振（electron magnetic resonance，EMR）或电子自旋共振（electron spin resonance，ESR）表征。因为电子顺磁共振主要是由电子的自旋共振引起，因此本书一般使用电子自旋共振（ESR）代替电子顺磁共振（EPR）。

ESR 的原理是孤电子的自旋能级在磁场中发生 Zeeman 分裂，当受到满足式（2-1）频率的微波辐照时，孤电子吸收微波能量在自旋亚能级之间发生由低能级向高能级的跃迁，可基于电子跃迁信号表征孤电子的量和形态。

$$h\nu = g\mu_B B_r \tag{2-1}$$

式中，h 为普朗克常数，6.6260×10^{-34} J•s；ν 为微波频率，Hz；μ_B 为玻尔磁子，9.274×10^{-24} J/T；B_r 为磁场强度，A/m；g 为反映峰位置（谱图中心对应的磁场强度）的无量纲参数。

自 1954 年 Uebersfeld 和 Ingram 等发现天然含碳物质有 ESR 信号以来，人们研究了许多物质的 ESR 信息，发现单一结构自由基的 ESR 信号清晰，如图 2-1(a) 中乙基的精细分裂谱，而混合物自由基的 ESR 信号不显示精细结构，如图 2-1(b) 中煤的 ESR 谱。

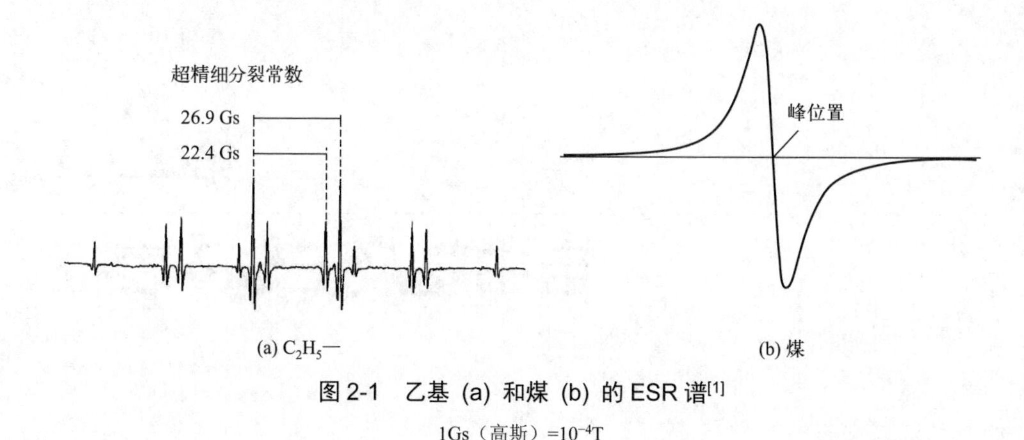

图 2-1　乙基 (a) 和煤 (b) 的 ESR 谱[1]

1Gs（高斯）$=10^{-4}$T

重质有机资源的组成复杂，它们的 ESR 谱图大都类似煤，难以给出组成信息，但可通过峰面积、峰位置和峰形状得出自由基的平均信息，如由峰面积估算出自旋浓度（自由基浓度），由峰位置确定 g 因子，由峰形状估算线型和线宽，后三者与自由基的结构有关。

2.2　重质有机资源的自由基来源

自然界的重质有机资源主要有煤、石油、油页岩、天然沥青、生物质等。除了生物质以外，其它资源的结构在长期的地质演化过程中不断缓慢变化，包括部分弱共价键均裂生成自由基碎片，部分自由基碎片反应生成不同尺寸的更为稳定且不可迁移的大分子物质，部分自由基碎片偶合生成结构稳定、可迁移、不含自由基的小分子物质，如 CH_4、CO_2、水及低碳烃等。生成的大分子芳香结构仍然含有孤电子，这些孤电子由于结构位阻难以与其它自由基接触，因而被称为稳定自由基。这个过程以煤化最为显著，因而煤的自由基浓度远高于其它重质有机资源的自由基浓度。

煤源于数百万至数亿年前的植物，这一点早已由煤的显微岩相组分结构，特别是壳质组和惰质组中植物的花粉和细胞结构等证据所确认。一般认为，植物遗体的煤化过程始于短暂的有氧分解以及短期的厌氧生物演化，然后是长期的厌氧地质演化，进而逐步成为泥煤、褐煤、烟煤和无烟煤。有报道认为，煤在厌氧条件下演化的推动力源于辐射和地热两种作用，辐射对于生物质演化至年轻褐煤的影响较大，地热作用对褐煤向无烟煤演化的作用较大。1980 年前的多项研究表明，γ射线、慢中子、电子等辐射仅在短期内微小地提高一些煤的自由基浓度，但该影响大都不超过几天至几个月就会消失。煤化过程时间很长，一般 300 万年以上才能生成褐煤，2500 万年以上才能生成烟煤，2 亿年以上才能生成无烟煤。

植物的煤化过程发生显著的体积缩减，如低阶褐煤的体积缩减为原始植物遗体体积的 5%左右，烟煤体积缩减为褐煤体积的 1/3 左右。这种体积缩减不仅源于挤压作用所致物理层面的致密，更主要的是化学结构的演化，包括富氧和富氢结构的损失以及芳香结构的形成和长大。表 2-1 大致显示了干生物质和不同煤阶煤的平均元素组成，从干生物质到无烟煤，碳含量增大近 1 倍，氢含量从 7%下降至 3%，氧含量由 44%下降至约 3%，氧含量变化最大，这与 C—O 键的解离能较低有关。这种规律可更加深入地由 van Krevelen 图（图 2-2）表示，从褐煤到烟煤，O/C 比发生很大变化，H/C 比发生很小的变化，表明 H 和 C 是以类似比例损失的，断键主要发生于 C—O 键。C—O 键断裂后部分碎片逸出煤结构，但部分碎片中的自由基在煤结构中形成新键，该过程受氢键的影响很大，表现为氢键转化为其它键，如图 2-3 所示。显然，煤化过程主要是缓慢断键引发的自由基反应。

表 2-1　煤的元素组成（质量分数）变化[2]　　单位：%

元素	C	H	O	元素	C	H	O
干生物质	49	7	44	次烟煤	75	5	20
泥炭	60	8	32	烟煤	85	5	10
褐煤	70	5	25	无烟煤	94	3	3

注：国家标准《中国煤炭分类》（GB/T 5751—2009）中没有次烟煤的分类。美国 1991 年修订的煤炭分类标准中次烟煤的干基高位热值为 19.3～26.7 MJ/kg，涵盖 GB/T 5751—2009 中部分高阶褐煤（干基高位热值≤24 MJ/kg）和部分长焰煤。本书部分图表源自国外及前人的研究，为尊重原作者，故保留了次烟煤的使用。

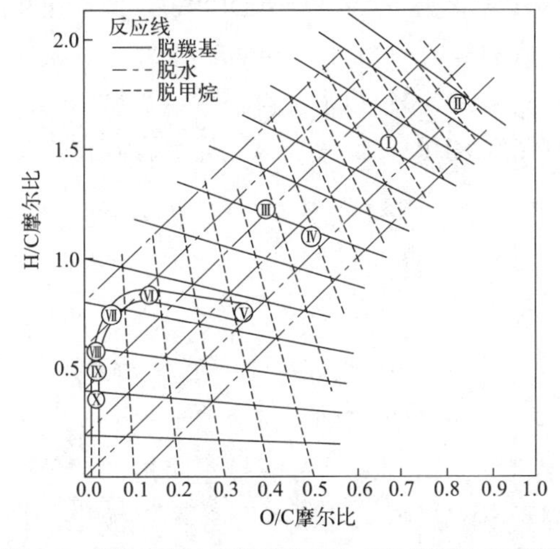

图 2-2　煤化过程中 H/C 摩尔比和 O/C 摩尔比的变化[3]

Ⅰ—木材；Ⅱ—纤维素；Ⅲ—木质素；Ⅳ—泥炭；Ⅴ—褐煤；Ⅵ—低阶烟煤；Ⅶ—中阶烟煤；Ⅷ—高阶烟煤；Ⅸ—半无烟煤；Ⅹ—无烟煤

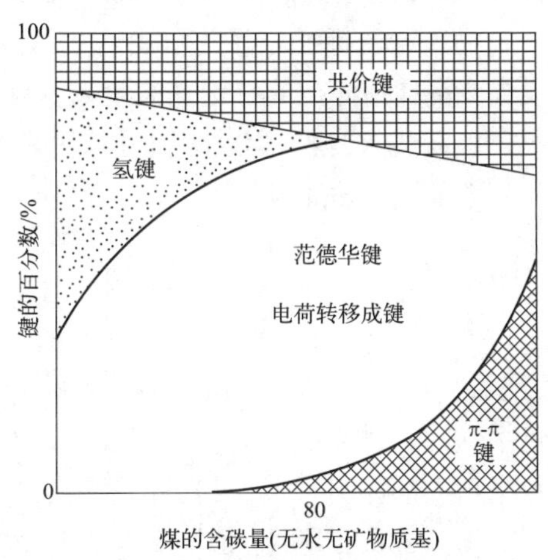

图 2-3　煤中主要键合关系随碳含量的变化[4]

一般认为，煤化过程经历的地热温度不高于 250 °C。因为开采出的煤在 250 °C 以上发生明显的热解，若煤化过程的温度更高，且时间很长，就不应该在该温度范围观察到煤的热解。有人认为这个地质温度较低，不能解释褐煤转化为烟煤乃至无烟煤的煤化过程。实际上，温度是大量分子热运动的平均动能，是以玻尔兹曼分布表示的不同分子动能的统计平均值。实际物质体系中总有一些分子或原子的振动能量低于平均动能，也有一些分子和原子的振动能量高于平均动能，虽然高能分子和原子的量极少，但会导致体系中弱共价键解离，生成含 CO_2、水及甲烷等小分子的物质（瓦斯），同时发生图 2-2 所示的固相结构缩聚和芳构化历程，并在长期煤化过程中得以显现。由于煤固体结构的空间阻隔使得自由基难以迁移，芳香结构中 π 电子离域降低了自由基的偶合能力，这些自由基很难与其它自由基相遇并偶合，因而可被 ESR 所检测，被判别为稳定自由基[1]。因此煤阶越高，含氧的脂肪结构越少，芳香结构越多，自由基浓度也越高。

煤中的部分矿物质（如金属原子或离子）也含有孤电子，但其量很少，不会影响煤有机组分的自由基信号。

2.3 ESR 谱图的峰面积与自由基浓度

ESR 直接检测的是微波吸收量随磁场强度的变化，经积分获得微波吸收曲线，得到峰面积，然后通过标准样品校正得到自由基数（自旋电子数），再由样品质量计算出其自由基浓度。标准样品一般为 1,1-二苯基-2-苦基肼（DPPH），但也可用其它物质。若标准样品的自由基数 N_1 对应的峰面积为 A_1，样品的峰面积为 A_2、质量为 m_2，则样品的自由基浓度 C_2 可由式（2-2）计算，以每克样品的自旋数（spin/g）表示。若式（2-2）除以阿伏伽德罗常数 6.02×10^{23}，则变为每克样品含有自由基的物质的量（mol/g）。

$$C_2 = \frac{A_2 N_1}{A_1 m_2} \tag{2-2}$$

到 20 世纪 70 年代，文献已经报道了上百种煤的 ESR 数据，既包括原煤，也包括煤的显微岩相组分。数据表明，原煤的自由基浓度随着碳含量增加而呈现指数级增大的趋势，典型的自由基浓度从泥炭和褐煤的 10^{17} spin/g 量级增加到无烟煤的 10^{19} spin/g 量级，但当煤的碳含量高于 94%后自由基浓度迅速下降，如图 2-4 所示。

煤显微岩相组分中惰质组（丝炭、丝质组、细粒体等）的自由基浓度显著高于镜质组，壳质组的自由基浓度显著低于镜质组。这个规律与形成惰质组的生物质在煤化作用之前受到短期的氧化（如森林大火和某种生化过程）作用有关，实质是弱共价键断裂生成自由基碎片以及自由基碎片继续反应、缩聚，由此使得自由基浓度升高。形成镜质组的生物质在煤化作用前没有经历显著的氧化作用，其含有自由基的原因是前述还原条件下低于 250 ℃ 发生缓慢热解过程。壳质组主要由饱和烃（如蜡）构成，其在低于 250 ℃ 的条件下很稳定，不会发生热解，所以自由基浓度最小。

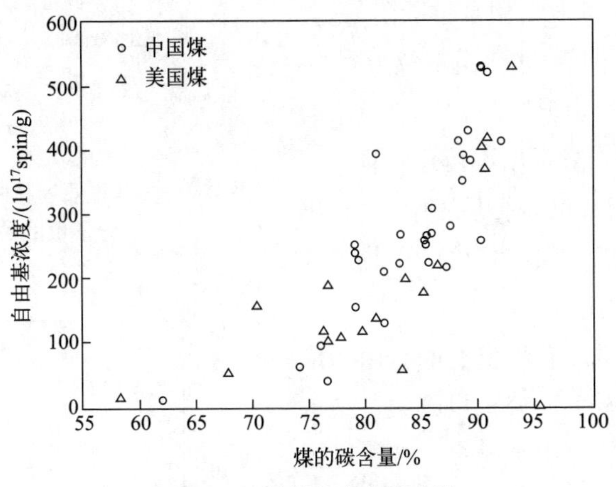

图 2-4　煤的自由基浓度[5]

如前所述，一些气体具有顺磁性，如氧分子（O_2）有 2 个孤电子，一氧化氮分子（NO）有 1 个孤电子（图 2-5），因此这些气体对煤自由基浓度测定有影响。Dack 发现褐煤在常温下与氧气接触，其自由基浓度随时间延长呈现先上升再下降的趋势，如图 2-6 所示[6]。一般而言，这种影响是可逆的。但取自煤层深处且未暴露于空气中的煤样的自由基浓度会在接触氧气后升高，且该现象不是完全可

O_2　:Ö··Ö:　　NO　:N··Ö:

图 2-5　O_2 和 NO 的孤电子

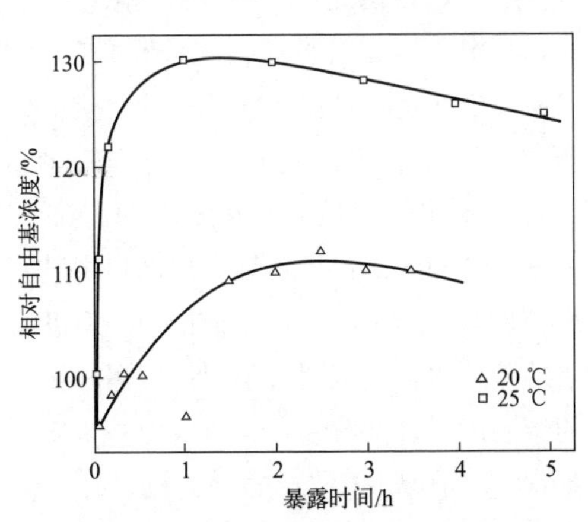

图 2-6　澳大利亚 Yallourn 褐煤暴露于空气中相对自由基浓度改变[6]

逆，特别是对低阶煤而言[7]。目前尚不清楚这种现象的本质，也许源于 O_2 在煤表面的吸附与富集。但近期向冲等[8,9]对热解焦吸附 O_2 的研究显示，焦的自由基浓度随 O_2 吸附而下降。可能的解释是煤和焦表面吸附 O_2 的位置不同，自由基位吸附 O_2 会导致自由基浓度下降，非自由基位吸附 O_2 会导致自由基浓度上升。自由基位吸附的 O_2 大都不易脱附，显示出不可逆特征，非自由基位吸附的 O_2 可能容易脱附，表现出可逆的特征。当然，煤或焦中的矿物组分也会与 O_2 发生作用。

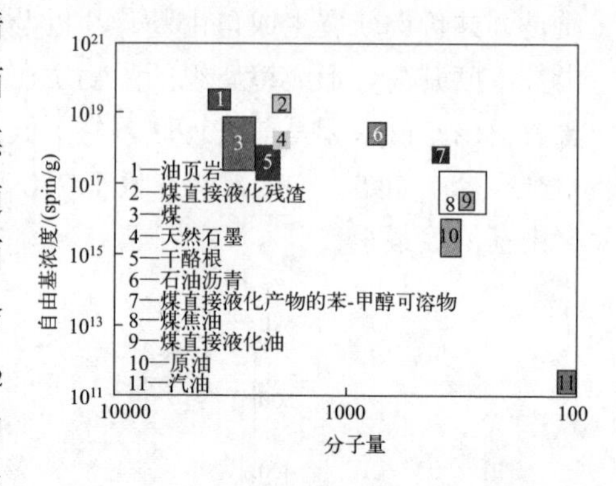

图 2-7　一些重质有机物的自由基浓度与分子量的关系[10]

一般认为，重质有机资源的自由基浓度与其分子大小有关，分子量越大，结构位阻越大，约束的自由基越多；芳香环团簇尺度越大，结构位阻越大，自由基浓度越高，说明重质有机资源大都是经历了长期的缩聚过程。图 2-7 是何文静列举的一些重质有机物的自由基浓度与分子量的关系。

图 2-8 显示了多种重质有机资源的芳香度（f_a，^{13}C 核磁测定）和自由基浓度的关系，其中 A 线是几种沥青烯，B 线是几种胶质，C 线是几种煤，D 线是几种炭黑和石墨。可以看出，胶质的芳香碳较少（<0.3），它们的自由基浓度相对较低（10^{15}～10^{18} spin/g）；沥青烯和煤的自由基浓度范围类似（10^{18}～10^{19} spin/g），但沥青烯的芳香碳含量范围大于煤；炭黑和石墨的芳香度最高（>0.95），但自由基浓度范围很宽（10^{17}～10^{20} spin/g）。沥青烯、胶质和煤的自由基浓度均随芳香碳含量增

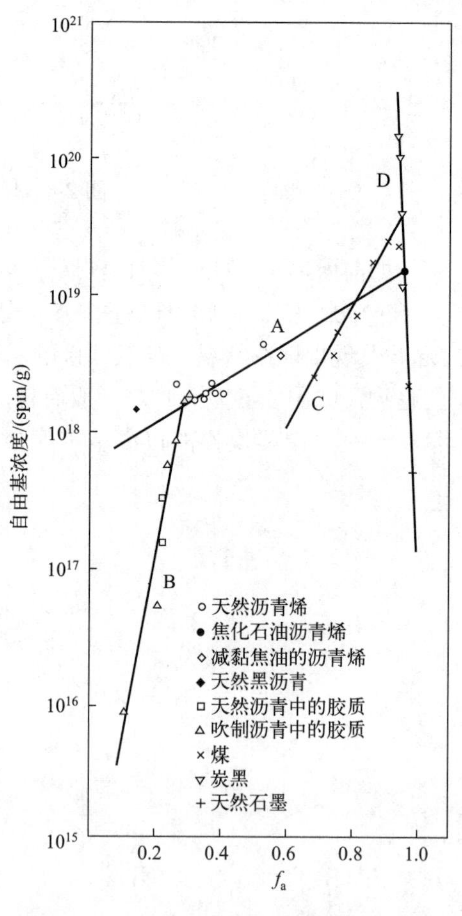

图 2-8　芳香度 f_a 与自由基浓度的关系[11]

大而增大，但炭黑和石墨的自由基浓度随芳香碳含量增大而减小。这些现象显示，虽然每一种重质有机资源的组成很复杂，还被分成很多亚类，但它们的芳香度和自由基浓度呈现单一规律性关系。不同重质有机资源的组成和性质差异很大，但它们也有相同之处，如低芳香度沥青烯可能含有很多胶质结构，高芳香度沥青烯与某些煤的结构类似。自由基浓度随芳香度增大的趋势说明，自由基主要存在于与芳香结构有关的结构中，主要是芳环的侧链上。值得注意的是，芳香度大于 0.95 时，自由基浓度变化很大，而且趋势与低芳香度时相反，即随芳香度增大而减小，这种现象应该与样品中芳香层片尺寸增大导致它们之间融并有关。长程连续的大芳香层片使得样品的导电性增加，自由基浓度下降。上述现象说明，ESR 测定的自由基浓度是判断重质有机资源结构（特别是芳构化程度）的简单而重要的参数。

2.4 ESR 谱图的峰位置

如前所述，ESR 谱峰的位置是谱图中心的磁场强度，以 g 值或 Lander（朗德）因子表示。所以 g 值反映孤电子周围的化学结构对自旋轨道的影响程度，或自旋电子总磁矩与总角动量的关系。因很多重质有机资源的孤电子不一定被束缚在某一原子核的轨道上，而可在几个原子核的轨道上运动，所以其自旋轨道耦合很弱，接近自由自旋，因而 g 值接近于 2[12]。一般而言，重质有机资源的 g 值随演化程度增加而降低。图 2-9 是一些煤中镜质组自由基的 g 值。褐煤的 g 值较高，含碳 $<$70%时，g 值约在 2.0038～2.0042，可认为褐煤中孤电子大多位于氧原子上。氧的电负性高且易与氢形成氢键，二者共同约束了孤电子的自由度；另外，褐煤的芳环结构单元尺寸较小，也易约束孤电子的运动。当煤的碳含量从 70%升至 82%左右时，g 值下降到 2.0026～2.0031，接近自由电子的 g 值（2.0023），可归因于烟煤结构中的氧含量减少，孤电子更多位于碳原子上，且芳环结构单元的尺寸变大，π 电子的迁移范围大，对自由基的约束作用较弱。当碳含量达到 97%以上时，g 值大幅升至 2.0068 左右，可能说明煤中的芳环结构单元相互链接，尺寸变大，大部分自由基偶合湮灭，剩余少量孤电子进入了导带[13]。

尽管重质有机资源中的孤电子可在几个原子的轨道上运动，孤电子之间的相互作用很弱，它们的 ESR 谱一般不显示精细结构，但 Petrakis 等还是提出参照单一种类自由基的 g 值范围来确定重质有机资源的自由基类型，表 2-2 和图 2-10 是其给出的 g 值的结构归属。如烃类 π 自由基的 g 值在 2.0025～2.00291 之间；杂

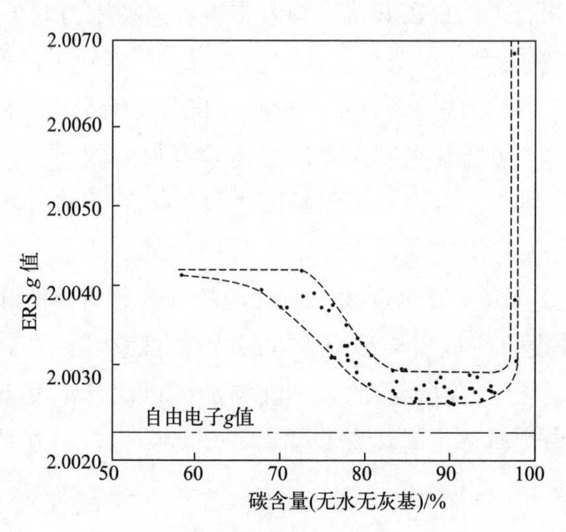

图 2-9　煤中镜质组自由基的 g 值[7]

表 2-2　煤及其衍生物可能包含自由基的 g 值[13]

自由基种类	g 值
① 芳香烃的 π 自由基	
1～5 环	2.0025（阳离子），2.0026～2.0028（阴离子）
7 环（晕苯）	2.0025（阳离子），2.00291（阴离子）
② 脂肪烃的 π 自由基	2.0025～2.0026（中性）
③ 位于 O 上的自由基	
σ 型	2.0008～2.0014（中性）
π型	
醌（1～3 环）	2.0038～2.00469
醚（1 环，一、二、三甲氧基苯）	2.0035～2.00398（阳离子）
④ 位于 N 上的自由基	2.0031
⑤ 位于 S 上的自由基	2.0080～2.0081

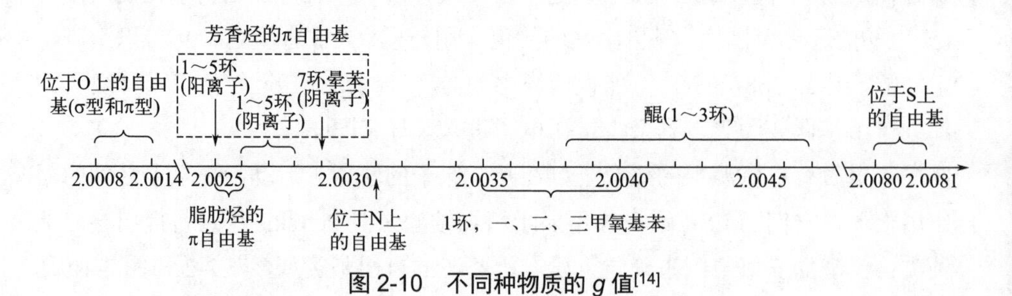

图 2-10　不同种物质的 g 值[14]

原子拥有更强的自旋-轨道耦合作用，其自由基的 g 值高于烃结构自由基的 g 值，如含硫自由基的 g 值在 2.0080～2.0081 范围，含氧自由基的 g 值大都在 2.0035～2.00469 之间，但 σ 型含氧自由基的 g 值范围可能有误，约为 2.0008～2.0014，显著小于自由电子的 g 值。如此看来，由于重质有机资源的组成复杂，其 g 值源于多种自由基的综合作用，很难简单地解析为某个平均结构。但总体而言，杂原子越多，自由基浓度越高，如煤的氧含量和硫含量与 g 值呈正相关关系。

2.5 ESR 谱图的峰形状[15]

前已述及，重质有机物的 ESR 谱为光滑曲线，难以解析出自由基的精细结构，但其线宽和线型能够给出自由基总体特征的一些信息。

2.5.1 线宽

线宽是 ESR 谱的波峰与波谷间的垂直距离，一般认为其反映孤电子的弛豫时间，随热解焦芳构化程度增加，孤电子的 π-π 自旋-自旋耦合作用增强，线宽逐渐变窄。研究发现，在煤碳含量低于 80%的范围，线宽随碳含量增加而增大；在碳含量高于 80%的范围，线宽随碳含量增加而减小；在碳含量为 90%～95%的范围，线宽减小得很快；但在碳含量高于 95%时，线宽又变得很宽[7]。

原理上，线宽受自旋-自旋相互作用（电子-质子和电子-电子之间）、电子转移作用、自旋-晶格相互作用等的影响，还受杂原子和结构各向异性的影响。

（1）电子-质子相互作用。主要存在于孤电子与氢之间，氢含量越高，相互作用越强，线宽越大。一项包含 53 种煤的研究显示，氢含量与线宽正相关，可用线宽=$1.6C_H-1.8$ 表示[16]。煤热解、氧化、氯化过程中焦的氢含量降低，线宽减小。煤脱氢伴随的芳香结构缩聚也使线宽减小。图 2-11 是 10 种镜煤经钯催化脱氢的脱氢百分数与线宽减少百分数之间的关系，二者十分相似[7]。

（2）电子-电子相互作用。指孤电子磁偶极矩的相互作用。一般而言，样品的孤电子越多，孤电子间的距离越近，电子-电子相互作用越强，线宽越宽，反之亦然。

（3）电子转移作用。具体是芳香结构自由基中的离域 π 电子通过桥键转移到相连的芳香层片中，电子转移越频繁，线宽越窄。如强电子转移作用可以使萘阳离子的线宽从 9×10^{-4} T 减小至 3×10^{-4} T。重质有机物中芳香结构的缩聚程度越高，线宽越窄。

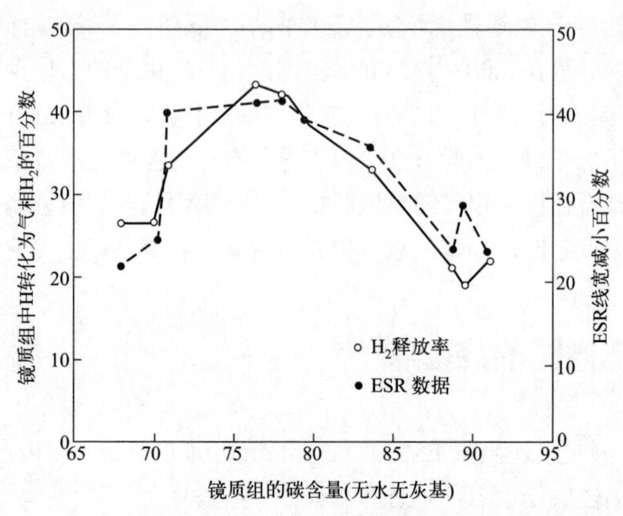

图 2-11　镜煤经钯催化脱氢的 H_2 释放率与 ESR 线宽减少百分数的关系[7]

（4）自旋-晶格相互作用。该作用指高能级自旋粒子将能量传给周围晶格并跃迁至低能级的过程，弛豫时间越长，线宽越窄。有文献认为芳环的迫位缩合（peri-condensation）会缩短弛豫时间，也有文献认为芳香层片的强自旋-晶格作用会延长弛豫时间，还有文献认为该作用的弛豫时间远长于自旋-自旋弛豫时间，因此对线宽的影响很小。

显然，对于煤等具有复杂结构的重质有机物，影响 ESR 自由基线宽的因素很多，目前难以解析这些因素的作用。

2.5.2　线型

ESR 线型可用 Gauss 函数或 Lorentz 函数表达。对限制在局部区域的孤电子，因其相对方向和位置不随时间变化，可用 Gauss 函数表达，但对于移动范围较大的孤电子，因其位置不固定，可用 Lorentz 函数表达。另外，若线宽仅是不同自由基信号的叠加，不涉及自由基的相互作用，则线型符合 Gauss 函数；若线宽由电子交换作用或自旋-晶格作用产生，则线型满足 Lorentz 函数。重质有机资源中芳香结构的自由基会产生显著的电子交换作用，因此可用线型判断样品中缩合芳香结构自由基的相对多少，如缩合芳香结构中的自由基比例越大，其线型越符合 Lorentz 型（如无烟煤）；反之，其线型越符合 Gauss 型（如褐煤）。

ESR可在不同的微波功率下运行，当微波功率超过全部低能级电子跃迁至高能级所需的能量（功率饱和点）时，继续增大功率会降低Lorentz谱的强度，但不会改变Gauss谱的强度。Dack等发现当微波功率变化时，一种褐煤的ESR波谱会呈现出不同形状（图2-12），并指出煤的ESR谱图由不同线型的子峰叠加而成，这一现象促使了利用重质烃ESR谱分峰拟合研究自由基结构方法的出现。也有文献试图利用Gauss谱线和Lorentz谱线在不同微波功率下的饱和行为来研究重质烃的ESR线型。

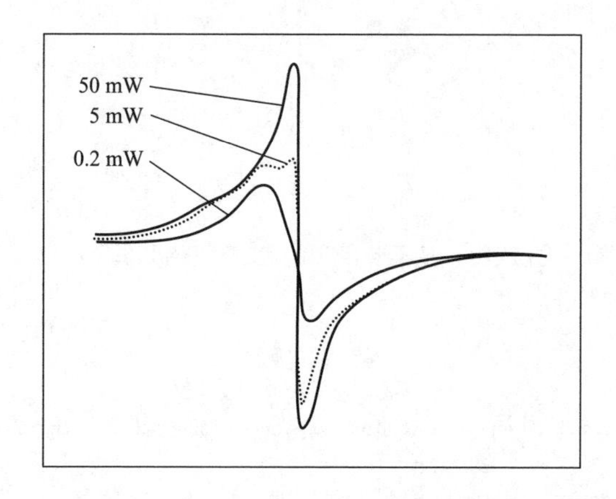

图2-12　一种褐煤在不同微波功率下的ESR谱图[17]

Pilawa等把一种煤的ESR谱分解为1个Gauss谱和3个Lorentz谱，并将线宽较宽的Gauss谱和Lorentz 1谱归属于具有强自旋-自旋相互作用、含有少量芳香结构的自由基，将线宽较窄的Lorentz 2和Lorentz 3谱归属于具有强电子交换作用、含有缩合芳香环结构的ESR自由基[18,19]。Liu等也将图2-13的ESR谱分解为1个Gauss谱和3个Lorentz谱，并基于单一自由基的g值，将Gauss谱归属于简单芳环自由基，3个Lorentz谱分别归属于醚或醌自由基、含有脂肪结构和芳香结构的混合型自由基，以及σ型自由基[20]。显然，不同研究者对子谱的归属并不统一，但基于g值的判断似乎更有依据。考虑到分峰所得子谱并非单一自由基的超精细结构［如图2-1(a)所示］，而均为宽而弥散的谱，所以基于g值判断子谱的归属也不完全可靠。另外，重质有机物的ESR谱的形状还与样品的其它性质有关，如含水量、导电性、与氧气的反应等，因此还需进一步研究确认ESR谱分峰的客观性和准确性。

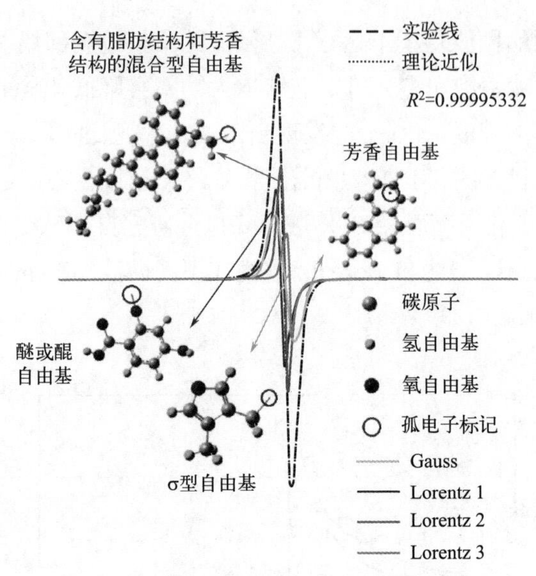

图 2-13　基于 g 因子的 ESR 子峰归属[20]

参考文献

[1] Zhou B, Liu Q, Shi L, et al. Electron spin resonance studies of coals and coal conversion processes: A review[J]. Fuel Processing Technology, 2019, 188: 212-227.

[2] 郭崇涛. 煤化学 [M]. 北京: 化学工业出版社，1999.

[3] van Krevelen D W. Graphical-statistical method for the study of structure and reaction processes of coal[J]. Fuel, 1950, 29: 269-284.

[4] Gorbaty M L. Prominent frontiers of coal science: Past, present and future[J]. Fuel, 1994, 73(12): 1819-1828.

[5] 刘振宇. 重质有机资源热解过程中的自由基化学[J]. 北京化工大学学报（自然科学版）, 2018, 45: 8-24.

[6] Dack S W，Hobday M D，Smith T D，et al. Free-radical involvement in the drying and oxidation of victorian brown coal[J]. Fuel, 1983, 63(1): 39-42.

[7] Martin A E. Chemistry of coal utilization[M]. Second Supplementary Volume. New York: John Wiley & Sons Inc, 1981.

[8] Xiang C, Liu Q, Shi L, et al. A study on the new type of radicals in corncob derived biochars[J]. Fuel, 2020, 277: 118163.

[9] Xiang C, Liu Q, Shi L, et al. Radical-assisted formation of Pd single atoms or nanoclusters on biochar[J]. Frontiers in Chemistry, 2020, 8: 598352.

[10] 何文静. 煤和生物质热解及煤溶剂抽提过程中自由基反应行为研究[D]. 北京：北京化工大学，2015.

[11] Yen T F, Erdman J G. Investigation of the nature of free radicals in petroleum asphaltenes and related substances by electron spin resonance[J]. Analytical Chemistry, 1962, 6: 694-700.

[12] 傅家谟, 刘德汉, 盛国英. 煤成烃地球化学[M]. 北京: 科学出版社, 1990.

[13] Petrakis L, Grandy D W. Electron spin resonance spectrometric study of free radicals in coals[J]. Analytical Chemistry, 1978, 50(2): 303-308.

[14] 师新阁. 渣油热反应结焦和废催化剂再生研究[D]. 北京: 北京化工大学, 2019.

[15] 周斌. 重质有机物的构效关系及新型反应器研究[D]. 北京: 北京化工大学, 2020.

[16] Retcofsky H L, Thompson G P, Raymond R, et al. Studies of e.s.r. linewidths in coals and related materials[J]. Fuel,1975, 54: 126-128.

[17] Ack S W, Hobday M D, Smith T D, et al. E.p.r. study of organic free radicals in Victorian brown coal[J]. Fuel, 1985, 64(2): 219-221.

[18] Pilawa B, Wieckowski A B, Trzebicka B. Numerical analysis of EPR spectra of coal, macerals and extraction products[J]. Radiation Physics & Chemistry, 1995, 45(6): 899-908.

[19] Pilawa B, Wieckowski A B. Groups of paramagnetic centres in coal samples with different carbon contents[J]. Research on Chemical Intermediates, 2007, 33(8): 825-839.

[20] Liu J, Jiang X, Shen J, et al. Chemical properties of superfine pulverized coal particles. Part 1. Electron paramagnetic resonance analysis of free radical characteristics[J]. Advanced Powder Technology, 2014, 25(3): 916-925.

第 3 章

煤热解及自由基反应

3.1 引言

所有重质有机资源在 300 °C 以上都发生热裂解（简称热解），该过程起始于共价键解离（或断裂）产生挥发或不挥发的自由基碎片（结构中含有至少一个孤电子的分子团簇），挥发性自由基碎片不断迁移和反应，生成热解气和焦油等挥发产物，也会生成难挥发的沥青类产物或积炭（结焦）。不挥发的自由基碎片也会与挥发性自由基碎片反应或自身重构（包括缩聚），生成焦及小分子产物。具体反应过程既与有机大分子结构有关，也与传递过程有关。

图 3-1 示意了煤热解的自由基反应历程。该历程主要包括两个阶段：第一阶段是煤中弱共价键解离产生挥发性自由基碎片，第二阶段是挥发性自由基碎片之间的反应。第一阶段的速率和生成的自由基碎片特征取决于煤的结构，包括不同种类共价键的分布、煤芳香结构单元的大小和链接特征，也取决于热解温度。第二阶段的反应取决于挥发性自由基碎片的结构特征、数量及它们经历的温度和时间，还受压力和气氛的影响。煤中弱共价键主要包括脂肪碳（C_{al}）与氧（O）和 C_{al} 构成的键（C_{al}—O 和 C_{al}—C_{al}，键能一般小于 334 kJ/mol），也包括 C_{al} 和硫（S）构成的 C_{al}—S 键（键能约为 272 kJ/mol）。由于挥发性自由基碎片在煤（或焦）孔道中和颗粒间迁移时会接触到煤（或焦），第二阶段的反应还包括挥发性自由基碎片与煤（或焦）的反应。虽然对某一自由基碎片而言这两个阶段的反应有先后顺序，但对大量煤颗粒的聚集体而言，这两步反应交织在一起，可被视为同时发生。

热解过程中煤（或焦）结构发生连续变化，不仅源于失去挥发性自由基碎片所导致的质量减少及孔隙结构的生成，还源于残留的孤电子引起的结构失稳所诱导的结构稳定化重组，特别是芳香结构单元的长大与融合，而这是或主要是焦结构缩聚增大的原因。这种结构缩聚阻碍了焦的进一步热解，减少了挥发物的连续

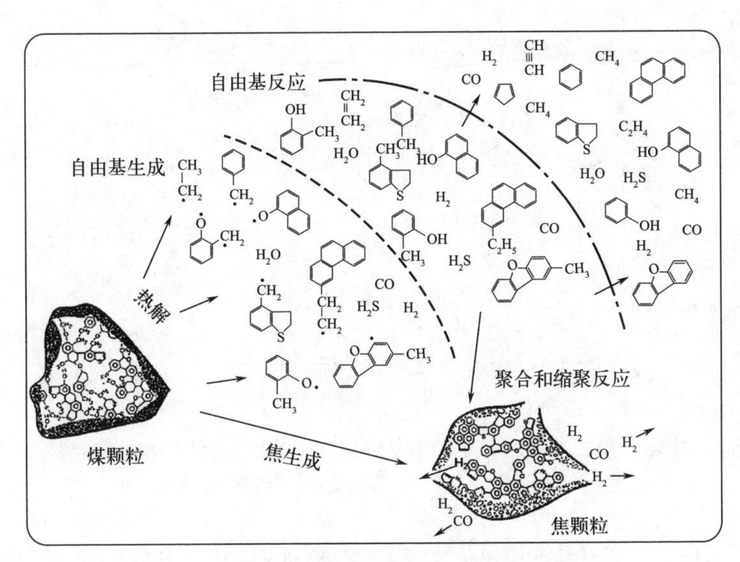

图 3-1　固态重质有机物热解的自由基反应历程[1]

生成。另外，高温条件下大分子挥发性自由基碎片会在气相发生缩聚，产生微细的沥青颗粒或焦尘（soot），这些细焦颗粒不仅会进入焦油中导致焦油品质下降并给后续精制带来困难，还会沉积在管道及设备中，造成堵塞和事故。

文献中绝大部分煤热解研究并不涉及上述自由基机理，而主要关注热解过程中挥发物生成量与温度的关系。图 3-2 显示了作者课题组测定的察哈尔褐煤、开滦焦煤和晋城无烟煤在程序升温热天平中热解所产生的挥发物释放曲线（TG，质量变化百分数）和挥发物释放速率曲线（DTG，单位时间质量变化的百分数），并与松木和龙口油页岩的曲线进行对比。显然，这些物质热解的挥发物释放均含快速和慢速两个阶段，不同物质的主要差异是快速阶段的温度范围和峰值，如表 3-1 所示。松木挥发物的释放温度较低，主要在 200～380 °C 范围，峰温为 360 °C；龙口油页岩挥发物的释放范围在 320～500 °C，峰温约为 460 °C；察哈尔褐煤挥发物的释放范围在 200～720 °C，峰温约为 440 °C；开滦焦煤热解挥发物的释放范围在 320～700 °C，峰温约为 470 °C；晋城无烟煤挥发物的释放范围主要在 500 °C 以上，没有明显的峰温。第一阶段的挥发物主要包括焦油、气态烃类及 H_2、CO、CO_2 和水等，源于含氧官能团的分解及桥键和芳环侧链的断裂。第二阶段的挥发物产率较小，主要包括甲烷、氢气及少量 CO 等，源于半焦中芳香结构的缩聚。因此若热解的目标产物是焦油，应将挥发物在产生温度下及时移出反应器，热解温度不宜超过 600 °C；但若目标产物是具有特定性质的焦炭，则热解需要在更高的温度下进行，促进焦炭结构缩聚；若目标产物是氢气和甲烷，则挥发物需在更高温度下再反应。

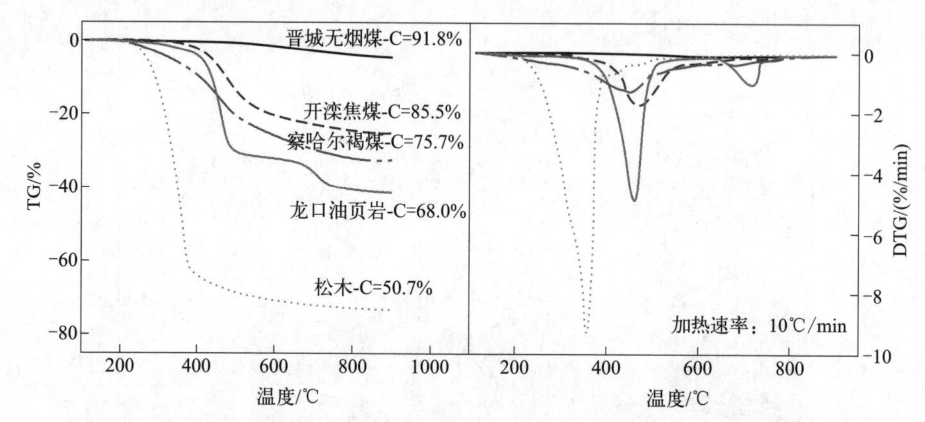

图 3-2　松木、龙口油页岩、察哈尔褐煤、开滦焦煤和晋城无烟煤热解挥发物的质量变化百分数（TG）及其随时间的变化（DTG）

表 3-1　松木、龙口油页岩、察哈尔褐煤、开滦焦煤和晋城无烟煤在热天平热解过程中挥发物快速释放阶段的特征温度

重质有机物	碳含量（质量分数，daf）/%	挥发物快速释放阶段的特征温度/°C		
		起始	峰温	终温
松木	51	200	360	380
龙口油页岩	68	320	460	500
察哈尔褐煤	76	200	440	720
开滦焦煤	86	320	470	700
晋城无烟煤	92	500	—	—

注：daf—无水无灰基。

煤热解产物分布与煤阶相关，而煤阶通常由煤的元素分析（C、H、O、N、S的质量分数）和工业分析（水分、挥发分、固定碳、灰分）参数表示，如碳含量或氧含量、挥发分或固定碳含量。因这两种方法的主要参数的相关性较高，国内常单用工业分析参数表述煤阶。原理上二者表述完全不同的性质，元素分析表述物质的平均组成，工业分析表述物质在单一条件下热解的产物产率。综合二者才可更好地表述煤。

图 3-3 是不同煤阶（或碳含量）煤的工业分析结果（可由图 3-2 的 TG 实验测定。110 ℃ 的失重为水分，110～900 ℃ 的失重为挥发分，900 ℃ 的残余物为固定碳＋灰分，残余物燃烧后的物质为灰分）。可以看出，褐煤的水含量很高，挥发分最多的是次烟煤和高挥发分烟煤，无烟煤的固定碳最高。需要指出的是，不同煤阶煤的碳含量（质量分数）并不是该图横轴所示的均匀分布，因此该图没有反映碳含量与工业分析的真实关系。因热解油包含在挥发分中，该图预示高挥发烟煤和次烟煤的热解油产率高，褐煤的热解油产率不高但水分很高。因热解实验中

生成的油和水混在一起不易分离，很多文章报道的焦油产率实际含有水，而褐煤焦油的含氧官能团较多，导致其水含量也高，所以常常被误报为油产率高。

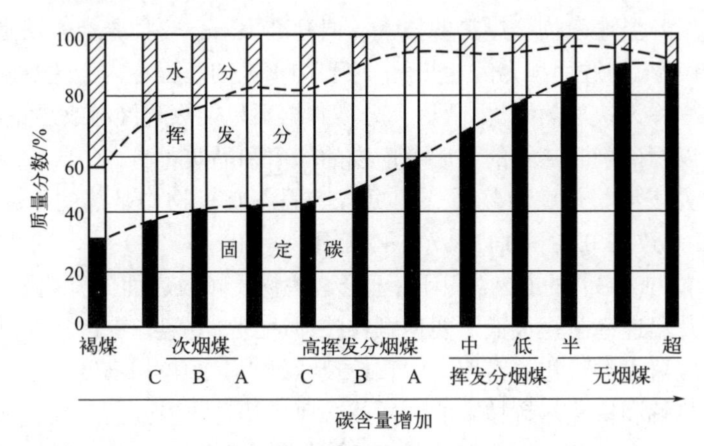

图 3-3　不同煤阶煤的工业分析数据

3.2　煤热解技术

为了优化不同热解产物的产率和品质，前人研发了多种煤热解技术，有些已经用于工业生产，但很多技术经长期研发未能实现应用。一般而言，人们习惯于以操作条件和操作方式对热解技术分类，如依据热解温度分类、依据升温速率分类、依据加热方式分类（如内热与外热、电热与微波）、依据气氛分类（如惰性气氛与氢气气氛）以及依据反应器类型分类，等等。

3.2.1　依据热解温度分类的热解技术

由于热解过程中煤的温度不断变化，所以常用煤（或焦）经历的最高温度（一般是最终温度）划分热解技术，尽管在很多反应器中大部分挥发物在升温过程中（尚未达到终温）已经逸出了。传统上，将终温在 1000 °C 左右的技术称为高温热解，将终温在 700～900 °C 范围的技术称为中温热解，将终温在 500～600 °C 范围的技术称为低温热解，但这种分类并不严格。到目前为止，高温热解是最大规模应用的煤热解技术，主要是生产冶金焦的室式炼焦技术，原料为焦煤和配煤。中温热解一般包括以焦油和兰炭为目标产物的移动床技术，以焦油和煤气为目标产物的固体热载体技术、流化床技术和回转窑技术，原料主要是烟煤。低温热解技术与中温热解技术类似，主要特点是煤气产率较低、半焦的挥发分较高。

3.2.2 依据升温速率分类的热解技术

前人也用升温速率划分煤热解技术，但标准不一。一种分类方法是将煤升温速率高于 10^4 K/s 的过程称为闪速热解，低于 1 K/s 的过程称为慢速热解，介于二者之间的过程称为快速热解。由于这个分类判据不包括热解终温或热解最高温度，其自身不足以明确判断热解的程度及产物的产率和品质。

大量研究表明，煤、生物质、油页岩等固态有机物均是热的不良导体，如煤的热导率大致在 0.08～0.15 W/(m•K)范围（−50～50 °C）[2]，约为钢热导率［45 W/(m•K)，18 °C］的 0.2%。因此无论这些物质颗粒表面的升温速率有多高，颗粒内部的升温速率总是很低，要使颗粒整体达到高升温速率，只能减小颗粒尺寸、减少反应器中颗粒相的密度，即颗粒尺寸越小、颗粒相密度越小，升温速率越快。闪速热解和快速热解技术的实质或必要步骤是快速升温后快速冷却，在短时间内终止热解自由基碎片的继续反应或初级稳定产物（非自由基）的再次裂解。由于快速升温匹配快速冷却的技术难度大且成本高，以及所得焦油在后续加工过程（包括预热）中高的裂解和缩聚活性，闪速热解技术很难控制，很难实现期望的结果，难以达到规模工业应用要求。

闪速热解和快速热解的区分比较含混，有的文献将固体热载体技术归为闪速热解，如 Occidental Flash Pyrolysis 技术（据称升温速率高于 5000 K/s，气体停留时间短于 2 s），有的将其归于快速热解。因此本书将闪速热解和快速热解合并讨论，统称为快速热解。快速热解技术采用的反应器多样，包括固体热载体、流化床和回转窑等。固体热载体技术又有多种模式，主要差别是热载体的类型，包括系统自产的半焦（如鲁奇-鲁尔煤气工艺、大连理工工艺、中国科学院工程热物理研究所工艺等）、高温煤灰（如中国科学院山西煤化所工艺）和瓷球（如美国的 Toscoal 工艺）或铁球等。

3.2.3 依据反应器类型和加热方式分类的热解技术

一般而言，煤热解反应器以煤的运动形式命名。如煤在反应器中固定不动，就称为固定床；煤在反应器中缓慢移动，就称为移动床；煤颗粒像沸腾的流体一样运动，就称为流化床；煤颗粒随反应器转动而不断被搅动，就称为回转窑。

3.2.3.1 固定床反应器

由于煤在固定床中不动，所以固定床仅能间歇或批次运行。典型技术是间接加热的蓄热式（室式）炼焦技术，如图 3-4 所示，现代大型炉的单孔炭化室有效尺寸（长×宽×高）达 18.6 m×0.6 m×8.0 m。煤从炉顶加入炭化室，两侧（宽方向）

被高温炉壁加热至 950 ℃ 以上，靠近炉壁的煤先开始热解，逐渐发展至远离炉壁的炭化室中部。先热解的煤释放挥发分后残留的焦炭具有大量裂隙和孔隙，成为后热解煤（绝大部分煤）挥发分的逸出通道（宽方向）。显然，焦炉产生的大部分挥发物在经历了 900 ℃ 以上的高温区后才排出，这些挥发物的高温反应促进其中的重组分裂解积炭、稳定性差的含氧有机物裂解，这些反应虽然降低了焦油产率，但使轻质焦油的产率增加，无侧链或侧链少的芳烃含量升高，煤气和氢气的产量增大。该技术已被长期、广泛用于工业，是目前生产冶金焦的主要方式。

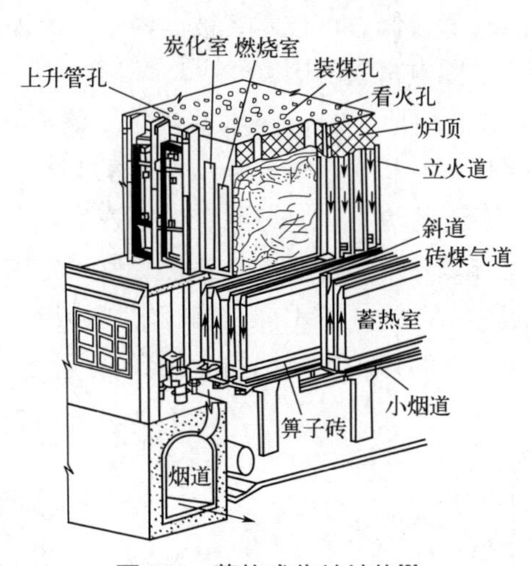

图 3-4　蓄热式焦炉结构[3]

3.2.3.2　移动床反应器

在大部分移动床中，煤依靠重力自上而下连续缓慢运动。大致过程是：煤由移动床顶部加入，在逐步向下运动过程中被加热升温，发生热解，产生的高温焦随后进入冷却段，最后从移动床下部排出。煤热解产生的挥发物向上流向低温方向，进一步裂解的程度很小，经历的历程类似精馏：轻组分直接向上逸出，重组分冷凝在煤上，并随煤向下运动至高温区蒸发或发生裂解，只有裂解产生的较轻组分最终排出，成为产物。因此，与炼焦炉相比，挥发物的裂解程度低、焦油产率较高、酚类产物较多、含侧链的芳烃较多，煤气产率较低。

移动床煤热解的加热方式多样，包括内热式直接加热和外热式间接加热。间接加热方式和煤的温度分布与上述炼焦炉类似。直接加热包括固体热载体加热和气体热载体加热。煤在两种加热方式下的温度都是从上至下逐渐升高，但热载体的温度分布不同，固体热载体从上至下逐渐降温，气体热载体的温度分布相反。图 3-5 的鲁奇三段炉（Lurgi-Spuelgas, L-S）是著名的内热式气体热载体移动床煤热解炉，于 20 世纪 20 年代开始工业应用，主要目的是生产焦油和低热值煤气。

该炉中煤从上至下逐渐升温，按顺序分成干燥段、热解（干馏）段及半焦冷却段。该炉有两个气体热载体发生器，通过燃烧煤气或其它燃料产生热烟气，然后喷入煤层（图右侧），上段的热载气用于煤干燥，温度在 150 °C 左右，供热后的烟气和从煤中脱除的水蒸气外排；中段的热烟气用于煤热解，温度在 500～850 °C 范围（上低下高），供热后的烟气和煤生成的焦油及煤气从侧面的挥发物出口排出，送至产物分离单元；向下移动的热焦炭进入冷却段被循环气体冷却，整个过程约 8～10 h。该炉要求采用块煤以保障热载体烟气和煤生成的挥发物流动。由于生成的煤气含有热烟气，其热值较低。该技术曾被国内外广泛工业应用，近年来其改进型得到了示范，如北京国电富通的国富炉[4]。

图 3-6 是连续外热式考伯斯（Koppers）直立炉。该炉的加热方式与图 3-4 的焦炉类似，热解段（炭化室）和蓄热室分隔，蓄热室中煤气燃烧的热量由炉壁传给煤。煤在从上至下的连续运动中被加热至 950 °C 左右，产生的热焦炭被注入的水蒸气降温（熄焦）至约 250 °C。水蒸气与热焦炭反应生成水煤气向上流动与煤热解产生的挥发物一起排出。为了便于挥发物和煤气排出，该炉需要块煤。因无载气，该炉的煤气热值较高。该技术广泛用于兰炭生产。

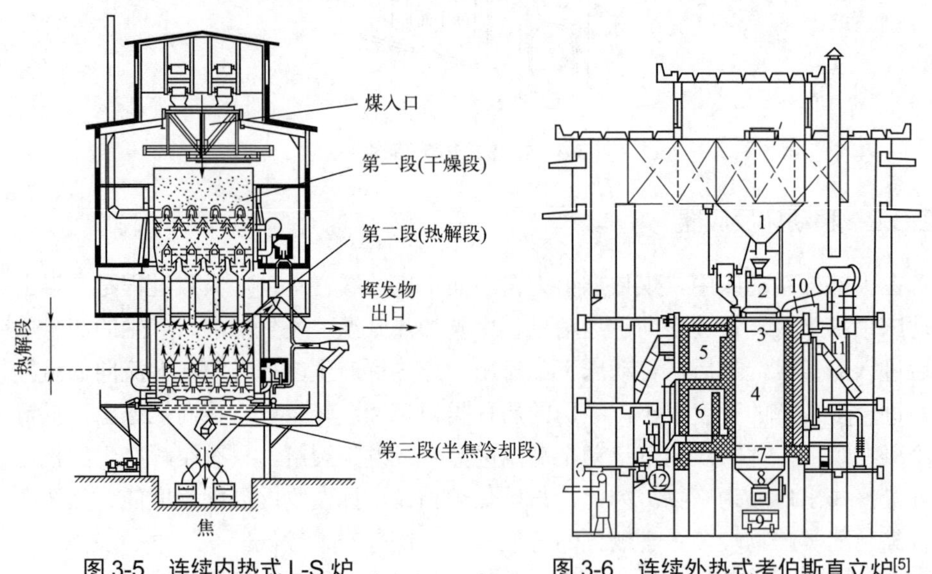

图 3-5　连续内热式 L-S 炉

图 3-6　连续外热式考伯斯直立炉[5]

1—煤仓；2—辅助煤箱；3—伸入式煤斗；4—炭化室；5—上蓄热室；6—下蓄热室；7—排焦装置；8—焦斗；9—焦炭转运车；10—上升管；11—集气管；12—废气管；13—加焦转入车

固体热载体技术直接将大量高温固体热载体与少量煤混合，热载体质量约为煤质量的 6～9 倍，使煤迅速升温热解产生焦油、煤气和焦。混合过程可在加有搅拌的移动床中进行，也可在建有多级导向板的下行床中进行，还可在回转窑或流化床中进行。固体热载体的种类很多，包括热焦炭、热灰、热铁球或热瓷球等。通常认为该技术的煤加热速率很快，达每秒数千摄氏度，因此有时也被称为闪速热解或快速热解。但由于煤是不良导体，煤颗粒内的加热速率不高，实际热解过程较长。

典型的固体热载体技术是图3-7所示的鲁奇-鲁尔煤气（Lurgi-Ruhr gas）技术[6]。该技术开发于20世纪40～60年代，以自产热半焦为热载体，进行了10 t/h规模的运行，于80年代进行350～600 t/d规模的示范，但未见工业应用。煤在螺旋进料器3中与热半焦混合后进入二级热解器4，最终热解温度达750 °C[6]。生成的挥发物排出热解器进入分离系统。据报道，该技术用于褐煤或油页岩热解的焦油产率为10%～12%（质量分数），水和气的总产率为15%（质量分数）[7]，但焦油的粉尘量高。

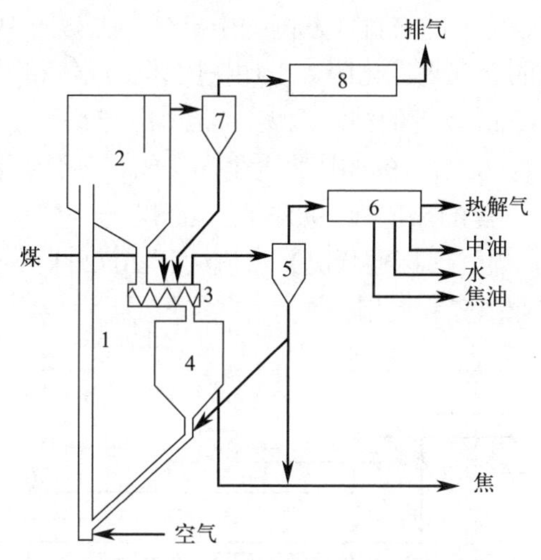

图3-7　鲁奇-鲁尔煤气工艺（L-R）[6]

1—提升管；2—热半焦仓；3—螺旋进料器及初级热解器；4—二级热解器；
5,7—旋风分离器；6,8—产物收集和尾气净化

郭树才等开发了图3-8的煤固体热载体（DG）技术，其热解炉的关键配置与图3-7的鲁奇-鲁尔煤气工艺类似，也以焦炭为固体热载体，煤与热焦炭经螺旋进料混合后，在反应器中完成热解。该技术采用6 mm以下的褐煤于1994年完成了150 t/d规模的示范，用煤气燃烧将焦炭温度提升至700～750 °C，热解终温约为550～650 °C，焦油产率约为3%～8%（质量分数）[7]，热解煤气发热量大于16.7 MJ/m^3。据报道，该技术后来没有工业应用的主要问题是固-固混合不均匀且耗时较长、粉尘带出量大，焦油与细焦粉易黏附于设备内壁，气固分离困难[8]。

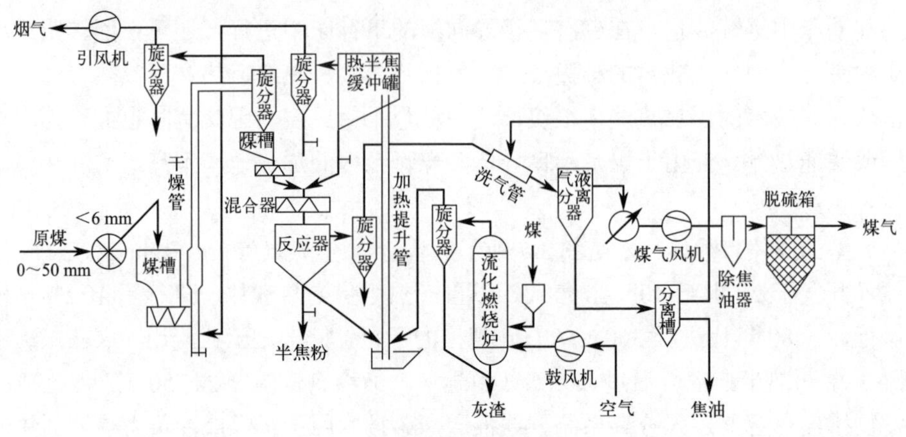

图 3-8 DG 技术[9]

吕清刚等开发了以循环流化床产生的高温焦为固体热载体的煤热解技术，如图 3-9 所示[10]。其核心单元的布置（左侧框中部分）也与图 3-7 的鲁奇-鲁尔煤气技术类似，但热解炉的上部为流化床，以加快固体热载体和煤的混合，下部为移动床。该工艺采用 10 mm 以下的神木烟煤，于 2016 年进行了 240 t/d 规模的 72 h 运行，焦油质量产率为 6.7%～9.2%[7]，含尘 0.47%（质量分数），正庚烷可溶物为 84.3%（质量分数）。焦的热值为 29985 kJ/kg。煤气中 CH_4 和 H_2 的体积分数分别为 35.3%和 12.5%，煤气（标准状况）热值达到 20920 kJ/m^3。该技术因一些运行问题，没有进行工业示范和应用。

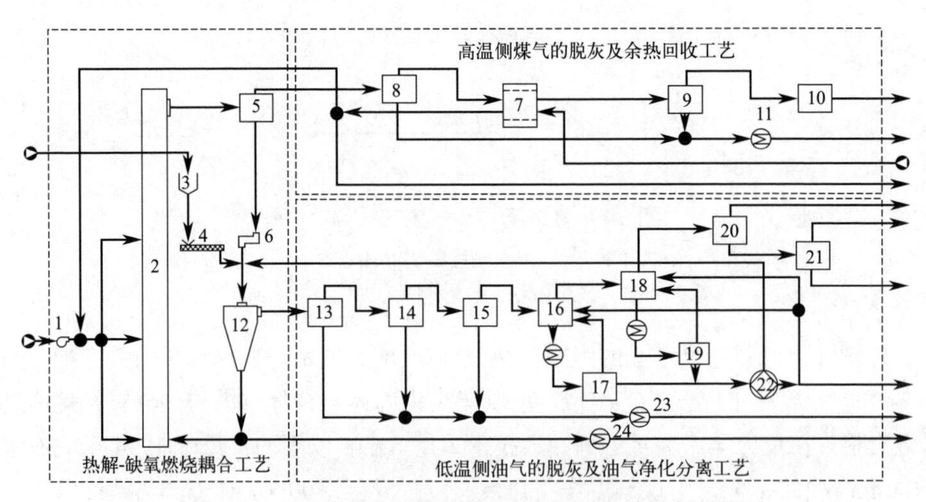

图 3-9 以高温焦为固体热载体的循环流化床热解技术

1—风机；2—燃烧炉；3—煤斗；4—给煤螺旋；5—高温一旋；6—上返料器；7—余热锅炉；8—高温二旋；9—布袋除尘器；10—引风机；11，23—冷灰器；12—热解炉；13—低温一旋；14—低温二旋；15—静电除尘器；16—洗涤分离器；17，19—分离器；18—激冷塔；20—煤气冷却器；21—油水分离器；22—离心机；24—半焦冷却器许光文等开发了固体热载体内构件移动床热解技术[11]，通过内构件改变挥发物的逸出方向，使其向低温方向流动，同时减少挥发物的反应，从而提高焦油产率。图 3-10 是以燃烧热灰为热载体的工艺，其中煤或其它原料与来自燃烧反应器的高温循环灰混合，然后在设置有内排气管的移动床中向下运行。此类工艺前人多有研究，该工艺的不同之处是热解挥发物经内置排气管导出移动床，同时利用颗粒层自身捕获粉尘的作用，减少焦油粉尘含量。以油页岩热解为例，内构件提高焦油质量产率 10%，焦油尘质量含量不高于 0.2%。目前该技术还没有进行工业示范和应用。

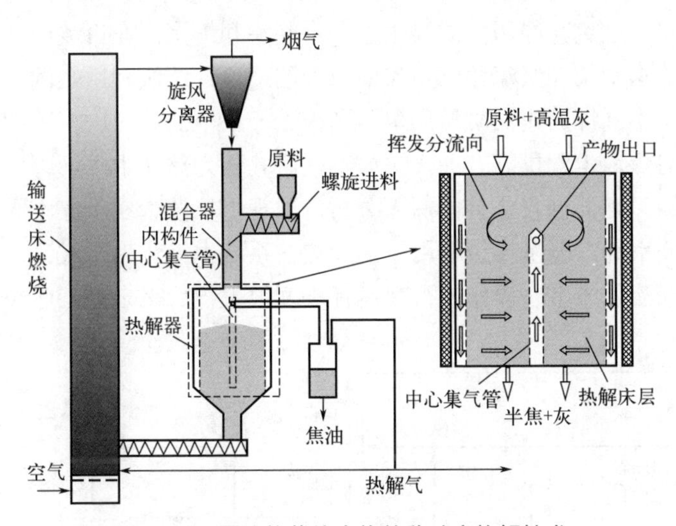

图 3-10　固体热载体内构件移动床热解技术

3.2.3.3　流化床反应器

流化床反应器的原理结构如图 3-11 所示，包含下部的密相流化区和上部的稀相区，这两个区间的温度差很小。煤输入到流化区与床内的高温物料迅速混合并被加热至终温，煤热解产生的挥发物被上升气体带入稀相区然后离开流化床进入气固分离设备，进而冷却得到焦油和煤气。流化床的温度一般高于 600 °C 以实现煤的充分裂解，稀相区的空间较大以降低气体流速、促进其与细小颗粒的分离，但同时也促进了挥发物的高温裂解，降低了焦油产率。流化床也可作为固体热载体热解技术中的混合器和反应器。由于流化煤颗粒需要大量载气，煤热解挥发物被稀释，煤气的热值不高，焦油含尘量高。

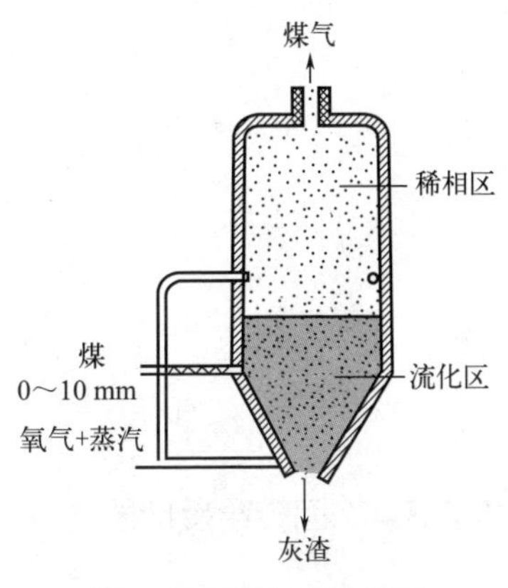

图 3-11　流化床反应器

流化床煤热解工艺不少，颇具构思的是 COED（char oil energy development）工艺，该工艺于 20 世纪 70 年代初开发并进行了 36 t/d 规模中试和 500 t/d 的示范。该工艺由图 3-12 所示的 4 个流化床串联而成。第 1 级的温度为 191 °C，主要用于脱水。第 2 级的温度为 258 °C，主要用于促进羧基等官能团分解产生水和 CO_2。第 3 级是两段，温度分别为 454 °C 和 538 °C，主要用于生产焦油和煤气。第 4 级的温度为 871 °C，主要利用焦及辅助煤气与氧气和水反应，为前 3 级流化床提供高温还原气体。这个工艺的特点包括：将低温下（第 1 和第 2 级）产生的水和 CO_2 与第 3 级生成的焦油和煤气分开；将焦油大量产生的第 3 级上段（454 °C）的挥发物及时移出，避免其经历高温发生进一步裂解和缩聚；在第 4 级利用部分焦产生还原性气体抑制第 3 级流化床中焦油组分的缩聚；逐级利用热源，实现高效率等。据报道，不同煤的焦油质量产率差别很大，在 5.3%～21.5%范围。超高的焦油产率应该与焦油尘含量高有关，比如某些研究认为焦油中“沥青”质量含量高达 75%，但缺乏对此沥青成分的深入分析。原理上该技术属于煤不同组分的分级转化，焦油产率高，能量梯级利用，热解焦在系统中气化为合成气，无需外排，但复杂的多级流化床串联操作使得其运行难度很大，后来未见工业应用。

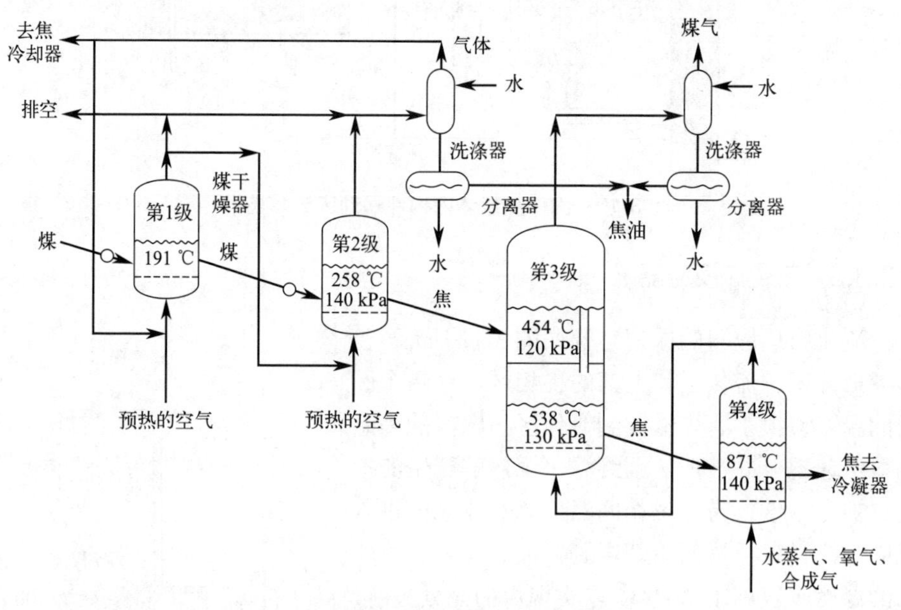

图 3-12 COED 工艺[6]

3.2.3.4 回转窑反应器

回转窑是不断转动的倾斜圆筒形反应器，煤从上端输入，在重力和转动炉体的带动下逐步向下移动，并逐步被加热发生热解，挥发物从出口上端排出，煤焦从下部排出，如图 3-13(a) 所示。回转窑的加热方式多样，主要有炉内通过热管的间接加热、利用逆向流动的热气流直接加热和同向运动的固体热载体直接加热。美国 Toscoal 公司在 20 世纪 70 年代开发了使用高温瓷球（固体热载体）加热的工艺，最大处理量为 1.3 万 t/d，在热解温度 430～540 °C 范围，怀俄明褐煤的焦油产率约为 5%～8%（质量分数），煤气产率约 5%（质量分数），水产率约 31%（质量分数）。类似 Toscoal 的煤热解技术在我国也有研究，但均未实现实际应用。90 年代，我国煤炭科学研究总院北京煤化工研究分院研发了如图 3-13(b) 所示的多段外热式回转窑热解工艺（MRF），完成了 60 t/d 的工业试验，但由于单炉处理量低、间接加热效率低、能耗较高，且存在分离效果差和易堵塞等问题，未见工业应用[9]。

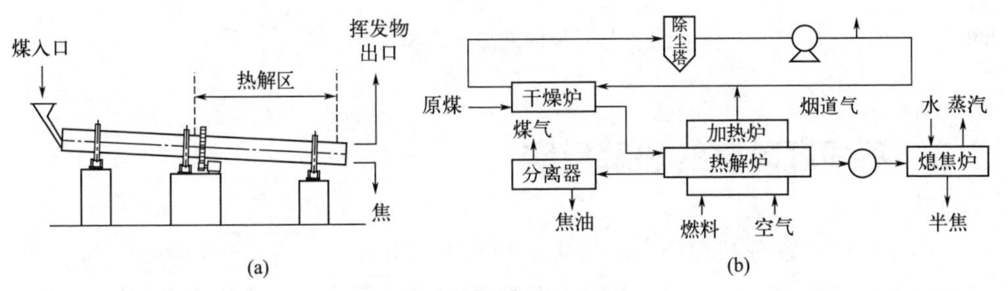

图 3-13　回转窑热解炉[9]

3.2.3.5　闪速加氢反应器

20 世纪 70 年代美国 Rockwell 公司开发了煤闪速加氢热解技术，在 1 t/h 规模进行了多种煤的评价，图 3-14(a) 是其反应器的局部示意图。煤粉与高压氢气在高速湍流区混合并发生部分氢气燃烧形成高温，煤颗粒的升温速率约为 10000 °C/s，热解终温为 871～1038 °C，压力约为 10 MPa，热解时间约为几秒［图 3-14(b)］。据报道，高温下氢气向煤热解产生的自由基碎片提供氢自由基，因而焦油产率显著高于格-金干馏试验（Gray-King assay）的焦油产率。类似技术在我国也有研究，但均未见工业应用，主要困难应该是反应器积炭、油尘分离和系统效率不高及部分高压氢气安全燃烧等问题。

到目前为止，煤快速热解技术面临的主要问题是挥发产物的含尘量大，油尘分离技术效率不高且管路和反应器易堵塞，焦油的残渣和沥青质含量较高，后续精制难度大等。研究者提出的多段高温除尘、进一步提高煤的升温速率和挥发产物的降温速率以减少二次裂解、引入催化剂进行挥发物原位或在线裂解、对煤进行预处理等方法还未达到实用要求。

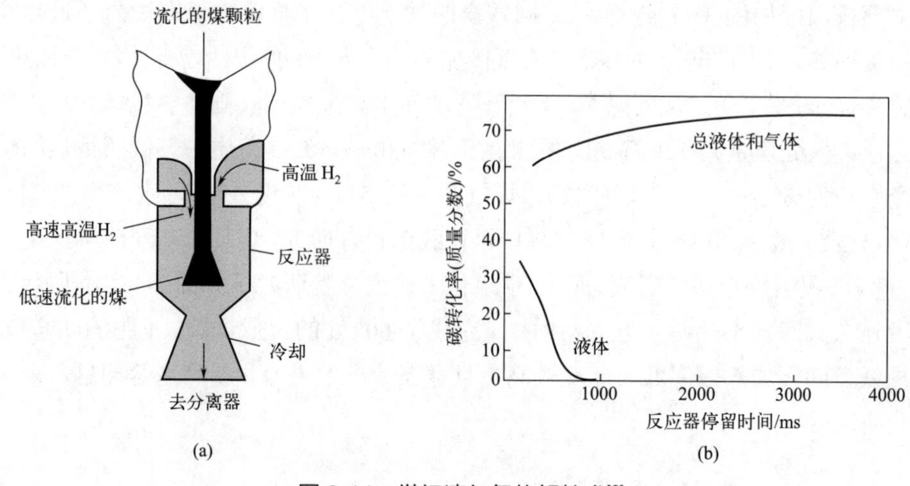

图 3-14 煤闪速加氢热解技术[6]

3.3 不同煤阶煤的热解反应

煤热解的产物分布和产率不仅与反应器类型有关，而且与煤阶密切相关。不同煤阶煤的共价键分布不同，不同共价键的解离能不同，因而共价键在加热过程中的解离顺序不同，产生的自由基碎片的结构不同，自由基碎片的反应及产物分布也不同。显然，认识煤中共价键种类的分布，对于认识煤热解过程中的自由基反应十分关键。

3.3.1 煤的键合结构

化学的本质是结构与反应。结构是元素之间的键合（或组合）关系，反应是元素键合关系发生的变化，所以反应的本质是化学键发生变化。长期以来，人们一直希望准确表述煤中元素的键合关系，进而研究其在反应中的变化。直觉方法是根据煤的化学分析数据和经验构建结构模型。比如基于煤的元素、核磁和红外等分析结果构建图像模型，或结合煤温和解聚反应产物组成构建图像模型。到目前为止，公开报道的煤结构模型超过 140 种，图 3-15 展示了含碳量不同的几种煤的化学结构图像模型[1]。大量煤结构图像模型的提出一方面丰富了人们对煤的认识，但另一方面也说明图像模型仅是概念性的，因为：①基于相同的煤分析数据可以画出很多种同分异构体；②对煤单元结构或分子结构的假设不同，构建的结构模型图不同；③对煤结构的稳定性认识不同，构建的结构模型图也不同；④图像式结构信息很难与化学反应热力学和动力学等量化表达式关联，等等。研究发现，由多元芳环和聚亚甲基桥键组成的煤分子模型的密度显著小于真实煤的密度，依据元素分析和核磁数据构建模型需要进行很多调整，否则与原煤的分析谱图差距很大，基于能量最小原则采用分子力学和分子动力学构建的煤结构模型的反应性低于原煤，等等。

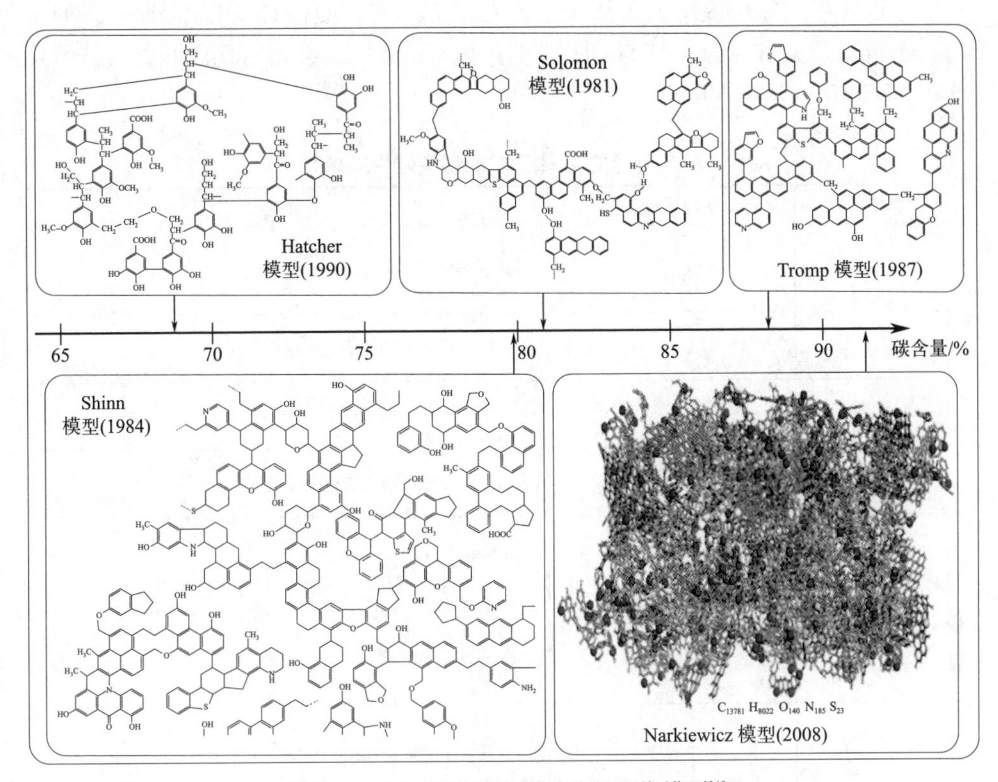

图 3-15　不同煤阶煤化学结构的图像模型[1]

近年来，一些研究者提出采用集总或平均键合结构模型表述煤结构的思路，不仅可以量化煤的图像结构，还便于与煤反应过程的能量变化和动力学关联。原理上，煤可表述为由 C 原子构成的三维骨架结构，这些骨架结构与其它元素键合或被 O 等元素桥接。简而言之，煤中含 C 的共价键主要有 12 种，包括 3 种 C—C 键（C_{ar}—C_{ar}、C_{ar}—C_{al} 和 C_{al}—C_{al}，其中 C_{ar} 为芳香碳，C_{al} 为脂肪碳）、2 种 C—H 键（C_{ar}—H 和 C_{al}—H）、3 种 C_{ar}—X 键和 3 种 C_{al}—X 键（X 为 O、S 和 N）和 C═O 键，另外还有 X—H 键（X 为 O、S 和 N）。不同煤的差异源于这些共价键分布的不同。

最早的煤平均键合结构模型可能是 Gyul'maliev 等人提出的，他们基于煤的元素分析数据计算了其中共价键的总数，原理是每个原子最外层的电子数就是其成键数。碳原子最外层有 4 个电子，可与其它原子形成 4 个共价键。因 1 个共价键由 2 个原子的最外层电子偶合而成，所以共价键总数是所有原子最外层电子总数的一半。由于该模型仅考虑了单键，而煤结构中含有较多的 C═C 和 C═O 双键，周斌等基于所有原子最外层电子数守恒和元素守恒，结合 ^{13}C 核磁确定了煤中碳骨架的结构参数（表 3-2），在仅考虑 C、H 和 O 三种元素的简化状况下，提出了式（3-1）～式（3-9），计算煤中 C_{ar}—C_{ar}、C_{ar}—C_{al}、C_{al}—C_{al}、C_{ar}—H、C_{al}—H、C_{ar}—O、C_{al}—O、C_{al}═O 和 O—H 键的浓度（mol/g），并由它们之和式（3-10）计算共价键总的浓度[12]。

表 3-2　^{13}C 核磁确定的煤中碳骨架参数

参数	碳原子结构	意义
f_a	C_{ar}（三个键）	芳香碳原子含量
f_a^H	C_{ar}—H	与氢原子成键的芳香碳原子含量
f_a^S	C_{ar}—C_{al}	与脂肪碳原子成键的芳香碳原子含量
f_a^P	C_{ar}—O	与氧原子成键的芳香碳原子含量
f_a^C	—C_{al}(═O)—	羰基碳原子含量
f_{al}	—C_{al}—（四个键）	脂肪碳原子含量
f_{al}^O	—C_{al}—O	与氧原子成键的脂肪碳原子含量

$$\mathrm{con}_{C_{ar}-C_{ar}}=\frac{1}{2}\left[\frac{w(\mathrm{C})}{12}(3f_a-f_a^{\ H}-f_a^{\ S}-f_a^{\ P})\right] \tag{3-1}$$

$$\mathrm{con}_{C_{ar}-C_{al}}=\frac{w(\mathrm{C})}{12}f_a^{\ S} \tag{3-2}$$

$$\begin{aligned}\mathrm{con}_{C_{al}-C_{al}}&=\frac{1}{2}\left[\frac{w(\mathrm{C})}{12}(4f_{al}+2f_a^{\ C}-f_a^{\ S}-f_{al}^{\ O})-\mathrm{con}_{C_{al}-\mathrm{H}}\right]\\&=-\frac{1}{2}w(\mathrm{H})+\frac{w(\mathrm{O})}{16}+\frac{1}{2}\left[\frac{w(\mathrm{C})}{12}(4f_{al}+f_a^{\ H}-f_a^{\ S}-f_a^{\ P}-2f_{al}^{\ O})\right]\end{aligned} \tag{3-3}$$

$$\mathrm{con}_{C_{ar}-\mathrm{H}}=\frac{w(\mathrm{C})}{12}f_a^{\ H} \tag{3-4}$$

$$\mathrm{con}_{\mathrm{C_{al}-H}} = w(\mathrm{H}) - \mathrm{con}_{\mathrm{C_{ar}-H}} - \mathrm{con}_{\mathrm{O-H}}$$

$$= w(\mathrm{H}) - \frac{2w(\mathrm{O})}{16} + \frac{w(\mathrm{C})}{12}(f_{\mathrm{a}}^{\mathrm{P}} + f_{\mathrm{al}}^{\mathrm{O}} + 2f_{\mathrm{a}}^{\mathrm{C}} - f_{\mathrm{a}}^{\mathrm{H}}) \tag{3-5}$$

$$\mathrm{con}_{\mathrm{C_{ar}-O}} = \frac{w(\mathrm{C})}{12} f_{\mathrm{a}}^{\mathrm{P}} \tag{3-6}$$

$$\mathrm{con}_{\mathrm{C_{al}-O}} = \frac{w(\mathrm{C})}{12} f_{\mathrm{al}}^{\mathrm{O}} \tag{3-7}$$

$$\mathrm{con}_{\mathrm{C_{al}=O}} = \frac{w(\mathrm{C})}{12} f_{\mathrm{a}}^{\mathrm{C}} \tag{3-8}$$

$$\mathrm{con}_{\mathrm{O-H}} = \frac{2w(\mathrm{O})}{16} - \frac{w(\mathrm{C})}{12}(f_{\mathrm{a}}^{\mathrm{P}} + f_{\mathrm{al}}^{\mathrm{O}} + 2f_{\mathrm{a}}^{\mathrm{C}}) \tag{3-9}$$

$$\mathrm{con}_{\mathrm{total}} = \frac{1}{2}\left[\frac{w(\mathrm{C})}{12}(3f_{\mathrm{a}} + 4f_{\mathrm{al}} + 2f_{\mathrm{a}}^{\mathrm{C}}) + w(\mathrm{H}) + \frac{2w(\mathrm{O})}{16}\right] \tag{3-10}$$

式中，w(C)、w(H)、w(O)为C、H、O元素的质量分数（小数形式）；所有的f为小数形式；con_{i-j}表示i—j键的浓度，mol/g；i表示C_{ar}、C_{al}或O；j表示对应的C_{ar}、C_{al}、O或H。

基于w(C)在0.59～0.91（质量分数）范围的10个煤样的元素分析和^{13}C核磁数据，式（3-1）～式（3-9）被简化为式（3-11）的矩阵形式，其展开式为式（3-12），即式（3-11）左侧的$\boldsymbol{M}_{\mathrm{B}}$对应式（3-12）左侧的矩阵，式（3-11）右侧的$\boldsymbol{A}$对应式（3-12）右侧的第一列矩阵，式（3-11）右侧的$\boldsymbol{B}$对应式（3-12）右侧的第二列矩阵；另外，式（3-12）中的C—C键为C_{ar}—C_{ar}、C_{ar}—C_{al}和C_{al}—C_{al}键之和，C—O键为式（3-6）～式（3-8）之和。图3-16是计算得到的煤中共价键分布与碳含量的关系。以碳含量为80%（质量分数）的煤为例，其C_{ar}—H键在煤总共价键中的比例为a/h。

$$\boldsymbol{M}_{\mathrm{B}} = w(\mathrm{C}) \cdot \boldsymbol{A} + \boldsymbol{B} \tag{3-11}$$

$$\begin{bmatrix} \mathrm{C_{ar}—C_{ar}} \\ \mathrm{C_{ar}—C_{al}} \\ \mathrm{C_{al}—C_{al}} \\ \mathrm{C_{ar}—H} \\ \mathrm{C_{al}—H} \\ \mathrm{C—C} \\ \mathrm{C—H} \\ \mathrm{C—O} \end{bmatrix} = w(\mathrm{C}) \begin{bmatrix} 1.7 \\ -0.1 \\ 0.1 \\ 0.7 \\ -1.0 \\ 1.5 \\ -0.3 \\ -0.7 \end{bmatrix} + \begin{bmatrix} -0.7 \\ 0.1 \\ 0.2 \\ -0.3 \\ 1.0 \\ -0.4 \\ 0.7 \\ 0.6 \end{bmatrix} (\times 10^2\,\mathrm{mmol/g}) \tag{3-12}$$

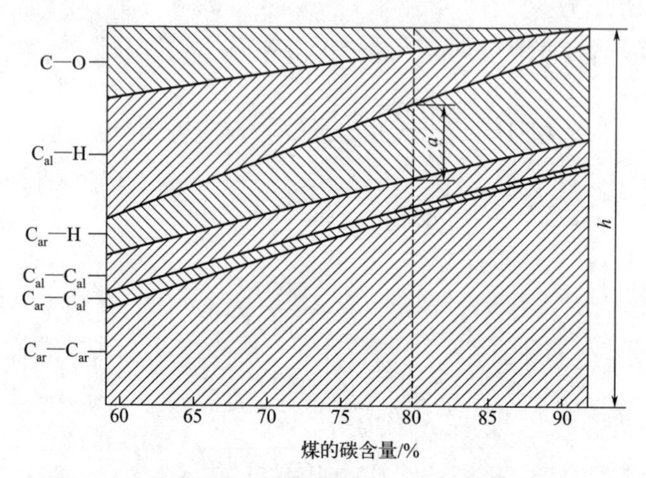

图 3-16 煤的键合结构随碳含量（质量分数）的变化

值得指出，煤中镜质组、惰质组和壳质组的化学组成和结构差异很大，而且它们在不同煤中的分布不同，因此原理上煤中共价键的分布并不仅是碳含量的函数，上述方法计算的仅是简化的平均结果，更加准确的煤键合结构模型还有待开发。尽管如此，上述模型已经在多项热解模拟中得到应用。

3.3.2 不同煤阶煤热解过程中的断键历程

不同煤中的共价键分布不同，但有宏观规律：随煤阶（或碳含量）由低到高，其中的弱共价键含量逐步降低，强共价键含量逐步升高。因此，煤热解过程中随温度升高，煤中发生断裂的共价键由弱到强，释放的挥发物组成也逐步变化。所以煤程序升温热解的失重（TG）和失重速率（DTG）特征包含了煤中共价键种类的分布信息。基于这个思路，石磊等[13]依据多种模型化合物的热解峰温将煤热解的 DTG 曲线按照共价键键能由低至高的顺序解耦为 5 类共价键的断裂和 1 类碳酸盐的分解，如表 3-3 和图 3-17 所示，得到 34 种煤热解 DTG 分峰的子峰峰温及峰面积随煤碳含量的变化规律（图 3-18）。发现碳酸盐（子峰 5，主要是碳酸钙）分解的峰温不随煤的碳含量变化；碳含量（质量分数）低于 88%～89%的煤（褐煤和烟煤）的各类共价键解离峰（子峰 1～4 和子峰 6）峰温均随碳含量升高而逐步升高，且斜率相近。说明每一类共价键解离峰实际上是由若干键能略有差别的共价键构成，且这些共价键的键能受到其邻近结构和原子的影响，随煤阶升高，每一类共价键中的键能较低键的比例减少，键能较高键的比例增多。碳含量（质量分数）高于 88%～89%煤（无烟煤）的碳骨架结构与褐煤和烟煤有显著差异，这种规律和煤的很多物理性质在碳含量 88%～89%（质量分数）附近发生突变（煤化作用跃变）一致。原理上，子峰 1 和子峰 2 中的含氧物质较多，子峰 3 和子峰

4 主要包括焦油，说明以焦油为目标产物的热解技术应该使用碳含量（质量分数）为 76%～86%的煤，这进一步量化了图 3-3 的信息。

表 3-3　煤热解 DTG 子峰的共价键类型和峰温范围

子峰	发生断裂的键	峰温范围（碳含量<89%）/°C	键能范围/(kJ/mol)
1	非共价键	<300	<150
2	C_{al}—X 键（X 为 O、S 或 N）	300～400	150～230
3	C_{al}—C_{al}，C_{al}—Y（Y 为 H 或 O），C_{ar}—N	400～500	210～320
4	C_{ar}—Z（Z 为 C_{al}、O 和 S）	500～600	300～430
5	碳酸盐分解产生 CO_2	约 700	
6	芳环结构缩聚	740～800	>400

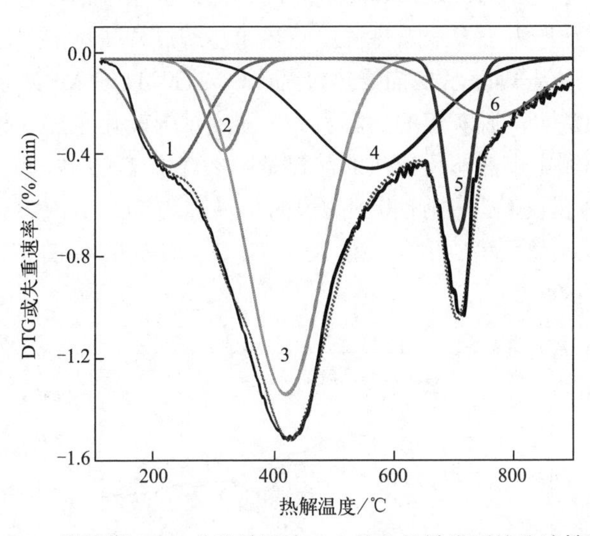

图 3-17　煤热解 DTG 曲线按照表 3-3 的共价键类别的分峰情况[13]

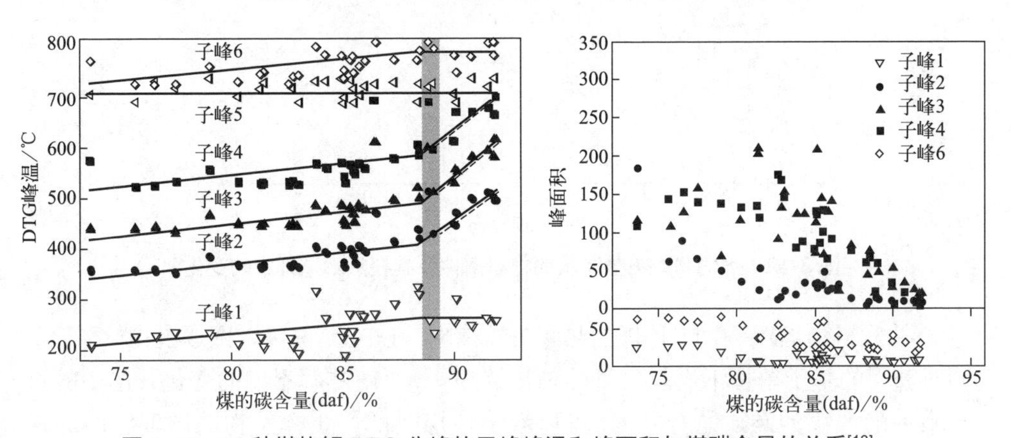

图 3-18　34 种煤热解 DTG 分峰的子峰峰温和峰面积与煤碳含量的关系[13]

3.3.3 不同煤阶煤热解过程中的热效应

由第 2 章的讨论可知，煤热解涉及多种共价键解离产生自由基碎片及自由基碎片间的反应、挥发物（非自由基）的反应，还涉及焦结构上的自由基反应。另外，煤热解过程还涉及无机组分的反应，如煤脱水、挥发物蒸发、矿物质分解（如高岭石脱水、菱铁矿分解、黄铁矿转变为磁黄铁矿）等，还包括某些矿物质（碱金属、碱土金属或过渡金属等）对有机组分热解反应的催化，所以煤热解的热效应非常复杂。再者，在从煤到焦的结构演化过程中，体系（特别是固相）的热容不断发生变化，难以测定，使得煤热解反应热的测定更加困难。这些可能是前人很少研究煤热解反应热的原因，也可能是已有报道的研究结果和规律不一致甚至相反的原因。因此，深刻认识影响煤热解反应热的复杂因素，精心设计实验，解耦多种因素的相互作用，揭示煤热解反应热随热解过程变化的规律非常重要。

承小杰等在热天平-差示扫描量热仪-质谱（TGA-DSC-MS）系统中研究了多种酸（盐酸/氢氟酸）洗脱灰煤的热解行为，测定了煤转化至焦过程中的自由基信息[14]。提出准确测定煤热解反应热的前提是脱水煤的 DSC 总热（Q_o）和系统背景热（Q_b）均恒定且相等，由此得到的煤的总热解热（Q_t）、由热解半焦模拟的固体显热（Q_s）以及由这两者得到的热解反应热（Q_r）均为 0，如图 3-19 中 0～40 min 的数据所示。

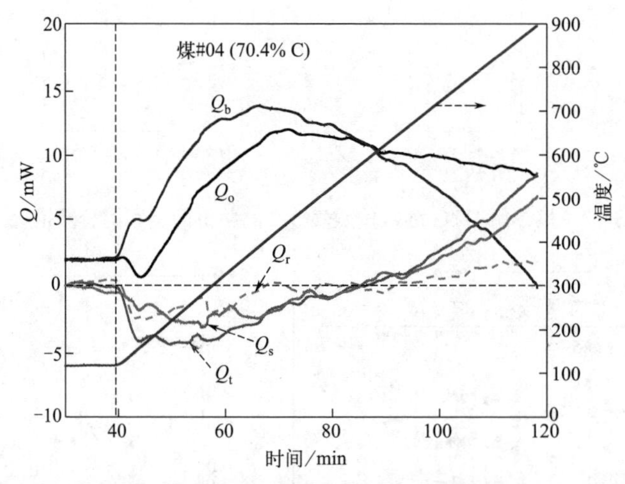

图 3-19 煤的基本热量参数的稳态条件及其在热解过程中的变化[14]

图 3-20(a) 显示了 11 种煤的热解失重速率（DTG）曲线，图 3-20(b) 展示了同时获得的基于单位干燥煤质量的总热解热（q_t）随热解温度的变化（图中的百分数为酸洗煤的碳质量分数）。可以看出，煤热解产生挥发物的温度区间约在

200～780 °C 范围，DTG 主峰峰温在 400～550 °C 范围且随煤碳含量增加而升高，DTG 峰值随煤碳含量增加而减小。由于是酸洗煤，在 700 °C 附近没有出现图 3-17 所示的碳酸盐分解峰（即图 3-17 和图 3-18 中的子峰 5）。图 3-20(b) 显示，所有煤均在热解挥发物释放的主要温区吸热，煤的碳含量越高吸热量越大，吸热的峰值约在 200～300 °C 范围。在 300 °C 以上，吸热量逐步减少，直至 DTG 主峰基本消失时（>500 °C），吸热转变为放热，且煤碳含量越高放热量越小。显然，这些煤的 q_t 变化完全不同于 DTG 变化，表明热解挥发物的释放量并不与共价键断键数和反应的自由基数简单相关，或说明挥发物释放量既与共价键断裂量有关，也与由此产生的自由基碎片的质量有关，而后者随热解温度的变化幅度更大。

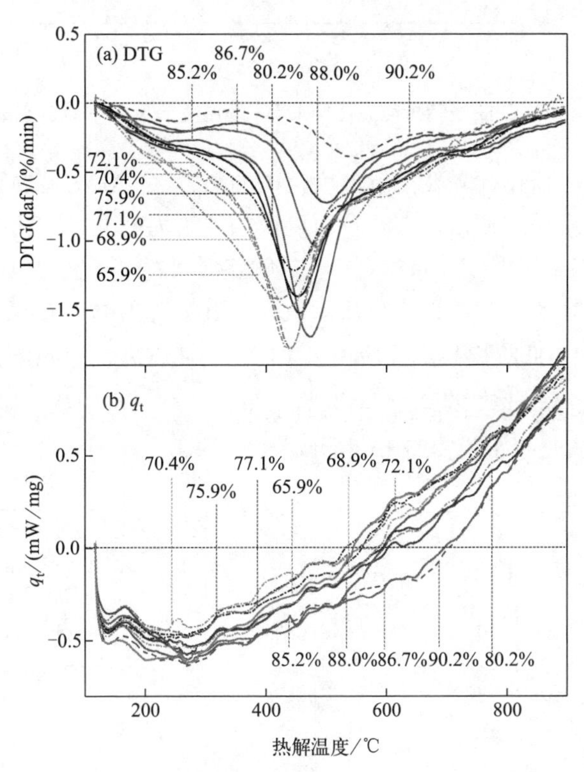

图 3-20 11 种酸洗煤热解的 DTG 曲线和 q_t 曲线[14]

（图中数据为酸洗煤的碳含量）

图 3-21 显示，酸洗煤热解的 DTG 峰温（T_{DTG-P}）和总热解热（q_t）从吸热转为放热的温度（放热为零的点，$T_{q_t=0}$）有较好的相关性，均随碳含量变化而规律变化，且 $T_{q_t=0}$ 总比 T_{DTG-P} 高 130 °C 左右，说明二者源于相似的结构变化。温度低于 $T_{q_t=0}$ 时主要发生化学键断裂产生挥发物的反应，温度高于 $T_{q_t=0}$ 时主要发生半焦结构缩聚的反应，前者主要表现为吸热，后者主要表现为放热。

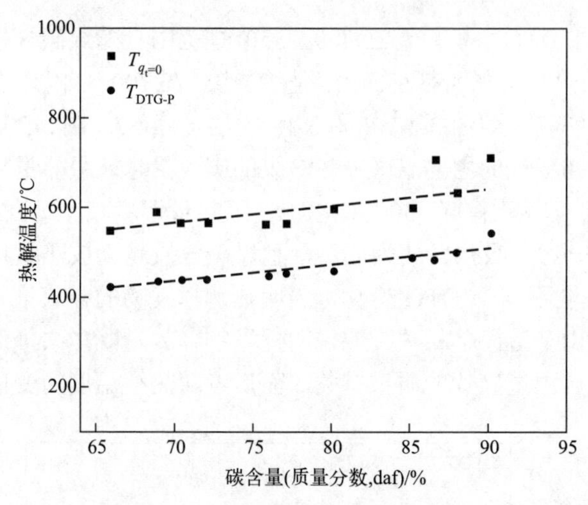

图 3-21　DSC 曲线转折点温度与 DTG 峰温随酸洗煤中碳含量的变化

因煤热解反应器设计需要热解温度范围的热解热（ΔH_t，显热和反应热之和），而且为了计算和使用方便，这些热量需以煤的质量为基准，因此图 3-22(a) 给出了 11 种酸洗煤在干燥温度（117 °C）至热解终温（T_2，<900 °C）范围的ΔH_t。显然，宏观上所有煤的热解过程均吸热，最大总吸热量在 117 °C 至 600～700 °C 范围（即 $T_{q_t=0}$ 处）。中低阶煤热解反应温区（117～650 °C）的总热解热（$\Delta H_{t,117\sim650}$）约为−1000～−800 J/g，煤焦油主要生成区间（300～600 °C）的总热解热（$\Delta H_{t,300\sim600}$）约为−500～−300 J/g，如图 3-22(b) 所示。

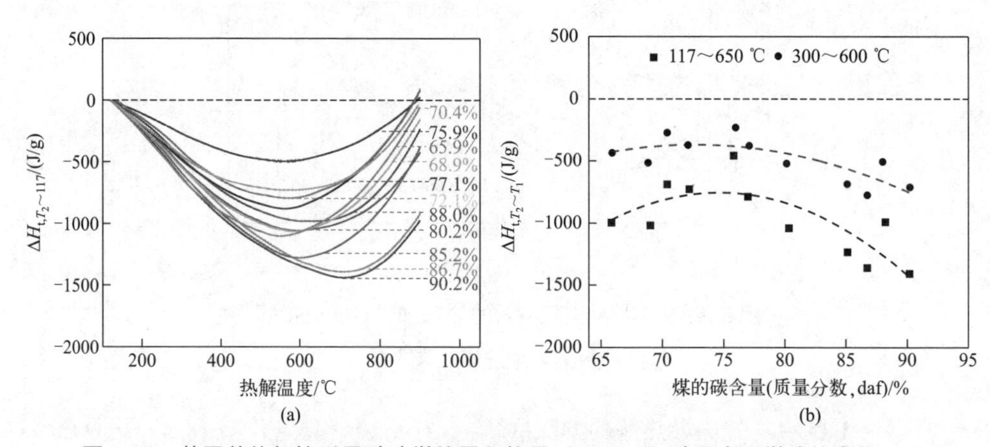

图 3-22　基于单位初始质量酸洗煤的累积热量（$T_{t,T_2\sim117}$）随温度和煤阶的变化 (a) 以及 117～650 °C 和 300～600 °C 两个温区的ΔH_t的对比 (b)[14]

图 3-23 显示了图 3-22 数据包含的热解反应热（ΔH_r）随温度和煤碳含量的变化。由于ΔH_r和ΔH_t的差别为焦的显热，二者的规律相同，ΔH_r的值要小一些，但

仍主要为吸热。主要热解温区的热解热小于−301 J/g（$\Delta H_{r,117\sim650}$），在主要焦油生成区间的热解热小于−138 J/g（$\Delta H_{r,300\sim600}$）。

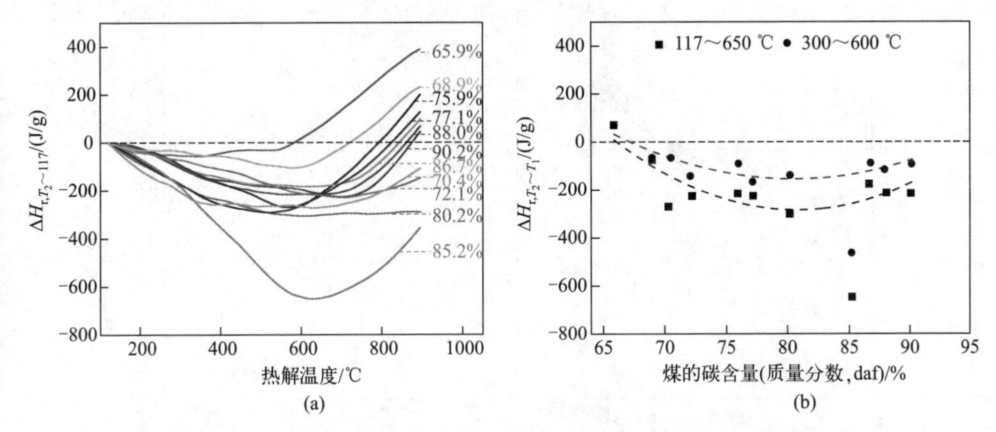

图 3-23　不同煤阶酸洗煤热解过程中单位初始质量累积反应热随温度的变化 (a) 及 117～650 °C 和 300～600 °C 两个温区的ΔH_r的对比 (b)[14]

原理上，煤热解的反应热是断键和成键的综合表现，断键吸热，成键放热；在任一反应时刻煤中仅有少数键发生断裂，生成固相自由基位点和挥发性自由基碎片，部分挥发性自由基碎片在气相偶合成键，因此上述讨论的热解热主要与挥发量相关。基于这个认识图 3-24(a) 显示了以煤的瞬时挥发速率为基准的瞬时反应热 $q_{r\text{-DTG}}$（即 q_r/DTG）与热解温度和煤碳含量的关系，该图显示的关系比前面几张图中的关系更清晰、更有规律，表明 $q_{r\text{-DTG}}$ 是表征不同煤热解反应的更有意义的参数。

图 3-24(b) 和 (c) 显示，在 $q_{r\text{-DTG}}<0$ 的较低温度范围，煤 DTG 波峰和波谷与 $q_{r\text{-DTG}}$ 的波谷和波峰呈现大致的镜像关系，即 $q_{r\text{-DTG}}$ 的吸热峰温度大致对应 DTG 的峰谷温度，$q_{r\text{-DTG}}$ 的吸热峰谷温度大致对应 DTG 的峰温。这种挥发物质量越大其反应吸热量越少的现象可能说明，DTG 主峰主要源于大分子挥发性自由基碎片的释放，即产生单位质量挥发物的断键量少；DTG 主峰前后的小峰主要源于小分子挥发性自由基碎片的释放，即产生单位质量挥发物的断键量多，这个认识与挥发物组成的研究一致，即大分子焦油主要产生于 300～600 °C 的 DTG 主峰范围。

鉴于在同一温度下发生断裂的键的键能应该小于自由基偶合生成键的键能（否则新形成的键会瞬间断裂），即键变化的总效果应为放热，图 3-24 中煤热解吸热的现象说明断键产生的部分自由基并没有在 DSC 坩埚中成键，部分挥发性自由基碎片可能逸出至气相后发生偶合成键，但其反应热不能被 DSC 测到，不易证实。但值得庆幸的是，ESR 可以测到固相自由基浓度的变化。如图 3-25 所示，煤焦自由基浓度随热解温度升高而增大，在 600 °C 达到最大值后开始下降，说明热解过程中确实有自由基没有成键。

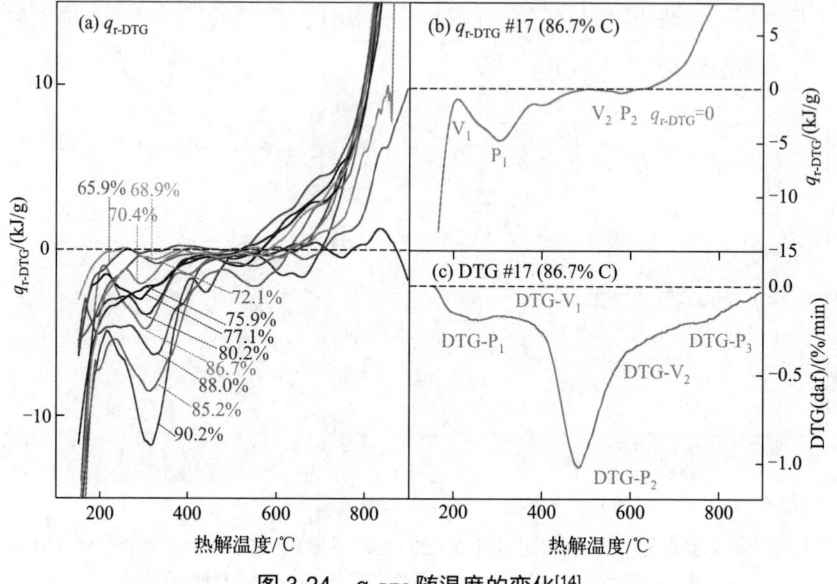

图 3-24 $q_{r\text{-DTG}}$ 随温度的变化[14]

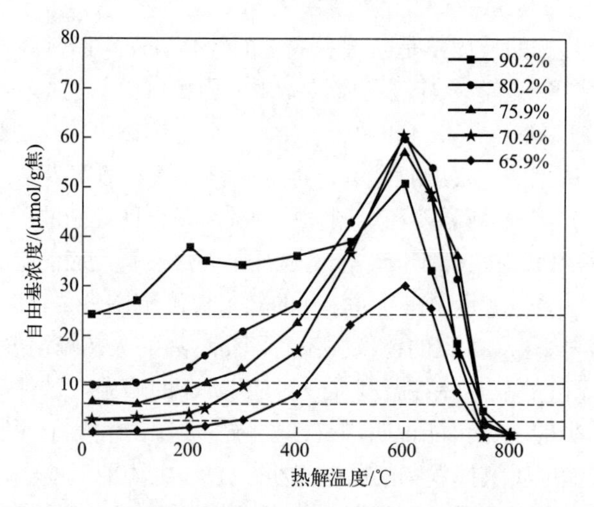

图 3-25 五种酸洗煤热解过程中的焦自由基浓度的变化[14]

由此可以推测，在热解温度低于 $T_{q_{r\text{-DTG}=0}}$（低于 600 °C）的范围，煤共价键断裂产生的部分孤电子残留于焦中，没有发生偶合反应［图 3-26(a)］，因此热解过程吸热；煤断键产生的部分挥发性自由基碎片也未在坩埚内偶合，形成了焦油自由基［图 3-26(b)］，因此热解过程也是吸热。在热解温度高于 $T_{q_{r\text{-DTG}=0}}$ 的范围，焦中的自由基偶合湮灭，但不产生挥发物［图 3-26(c)］，因此放热；焦中的芳环结构缩聚产生 H_2［图 3-26(d)］，因此也放热。这个解释可能是首次将热解的自由基反应与反应热相关联。

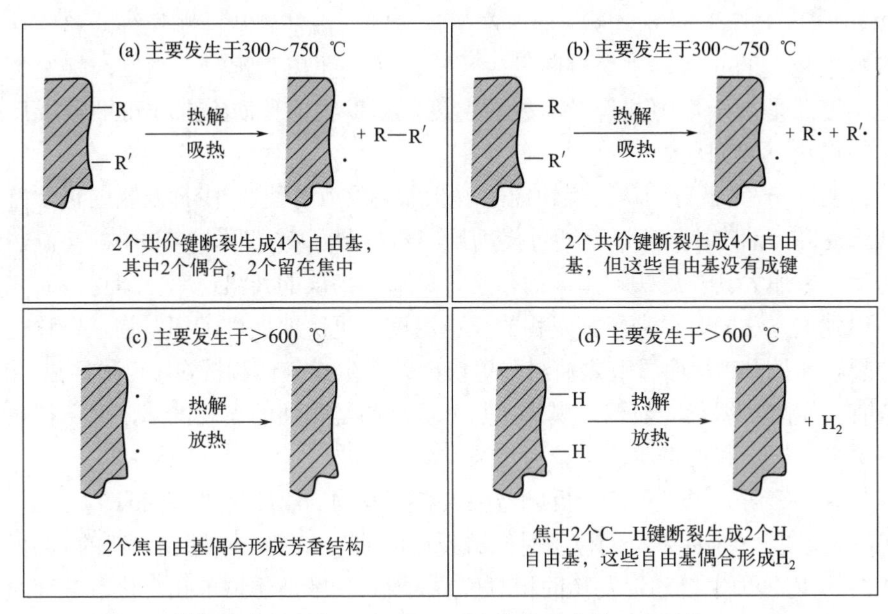

图 3-26　煤热解路径示意：(a) 和 (b) 产生焦自由基，为吸热；(c) 和 (d) 不产生焦自由基，为放热[14]

3.4　不同反应器中煤热解反应历程的传递过程分析

如前所述，煤热解制油和气的过程涉及固态煤中共价键断裂产生自由基碎片和挥发性自由基碎片的反应，由于挥发物的迁移，这两步反应发生的时间、空间及所处的条件（如温度和环境）不同，但文献中的大部分研究是二者的综合结果，无法为反应过程调控和反应器设计提供关键信息，因此认识煤热解过程中煤及挥发物的传递特征及其对产物的影响规律非常必要。

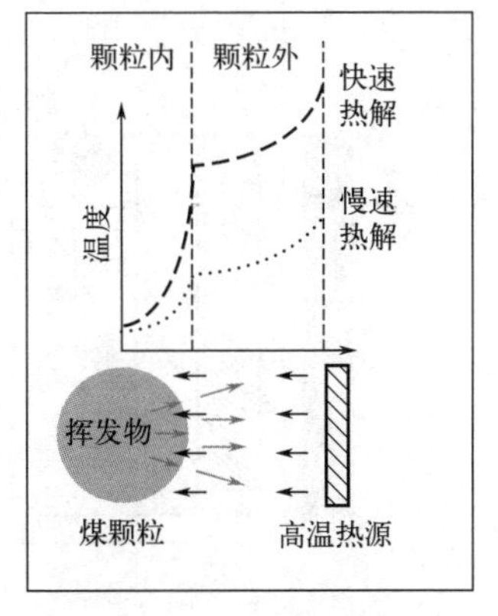

图 3-27　煤热解过程中颗粒内外传热和传质的方向[15]

在任何热解反应器中，输入的煤颗粒温度最低，反应器热源（如反应器壁、固体热载体或气体热载体）的温度最高，如图 3-27 所示[15]。当煤颗粒表面升温至 300 °C 以上后，煤中弱共价键发生断裂产生自由基碎片，挥发性自由基碎片离开煤颗粒进入更高温度的环境，进而发生更多、更快的反应，然后离开反应器被冷却为最终产品。对任一煤颗粒，其内部的温度分布不均匀，颗粒中心的温度最低，颗粒外表面的温度最高。当煤颗粒内部某一点升温至 300 °C 以上发生共价键断裂后，产生挥发性自由基碎片向颗粒外迁移，穿过温度越来越高的孔道，进而不断发生反应，然后才离开颗粒。显然，挥发物反应的温度总是高于煤中共价键断裂的温度，挥发物的传质方向与煤颗粒或反应器内的传热方向相反。

长期以来，文献普遍认为煤快速热解会缩短反应时间，减少挥发物的再裂解，有利于提高焦油产率，所以常通过提高反应器热源温度（即图 3-27 中的高温热源的温度）来加大其与煤颗粒温度的差别，从而提高煤的升温速率。但这些研究没有认识到该方法同时提高了挥发物的反应温度，更快地促进了挥发物在迁移过程中的裂解和缩聚，从而导致焦油组分更快地歧化生成气体和析炭（也称结焦）。实际上有些文献数据已经显示，煤快速热解提高的是焦油的表观产率，但所得焦油含有更多的析炭和沥青质，真正的焦油产率不高。

刘振宇等研究了多种工业反应器中煤和挥发物的温度-时间关系（*T-t* 关系，*T* 为挥发物温度，*t* 为挥发物的停留时间或反应时间），梳理了不同反应器的差别[16]。图 3-28 是炼焦炉中煤和挥发物的相对位置（横向长度是焦炉单孔炭化室宽度的一半，约为 250 mm）及挥发物流动过程中的升温曲线。焦炉的热源来自火道中燃气燃烧，燃烧热由炉壁传给煤，所以靠近炉壁的煤先发生热解生成含有大量裂隙和孔隙的焦（coke）。离开炉壁越远，煤发生热解的时间越晚，产生的挥发物大都向低压、裂隙多的炉壁方向迁移。假设煤的挥发物产生于 300 °C 以上，焦炉炉壁的温度为 950 °C，则大部分挥发物都经历了 950 °C 的环境，所以挥发物的升温范围约为 350～650 °C。挥发物在焦炉中的停留时间随煤的位置不同而不同，平均约在 9 s 内。显然，焦炉中的挥发物经历了深度裂解，部分挥发物在焦上生成积

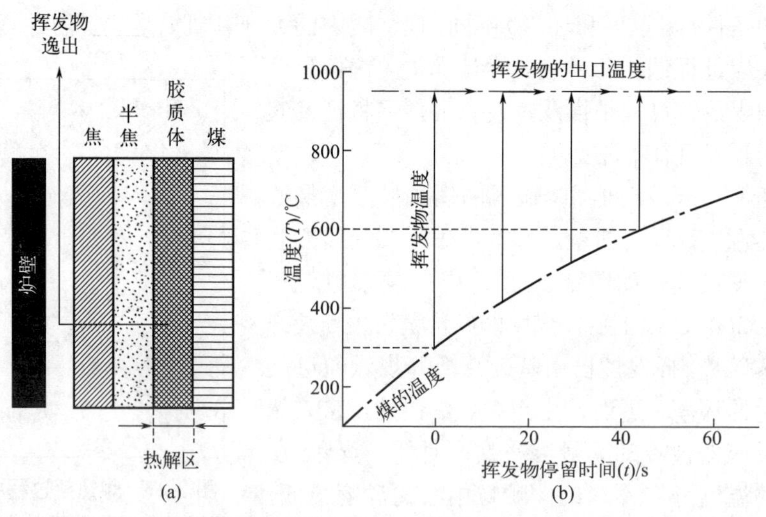

图 3-28　炼焦炉中煤位置和挥发物迁移路径 (a) 及挥发物的温度–时间（*T-t*）曲线 (b)[15]

炭和焦炉气，焦油质量产率较低，约为3.0%～4.5%，其中的酚含量较低，芳烃支链较少，沥青质量含量约在50%～60%范围。

图3-29是鲁奇三段炉（Lurgi-Spuelgas，图3-5）中第二段挥发物的*T-t*关系。在该炉中，向下运动的煤被上升的热烟气加热，温度逐步升高，产生的挥发物被热烟气携带由下至上向低温方向迁移。烟气与煤颗粒表面的温度差约在40 °C，挥发物的停留时间约在3～9 s范围。显然，该炉中挥发物发生的裂解和缩聚反应比焦炉中少，焦油的质量产率较高，约为8%（随煤而变）。因部分重质挥发物在上升过程中冷凝在焦上，然后又被焦携带向下进入高温区再次裂解，最终获得的焦油中重质组分较少（沥青质量含量在21%～30%之间），酚含量较高，带有侧链的芳烃较多[17]。

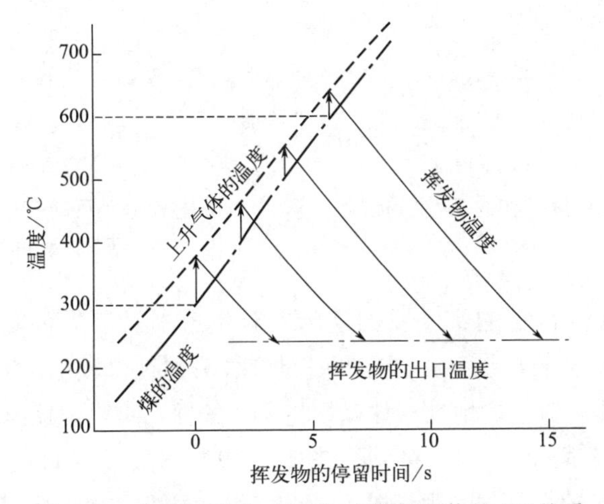

图3-29 鲁奇三段炉（L-S）中段挥发物的*T-t*关系

图3-30是流化床（图3-11）中挥发物的*T-t*关系。流化床中的气相和固相温度接近，进入的煤迅速与高温固体混合，温度升高发生裂解，产生的挥发物被进一步加热至床温，并随气体向上流动。在床温750 °C条件下，300～600 °C产生的挥发物的升温幅度为450～150 °C，挥发物的停留时间约为0.8～4.5 s。与鲁奇三段炉相比，挥发物的裂解和缩聚程度高，焦油产率低。值得注意的是文献报道的流化床煤热解焦油的质量产率差别很大，高者达20%～30%，低者为2%～3%，很多数据令人怀疑。实际上，由于流化床的气体产物含有大量微尘，冷凝焦油的尘含量极高，但很多高焦油产率的报道并未给出焦油尘含量，也未给出焦油水含量，这很可能是焦油产率虚高的原因。

图3-31是图3-13回转窑中挥发物的*T-t*关系。在很多间接加热的回转窑中，煤颗粒进入后温度逐渐升高，产生的挥发物与煤同向向下流动，温度也不断升高，

挥发物的 T-t 关系与流化床中的类似。若出口温度是 750 °C，300～600 °C 产生的挥发物的升温为 450～150 °C。若回转窑中的固体填充率为 10%，挥发物的停留时间约为 1～11 s，长于流化床中挥发物的停留时间，所以挥发物的裂解和缩聚程度高于同温下的流化床。但由于回转窑不需要或仅需要少量载气，所以粉尘夹带量少于流化床，焦油的尘含量较低。

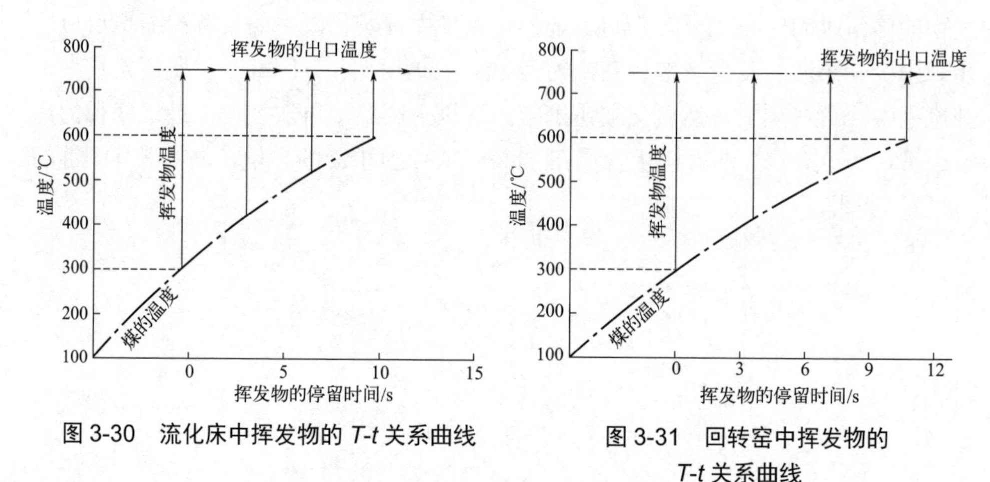

图 3-30　流化床中挥发物的 T-t 关系曲线

图 3-31　回转窑中挥发物的 T-t 关系曲线

图 3-32 是最为常见的实验室固定床热解反应器及其中挥发物的 T-t 关系。在很多场合中，此类热解反应器由电炉间接加热，升温速率较小，约在 5～20 °C/min 范围，过程中常伴有流动的惰性气体以便将产生的挥发物快速移出。挥发物的升温幅度和停留时间随载气量变化，分别约在 9 °C 和 2 s 之内，所以其裂解和缩聚的程度很小，焦油产率较高，焦油中低沸点、含氧组分较多，尘含量极低。

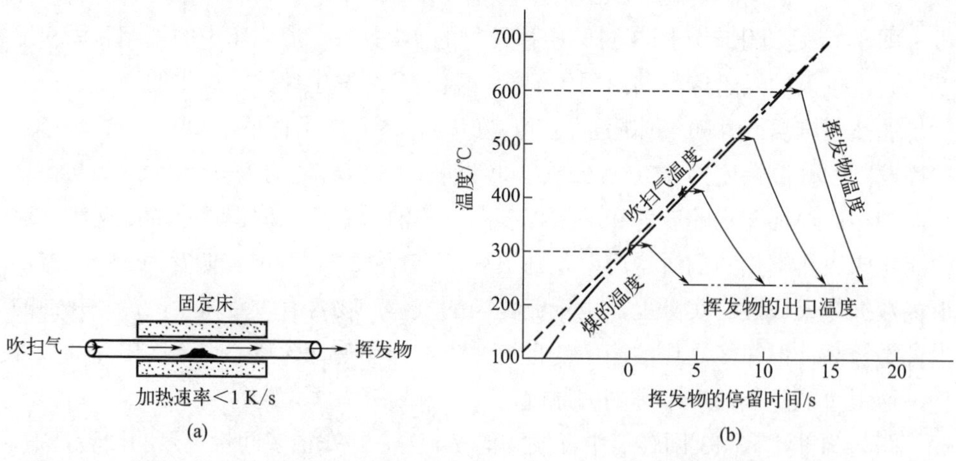

图 3-32　实验室带有惰性载气的固定床热解反应器 (a) 及其中挥发物的 T-t 关系曲线 (b)

图 3-33 是著名的格-金干馏试验（Gray-King assay）分析仪的热解炉及其中挥发物的 T-t 关系。该试验是评价煤热解油产率、水产率和焦形貌的常规方法，很多国家都为其颁布了标准。该炉的结构和固定床热解炉非常相似，升温速率为 5 °C/min，因没有载气，挥发物逸出速率完全依赖于其由固转化为气的体积膨胀，平均分子量越大，逸出速率越小，所以挥发物在格-金炉中的停留时间随热解温度而变，约为 9～20 s，显著长于有载气的固定床。尽管如此，格-金炉中挥发物的裂解和缩聚程度与带有载气的固定床热解炉仍然相近。

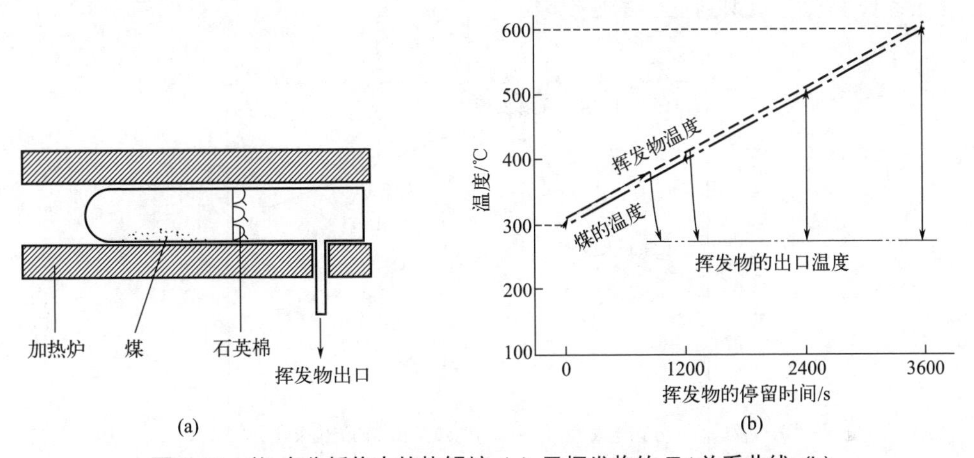

图 3-33　格-金分析仪中的热解炉 (a) 及挥发物的 T-t 关系曲线 (b)

上述分析显示，在各种煤热解反应器中，挥发物均经历了升温才排出，然后被冷凝为产物，不同热解反应器中挥发物的升温幅度和停留时间不同，裂解和缩聚程度不同，因此焦油产率和品质不同。鉴于中低阶煤的挥发物释放峰温在 450 °C 附近，图 3-34 对比了该温度下不同热解反应器中挥发物所经历的温升及停留时间。可以看出，炼焦炉中挥发物经历的温升幅度最大、停留时间最长，所以裂解和缩聚最为严重；鲁奇（L-S）三段炉中挥发物经历的温升幅度较小、停留时间居中，其裂解和缩聚程度不显著；带有载气的实验室小固定床中挥发分的裂解和缩聚程度最低；鲁奇-鲁尔（L-R）炉、流化床和回转窑中挥发物的温升幅度大致相同，但停留时间差别较大。

图 3-35 对比了不同热解反应器中一些煤阶和反应性相似的低阶烟煤（碳质量分数为 78%～83%，挥发分为 39%～41%）在 600 °C 以上热解的焦油产率。可以看出，在大部分热解反应器中，焦油产率与挥发物温升幅度相关（图中虚线），即随挥发物温升幅度增大，焦油产率减小。如挥发分温升为 7 °C 时（带载气的实验室小固定床），焦油产率约为 10%（质量分数）；挥发分温升为 40 °C 时（L-S 炉），

焦油产率约为7.3%；挥发分温升为250 ℃时（回转窑），焦油产率约为5.2%；挥发分温升为500 ℃时（炼焦炉），焦油产率约为4.8%。显然，流化床的数据（三角形符号）差异很大，应该与实验过程中焦油的收集方式和定义有关。部分安装了气固分离装置的流化床的焦油产率（空心三角形）与其它反应器的规律相同，未安装气固分离装置的流化床的焦油产率很高，说明这些焦油含有大量固体颗粒，但研究者将这些固体颗粒作为焦油报道。由此看来，通过单级流化床快速煤热解难以得到高的焦油产率，低温下焦油产率低，高温下焦油裂解生焦量大，但很多研究者长期没有认识到这个本征现象。

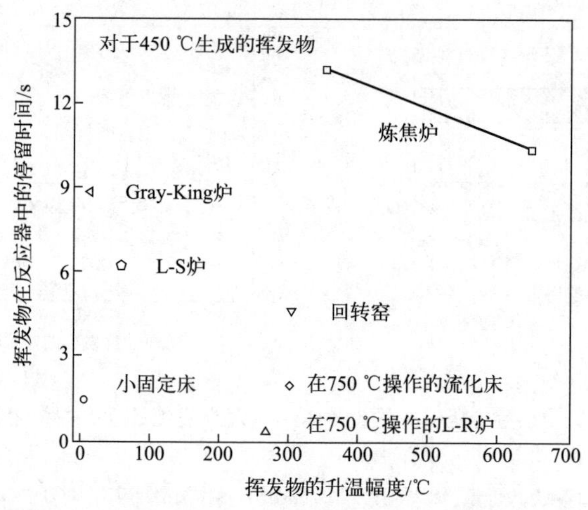

图3-34　各种热解反应器中450 °C产生的挥发物平均温升幅度和停留时间对比

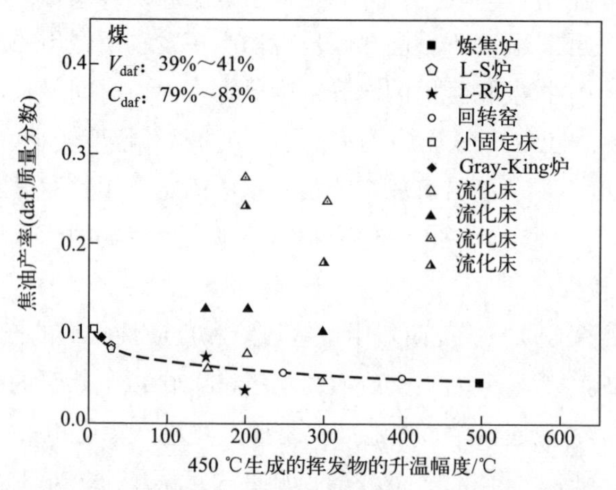

图3-35　各种热解炉中挥发物的平均温升和焦油产率的关系

3.5　测定煤热解初始挥发物的真空密闭反应器

上述讨论显示，不同反应器中煤热解挥发物的反应温度和反应时间差异很大，产物焦油的差异也很大，因此认识煤热解初级挥发物的产率和组成非常重要。一般而言，煤热解初级挥发物的数据难以获得，因为挥发物生成后会在反应器中继续反应，不仅在气相，而且在煤颗粒间空隙中以及煤颗粒内孔道中，这些反应的程度与反应器结构、煤颗粒的堆积状态以及煤颗粒的大小均有关系。为了准确获得煤热解初级挥发物的产率和组成，周斌等发明了图 3-36 所示的真空密闭热解反应器[18]。真空促进煤热解挥发物迅速逸出煤颗粒内孔道、煤颗粒间空隙和高温气相，密闭保障全产物收集。文献通常采用的高速吹扫气方法可以缩短挥发物在气相的停留时间，但不能改变挥发物在煤颗粒内孔道和煤颗粒间空隙中的反应时间，而通常的密闭反应器延长了挥发物在煤颗粒内孔道和煤颗粒间空隙中的反应时间。

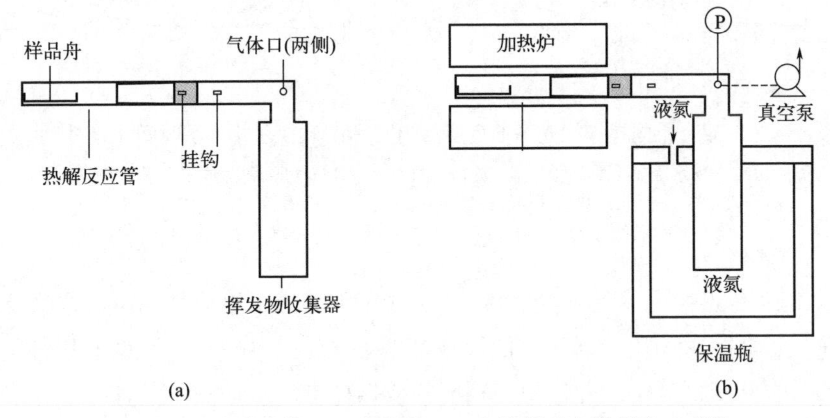

图 3-36　真空密闭 VH 反应器 (a) 和热解反应器系统 (b)[18]

真空密闭热解反应器分为热解反应管和挥发物收集器两部分［图 3-36(a)］。将放有煤样的瓷舟置于热解反应管内，然后将热解反应管与挥发物收集管连接，抽真空后将反应器密闭，并将挥发物收集管置于液氮（−196 ℃）中，最后将热解反应管的样品端置于加热炉中［图 3-36(b)］。煤热解生成的挥发物在真空条件下迅速迁移至气相，然后冷凝在挥发物收集管中。由于挥发物冷凝和不凝气体积缩小，整个热解反应器始终维持在负压状态。

图 3-37 显示了煤在真空密闭反应器中热解的压力变化和挥发物停留时间变化。

显然，真空密闭反应器（VH-PE-77K）的压力随挥发物生成逐渐上升，到 600 °C 时压力约为 0.03 MPa，500 °C 生成的挥发物的停留时间短于 1 s。若不预先抽真空，该反应器仅靠液氮冷却挥发物（VH-77K）也能在热解过程中保持负压，但压力较高，从常温的 0.04 MPa 增至 600 °C 的 0.07 MPa，500 °C 生成的挥发物的停留时间约为 2 s。格-金反应器（GK-273K，冰水冷却挥发物）的压力是 0.1 MPa，挥发分的停留时间长，500 °C 下为 3 s。载气吹扫反应器（FT-77K 和 FT-273K，分别为液氮和冰水冷却挥发物）的压力总是 0.1 MPa，挥发物停留时间取决于 N_2 吹扫速率。

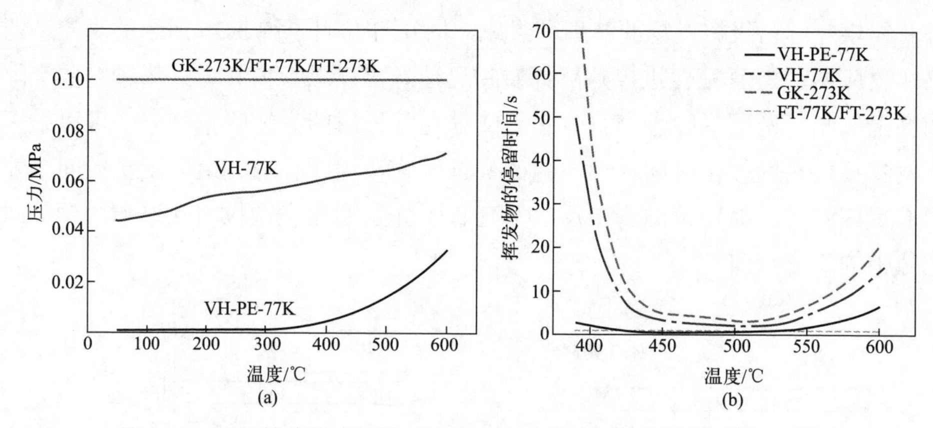

图 3-37 不同操作模式下的反应器内压 (a) 和挥发物停留时间 (b)[18]

GK-273K—冰水冷却挥发物的格-金反应器；FT-77K—液氮冷却挥发物的载气吹扫反应器；FT-273K—冰水冷却挥发物的载气吹扫反应器；VH-77K—密闭反应器（系统不抽真空，液氮冷却挥发物）；VH-PE-77K—真空密闭反应器

图 3-38 是煤在上述反应器中热解的产物产率，为了更清楚地表示这些反应器的差别，以真空密闭反应器产物的质量产率为基准（100%），计算了其它反应器产物产率的偏差百分比，并标识在相应的数据棒中。从该图可以看出，真空密闭反应器的焦和气体产率最低，焦油和水的产率最高，说明挥发物的反应程度最低。与其相比，未预先抽真空的反应器的焦油质量产率下降，在 50～500 °C、50～550 °C 和 50～600 °C 三个温度区间，分别下降 11.8%、10.5%和 8.8%。与真空密闭反应器相比，其它 3 种反应器的焦油和水产率更低，焦和气产率更高，如格-金反应器的焦油质量产率下降 27%左右，焦质量产率增加 3%左右，气质量产率增加 10%左右，说明挥发物发生了显著的裂解和缩聚。值得注意的是，带有载气的流动反应器的焦油产率显著低于真空密闭反应器的焦油产率，焦和气体产率高于真空密闭反应器，说明虽然吹扫气可快速将挥发物从反应器气相移出，但挥发物在煤颗粒孔道中和颗粒间空隙中的反应量很显著。当然，载气吹扫可能会降

低挥发物的冷却效果，使得部分产物逃逸出产物冷却系统，导致观察到的焦油产率下降。另外，真空密闭反应器的水产率高于其它反应器水产率的现象可能说明，热解水参与了挥发分反应。

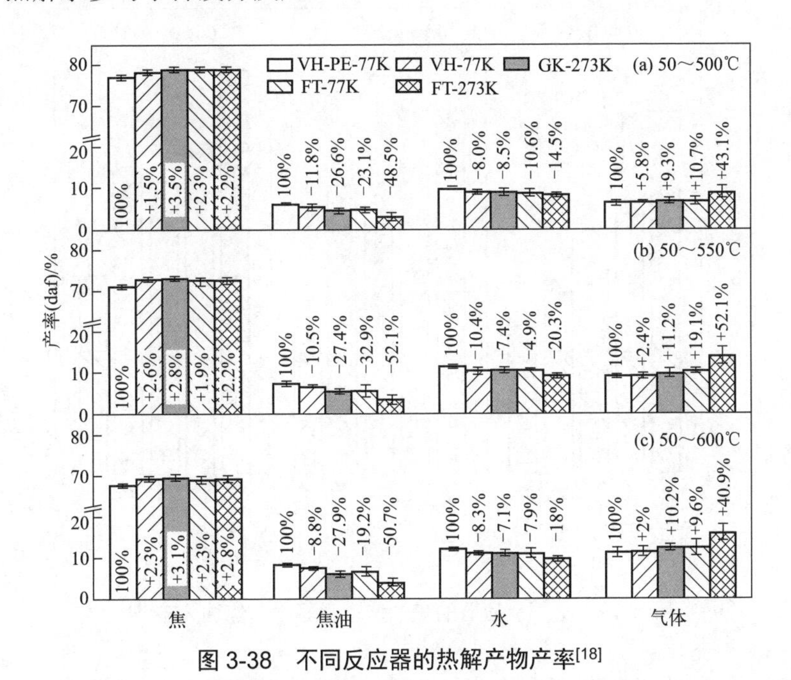

图 3-38 不同反应器的热解产物产率[18]

表 3-4 显示，在两个热解温区，不同反应器热解焦的比表面积不同，真空密闭反应器所获焦的比表面积最大，说明挥发物在煤颗粒孔道中和颗粒间空隙中的反应量最少，生成的焦最少；其它反应器均不能减少挥发物在煤颗粒孔道中和颗粒间空隙中的反应时间，因而发生了显著的裂解和缩聚，生成的焦堵塞了微孔，降低了焦的比表面积。

表 3-4 不同反应器热解焦的比表面积对比

热解温区/℃	比表面积/(m^2/g)			
	真空密闭（液氮冷却）	密闭（液氮冷却）	格-金（冰水冷却）	载气吹扫（液氮冷却）
50～500	204	174	173	186
50～600	319	275	263	287

图 3-39 展示了不同反应器的焦油产率，以及轻、重焦油分布（数据棒上的百分数）。可以看出，所有反应器的焦油产率均随热解终温升高而增大。在相同热解温区，真空密闭反应器的轻、重焦油产率最高，说明该反应器中的挥发物反应程

度最低，焦油裂解和缩聚最少。气体产率和组成数据显示，真空密闭反应器的气体最少，H_2和 CO 最少，说明挥发物的裂解和缩聚最少。

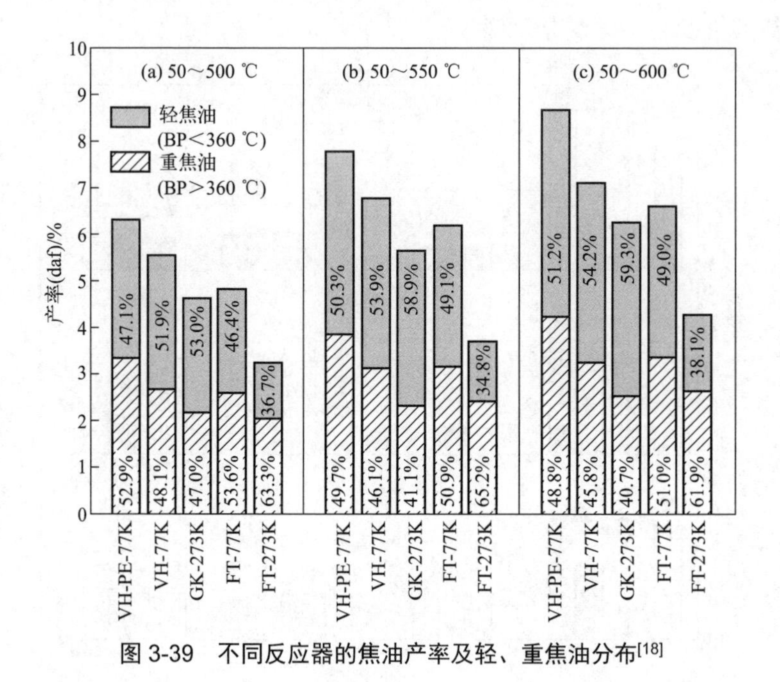

图 3-39　不同反应器的焦油产率及轻、重焦油分布[18]

显然，上面的研究表明，真空密闭反应器的产物产率和组成最接近煤热解初级产物的产率和组成，可以作为研究煤热解挥发物反应的基点。

3.6　煤热解过程中的挥发物反应

如前所述，无论是快速热解还是慢速热解，任何工业热解反应器中均不可避免地发生挥发物的反应，所以挥发物反应的踪迹无处不在。图 3-40(a) 显示了 Tyler 设计的流化床热解器[19]，细颗粒煤连续从该热解器的中心管输入流化的高温砂中，煤在砂中快速升温热解，挥发物随氮气上升并进一步升温，然后从顶部排出，经冷却得到焦油和不凝气。由于煤中共价键热断裂的温度范围固定（如焦油主要产生于 300～600 °C 范围），热解器的温度决定挥发物的反应程度。由图 3-40(b) 可以看出，Loy Yang 褐煤热解的总挥发物和气态烃类的产率随热解器温度升高而增大，但焦油产率在 550～600 °C 达到最高值，然后随温度升高而下降，说明 300～600 °C 范围产生的焦油蒸气在更高温度下发生裂解，歧化生成气态烃和积炭［积炭量可由（焦油＋气态烃）$_{T=600\ °C}$和（焦油＋气态烃）$_{T>600\ °C}$的差值估算］。若假定煤进入热砂后瞬间热解产生挥发物，依据氮气气速推算，挥发物在热砂中的停留时间约为 0.3 s，在气相的停留时间约为 0.4 s。因此，高于 600 °C 时的焦油产率下降可归结于挥发物在该温度下 0.7 s 的反应。研究发现，10 种烟煤在该热解器中也显示了类似的规律，且 N_2、H_2、He、CO_2 和水蒸气气氛下的焦油产率类似，仅 H_2 提高了甲烷产率[20]。

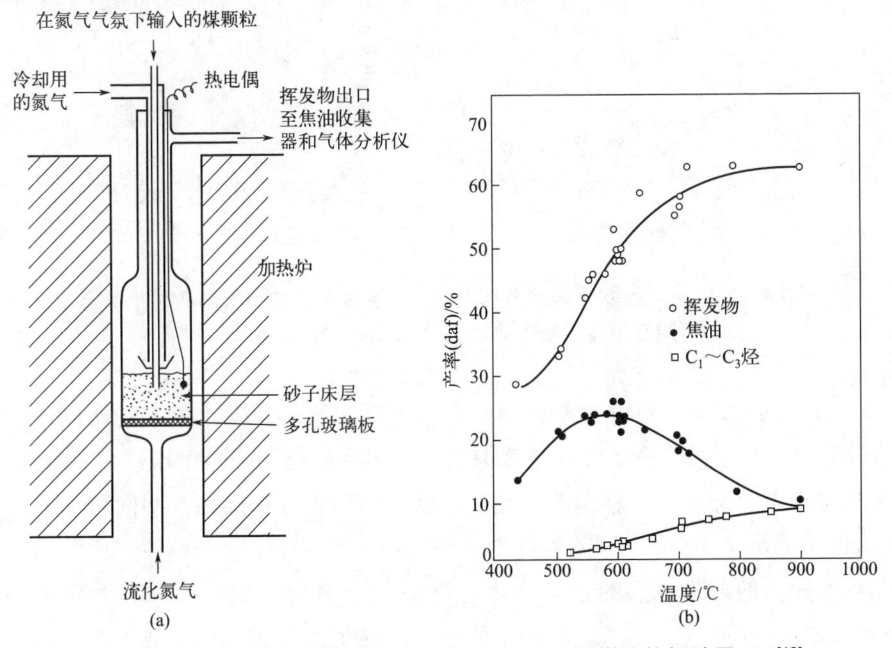

图 3-40 Tyler 流化床热解器 (a) 和 Loy Yang 褐煤的热解结果 (b)[19]

需要指出，煤热解挥发物的继续反应并不是在 600 °C 以上才开始，在 600 °C 以下已经发生，如 400 °C 产生的挥发物在升温至 600 °C 的过程中也会不断反应。图 3-40 的现象说明，对于以焦油产率为目的的流化床煤热解而言，床层温度不宜超过 550～600 °C，这也说明 COED 工艺中生产焦油的流化床（图 3-12）的温度（454 °C 和 538 °C）是根据挥发物的反应特征确定的，但这个重要认识没有被后人所重视。

Hayashi 等采用与上述 Tyler 流化床类似，但分别设有密相（砂子）段和稀相（气相）段加热组件的装置上研究了 Wandoan 次烟煤热解挥发物的反应行为。发现在密相段 600 °C、挥发物停留时间 3.5 s 条件下，总挥发量（焦油+气）基本不随稀相段温度（610～850 °C）而变，但焦油产率随稀相段温度升高而减小［图 3-41(a)］，说明部分焦油裂解转化为气体。在密相段温度分别为 500 °C、600 °C 和 700 °C 条件下，无论最终的焦油产率如何，均随稀相段温度升高而减小，焦油 H/C 比的变化相同［图 3-41(b)］，说明最终焦油组成主要取决于稀相段温度，即挥发物的反应[21]。

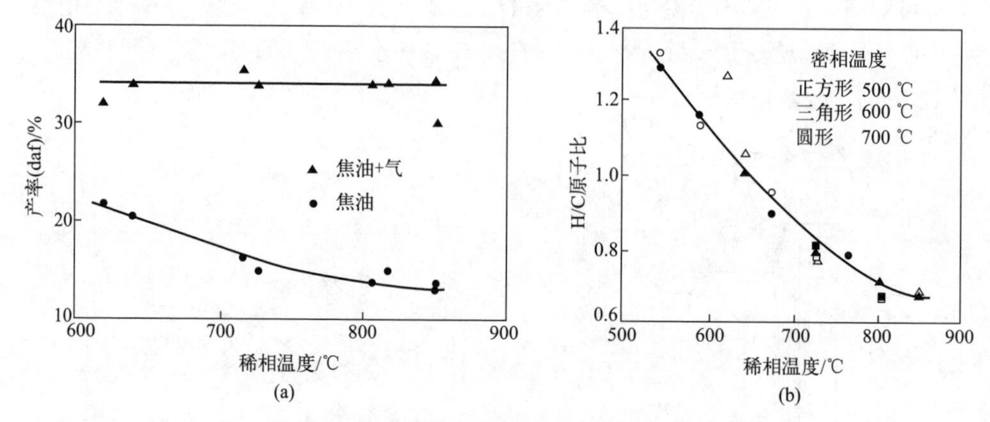

图 3-41　Wandoan 次烟煤热解挥发物反应温度对焦油和气体产率 (a) 及不同密相段温度下焦油 H/C 原子比 (b) 的影响[21]

Hayashi 等发现，热解焦或许会略微改变挥发物的反应，但其对不同产物产率的影响程度与煤种有关。如图 3-42 Ⅰ 中 Wandoan 次烟煤在流化床（FBP，稀相是挥发物自身的反应）和输运床（EFP，挥发物和焦总是接触，同向移动）中热解的部分产物产率相同，但图 3-42 Ⅱ 中 Morwell 褐煤在这两个反应器中的对应产物产率不同。但非常明显的是，单环小分子产物 BTX（苯、甲苯、二甲苯）和 HCG（有机气体）及最小两环产物萘的产率随热解温度升高而升高，含氧的单环酚类化合物 PCX（苯酚、甲酚、二甲酚）的产率随热解温度升高而下降，说明挥发物在 700 °C 以上发生了芳环侧链脱除反应，即芳香碳-脂肪碳键（C_{ar}—C_{al}）和芳香碳-氧键（C_{ar}—O）的断裂。

Serio 等在可分别控制温度的两段固定床反应器（图 3-43）中研究了匹兹堡 8 号烟煤热解挥发物的反应[23]。上段（反应器-1）放置浅层煤，热解升温速率为 3 °C/min，终温 550 °C，氦气吹扫；下段（反应器-2）进行挥发物的反应，温度和时间分别为 500～900 °C 和 0.6～3.9 s。由图 3-44 可以看出，下段不加温时（BASE），焦油的最大产率可达 24.5%（质量分数）左右；在下段加温并反应 1.1 s 时，挥发物在 600 °C 以下反应得很少，在 700～800 °C 的质量转化率约为 30%～50%，产物主要是气体，在 900 °C 时的质量转化率约为 60%。他们发现，把焦油分成三种独立一级反应组分可以很好地描述焦油在研究条件范围的转化动力学（图 3-44 中的线），且该动力学可与焦油的芳碳率和芳氢率动力学较好地关联。

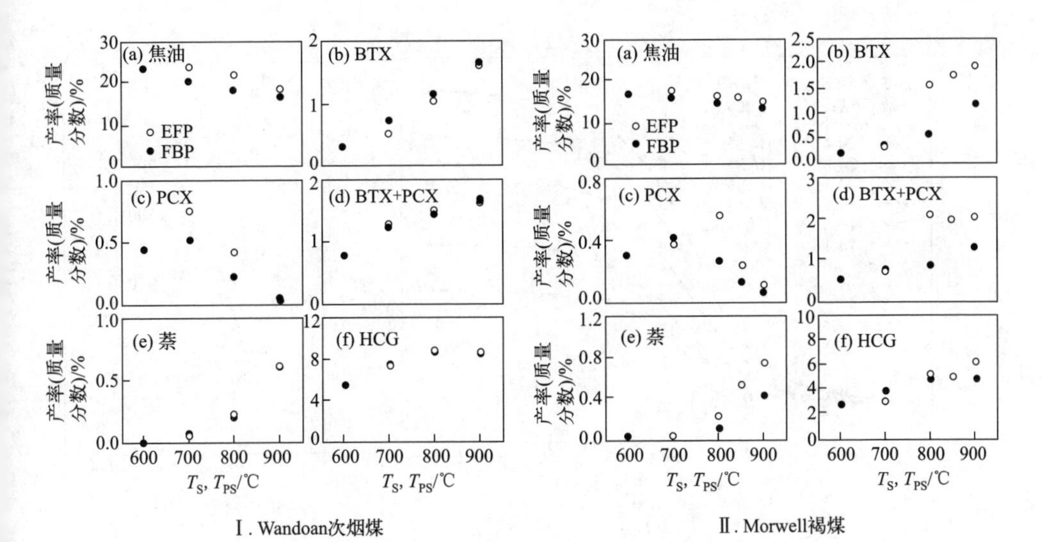

图 3-42　热解挥发物反应温度对产物产率的影响[22]

T_S—流化床稀相段温度；T_{PS}—输运床温度；EFP—输运床；FBP—流化床；BTX—苯、甲苯、二甲苯；PCX—酚、甲酚、二甲酚；HCG—有机气体

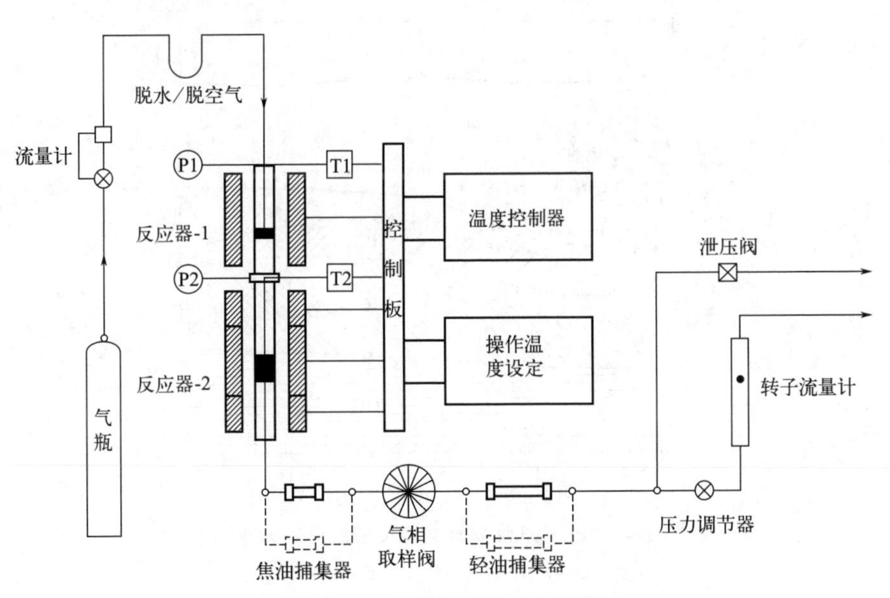

图 3-43　两段固定床反应器[23]

Xu 等也用两段分别控温的固定床研究了煤热解挥发物的反应[24]。他们将 Liddell 烟煤（含碳 83.5%，挥发分 33.3%，质量分数）置于第一段，以 60 ℃/s 的速率升温至 600 ℃，产生的挥发物大约停留 2 s 后进入第二段。挥发物在第二段的反应温度为 300～900 ℃，反应时间为 0.2～14 s。研究发现，第二段的温度对最终产物的影响很大。比如，当挥发物在第二段停留 7 s 时（如图 3-45 所示），焦油的

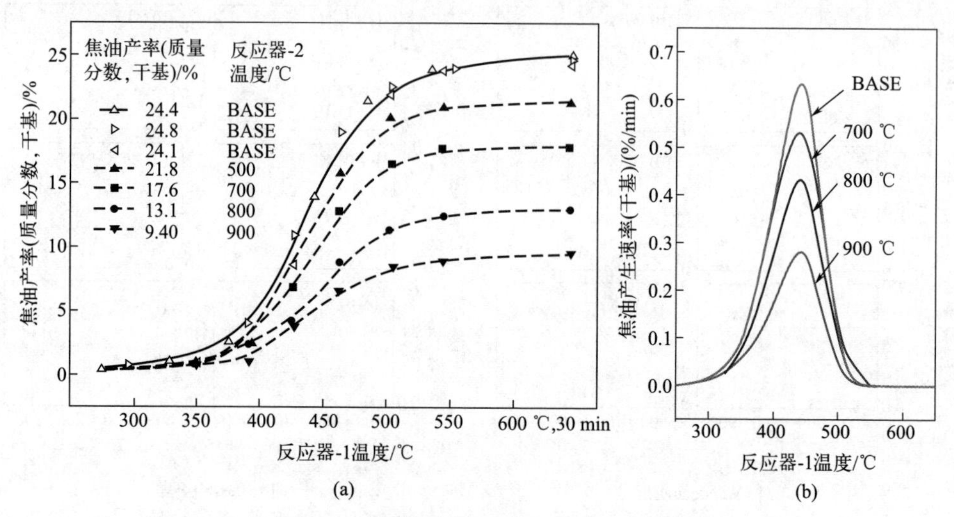

图 3-44 匹兹堡 8 号烟煤热解挥发物反应温度对焦油产率的影响（挥发物停留时间为 1.1 s）[23]

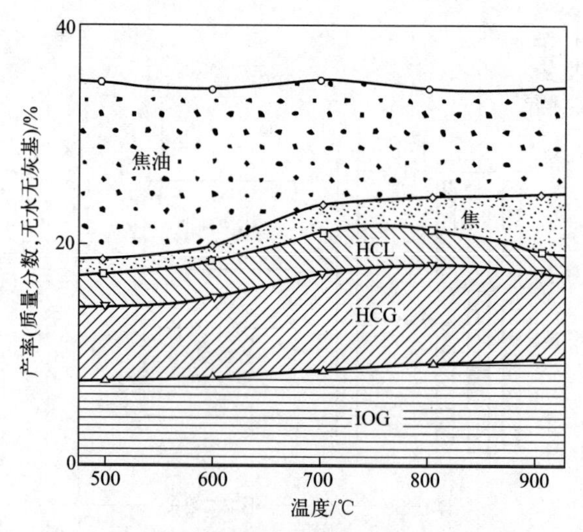

图 3-45 Liddell 烟煤挥发物反应的产物分布[24]

HCL—轻油；HCG—有机气体；IOG—无机气体

产率随温度升高而减小，特别是高于 600 °C 后，900 °C 的产率约为 500 °C 产率的一半，说明焦油在 600 °C 以上发生了显著裂解，部分生成焦（coke）和无机气体（IOG），部分生成有机气体（HCG，C_1～C_3）和轻油（HCL，主要是 C_5～C_7、BTX 和 PCX），但这两种轻质有机物的产率在 800 °C 以上也开始减少，部分也生成了焦。低温短时间也会生成乙烷、丙烷、甲苯和二甲苯，高温长时间的产物主要是甲烷、乙烯和苯（图 3-46），说明挥发物在 600 °C 以上的反应包括芳烃脱烷基侧链、脂肪烃脱氢和积炭（结焦）。

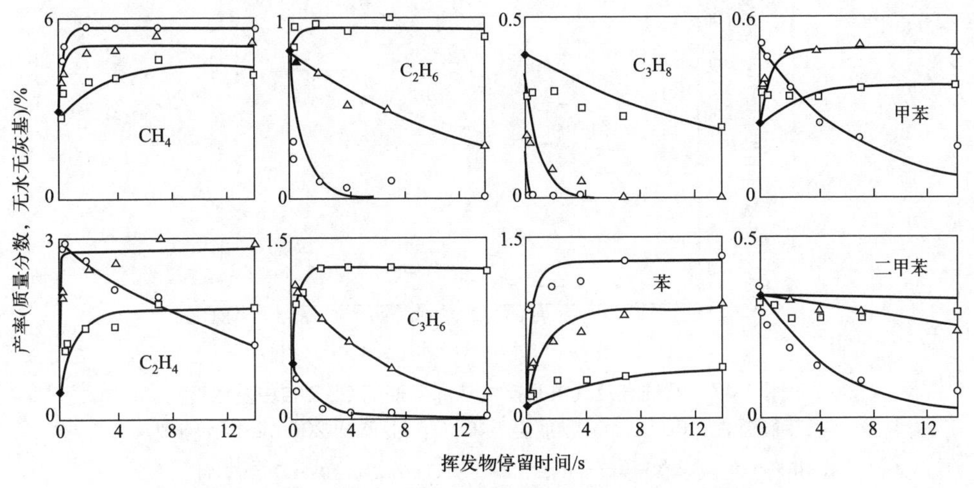

图 3-46　Liddell 烟煤挥发物反应的有机气体产物[24]

◆ 第一段产物；□ 第二段 700 °C；△ 第二段 800 °C；○ 第二段 900 °C；线为拟合结果

3.7　煤热解过程中的自由基反应

如前所述，煤含有自由基，煤热解生成挥发物和焦的反应主要是自由基反应。何文静等[25]用 ESR 研究了呼伦贝尔褐煤、补连塔烟煤、布尔台烟煤和大柳塔烟煤在固定床快速吹扫条件下所得焦油和焦的自由基浓度并与原煤的自由基浓度对比（图 3-47），发现焦油的自由基浓度与煤自由基浓度正相关，在 0.08～0.25 μmol/g 范围（相当于 0.5×10^{17}～1.5×10^{17} spin/g），小于煤自由基浓度 2 个数量级；焦的自由基浓度约高于煤自由基浓度 1 个数量级，在 200～1000 μmol/g 范围。显然，煤在热解中虽然发生了大量共价键断裂，生成很多挥发物，但体系中的自由基主要赋存于焦上。焦的自由基浓度远高于煤的自由基浓度，说明共价键断裂释放挥发物的同时在焦上留下很多“伤口”，这些“伤口”上含有不能移动的孤电子（即 ESR 可测的稳定自由基），煤的自由基结构越多，其热解“伤口”越多。焦油的自由基浓度很低，说明挥发物中的大部分自由基偶合湮灭，仅保留有少量煤的大分子结构，煤的自由基结构越多，热解焦油中的自由基结构也越多。

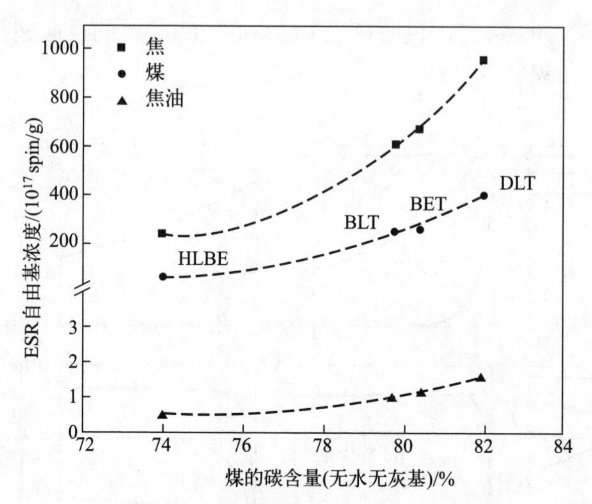

图 3-47 四种煤及其热解产物焦和焦油的 ESR 自由基浓度
（热解条件：80 °C/min 升温至 540 °C，N_2 吹扫 200 mL/min）[25]

HLBE—呼伦贝尔褐煤；BLT—补连塔烟煤；BET—布尔台烟煤；DLT—大柳塔烟煤

3.7.1 煤热解过程中焦的自由基信息

既然煤热解过程中可被 ESR 观测到的自由基主要赋存于焦上，很多研究者用 ESR 检测了热解焦的自由基浓度变化。Fowler 等[26]用自制的原位高温 ESR 热解反应器（图 3-48）研究了一种英国烟煤（含碳 83%，质量分数）在连续氮气吹扫（移出挥发物）条件下热解过程中煤或焦的自由基浓度，并与相同条件下氯仿萃余煤或焦的自由基浓度对比。研究发现（图 3-49），在升温速率 10 °C/min 及室温～400 °C 范围，煤（或焦）的自由基浓度呈现 3 阶段变化趋势：室温～180 °C 自由基浓度升高，180～300 °C 自由基浓度下降，300～400 °C 自由基浓度再升高。这些现象和其它一些煤热解的现象相同，仅是温度范围略有差别。氯仿萃取降低了煤的自由基浓度，特别是在 150～300 °C 范围。

他们结合图 3-50 中煤及氯仿萃余煤升温至不同温度后恒温过程中的自由基浓度变化现象进一步研究了上述 3 个阶段的自由基浓度变化：在恒温 100 °C 和 150 °C 条件下，焦的自由基浓度单调上升至某一极值，然后维持不变，煤的氯仿萃取基本不影响该过程；在恒温 200 °C 和 250 °C 条件下，焦的自由基浓度经历极大值后下降至恒定值，煤的氯仿萃取降低了焦的自由基浓度；在恒温 300 °C 条件下，焦的自由基浓度经“升高-下降”后又缓慢升高，氯仿萃取煤显示了类似的规律，但氯仿萃余焦的自由基浓度远低于原煤焦的自由基浓度。结合煤的热重（DTG）和差热（DTA）数据及三条基本原则——①微波主要被芳香结构吸收；②新自由基源于

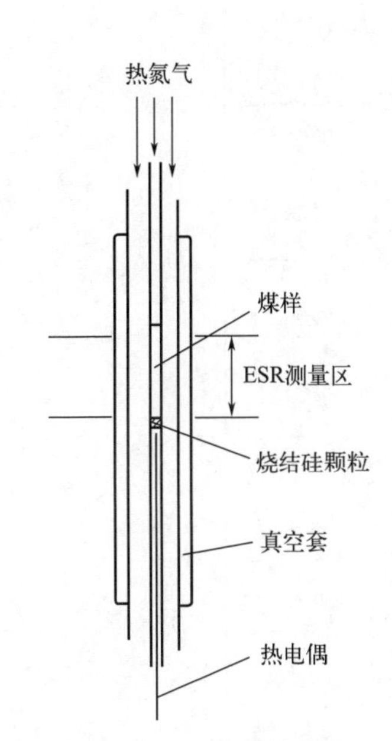

图 3-48　Fowler 的原位高温 ESR 热解反应器[26]

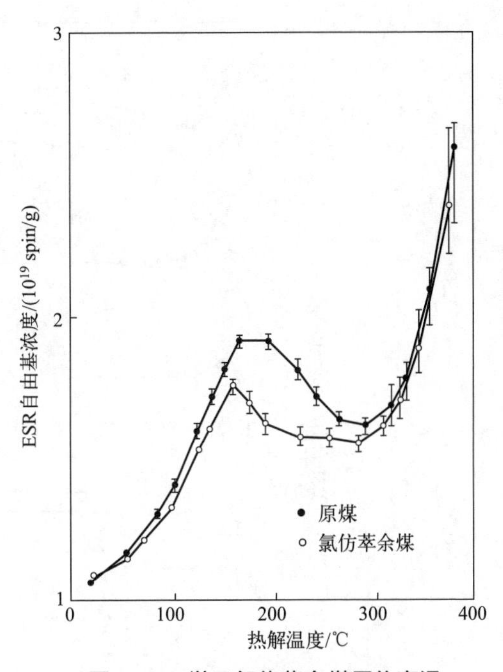

图 3-49　煤及氯仿萃余煤原位高温热解的 ESR 自由基浓度变化[26]

共价键断裂，只在高温发生；③自由基可被物理脱附，也可相互偶合湮灭——他们认为：第 1 阶段（室温～180 ℃）主要发生了煤脱氧（或许还包括脱水），因为常温下，氮气吹扫可以提高煤的自由基浓度，空气吹扫又可消除氮气的作用，恢复煤的自由基浓度；第 2 阶段（180～300 ℃）焦自由基浓度下降可主要归结于热活化导致的煤自由基移动性增加，进而在煤结构中的发生偶合湮灭；第 3 阶段（300 ℃ 以上）焦自由基浓度上升可以归结于煤中共价键的断裂。另外，他们猜测氯仿萃取的作用与煤热解中的氢转移有关，可能是氯仿溶解并移走了煤中的小分子物质（减少了氢转移），因而促进了煤中自由基的缩聚。

Fowler 等[27]还用原位 ESR 方法研究了载气流速、煤颗粒尺寸及加热速率对上述煤热解过程中焦自由基浓度的影响，发现在 280 ℃ 以上，提高载气流速（0.15～2.5 m/s）提升了煤的自由基浓度，但煤颗粒尺寸（从−180 μm 到 850 μm）和加热速率（5～20 ℃/min）对煤自由基浓度的影响较小。认为高载气流速的作用是减少挥发物在反应器中的停留时间，进而减少挥发物与焦的反应。这个结论说明，煤热解生成的固相不可移动自由基和气相可移动自由基会发生偶合反应生成非自由基结构，从而造成 ESR 观察到的自由基浓度下降，间接说明 ESR 观察到的是稳定自由基。

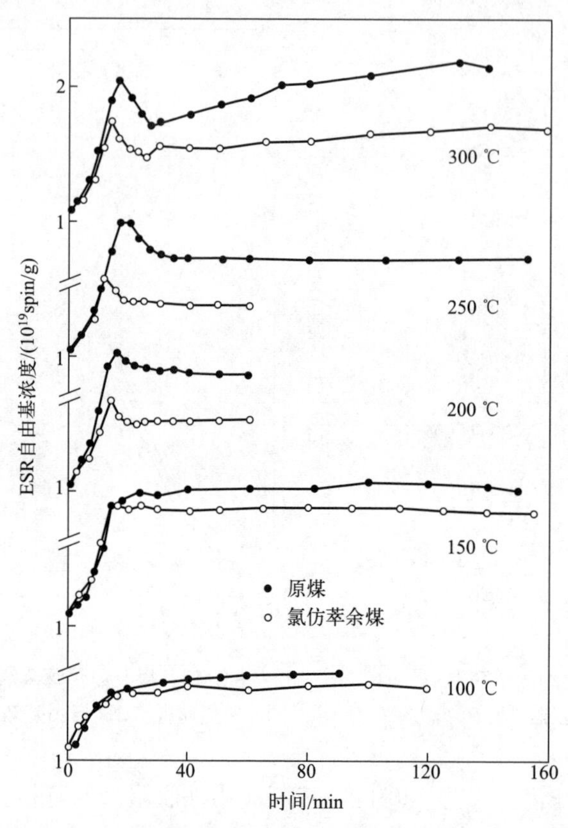

图 3-50　煤及氯仿萃余煤原位高温热解至不同温度后的 ESR 自由基浓度变化

Seehra 等[28]用 ESR 原位测定了 6 种煤（图 3-51 中 1～6）热解过程中的自由基浓度变化，并根据居里校正磁化系数的关系式［$N_{298\ \mathrm{K}} = N_T T(\mathrm{K})/298(\mathrm{K})$，其中 N 为自由基数，T 为温度］将高温 T 下的自由基数转换为 298 K 下的自由基数以便有效对比不同温度下的数据。依据图 3-51 数据的共性趋势，他们认为尽管这些煤的碳含量差别较大（62%～85%，质量分数），但它们的热解均可分为 4 个阶段：第 1 阶段是室温～250 ℃，主要发生弱键断裂造成的脱气，煤的自由基浓度升高；第 2 阶段是 250～400 ℃，主要发生煤内部氢转移或部分结构重组，煤的自由基浓度下降；第 3 阶段是 400～600 ℃，主要发生共价键断裂，煤的自由基浓度升高；第 4 阶段是 600 ℃ 以上，主要发生自由基的聚合，导致煤的自由基浓度下降。显然，这些分析与前面 Fowler 等的类似，但温度范围显著不同。另外，第 3 阶段和第 4 阶段的分析较为含混，因为很难想象煤在 400～600 ℃ 产生的自由基碎片会等到 600 ℃ 以上才聚合，除非它们是由于某种原因不能参与反应的稳定自由基。

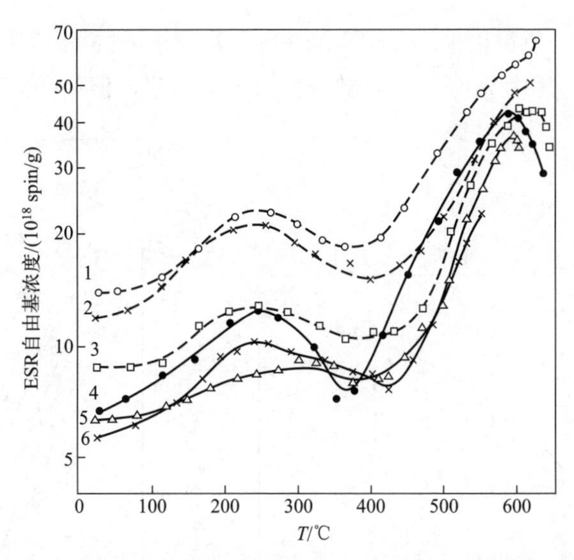

图 3-51　热解过程中 ESR 自由基浓度随温度的变化[28]

1—Pocahontas #3（碳含量为 85.6%）；2—Pocahontas #5（碳含量为 85.2%）；3—Matewan（碳含量为 79.4%）；4—Alma（碳含量为 81.4%）；5—Bakerstown（碳含量为 62.3%）；6—Sunnyside（碳含量为 76.9%）

基于上述研究结果，Seehra 等提出了关联煤热解转化速率和自由基浓度变化速率的动力学模型，认为二者成正比，即$-\mathrm{d}C_c/\mathrm{d}t = \mathrm{d}C_s/\mathrm{d}t = kC_c$（其中，$C_c$是煤的浓度；$C_s$是 ESR 测定的自由基浓度；$k$ 是一级反应速率常数），进而计算了自由基浓度变化（$\mathrm{d}C_s/\mathrm{d}t = kC_c$）的活化能，发现 Alma 煤的初始自由基浓度（$C_0$）为 17×10^{18} spin/g 时，500 °C 恒温热解自由基浓度变化的速率常数 k 为 0.018 min^{-1}（图 3-52），各种煤在第 3 阶段（400～600 °C）热解生成自由基的活化能（图 3-53）在 10 kcal/mol（1 kcal = 4.186 kJ）附近。需要指出，这个动力学模型最多只能描述图 3-51 中第 3 阶段煤的脱挥发分过程和相应的焦自由基浓度变化，但等式$-\mathrm{d}C_c/\mathrm{d}t = \mathrm{d}C_s/\mathrm{d}t$ 仍然令人生疑，因为 $\mathrm{d}C_c/\mathrm{d}t$ 是煤单位体积的质量变化率（不知道挥发物的分子个数），而 $\mathrm{d}C_s/\mathrm{d}t$ 是煤中自由基浓度（数量浓度）的变化率，二者相等的前提是共价键断裂生成的每个自由基碎片的质量都相同，但这显然违反常识。

Fowler 等[29]在不同反应条件下（密闭管、真空、流动载气）研究了 6 种煤热解的原位 ESR 自由基浓度变化，认为：①煤在密闭管内热解的原位自由基浓度包含挥发物反应的贡献，不能简单地用居里关系式校正自由基浓度；②除了褐煤和无烟煤外，其它煤在真空及流动载气反应器中热解的原位自由基浓度可用居里关系式校正，但过高载气流速下热解的自由基浓度的规律性差；③不同煤热解的原位自由基浓度变化的宏观趋势类似；④原位 ESR 不能检测到煤热解产生的高活性自由基，只能检测到稳定自由基；⑤煤热解生成焦油的过程与 ESR 检测不到的活性自由基有关；⑥煤热解过程中生成的活性自由基中间体的量少于 ESR 测得的稳定自由基的量[30]。值得指出，近年来的研究进展显示，Fowler 的这些认识大都是对的，特别是第④和第⑤条，一直被一些研究者忽略，但第⑥条认识是不对的。

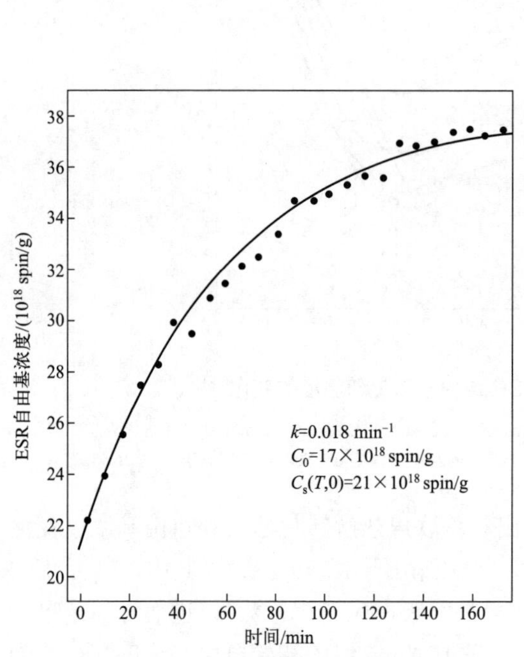

图 3-52　Alma 煤在 500 °C 热解过程中的 ESR 自由基浓度变化[28]

k—煤解聚速率常数；C_0—煤的初始自由基浓度；$C_s(T,0)$—温度 T 时自由基的初始（时间为 0）浓度

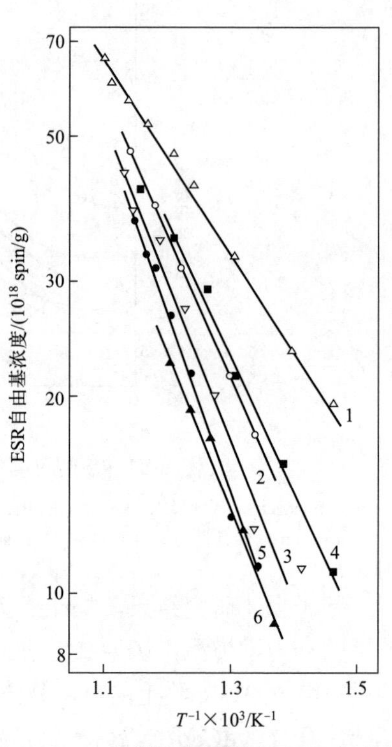

图 3-53　6 种煤热解过程中 ESR 自由基浓度随温度倒数的变化[28]

1—Pocahontas #3（碳含量为 85.6%）；
2—Pocahontas #5（碳含量为 85.2%）；
3—Matewan（碳含量为 79.4%）；
4—Alma（碳含量为 81.4%）；
5—Bakerstown（碳含量为 62.3%）；
6—Sunnyside（碳含量为 76.9%）

3.7.2　煤热解焦油的自由基信息

如前所述，煤热解挥发物的温升幅度影响挥发物的裂解过程和产物分布，因而也会影响焦油的组成及自由基浓度，因为焦油含有携带自由基的沥青质和微细焦颗粒等大分子组分。何文静等[25]测定了不同加热速率条件下煤在小型石英管固定床（内径 20 mm）热解过程中煤样温度和石英管内壁温度（代表挥发物的最高温度）的差别，发现加热速率越高，煤与管壁的温差（ΔT）越大［图 3-54(a)］。当煤的升温速率为 5 °C/min 时，ΔT 极小；但当煤的升温速率为 80 °C/min 和 210 °C/min

时，热解温度范围内管壁温度显著高于煤温，ΔT 可达 250 °C 以上。图 3-54(b) 显示，以煤样温度在 300～450 °C 范围时与管壁的平均温差 $\overline{\Delta T}$ 为参数，焦油的 ESR 自由基浓度与 $\overline{\Delta T}$ 成正比关系，即 $\overline{\Delta T}$ 越高，挥发物在气相发生的裂解越剧烈、产生的重质组分（沥青质和焦炭）量越多，而这些重质组分所含的自由基浓度较高。

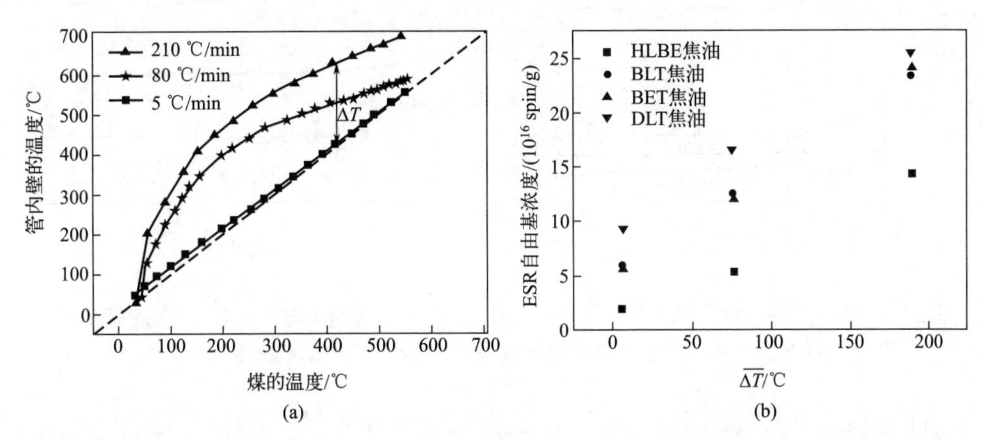

图 3-54　固定床煤热解过程中煤和管内壁的温度 (a) 以及 4 种煤热解焦油的 ESR 自由基浓度与挥发物平均温差 $\overline{\Delta T}$ 的关系（HLBE：呼伦贝尔褐煤；BLT：补连塔烟煤；BET：布尔台烟煤；DLT：大柳塔烟煤）(b)

焦油的组成非常复杂，可粗略地按照它们在某些溶剂中的溶解能力分类，如可溶于正己烷的组分常被称为油，不溶于正己烷但可溶于四氢呋喃的组分常被称为沥青，不溶于四氢呋喃的组分常被称为焦。不同升温速率下煤热解焦油中这些组分的含量不同，它们的自由基浓度也不同。另外，由于焦油的黏度高，其中可能存在移动性差而难以通过碰撞发生湮灭的活性自由基。为了判断焦油各组分的稳定自由基浓度以及活性自由基量，何文静等[31]向图 3-54 所示实验所得焦油中分别添加正己烷（hexane）和四氢呋喃（THF），用 ESR 检测了自由基浓度的变化。图 3-55 显示，加入正己烷或四氢呋喃后，焦油自由基浓度随时间延长而逐渐下降，加入正己烷后焦油的自由基浓度下降较少，加入四氢呋喃后焦油的自由基浓度下降较多。这些现象说明，焦油中的重质组分确实含有稳定自由基和活性自由基，含有活性自由基的组分溶于溶剂后运动范围扩大，相互碰撞频率增大，进而发生了自由基的偶合反应。具体而言，低升温速率（5 °C/min）热解所得焦油的自由基浓度低，褐煤（HLBE）焦油的自由基浓度低于烟煤（DLT）焦油的自由基浓度；与正己烷混合后两种煤焦油的自由基浓度不发生显著改变（实心三角形），但与四氢呋喃混合后两种煤焦油的自由基浓度发生显著改变（空心三角形），说明焦油中的油组分不含活性自由基，活性自由基主要存在于沥青中。高升温速率（210 °C/min）

热解所得焦油的自由基浓度较高（正方形），褐煤焦油的自由基浓度仍然低于烟煤焦油的自由基浓度。

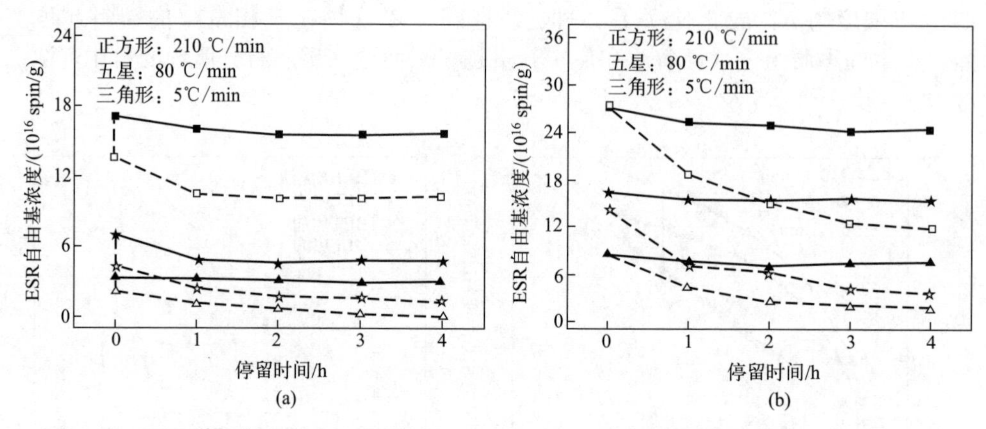

图 3-55　不同升温速率下 HLBE 煤 (a) 和 DLT 煤 (b) 热解焦油与正己烷（实心符号）或四氢呋喃（空心符号）混合过程中的 ESR 自由基浓度变化

上述现象还表明，挥发物的升温幅度越小，其中重组分的裂解和缩聚程度越低，焦油中沥青质的量相对较多，油和焦颗粒的量较少；挥发物升温幅度越大，焦油中的焦颗粒越多。

表 3-5 显示了依据图 3-55 中 4 h 的数据计算得到的焦油中油、沥青和焦颗粒的自由基浓度，发现焦油的自由基主要存在于沥青中，但随热解升温速率升高，焦的自由基浓度升高，甚至超过沥青的自由基浓度。

表 3-5　煤热解焦油中不同组分的自由基分布

煤的来源	热解升温速率/(°C/min)	焦油的自由基浓度/(10^{16} spin/g)	自由基的相对分布/%		
			油	沥青	焦颗粒
呼伦贝尔	210	14.4	8.1	31.8	60.1
	80	5.4	31.3	51.4	17.3
	5	1.8	8.0	92.0	0.0
补连塔	210	23.4	37.5	42.8	19.7
	80	12.5	34.0	46.9	19.1
	5	6.0	15.4	79.6	5.0
布尔台	210	24.1	11.9	19.7	68.4
	80	12.0	23.0	47.8	29.2
	5	5.6	7.6	73.6	18.8
大柳塔	210	25.5	9.6	49.1	41.3
	80	16.4	7.4	67.7	24.9
	5	9.2	10.8	67.4	21.8

3.7.3　煤热解挥发物的反应及自由基行为

周巧巧等在两段固定床反应器中对比研究了神木烟煤（SM）和呼伦贝尔褐煤（HLBE）热解挥发物反应的结焦（或析炭）规律以及结焦与焦油 ESR 自由基浓度之间的关系[32]。发现挥发物反应结焦在 440 °C 就比较显著（图 3-56），反应时间越长，结焦率越高；烟煤挥发物的结焦率高于褐煤挥发物的结焦率。值得注意的是，作者分别研究了挥发物在反应管壁的结焦和在气相的结焦（因而保留在焦油中），发现管壁结焦率随时间延长而增大，但气相结焦率的变化比较复杂，褐煤挥发物的气相结焦率甚至随时间延长而下降。这些信息表明，管壁结焦有累积性，源于挥发物与管壁的接触以及与管壁焦的反应。挥发物中的易结焦大分子会沉积于管壁，进而降低了其在气相的分率及结焦率。这个现象应该同样在移动床反应器中出现，如在连续内热式 L-S 炉（图 3-5）中，挥发物中的重组分在逸出过程中会沉积于煤（焦）表面，尽管煤的温度不高，不促进结焦，但仍然降低了产物焦油的重组分含量。

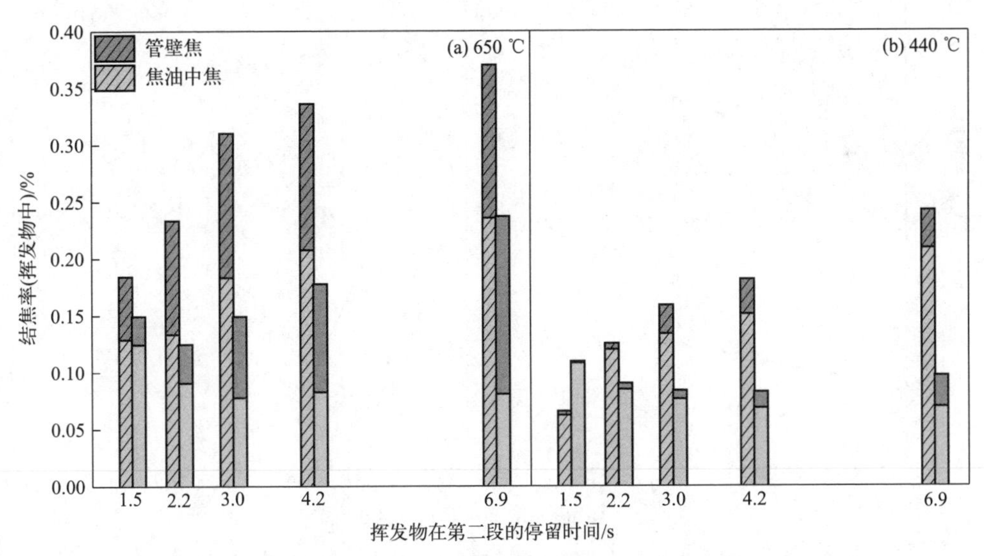

图 3-56　煤挥发物反应的析炭行为［(a) 第二段温度为 650 °C；(b) 第二段温度为 440 °C；每张图中，左侧的棒为神木烟煤，右侧的棒为呼伦贝尔褐煤］

图 3-57 显示了上述实验所得焦油的 ESR 自由基浓度。可以看出，随挥发物反应时间延长（箭头方向表示时间延长），神木烟煤（SM）焦油的自由基浓度［图 3-57(a)］和焦油中的焦含量均升高，但 440 °C 所得焦油的自由基浓度增幅小于 650 °C 和 700 °C 焦油的自由基浓度增幅，且 650 °C 和 700 °C 焦油的自由基浓度的变化趋势一致。因为稳定自由基主要存在于焦和沥青这样的大分子物质中，这

些现象表明不同挥发物反应温度下所得焦油中焦的结构不同，440 °C 焦油中焦的缩聚程度小于 650 °C 和 700 °C 焦油中焦的缩聚程度，或 440 °C 焦油中的焦更“软”，易于加氢转化，而 650 °C 和 700 °C 焦油中的焦更“硬”，不易加氢转化。

图 3-57(b) 显示，在 700 °C 条件下呼伦贝尔褐煤（HLBE）焦油的自由基浓度与神木烟煤焦油的自由基浓度有相似的变化趋势，即焦油的自由基浓度和焦浓度均随挥发物反应时间延长而增大，但挥发物在 440 °C 和 650 °C 的反应情况不同，焦油的焦浓度随时间延长而下降，说明初生褐煤焦油中的焦更“软”，在 440～650 °C 范围不断发生裂解脱除小分子结构。这种裂解减少了焦的质量，同时增加了焦的缩聚程度和自由基浓度。在 700 °C 条件下，初生焦油中的焦迅速缩聚，因而在实验的时间范围（0.1～0.2 s）观察不到显著的焦缩聚。当然，在图 3-57 条件下，任何煤焦油中焦的演化同时涉及新焦形成、焦裂解缩聚并释放小分子、焦自由基浓度变化等过程，只有当新焦形成速率小于焦裂解速率时，才能发生结焦量随时间延长而减少的现象。

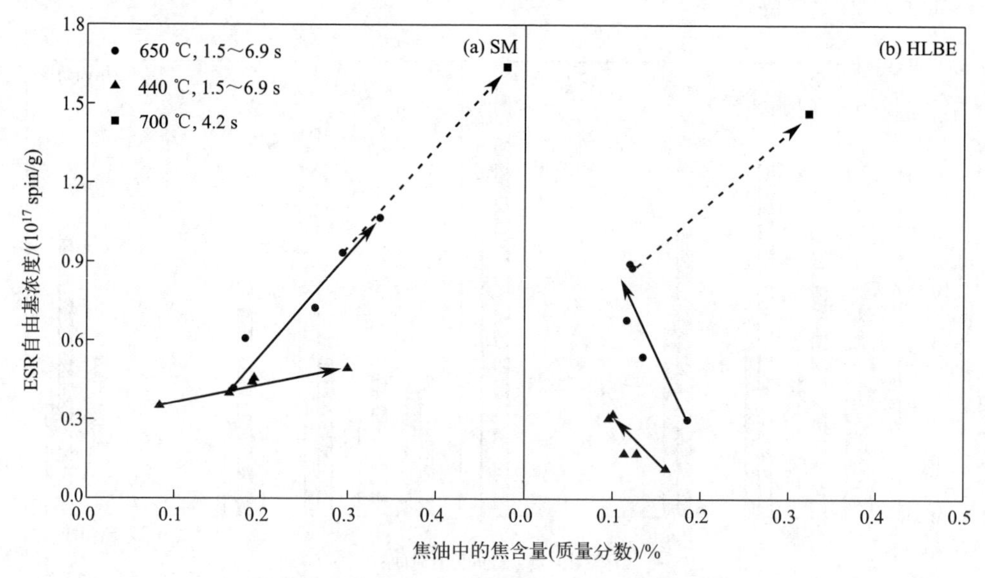

图 3-57　焦油 ESR 自由基浓度与焦含量的关系

如第 2 章所述，ESR 自由基的 g 值和线宽变化可反映焦中稳定自由基的结构演化。图 3-58 显示，上述两种煤热解焦油中的自由基 g 值和线宽均随挥发物反应温度升高和反应时间延长而降低，但不同温度下形成析炭的结构不同，反应温度越高、时间越长，积炭的芳构化程度越高。相比而言，褐煤的挥发物不易析炭，热解焦油的稳定自由基浓度较低，g 值和线宽较高，可能源于褐煤挥发物的芳香单元结构较少、脂肪结构较多，但也可能由于褐煤焦油的水含量较高，稀释了自由基信息。

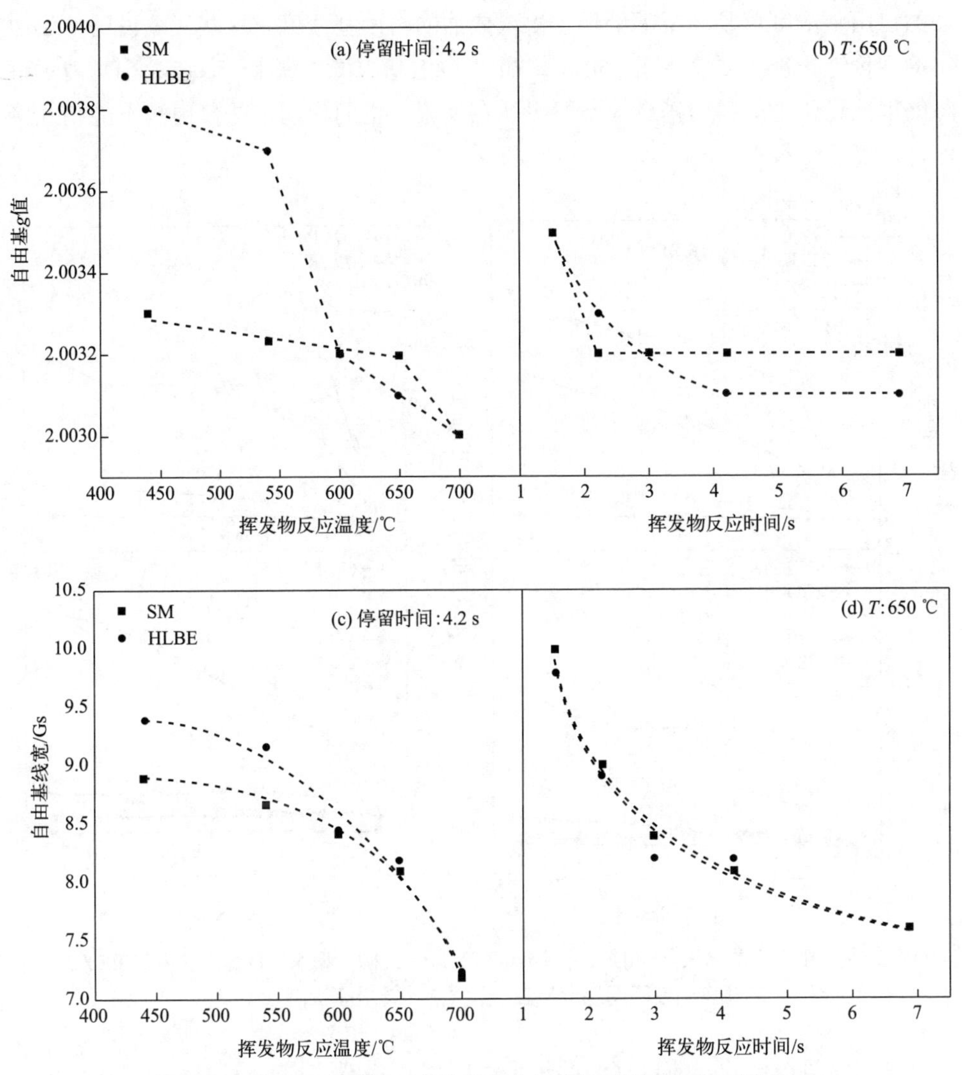

图 3-58　焦油自由基的 g 值和线宽与反应温度及停留时间的关系

3.7.4　煤热解焦油的反应及自由基行为

煤热解挥发物含有常温不能冷凝的无机气体和有机气体及常温可冷凝的焦油，挥发物的裂解和缩聚反应主要发生于焦油，因而何文静等研究了图 3-54 中焦油的结焦反应和 ESR 自由基浓度变化[33]。图 3-59 显示，呼伦贝尔褐煤和大柳塔烟煤（与前面的 SM 煤类似）焦油反应过程中的自由基浓度变化非常类似。自由基浓度的初始值约为 0.5×10^{17}～2×10^{17} spin/g，随温度升高而增加，但在 300 °C 以上的增量显著增大，在 450 °C 下 30 min 时升至 35×10^{17}～40×10^{17} spin/g；大柳塔烟煤焦油的自由基浓度总是高于呼伦贝尔褐煤焦油的自由基浓度。这些现象说明，焦油中的共价键断裂主要发生于 350 °C 以上。自由基浓度单调上升，在数小时内不下降的现象说明这些自由基之间不发生偶合反应，进而说明这些自由基不能相互接触，可以稳定存在。

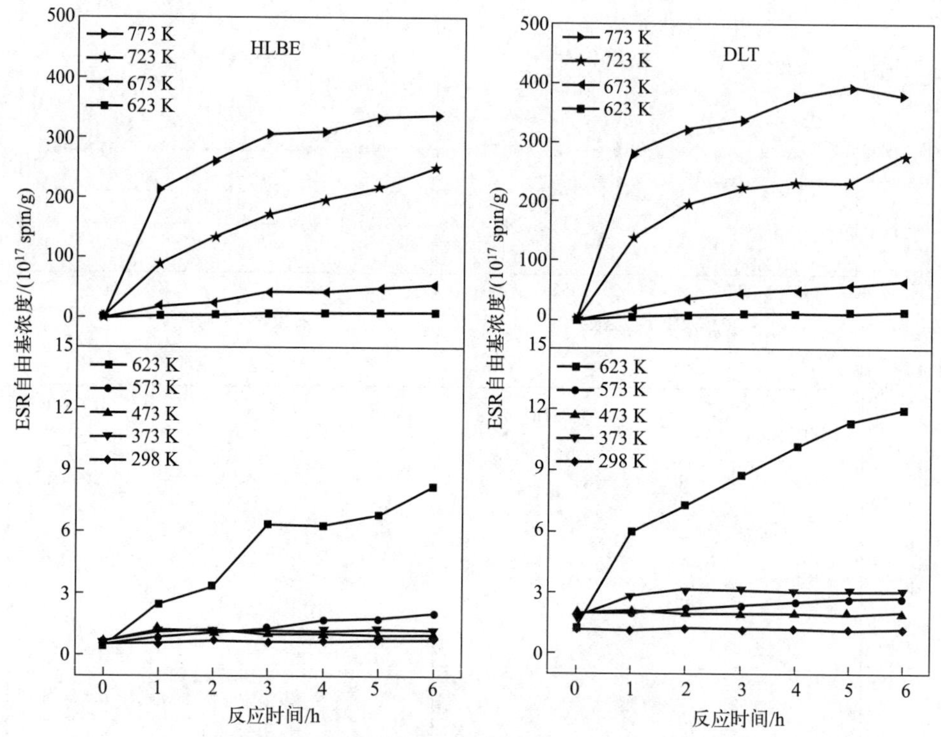

图 3-59 呼伦贝尔褐煤（HLBE，含碳约 74%）和大柳塔烟煤（DLT，含碳约 82%）热解焦油在不同温度反应过程中的总自由基浓度变化[33]

研究发现，焦油反应过程中的结焦（四氢呋喃不溶物）量也随温度升高和时间延长而增大，且其变化与自由基浓度变化密切相关。如图 3-60 所示，随结焦量增加，焦的自由基浓度（C_c）占总自由基浓度（C_t）的比例升高，当结焦量高于 8%（质量分数）后，其自由基浓度约为焦油总自由基浓度的 90%。说明焦含有大量自由基，焦油结焦是高温反应中自由基浓度变化的主要根源。

吴军飞等的研究发现，挥发物反应中的结焦也导致焦油中焦颗粒尺寸发生变化[34]。如图 3-61 所示，300 °C 条件下焦油中焦颗粒的最可几尺寸从 5 min 时的 0.2 μm 长大到 40 min 时的 400 μm；400 °C 和 500 °C 条件下，焦颗粒的最可几尺寸从 5 min 时的 0.2 μm 长大到 40 min 时的 700 μm。400 °C 和 500 °C 条件下焦颗粒的最可几尺寸相似的现象可能说明，更大的焦颗粒发生了沉降，从焦油中分离出来。

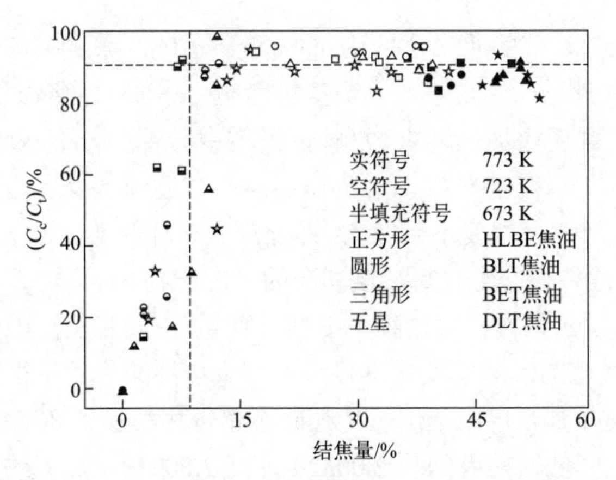

图 3-60　焦油反应过程中析炭的自由基浓度（C_c）占总自由基浓度（C_t）的比例及其与析炭量的关系

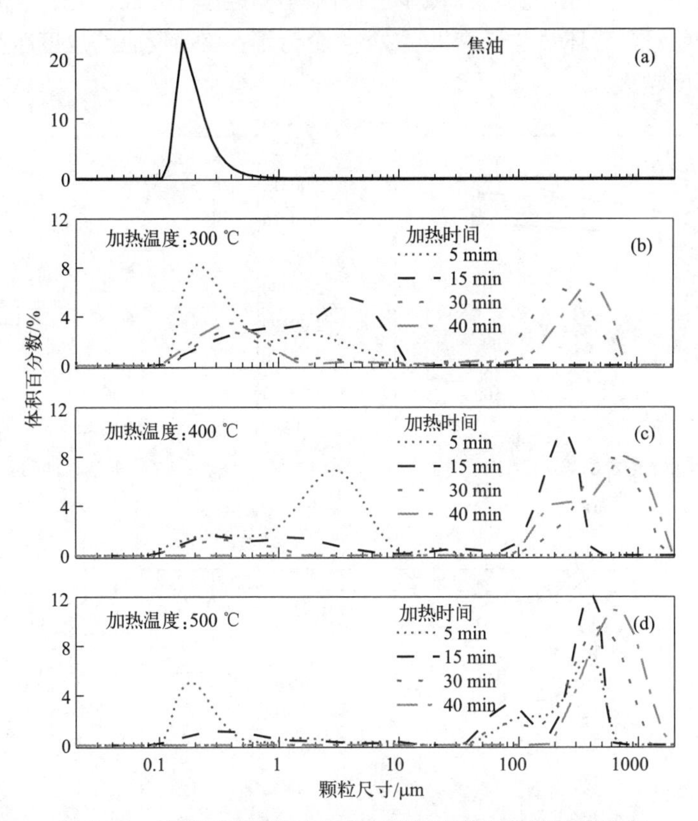

图 3-61　不同反应温度和时间下焦油中焦颗粒的粒度分布

在上述焦颗粒长大过程中，焦的元素组成也发生了变化：碳含量升高，氢含量下降，氢/碳摩尔比从 300 ℃ 下 15 min 的 0.92 下降至 500 ℃ 下 40 min 的 0.58，对应的芳香结构平均缩合环数为 2～7。焦的杂原子含量也逐步降低，氮的质量含量从 2.4%降到 1.5%，硫的质量含量从 0.4%降到 0.1%，氧的质量含量从 15.3%降到 11.4%；焦的红外谱图中烷基氢、羰基、脂肪 C—H 的伸缩振动峰减弱甚至消失，芳香 C═C 峰强度增加；焦的 ^{13}C 核磁谱图中芳香度 f_a 不断增大至 3～7 个缩合芳环范畴，C_{al}═O 和 C_{al}—O（C_{al} 为脂肪碳）键逐渐减少。这些现象表明，焦结构不断缩聚，芳环缩合程度不断增大，部分源于芳环侧链的断裂，包括 C_{al}—O、C_{al}—N 和 C_{al}—S 键裂解产生含氧、氮和硫的气态产物。

图 3-62 显示了焦颗粒长大过程中 ESR 自由基浓度和焦油中焦含量的关系以及自由基 g 值和线宽随时间的变化。显然，初级焦油的焦含量很低，自由基浓度也很低。随结焦量增加，自由基浓度从几微摩尔每克增加到 80 μmol/g；自由基的 g 值和线宽也相应降低，前者约从 2.00320 降到 2.00280，后者约从 0.55 mT 降到 0.40 mT。这些现象也说明，热解初期焦的脂肪组分较多，这些组分在热解中不断缩聚释放出小分子物质后焦质量减少但自由基浓度提高；焦自由基结构的主体是芳环结构，且缩合芳环数逐步增大至 2～4 个芳环；焦油反应的温度越高，这些参数的变化幅度越大。

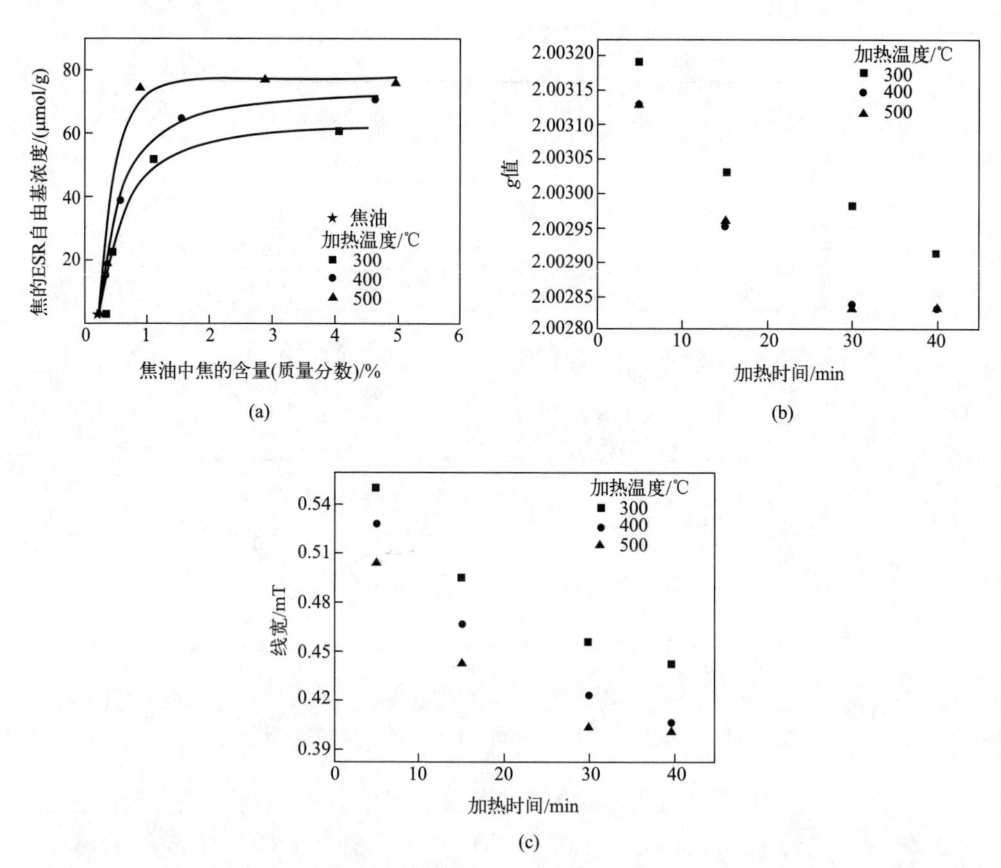

图 3-62 焦油中焦颗粒长大过程中自由基浓度 (a) 以及 g 值 (b) 和线宽 (c) 随时间的变化

上述煤热解过程中挥发物及焦油的反应研究说明，工业煤热解装置中普遍出现的产物油和尘的分离问题及产物管路堵塞问题并不完全源于常规认为的现象——挥发产物携带的尘（包括未反应的煤及灰等），而部分源于挥发物高温反应所产生的积炭，因此在热解反应器的挥发物出口安装高温除尘设备（如旋风、金属或陶瓷过滤器）的效果往往很差，甚至更易出现过滤器堵塞的问题。合理的应对措施是降低挥发物的排出温度，像移动床反应器那样将重质挥发物捕获于未反应的煤或低温焦，或在反应器的挥发物出口前设置挥发物的高温裂解装置，使重焦油在反应器内裂解和积炭，减少挥发物离开反应器后在除尘装置或管路中的裂解和缩聚。但这些方面的反应器设计还未得到设计单位和用户的重视。

3.8　煤模型化合物热解中间产物（自由基）的原位检测和理论计算

上面阐述了煤热解过程中 ESR 测定的自由基信息变化及其与热解反应条件和产物的关系，但 ESR 测定的主要是检测条件下不发生变化的稳定自由基信息，这些信息是活性自由基在不同条件下反应的结果，因此活性自由基的研究对深刻理解热解过程十分重要。由于研究煤热解过程中瞬态连续生成的活性自由基的难度很大，目前难以实现，因此一些学者研究了含有煤结构单元的简单化合物的热解反应以及过程中的活性自由基行为。

李刚等在热解与真空紫外单光子电离及分子束质谱系统（MBMS）的耦合装置中半定量地研究了多种简单化合物的热解过程[35]。该装置由热解反应器、分子束取样、紫外单光子电离飞行时间质谱构成，如图 3-63 所示。样品由氩气携带（383 K）进入热解反应器，热解 1.5 ms 产生的挥发物被真空紫外线光源（VUV，10.6 eV）离子化，由此生成的离子碎片被 MCP 检测器检测。对联苯、二苯甲烷、联苄热解的自由基碎片和其它中间产物的浓度变化研究发现，两个苯环之间的桥键越长，桥键的断键温度越低。即联苯的断键温度最高，二苯基甲烷的断键温度次之，联苄的断键温度最低；在约 300 °C 即可观察到联苄在桥键 β 位均裂成的苄基（苯亚甲基）自由基（图 3-64，$C_6H_5\dot{C}H_2$），说明该桥键断裂是煤热解中的主要反应；约 800 °C 以上才能明显观察到桥键 α 位断裂生成的苯乙烯自由基（$C_6H_5\dot{C}_2H_4$）。二苯甲烷中的 C_{ar}—C_{al} 桥键在约 1000 °C 以上才发生断裂生成苯亚甲基自由基；C_{al}—H 键的均裂温度较低，但也在约 600 °C 以上，C_{al}—H 键均裂产生二苯基甲烷自由基，同时发生氢（自由基）转移促进芳环缩聚。这些现象与表 3-6 中桥键的解离能顺序一致，也说明在煤的主要热解温区（300～600 °C）联苄是较好的煤模型化合物，二苯甲烷和联苯类结构的反应性较差。

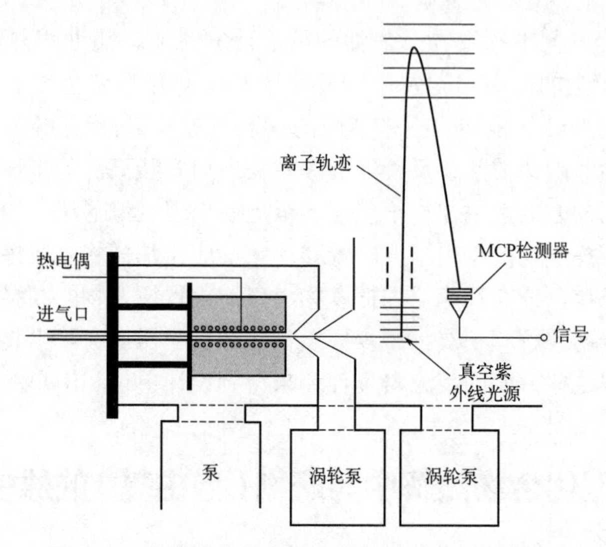

图 3-63　真空紫外单光子电离及分子束质谱系统[35]

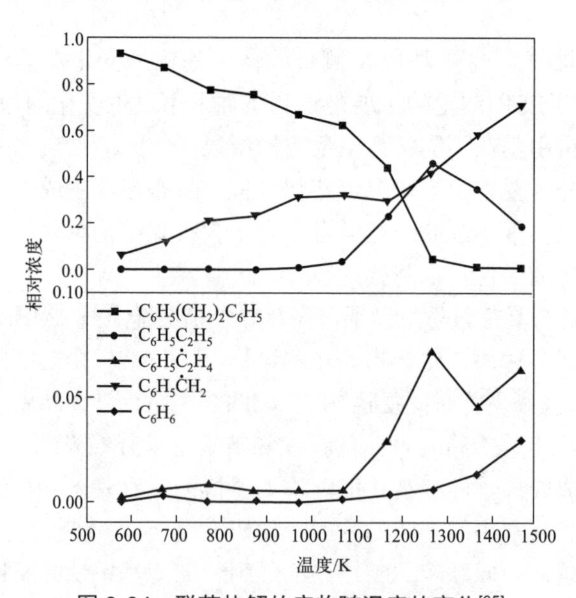

图 3-64　联苄热解的产物随温度的变化[35]

表 3-6　二芳基烃桥键的解离能（298 K，0.1 MPa，计算：mPW2PLYP）[35]

断键位置	解离能（实验）/(kcal/mol)	解离能（计算）/(kcal/mol)
Ph—Ph	113.7	115.4
$PhCH_2$—Ph	89.6	88.4
$PhCH_2$—CH_2Ph	61.4	64.2
$PhCH_2CH_2$—Ph	99.9	99.5
Ph_2CH—H	84	82.9

李刚等对苯甲醚（anisole）、苯乙醚（ethyl phenyl ether）和对甲基苯甲醚（茴香醚，*p*-methyl anisole）的热解研究表明，这些化合物在 700 °C 以上才发生显著的裂解生成自由基，说明它们不应该是煤热解过程中的主要反应。三种化合物的共性热解现象及产物分布说明它们热解开始发生的断键位置相同，均是 PhO—C 键，与表 3-7 的键能数据一致。

表 3-7　含氧模型化合物桥键的解离能（298 K，0.1 MPa，计算：mPW2PLYP）[36]

断键位置	解离能（计算）/(kcal/mol)	解离能（实验）/(kcal/mol)
$C_6H_5O—CH_3$	64.7	62±3
$C_6H_5O—C_2H_5$	66.3	63
$H_3CC_6H_4O—CH_3$	62.7	
$C_6H_5—OCH_3$	99.1	101
$C_6H_5—OC_2H_5$	98.3	
$H_3CC_6H_4—OCH_3$	98.5	

周洋等在 MBMS 系统中研究了聚丙烯（polypropylene，PP）、聚乙烯吡咯烷酮（polyvinylpyrrolidone，PVP）、聚 4-乙烯基吡啶（poly-4-vinylpyridine，P4VP）、聚苯乙烯（polystyrene，PS）和聚 4-乙烯基苯酚（poly-4-vinylphenol）等 5 种化合物（图 3-65）的热解[37]，发现它们均为自由基反应，均起始于 $C_{al}—C_{al}$ 键 β 位断裂，断键温度与键的周围环境密切相关，五元吡咯烷酮的空间效应及六元吡啶环和苯环的共轭效应均会降低 $C_{al}—C_{al}$ 键能及断键温度。另外，与酚羟基形成的氢键能够稳定自由基并降低 $C_{al}—C_{al}$ 键的断键温度，如图 3-66 所示。

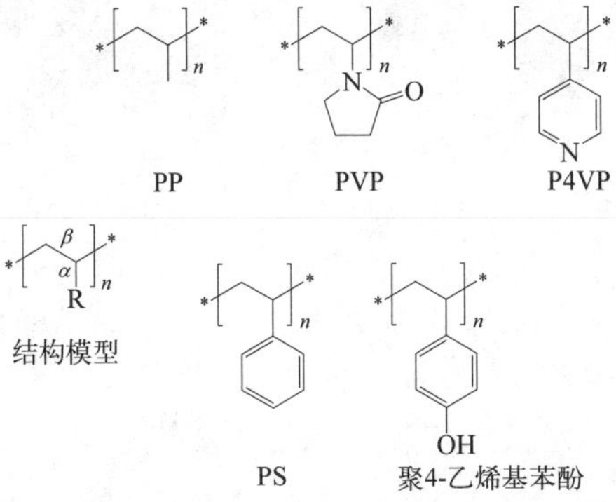

图 3-65　聚丙烯（PP）、聚乙烯吡咯烷酮（PVP）、聚 4-乙烯基吡啶（P4VP）、聚苯乙烯（PS）和聚 4-乙烯基苯酚（poly-4-vinylphenol）的结构

断键温度与键能相关，但受相邻结构的影响，同一共价键的键能差异显著。李璐等用双杂化密度泛函方法（mPW2PLYP）研究了煤结构中多种 C—H、C—C、

C—O 和 O—H 键在标准条件下的解离能（BDE）和解离产生的自由基的稳定性，发现键的解离能越小，断键产生的自由基的稳定性越高；可均裂产生苯氧基自由基和苄基自由基的 C—O 和 C—C 键优先在低温下断裂，可产生苯自由基的共价键仅在高温下断裂，因为苄基自由基的孤电子可离域到苯的 p 轨道上，而苯自由基的电子密度偏向于自由基位（图 3-67）。

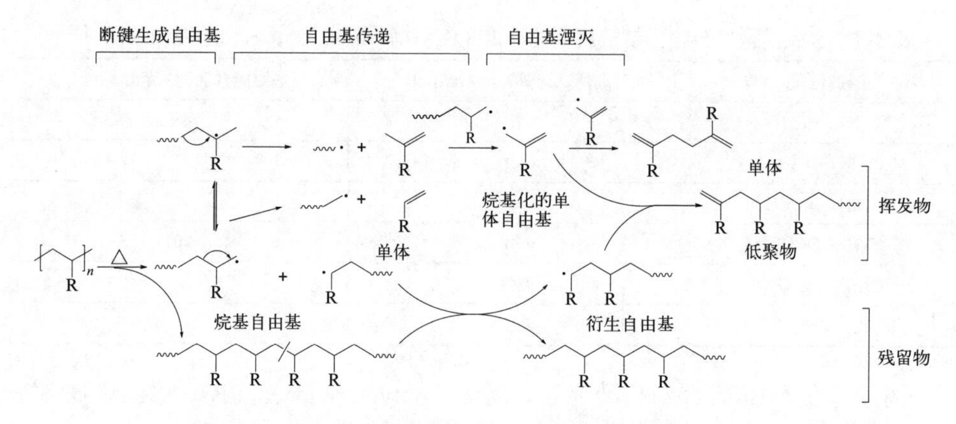

图 3-66　图 3-65 中模型化合物热解的自由基反应机理[37]

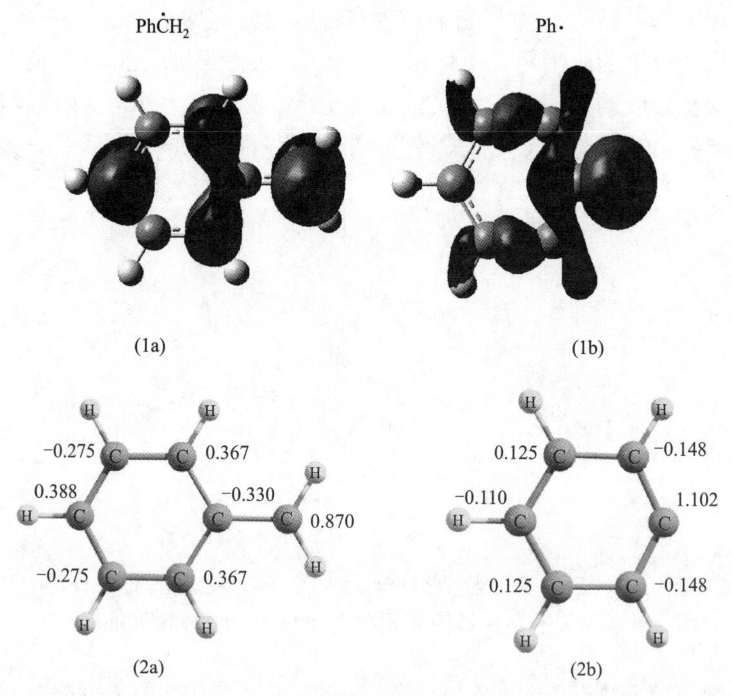

图 3-67　$Ph\dot{C}H_2$ 和 Ph•自由基的单占据分子轨道和自旋密度[38]

与煤热解产生大分子挥发物相关的弱共价键种类很多，每一类键的键能范围也很大，键能大小取决于断键产生的自由基的稳定性。比如 C—C 键在 62.8～114.1 kcal/mol 范围（表 3-8），C—O 键在 52.6～107.6 kcal/mol 范围（表 3-9），C—H 键在 81.2～111.4 kcal/mol 范围（表 3-10），O—H 键在 86.6～111.2 kcal/mol 范围（表 3-11）。

表 3-8　煤中主要 C—C 键的键能[38]　　单位：kcal/mol

化合物	BDE	化合物	BDE
带烷（苯）基侧链的芳香烃		Ph—$CH_2CH_2OCH_3$	98.5
Ph—CH_3	100.3	Ph—CH_2CH_2OPh	97.8
Ph—$CH_2CH_2CH_3$	96.7	*o*-$C_4H_4NOCH_2$—Ph	99.2
Ph—Ph	114.1	$PhOCH_2CH_2$—CH_3	86.2
$PhCH_2$—CH_2Ph	62.8	$PhCH_2$—CH_2OCH_3	74.6
Ph—CH_2CH_3	96.5	$PhCH_2$—CH_2OPh	71.0
$PhCH_2$—CH_2CH_3	71.7	*m*-$C_4H_4NOCH_2$—Ph	99.3
Ph—CH_2Ph	87.1	芳香羧酸	
Ph—$CH_2CH_2CH_2Ph$	98.1	Ph—COOH	102.9
$PhCH_2$—CH_3	73.8	Ph—CH_2CH_2COOH	97.9
$PhCH_2CH_2$—CH_3	84.2	Ph—CH_2COOH	100.3
Ph—CH_2CH_2Ph	98.1	$PhCH_2$—CH_2COOH	77.0
$PhCH_2$—CH_2CH_2Ph	73.4	$PhCH_2$—COOH	75.8
芳香醇		$PhCH_2CH_2$—COOH	88.0
Ph—CH_2OH	93.6	芳香酮化合物	
Ph—CH_2CH_2OH	98.0	Ph—$COCH_3$	93.1
$PhCH_2$—CH_2OH	69.9	$PhCH_2$—$COCH_3$	65.9
芳醚化合物		PhC(O)—CH_3	79.6
$PhOCH_2$—CH_3	84.3	$PhCH_2C(O)$—CH_3	79.2
Ph—CH_2OCH_3	98.7	Ph—CH_2COCH_3	91.1
Ph—CH_2OPh	95.5	芳香酯化合物	
Ph—CH_2OCH_2Ph	95.3	Ph—CH_2COOCH_3	96.4
p-$C_4H_4NOCH_2$—Ph	99.5	$PhCH_2$—$COOCH_3$	72.9
$PhOCH_2$—CH_2CH_3	82.1		

表 3-9　煤中主要 C—O 键的键能[38]　　单位：kcal/mol

化合物	BDE	化合物	BDE
芳香醇		芳醚化合物	
Ph—OH	107.6	Ph—OCH_3	97.1
$PhCH_2$—OH	76.7	PhO—CH_2CH_3	64.0
$PhCH_2CH_2$—OH	88.4	$PhCH_2$—OCH_3	68.4

续表

化合物	BDE	化合物	BDE
芳醚化合物		PhO—$CH_2CH_2CH_3$	64.3
$PhCH_2CH_2O$—CH_3	78.6	$PhCH_2CH_2$—OCH_3	79.4
$PhCH_2O$—Ph	95.7	$PhCH_2$—OPh	52.6
$PhCH_2$—OCH_2Ph	67.9	$PhCH_2CH_2O$—Ph	101.7
m-C_5H_4N—OCH_2Ph	89.2	*o*-C_5H_4NO—CH_2Ph	57.8
p-C_5H_4NO—CH_2Ph	59.9	*p*-C_5H_4N—OCH_2Ph	91.8
PhO—CH_3	62.9	芳香羧酸	
Ph—$OCH_2CH_2CH_3$	96.0	PhC(O)—OH	104.4
$PhCH_2O$—CH_3	77.1	$PhCH_2C(O)$—OH	103.8
Ph—OPh	78.6	$PhCH_2CH_2C(O)$—OH	105.5
$PhCH_2CH_2$—OPh	63.5	芳香酯化合物	
o-C_5H_4N—OCH_2Ph	94.2	$PhCH_2C(O)$—OCH_3	90.3
m-C_5H_4NO—CH_2Ph	53.4	$PhCH_2COO$—CH_3	79.3
Ph—OCH_2CH_3	96.1		

表 3-10 煤中主要 C—H 键的键能[38] 单位：kcal/mol

化合物	BDE	化合物	BDE
带烷基侧链的芳香烃		$PhCH_2CH(OCH_3)$—H	91.5
Ph—H	111.4	$PhCH(CH_2OPh)$—H	87.4
$PhCH(CH_3)$—H	85.6	$PhOCH(CH_3)$—H	93.4
$PhCH_2CH(CH_3)$—H	95.1	$PhOCH_2CH(CH_3)$—H	97.2
$PhCH(CH_2CH_2Ph)$—H	87.8	$PhCH_2OCH_2$—H	94.3
$PhCH_2$—H	89.9	$PhCH_2CH_2OCH_2$—H	98.8
$PhCH_2CH_2CH_2$—H	98.4	$PhCH_2CH(OPh)$—H	92.4
PhCH(Ph)—H	82.5	$PhOCH_2CH_2$—H	100.7
$PhCH_2CH(CH_2Ph)$—H	96.8	$PhOCH_2CH_2CH_2$—H	99.4
$PhCH_2CH_2$—H	98.6	$PhCH(CH_2OCH_3)$—H	87.2
$PhCH(CH_2CH_3)$—H	85.9	PhCH(OPh)—H	83.4
$PhCH(CH_2Ph)$—H	87.4	$PhCH(OCH_2Ph)$—H	82.8
芳香醇		芳香羧酸	
PhCH(OH)—H	81.2	PhCH(COOH)—H	83.9
$PhCH(CH_2OH)$—H	87.8	$PhCH(CH_2COOH)$—H	87.3
$PhCH_2CH(OH)$—H	92.4	$PhCH_2CH(COOH)$—H	96.5
芳醚化合物		芳香酮化合物	
$PhOCH_2$—H	95.3	$PhCOCH_2$—H	94.9
$PhOCH(CH_2CH_3)$—H	93.5	$PhCH(COCH_3)$—H	81.2
$PhCH(OCH_3)$—H	81.7	$PhCH_2COCH_2$—H	93.7

表 3-11　煤中主要 O—H 键的键能[38]　　单位：kcal/mol

化合物	BDE	化合物	BDE
芳香醇		芳香羧酸	
PhO—H	86.6	PhCOO—H	111.2
$PhCH_2O$—H	98.7	$PhCH_2COO$—H	106.0
$PhCH_2CH_2O$—H	101.2	$PhCH_2CH_2COO$—H	109.1

上述键能展示了相邻结构对共价键解离能的影响，如表 3-8 中 $PhCH_2$—CH_2Ph 中的—CH_2—CH_2—键的解离能是 62.8 kcal/mol，而 $PhCH_2CH_2$—CH_2CH_2Ph 中的相同键的解离能是 82.2 kcal/mol。再比如，表 3-9 中 $PhCH_2OCH_3$ 的两个 C—O 键的键能不一，$PhCH_2$—OCH_3 是 68.4 kcal/mol，而 $PhCH_2O$—CH_3 是 77.1 kcal/mol。

周洋等使用 Py-PI-TOF MS（in-situ pyrolysis photoionization time-of-flight mass spectrometer）研究了煤热解的 8 种初级挥发物（图 3-68），主要为烯烃、苯系、酚类和二酚类化合物，发现烷基和苯环侧链上的含氧基团均可降低主要产物的生成温度，但后者的作用更强。他们以含苯或含酚产物的逸出峰温与含有 C1 侧链的苯或酚的峰温的差为参数评价了官能团的影响，发现峰温差与煤的碳含量和挥发分含量有关，煤阶越低，影响越大；煤阶越高，影响越小[39]。

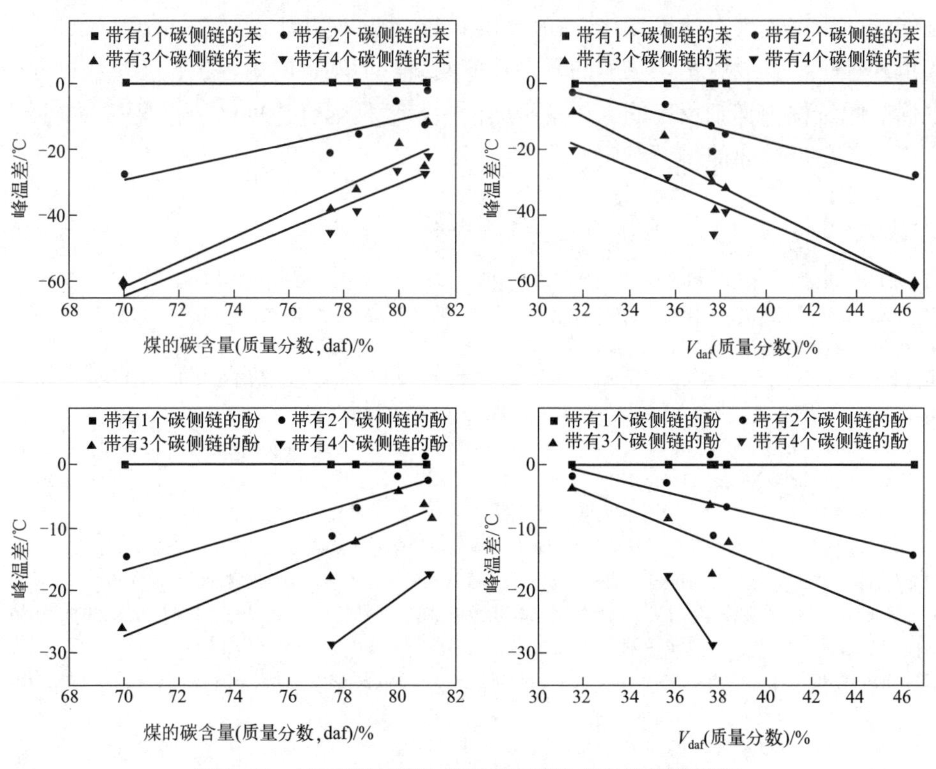

图 3-68　不同煤热解生成苯系和酚系产物的峰温差[39]

李璐等的密度泛函计算显示，煤中羟基的最可几位置是吡啶氮的邻位，随后是芳环，其中多环芳烃上的羟基比单环芳烃上的稳定，单杂环（吡咯、呋喃、噻吩）杂原子上的羟基不稳定，脂肪环上的羟基最不稳定。可形成氢键的位置对羟基的稳定性影响很大，六元环和七元环上的氢键键能高于五元环上的氢键键能[40]。

上述简单有机化合物的热解实验研究和理论计算表明，煤热解的主要路径是共价键均裂引发的自由基反应，热解初期断裂的共价键主要是解离能较低的C_{al}—O 键和 C_{al}—C_{al}键，这些键周围的芳环（Ph）团簇显著降低它们的解离能，这应该是煤的反应性较高的原因，也应该是煤化过程得以在低温下（通常小于 200 °C）进行的原因。

煤热解不仅被认为是独立的过程或技术，而且被认为不可避免地发生在所有其它煤的热加工过程中，如煤气化、煤液化、煤燃烧等。因此人们对煤热解反应的研究远多于对其它重质有机资源加工和转化的研究，对煤热解过程中自由基现象的研究也是如此。由于煤的组成和结构极其复杂、传热和传质在煤颗粒和反应器中的不均匀性，以及自由基反应中普遍发生的诱导反应现象，目前人们对煤热解过程中自由基反应的了解仍然是冰山一角，绝大多数实验室研究不能揭示自由基的反应步骤，现有的模型化合物研究虽然报道了一些中间产物，但其反应过于简单和理想，难以解释煤热解的复杂反应网络。但本章的内容也说明，精确地研究煤热解过程中详细反应的工作量极其巨大，还需耦合计算化学、厘清主要反应网络和关键反应才能得到实质发展。

参考文献

[1] 刘振宇. 煤化学的前沿与挑战: 结构与反应 [J]. 中国科学: 化学, 2014, 44(9): 1431-1438.

[2] 马砺, 张朔, 邹立, 等. 不同变质程度煤导热系数试验分析 [J]. 煤炭科学技术, 2019(6): 146-150.

[3] 高晋生. 煤的热解、炼焦和煤焦油加工 [M]. 北京: 化学工业出版社, 2010.

[4] 刘壮, 田宜水, 胡二峰, 等. 低阶煤热解影响因素及其工艺技术研究进展 [J]. 洁净煤技术, 2021, 27(1): 50-59.

[5] 蔡方平, 李志强. 连续式直立炉评述 [J]. 煤气与热力, 1992, 12(3): 20-26.

[6] Dadyburjor D B, Liu Z, Davis B H. Coal Liquefaction [M]. Kirk - Othmer Encyclopedia of Chemical Technology. New York: John Wiley & Sons Inc, 2011: 1-49.

[7] 薛璧薇, 韩振南, 王超, 等. 固体热载体煤热解技术进展与突破 [J]. 辽宁化工, 2020(2): 199-203.

[8] 潘生杰, 陈建玉, 范飞, 等. 低阶煤分质利用转化路线的现状分析及展望 [J]. 洁净煤技术, 2017(5): 7-12.

[9] 史俊高, 安晓熙, 房有为. 我国低阶煤热解提质技术现状及研究进展 [J]. 中外能源, 2019, 24(4): 15-23.

[10] 敬旭业, 王坤, 董鹏飞, 等. 240 t/d 固体热载体粉煤热解工艺及中试研究 [J]. 洁净煤技术, 2018, 24(1): 50-56.

[11] 许光文. 解耦热化学转化基础与技术 [M]. 北京：科学出版社, 2016.

[12] Zhou B, Shi L, Liu Q, et al. Examination of structural models and bonding characteristics of coals [J]. Fuel, 2016, 184: 799-807.

[13] Shi L, Liu Q, Guo X, et al. Pyrolysis behavior and bonding information of coal—A TGA study [J]. Fuel Processing Technology, 2013, 108: 125-132.

[14] Cheng X, Shi L, Liu Q, et al. Effect of a HF-HF/HCl treatment of 26 coals on their composition and pyrolysis behavior [J]. Energy & Fuels, 2019, 33(3): 2008-2017.
[15] 刘振宇. 煤快速热解制油技术问题的化学反应工程根源: 逆向传热与传质 [J]. 化工学报, 2016, 67(1): 1-5.
[16] Liu Z, Guo X, Shi L, et al. Reaction of volatiles – A crucial step in pyrolysis of coals [J]. Fuel, 2015, 154: 361-369.
[17] 郭啸晋. 煤热解过程中挥发物反应的共价键断裂-生成模型研究 [D]. 北京：北京化工大学, 2015.
[18] Zhou B, Liu Q, Shi L, et al. A novel vacuumed hermetic reactor and its application in coal pyrolysis [J]. Fuel, 2019, 255: 115774.
[19] Tyler R J. Flash pyrolysis of coals. 1. Devolatilization of a Victorian brown coal in a small fluidized-bed reactor [J]. Fuel, 1979, 58(9): 680-686.
[20] Tyler R J. Flash pyrolysis of coals. Devolatilization of bituminous coals in a small fluidized-bed reactor [J]. Fuel, 1980, 59(4): 218-226.
[21] Hayashi J, Nakagawa K, Kusakabe K, et al. Change in molecular structure of flash pyrolysis tar by secondary reaction in a fluidized bed reactor [J]. Fuel Processing Technology, 1992, 30(3): 237-248.
[22] Hayashi J-I, Amamoto S, Kusakabe K, et al. Evaluation of Vapor-Phase Reactivity of Primary Tar Produced by Flash Pyrolysis of Coal [J]. Energy & Fuels, 1995, 9(2): 290-294.
[23] Serio M A, Peters W A, Howard J B. Kinetics of vapor-phase secondary reactions of prompt coal pyrolysis tars [J]. Industrial & Engineering Chemistry Research, 1987, 26(9): 1831-1838.
[24] Xu W-C, Tomita A. The effects of temperature and residence time on the secondary reactions of volatiles from coal pyrolysis [J]. Fuel Processing Technology, 1989, 21(1): 25-37.
[25] He W, Liu Z, Liu Q, et al. Analysis of tars produced in pyrolysis of four coals under various conditions in a viewpoint of radicals [J]. Energy & Fuels, 2015, 29(6): 3658-3663.
[26] Fowler T G, Bartle K D, Kandiyoti R. Low temperature processes in a bituminous coal studied by in situ electron spin resonance spectroscopy [J]. Fuel, 1987, 66(10): 1407-1412.
[27] Fowler T G, Bartle K D, Kandiyoti R. Role of evolved volatiles during pyrolysis of a bituminous coal as deduced from in situ electron spin resonance spectroscopy [J]. Fuel, 1988, 67(2): 173-176.
[28] Seehra M S, Ghosh B. Free radicals, kinetics and phase changes in the pyrolysis of eight American coals [J]. Journal of Analytical and Applied Pyrolysis, 1988, 13(3): 209-220.
[29] Fowler T G, Bartle K D, Kandiyoti R, et al. Pyrolysis of coals as a function of rank as studied by in situ electron spin resonance spectroscopy [J]. Carbon, 1989, 27(2): 197-208.
[30] Fowler T G, Bartle K D, Kandiyoti R. Limitations of electron spin resonance spectroscopy in assessing the role of free radicals in the thermal reactions of coal [J]. Energy & Fuels, 1989, 3(4): 515-522.
[31] He W, Liu Z, Liu Q, et al. Behavior of radicals during solvent extraction of three low rank bituminous coals [J]. Fuel Processing Technology, 2017, 156: 221-227.
[32] Zhou Q, Liu Q, Shi L, et al. Behaviors of coking and radicals during reaction of volatiles generated from fixed-bed pyrolysis of a lignite and a subbituminous coal [J]. Fuel Processing Technology, 2017, 161: 304-310.
[33] He W, Liu Z, Liu Q, et al. Behaviors of radical fragments in tar generated from pyrolysis of 4 coals [J]. Fuel, 2014, 134: 375-380.
[34] Wu J, Liu Q, Jiang J, et al. Characterization of coke formed during thermal reaction of tar [J]. Energy & Fuels, 2017, 31(1): 464-472.
[35] Li G, Li L, Jin L, et al. Experimental and theoretical investigation on three α,ω-diarylalkane pyrolysis [J]. Energy & Fuels, 2014, 28(11): 6905-6910.
[36] Li G, Li L, Shi L, et al. Experimental and theoretical study on the pyrolysis mechanism of three coal-based model compounds [J]. Energy & Fuels, 2014, 28: 980-986.
[37] Zhou Y, Li L, Jin L, et al. Pyrolytic behavior of coal-related model compounds connected with C—C bridged linkages by in-situ pyrolysis vacuum ultraviolet photoionization mass spectrometry [J]. Fuel, 2019, 241: 533-541.

[38] Li L, Fan H, Hu H. A theoretical study on bond dissociation enthalpies of coal based model compounds [J]. Fuel, 2015, 153: 70-77.

[39] Zhou Y, Li L, Jin L, et al. Effect of functional groups on volatile evolution in coal pyrolysis process with in-situ pyrolysis photoionization time-of-flight mass spectrometry [J]. Fuel, 2020, 260: 116322.

[40] Li L, Fan H, Hu H. Distribution of hydroxyl group in coal structure: A theoretical investigation [J]. Fuel, 2017, 189: 195-202.

第4章 煤直接液化及自由基反应

4.1 引言

煤直接液化是煤的大分子结构在 400～475 ℃ 范围裂解产生分子量较大的自由基碎片并同时催化加氢生产液体燃料（油）和化学品的过程。该工艺由德国人 Friedrich Bergius 于 1913 年发明，并由此与 Carl Bosch 共享了 1931 年的诺贝尔化学奖[1]。20 世纪 20 年代，德国 I.G. Farben-industrie 公司的 Matthias Pier 开发了硫化钨和硫化钼催化剂；1931 年，10 万吨/年的 IG Farben 工艺开始运行；同时德国人 A. Pott 和 H. Broche 开发了煤的溶剂萃取工艺。这些工艺成为后来众多煤直接液化技术的基础。第二次世界大战期间，德国、苏联、英国、法国、日本等许多国家都建立了煤直接液化工厂，到 1945 年德国建有 12 座工厂，年产量达到 423 万吨（油）。但当时的液化条件苛刻（主要是压力高）、反应器小，整个过程的经济性和安全性都不高。

20 世纪 50 年代中东廉价石油的开发降低了煤直接液化的竞争力，研发停顿。但 1973 年和 1978 年的两次石油危机以及随后直到 1985 年的高油价促使发达国家重启煤直接液化研发，到 90 年代中期形成了数十项工艺，一些工艺还进行了每天数百吨煤规模的示范。与第二次世界大战期间的工艺相比，这些工艺的条件相对缓和、油产率高，液化油的当量成本由 367.5 美元/t 降至 257.3 美元/t。但由于随后全球石油价格大幅下跌，所有工艺均未进入工业生产。

中国的石油资源缺乏，虽然 21 世纪以来石油仅占一次能源的 20%左右，但仍主要依赖进口，2008 年净进口石油 2 亿吨，占总消耗的 52%；2021 年进口石油 5.13 亿吨，约为总消耗的 72.05%。为了加强国家能源安全，神华集团于 2004 年在鄂尔多斯建设了单条年产 108 万吨产品的煤直接液化生产线，从 2008 年底开始运行至今，2018 年产油等产品 83.4 万吨。为了支持煤直接液化技术的发展，我国展开了煤直接液化基础研究，在反应器、煤浆性质、液化催化剂、反应动力学、残渣利用、自由基反应等多个方面都取得了重要进展。到目前为止，煤直接液化方面有相当数量的专著，大都关注工艺、产物及催化剂等方面的内容，缺乏对自由基反应的论述。为了弥补这一缺陷，并使读者认识自由基反应的重要性，本章从煤直接液化工艺等宏观方面入手，由宏观到微观，逐步落脚于国内外在自由基反应方面的研究和认识。

4.2 煤直接液化工艺

图 4-1 概括了全球煤直接液化技术发展的历程及主要技术名称、规模（煤处理量）和研发年代。这些工艺包括美国 Gulf 公司的溶剂萃取（精炼）煤工艺（SRC）、德国煤炭液化公司的 Pyrosol 工艺、美国 Exxon 公司的供氢溶剂法工艺（EDS）、美国 HRI 公司的氢煤工艺（H-Coal）、美国能源部的催化两段液化工艺（CTSL）、德国鲁尔煤炭公司的两段高压加氢工艺（IGOR+）、日本的褐煤液化工艺（BCL）、日本新能源产业技术开发机构的液化工艺（NEDOL）、英国的 LSE 工艺、美国 HTI 公司的工艺（HTI）和我国的神华（Shenhua）工艺。神华工艺是规模最大、唯一进入工业运行且尚在运行的工艺。

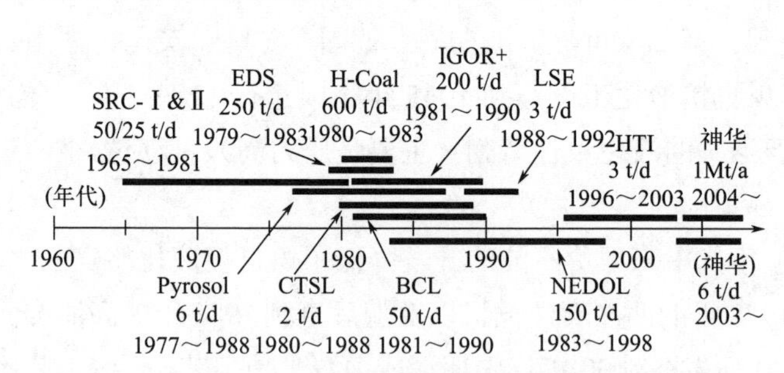

图 4-1　1960 年以来全球开发的煤直接液化主要工艺[2]

4.2.1 供氢溶剂法工艺

煤直接液化的工艺虽然很多，各有特点，但均是在早期德国奠定的工艺基础上发展而来的，德国技术的最高水平当属第二次世界大战期间，但由于可查询的文献资料不多，技术细节大都不为后人所知。从公开的文献看，第二次世界大战以后具有标志性进展的煤直接液化工艺当数 EDS 和 CTSL。EDS 是美国 Exxon 公司的供氢溶剂法（Exxon donor solvent process）的简称，不使用催化剂。该工艺于 1975 年进行了煤处理量为 1 t/d 规模的实验研究，于 1979 年在得克萨斯州的 Baytown 建造了煤处理量为 250 t/d 的工厂，1983 年完成了实验运行，图 4-2 为其流程图。由于连续的干煤粉输送和气-固相反应难以稳定控制，所有的煤直接液化工艺都不得不将煤粉与液化产生的重质馏分油（称为循环油或循环溶剂）混合制浆，然后对煤浆进行加热、加氢和分馏。EDS 工艺的特点是对循环油加氢，使其在液化温度范围（400～450 °C）具有供氢能力，然后将其与煤粉制浆，该方法不仅克服了惰性循环油对气相 H_2 的传质阻力，而且由于加氢循环油中氢化芳烃组分的 C_{al}—H 键能（< 334 kJ/mol）小于 H_2 中 H—H 的键能（436 kJ/mol），可以在没有催化剂的条件下有效地为煤热解产生的自由基碎片供氢，从而获得较高的煤液化油产率。由此，通过加氢循环油为煤热解自由基供氢的方式成为后来开发的所有煤直接液化工艺的必要特征。

EDS 工艺的另一特点是对减压蒸馏塔底部排出的液化残渣（含有约 50%的重油以便于固体排出）进行热解，在 485～650 °C 及 0.5～1 h 条件下获取可蒸馏产物，其余残渣经气化制氢。

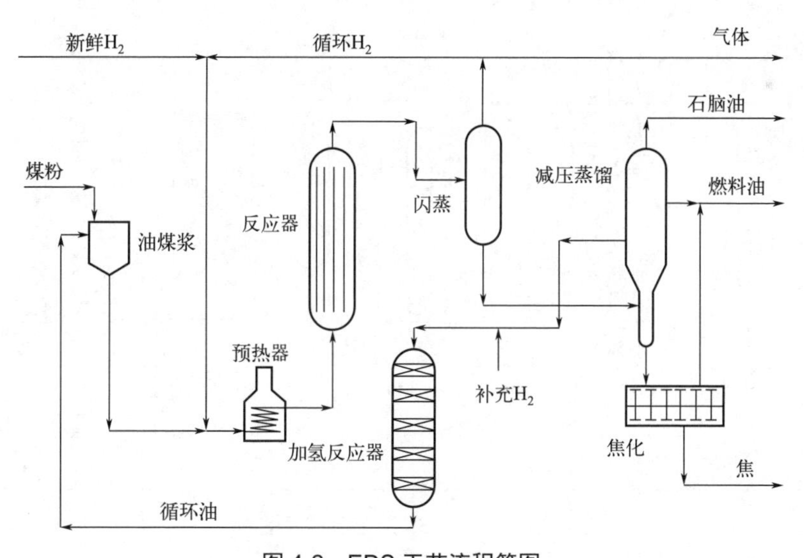

图 4-2　EDS 工艺流程简图

4.2.2　催化两段液化工艺

CTSL（catalytic two-stage liquefaction）是在美国能源部资助下历经 10 余年开发的多种两段液化工艺之一（图 4-3），于 1992 年在亚拉巴马州的 Wilsonville 完成了小规模示范。该工艺基于 H-Coal 工艺，使用直接耦合的两段悬浮床反应器和 $NiMo/Al_2O_3$ 催化剂，反应条件为 17 MPa 压力，第一级（段）温度为 400～410 ℃，第二级（段）温度为 430～440 ℃，第二段比第一段约高 30 ℃，油产率较高。该技术还采用溶剂萃取，将残渣中的液体和固体分离［Kerr-McGee critical solvent deashing (CSD) process 或称为 residual oil solvent extraction (ROSE) process］由此将蒸馏油产率进一步提高到 65%。显然，该工艺沿用了供氢溶剂的思路，通过使用高活性催化剂两步加氢不仅提高了对液化反应的加氢能力，而且同时对溶剂进行原位加氢，但未对循环油加氢。这个思路实际上是将循环油加氢过程转移到液化反应器中，宏观上减少了一个操作单元，简化了工艺，而且液化反应器中的催化剂增加了 H_2 向煤热解自由基碎片供氢的能力。

特别值得指出的是，CTSL 工艺将煤加氢液化过程分成低温和高温两段，这种设计应该与其较高的油产率有关，核心是在不增大催化剂用量和氢气压力的条件下利用温度调控两个反应器中煤自由基碎片的生成速率，避免过量自由基碎片生成所造成的加氢相对不足，以及由此导致的自由基碎片缩聚，进而提高煤液化油的产率，但其内在意义一直没有被后来的研究者深刻认识，以至于后来发展的煤直接液化工艺大都没有采用逐级升温的两段方法。

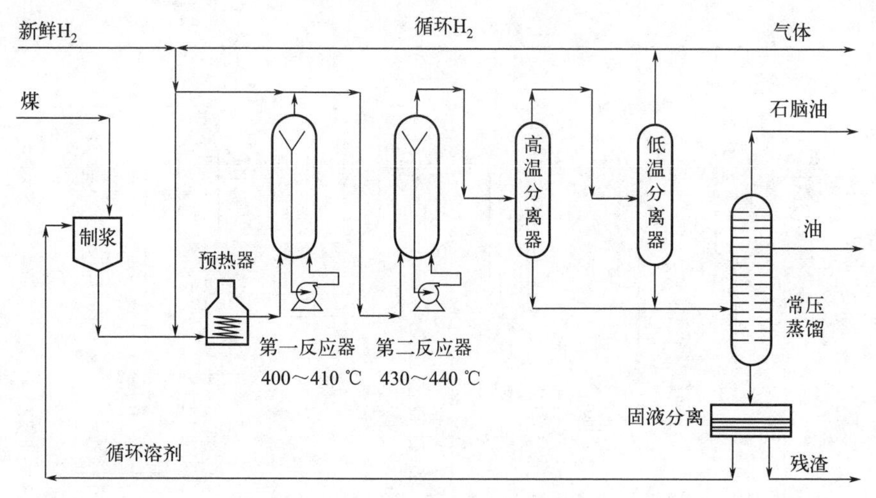

图 4-3　CTSL 工艺流程简图

4.2.3　HTI 工艺和神华工艺

在 CTSL 工艺基础上开发的典型煤直接液化技术应该是美国的 HTI（hydrocarbon technologies incorporated）工艺（图 4-4）和中国的神华（Shenhua）工艺（图 4-5），它们都采用供氢溶剂、催化剂和两段液化的布局，但不采用 $NiMo/Al_2O_3$

催化剂。HTI 采用名为 GelCat™ 的一次性超细铁催化剂，神华采用名为 863 的一次性超细铁基催化剂。

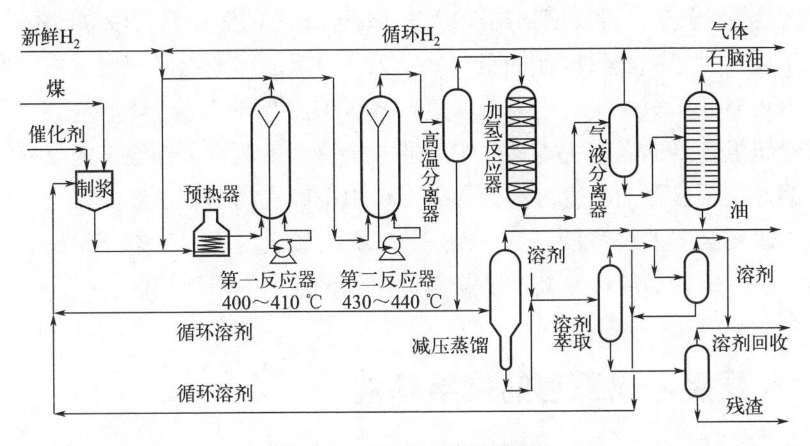

图 4-4 HTI 工艺流程简图

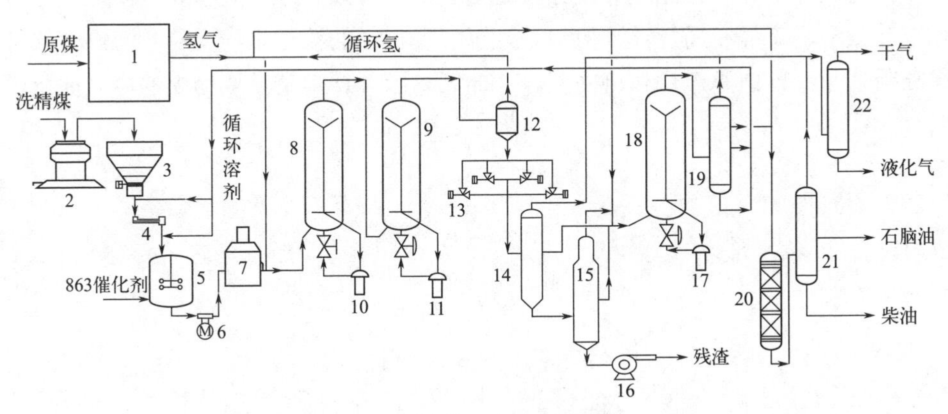

图 4-5 神华工艺流程简图[3]

1—煤制氢装置；2—磨煤机；3—煤粉仓；4—混捏机；5—煤浆罐；6—进料泵；7—加热炉；8,9—悬浮床反应器；10,11,17—循环泵；12—分离器（共 6 台）；13—五通式减压阀；14—常压塔；15—减压塔；16—减压塔底泵；18—沸腾床反应器；19,21,22—分馏塔；20—固定床反应器

神华工艺和 HTI 工艺的主要区别是油品加氢的位置和减压塔底残渣的处理方式。HTI 仅对高温气液分离器顶部的馏分加氢，不对底部液体加氢。其循环油是二者的混合物（包括底部液体经蒸馏和溶剂萃取的馏分），所以比不含循环油加氢单元的 CTSL 工艺的加氢能力强。神华工艺对全部液体馏分加氢（图 4-5 中的沸腾床反应器 18），然后将重质馏分作为循环油，因此神华工艺实际上含有循环油加氢单元，其循环油的加氢能力优于 HTI 工艺。另外，神华工艺直接排出减压塔底部的含油残渣，而 HTI 工艺采用溶剂萃取分离液化残渣中的重质油，据称可提高油产率约 10 个百分点。

神华工艺与 CTSL 和 HTI 工艺的另一重要区别是两段反应器的温度，CTSL 和 HTI 工艺第一段反应器的温度均在 400～410 °C，第二段反应器温度在 430～440 °C 范围，高于第一段反应器约 30 °C；而神华工艺的液化温度较高，约在 445～455 °C 范围，且第二段反应器的温度处于第一段反应器的温度范围之内，实际情况下甚至还略低于第一段反应器的温度。神华工艺选择高的液化温度应该和其所用的高惰质组含量的煤有关，该煤中的弱共价键含量较少，低温下的反应活性较低，但第一段反应器的温度过高会导致煤自由基碎片的缩聚量过大，进而使得残煤在第二段反应器的裂解量不足，特别是在第二段反应器温度不高于第一段反应器温度的条件下，这应该是其产品产率达不到设计值的重要原因之一。

4.3 煤直接液化工艺的化学基础

任何反应器和工艺流程的设计都是为了更加有效地进行化学反应，煤直接液化工艺虽多，流程布局各异，但都是为了实现相同的核心化学反应，即煤中共价键热断裂产生自由基碎片和自由基碎片加氢，图 4-6 是某低阶烟煤的概念性反应路径。

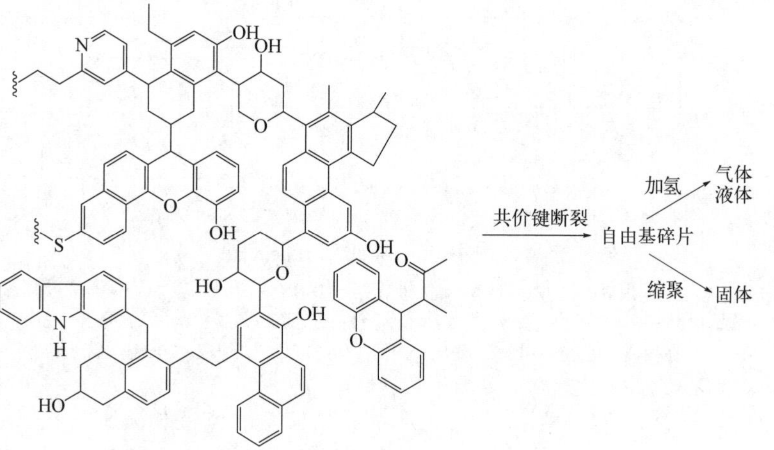

图 4-6 煤直接液化过程中的自由基反应

一般而言，煤共价键热断裂产生自由基碎片的过程主要涉及固体煤转化为气体或液体（挥发物）的反应，自由基碎片加氢的过程主要涉及气体或液体反应。虽然有的文献认为煤直接液化是煤直接催化加氢裂解，但由于固体催化剂颗粒或载有活化氢的固体催化剂颗粒难以预先扩散到煤的固体结构中，从而接触并作用于相关的共价键，煤直接液化的主导机理应该是煤先发生热解产生挥发性或游离自由基碎片，这些自由基碎片在液相（含供氢溶剂）及催化剂表面加氢，这个认识至少在 20 世纪 70～80 年代就在国际上形成共识，并被 1989 年美国能源部的一份煤直接液化技术报告列为最关键的科学问题，也一直是众多煤直接液化工艺的基本思路[2]，但国内仍有一些研究者不了解这个本征现象。

4.3.1　两段液化工艺的化学基础

CTSL 和 HTI 两段煤液化工艺的化学基础是：

① 低阶煤（次烟煤和褐煤）的主体结构是由脂肪桥键（$C_{al}—C_{al}$）或氧及硫醚键（$C_{al}—O$ 及 $C_{al}—S$）等弱共价键链接的大量芳香团簇（团簇内主要是强共价键结构，如 $C_{ar}—C_{ar}$ 及 $C_{ar}—C_{al}$），芳香团簇的平均缩合芳环数小于 3，桥键β位受热断裂产生挥发性或游离自由基碎片，带支链的芳香团簇在缺氢自由基条件下易发生芳构化形成缩合度更高的芳香结构。

② 提高油产率的前提是最大程度地解离煤中的弱共价键，即最大限度地产生挥发性或游离自由基碎片，然后是最大程度地为这些自由基碎片提供氢自由基，以避免煤自由基碎片之间的偶合与缩聚。

③ 煤自由基碎片偶合生成的高缩合度芳香大分子的反应性很低，难以在液化条件下裂解或加氢生成小分子产物。

显然，若煤液化温度较低，煤结构热解不充分，产生的自由基碎片量少，油产率就低；若煤液化温度过高，煤结构热解很充分，短时间内产生大量的自由基碎片，但体系不能提供充足的氢自由基去偶合煤自由基碎片，则会导致煤自由基碎片缩聚形成稳定的大分子产物（如沥青烯）乃至固体，煤液化的油产率也不会高。这些基本概念往往被技术人员所忽视，以为缩聚产物仍能在液化条件下再裂解、再加氢，因而认为高温是提高煤直接液化油产率的合理方法，设计并运行了低效的煤直接液化工艺。

提高煤中弱共价键断裂速率的方法很简单，就是提高液化温度，所以提高煤自由基碎片的加氢速率是煤直接液化技术的最核心问题，关键是提高煤自由基碎片生成之初、偶合之前的加氢速率。常用的方法是提高氢气压力和使用高活性超细催化剂。由于 H—H 键的键能较高，H_2 不能在液化温度范围热解离，仅提高 H_2 压力不能有效提高煤自由基碎片的加氢速率，因而研究的重点主要是活化 H_2 的高活性催化剂。

一般而言，催化剂颗粒越小，催化活性越高，但由于煤不能全部液化，且煤含有无机矿物，催化剂最终会与液化残渣混为一体，其量约为残渣量的 3%～5%，分离的成本很高，因此仅有廉价的一次性铁基催化剂在工业规模得到应用，高活性、高成本催化剂（如钼基催化剂）因与残渣分离的技术难度大、成本高，至今难以被工业采用。显然，在无法使用高活性、高成本催化剂的约束下，提高煤自由基碎片加氢速率、避免煤自由基碎片缩聚形成稳定大分子产物的方法只能是提高循环溶剂的供氢能力和采用逐级升温的两段液化工艺。

如前所述，利用循环溶剂的供氢能力提高煤液化油产率的标志性技术是 EDS 法，该方法和催化加氢（H_2）技术耦合构成了现代煤直接液化技术的核心。事实上，催化剂也提高循环油的供氢速率，有助于提高对煤自由基碎片的加氢速率，但过高的催化剂活性也可能导致循环溶剂脱氢生成 H_2，降低加氢效率。所以当循环溶剂的供氢能力较高时，液化催化剂的活性并不是越高越好，或循环溶剂的供气能力越高，催化剂的意义越小。但这些关系尚未被广大研究者所认识。

20 世纪 80 年代中期之前，煤直接液化工艺都是一段液化，即在单一反应器、单一条件下进行。德国的 IGOR+工艺虽然采用了两个串联的反应器，但它们的操作温度相同，实质上第二段反应器仅是第一段反应器的体积扩展，虽然其可能也改变了物料的停留时间分布。如前所述，要在单一温度下充分裂解煤结构生成自由基碎片须采用较高的液化温度，一般在 450 °C 以上（IGOR+工艺为 470 °C），但这对自由基碎片的加氢速率提出了很高的要求，须使用高成本、高活性催化剂和很高的氢气压力（IGOR+工艺的压力为 30 MPa），总体的技术经济性不佳。虽然 90 年代以后人们开发了高效铁基催化剂和循环溶剂加氢等技术，提高了对煤自由基碎片的供氢能力，但氢气压力仍在 20 MPa 左右。为了确保煤中共价键充分断裂并使其能够与廉价的煤自由基碎片加氢能力相匹配，CTSL 和 HTI 工艺采用了从低温到高温（温差 20～30 °C）的两个串联反应器，将煤产生自由基碎片过程分摊在两个反应器中，从而降低了对每个反应器的加氢能力要求，得以在较缓和的反应条件和供氢能力下有效避免煤热解自由基碎片的偶合与缩聚，在循环溶剂不加氢的情况下仍然达到高的油产率（60%左右）。由此看来，两段液化工艺虽然简单，但改变了化学反应控制思路，首次依据系统的加氢能力确定自由基碎片的产生速率（即反应温度），意义深远，但在当时及以后很长时间内该思路没有得到应有的重视，许多国家还对一段液化技术或表面为两段本质是一段的液化技术进行规模化研发（如英国的 LSE 和日本 BCL）。

4.3.2 神华两段液化工艺的加氢反应分析

已经运行十余年的神华工艺虽然采用了两个串联的反应器，但其本质是一段液化。据有限的资料报道[4]，2008 年 12 月 30 日开始的 303 h 首次工业示范运行中，第一段反应器的物料出口温度约为 455.8 °C，从进口（反应器底部分配盘上面）到出口的平均温升 10.4 °C；第二段反应器的物料出口温度约为 451.8 °C，从进口到出口的平均温升 4.5 °C（两段的温度均按照反应器中轴向×径向为 8×8 个热电偶的数据计算）。因加氢液化为放热反应，物料的出口温度总是高于进口温度，出口温度与进口温度的差值反映加氢的程度，这些温升数据说明第二段反应器的温度低于第一段反应器。因为两段反应器的物料量大致相等，所以温度差正比于液化加氢量，由此推测第二段反应器中的加氢量约为第一段反应器的 43%，或第一段反应器对整体加氢的贡献率约为 70%，第二段反应器的贡献约为 30%。

表 4-1 列出了 2015 年报道的神华工艺工业示范装置长期运行的温度数据，可以看出，第一段反应器从底部进口（反应器底部分配盘上面）到顶部出口的温度范围是 447.7～465.9 °C，第二段反应器的温度范围是 454.6～461.6 °C，两段物料的出口温度分别比 2008 年的数据提高了约 11 °C 和 10 °C，但第二段反应器的进口温度低于第一段反应器的出口温度 11.3 °C；第一段反应器温升 19.2 °C，第二段反应器温升 7.0 °C，这些温升幅度均高于 2008 年的运行温度，说明煤液化的总效率提升了约 69%，但第二段反应器的加氢量仍然较少，约为第一段反应器的 36%，或第一段反应器的贡献率约为 73%，第二段反应器的贡献率约为 27%。据报道，2018 年神华煤直接液化项目生产各类油品 83.4 万吨，约为其设计产能（108 万吨）的 77%。

表 4-1　神华两段液化反应器的升温数据[3]

轴向位置	第一段径向位置/°C					第二段径向位置/°C				
	1	2	3	4	平均	1	2	3	4	平均
A	465.3	465.5	466.1	466.7	465.9	460.4	461.9	462.1	462.1	461.6
B	462.4	463.4	463.0	464.4	463.3	459.6	460.9	460.6	461.3	460.6
C	459.5	460.6	460.0	461.5	460.4	458.9	459.6	460.0	460.0	459.6
D	456.8	458.3	458.4	458.3	458.0	457.8	458.6	458.7	459.0	458.5
E	454.6	456.9	456.1	456.0	455.9	457.2	458.2	457.9	457.6	457.7
F	453.6	456.2	453.4	452.8	454.0	455.8	456.5	457.0	456.7	456.5
G	452.4	453.1	449.5	451.1	451.5	454.7	455.9	456.3	455.4	455.6
H	447.7	448.4	447.3	447.5	447.7	453.4	455.1	455.1	454.7	454.6
A−H					18.2					7.0

原理上，神华煤直接液化两段工艺运行十余年不能达产的原因很多，如使用的上湾煤的惰质组含量较高（52%左右）、挥发分较低（约 35%～38%）、反应器结构不尽合理、循环溶剂的量和供氢能力不足、产物分离效果不佳等，但从自由基反应的角度分析，第一段反应器温度过高、第二段反应器温度低于第一段反应器温度也是重要原因，可能导致第一段反应器中煤热解生成的自由基碎片过多，系统的供氢能力不足，部分自由基碎片自身偶合及缩聚生成难以进一步裂解并加氢的重质产物；煤及其热解加氢产物在第二段反应器中发生的热解反应很少，因而加氢量也少。若将第一段反应器温度降低 10 °C 左右（若采用高挥发烟煤可降低 20 °C 左右），总油产率应能有所提高。

4.4 煤直接液化过程中的 ESR 自由基信息

煤直接液化的本质是煤在溶剂、氢气及催化剂条件下的热解及其生成的自由基碎片的加氢，涉及的自由基反应历程与第 3 章煤热解的内容类似，但包含了溶剂、氢气及催化剂的影响，且温度范围（约在 400～475 ℃）窄于热解。

煤直接液化过程中的自由基研究大概起始于 20 世纪 60 年代末，研究不多，主要是过程中的 ESR（即稳定自由基）信息，积累了一些实验数据，认识了一些宏观现象，提出了机理解释（包括正确的和不正确的），简述如下。

4.4.1 溶剂萃取煤过程中的 ESR 自由基信息

Grandy 等用 ESR 研究了美国华盛顿州 Tacoma 的 SRC（溶剂萃取煤，本质上是煤在溶剂中和高 H_2 压下热解，原煤碳含量为 69.5%）实验厂的煤液化滤饼和液化产物的稳定自由基浓度，前者含有未溶解的煤及煤中的无机物，后者含溶于滤液中的液化油。表 4-2 显示[5]，滤饼的自由基浓度最高，排除其中 55%的无机物后达 4×10^{19} spin/g，但该浓度小于相同温度但无溶剂条件下煤热解固体产物的自由基浓度，说明 SRC 过程中溶剂向煤供氢，抑制了缩聚反应。滤饼的线宽为 2.9×10^{-4} T，表明其含有 75%的惰质组；滤液中液化产物（脱溶剂后为固体）的自由基浓度约为 2×10^{18} spin/g，低于美国亚拉巴马州 Wilsonville SRC 厂的液化产物自由基浓度（15×10^{18} spin/g）；滤饼的自由基 g 值为 2.0026 与 1～6 环芳烃化合物的类似，液化产物的自由基 g 值为 2.0031，与含有杂原子的脂肪烃类似。液化产物和循环溶剂的线宽和氢含量基本符合 Retcofsky 等的预测（$\Delta H = 1.6H-1.8$[6]）。

表 4-2 美国 Tacoma 的 SRC 中试厂产物的 ESR 自由基浓度

样品	g 值	线宽/10^{-4} T	自由基浓度/(spin/g)
滤饼	2.0026	2.9	18×10^{18}
滤液	2.0031	6.4	0.7×10^{18}
过滤原料	2.0027	1.4	3.5×10^{18}
循环溶剂	2.0029	9.4	0.2×10^{18}
清洗溶剂	2.0037	6.8	6×10^{15}
Wilsonville 厂的 SCR 固体产物	2.0028	1.0	15×10^{18}

Petrakis 等对多种煤在供氢溶剂（四氢萘和 SRC-Ⅱ循环溶剂）和非供氢溶剂（萘）中的 SRC 实验研究表明，ESR 原位（高温）测得的自由基浓度经居里关系式校正后与样品常温测得的自由基浓度相同[7, 8]；反应温度越高，体系的自由基浓度越高，但规律性较差，如图 4-7 所示；溶剂的供氢能力越强，体系的自由基浓度越低；煤的转化率和油产率（戊烷可溶物）越高，体系的自由基浓度越低。这

些现象同样表明了第 3 章所述的事实，即 ESR 测定的自由基不是高活性反应中间体，而是由于某些原因不能参与反应的稳定自由基，因而自由基浓度出现单调上升的现象；另外，体系的自由基浓度应该主要与液化残渣有关，液化油的自由基浓度很低，且主要源于其中悬浮的微小残渣粒子，但作者没有说明这些，他们建立了自由基浓度随反应条件变化的非线性多项式统计模型，假定体系的自由基浓度随每一个反应条件（时间、温度、压力）的变化均为 e 指数形式，而且还与这些反应条件参数（时间、温度、压力）与时间的乘积项，以及反应条件参数之间的乘积项（如温度与压力的乘积、温度与升温速率的乘积等）或反应条件参数与自由基浓度的乘积项（如温度与 ESR 自由基浓度的乘积）有关[9]。显然，这样的数学模型与公认的化学反应规律不一致（如反应条件参数的乘积没有科学意义），其结果与实验数据对比也没有意义，这可以从图 4-7 和图 4-8 的对比看出。

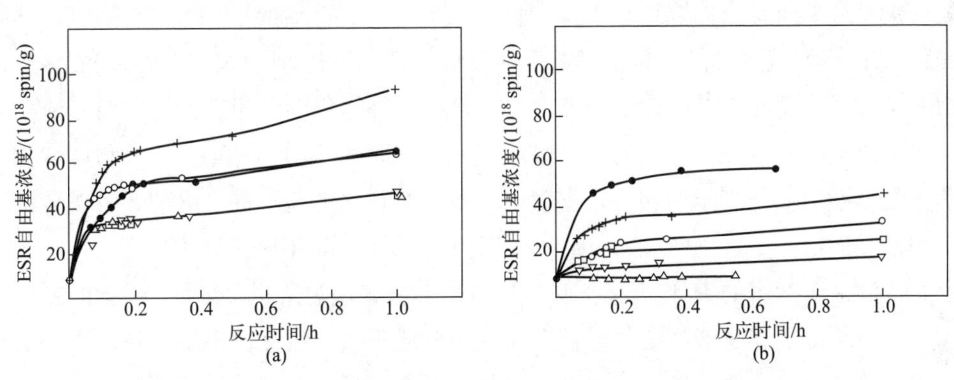

图 4-7　Powhatan 5 号煤在 11 MPa H_2 及萘 (a) 或四氢萘 (b) 中反应过程中的 ESR 自由基浓度变化

+ 480 °C；● 460 °C；○ 450 °C；□ 440 °C；▽ 425 °C；△ 400 °C

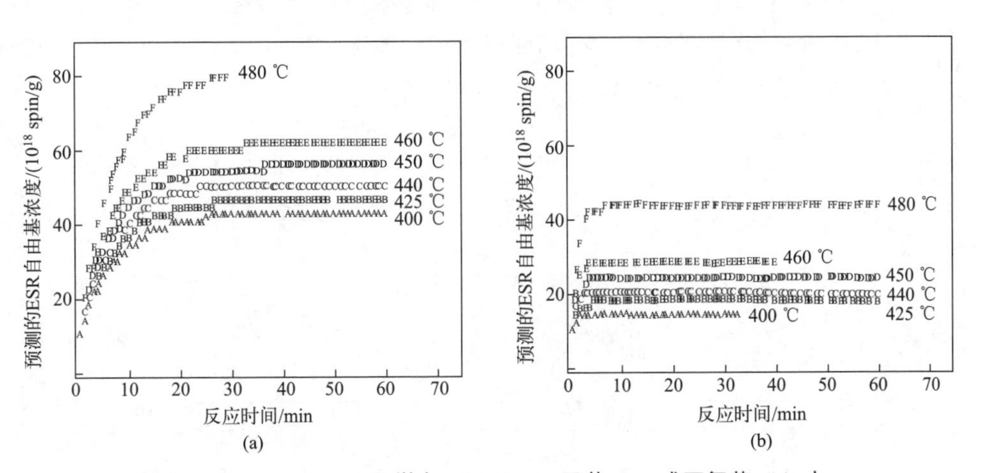

图 4-8　Powhatan 5 号煤在 11 MPa H_2 及萘 (a) 或四氢萘 (b) 中反应过程中自由基浓度变化的模拟结果

特别需要值得指出，上述研究者认为液化产物的生成速率（dY/dt，Y 为油、沥青烯和前沥青烯的量）与自由基浓度成正比，也与自由基浓度与每一产物浓度的积成正比[9]，即认为 ESR 测得的自由基是推动反应进行的活性中间体，不是不能参与反应的稳定物质。这个观点与他们及其他研究者发现的 ESR 自由基浓度单调上升（不下降）及 SRC 液化残渣中的自由基浓度最高的现象相矛盾。因为对任何化学反应而言，体系中的活性组分（活性中间体）主要产生于反应初期，然后随反应进行而逐渐减少，不应该随时间延长而逐步升高并一直维持在最高值，甚至在反应完冷却后仍然维持在最高值。

Rudnick 和 Tueting 研究了 Belle Ayr 煤（含碳 63.8%）与两种工业溶剂（含 H 量分别为 8.2%和 9.7%）在高压釜中（427 °C，10.1 MPa H_2）的直接液化过程，采用快速从高压釜中抽取过滤液体（膜孔 15 μm）的方法捕获“活性自由基”，然后用 ESR 研究液体样品的自由基浓度随反应条件的变化[10]。他们发现：①液化产物的自由基浓度在 10^{16} spin/g 量级，比 SRC 工艺抽提出的固相产物的自由基浓度低两个数量级；②液化产物的自由基浓度随反应时间［图 4-9(a)］延长和煤转化率［图 4-9(b)］升高而增加；③富氢溶剂下的煤转化率高于贫氢溶剂下的煤转化率，但富氢溶剂下液化产物的自由基浓度低于贫氢溶剂下液化产物的自由基浓度。由此认为，溶剂中的 H 猝灭了溶解煤的自由基（在室温下也是如此），ESR 测得的自由基浓度是煤热解产生的活性自由基与反应湮灭的活性自由基之差，即 ESR 检测到的是没有来得及湮灭的活性自由基。作者甚至认为，他们采用的从高压釜中快速抽取液体的方法可以扩展到其它场合去“冻结”活性自由基。这个观点在当时似乎合理，但今天看来不够正确，因为过滤液体中的小颗粒物质及沥青烯实际上是 ESR 测到的自由基的主体，这些物质中的孤电子实际上赋存于分子结构内部，“解冻”后仍然可被 ESR 检测到。

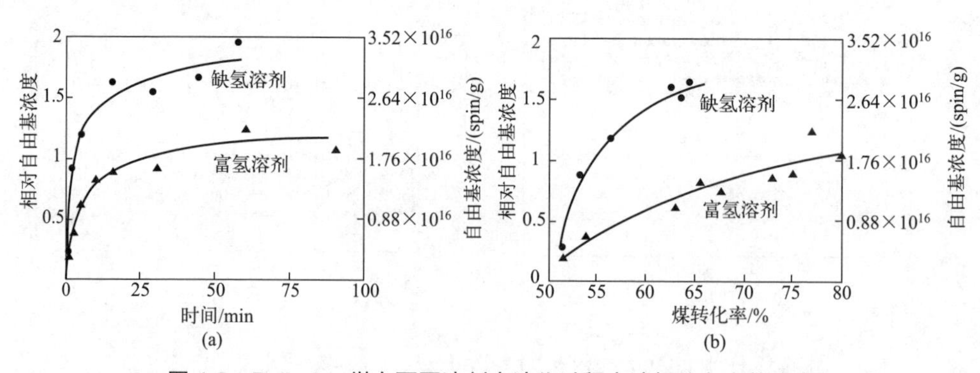

图 4-9　Belle Ayr 煤在不同溶剂中液化过程中液相的自由基浓度

4.4.2 原位 ESR 自由基检测及反应机理分析

Fowler 等在常压开放的原位 ESR 反应器中研究了 Linby 煤（含碳 83%）在 H_2 或 N_2 以及 N_2+溶剂条件下的体系自由基浓度变化（图 4-10）[11]，发现在 100～500 °C 范围，0.1 MPa H_2（■）和 N_2（•）气氛中的自由基浓度变化没有显著差别，正癸烷或四氢萘略微减少了自由基的浓度；但在 300～500 °C 范围（即煤中共价键断裂生成自由基碎片的范围），四氢萘（▲）对自由基浓度的抑制作用大于正癸烷（◆）的作用。

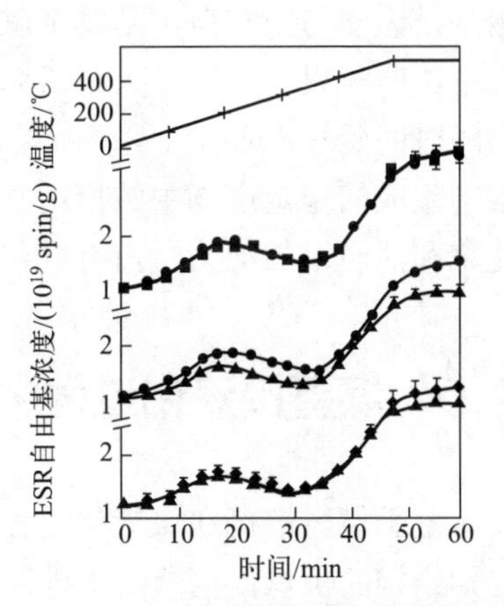

图 4-10　Linby 煤在不同气氛条件下反应过程中的 ESR 自由基浓度变化

• 煤+N_2；■ 煤+H_2；▲ 煤+N_2+四氢萘；◆ 煤+N_2+正癸烷

基于 ESR 测得的自由基数据以及当时的文献知识，Fowler 等提出了如下简化的煤液化自由基反应概念步骤，其中：Coal 是煤的某种结构单元；R•是煤结构单元热解生成的自由基碎片；DH_2 是可供 2 个氢自由基的供氢溶剂；R—H 是被氢自由基偶合后的煤自由基碎片；DH•是供出 1 个氢自由基后的供氢溶剂；Coal—H 也是煤的某种结构单元（但突出了其中的 1 个键合的氢原子）；Coal•是带有 1 个自由基的煤结构；D 是供出 2 个氢自由基后的供氢溶剂；Coal—H•是煤的某种结构单元的自由基。反应式（4-1）是煤热解生成自由基碎片的步骤；反应式（4-2）和式（4-3）是自由基传递步骤；反应式（4-4）和式（4-5）是自由基碰撞湮灭步骤。

$$\text{Coal} \longrightarrow 2\text{R}\bullet \tag{4-1}$$

$$\text{R}\bullet + \text{DH}_2 \longrightarrow \text{R—H} + \text{DH}\bullet \tag{4-2}$$

$$\text{R}\bullet + \text{Coal—H} \longrightarrow \text{Coal}\bullet + \text{R—H} \tag{4-3}$$

$$\text{R}\bullet + \text{DH}\bullet \longrightarrow \text{R—H} + \text{D} \tag{4-4}$$

$$\text{R}\bullet + \text{Coal—H}\bullet \longrightarrow \text{R—H} + \text{Coal} \tag{4-5}$$

需要指出，以现有的认识看，上述反应式中的自由基均为活性自由基，不是 ESR 测到的稳定自由基；尽管 Fowler 等的实验并未测定活性自由基，但这些反应步骤符合自由基化学的一般性链反应原理，应该是正确的，但是与图 4-10 的数据无关。

基于上述讨论可知，20 世纪 60～80 年代用 ESR 研究煤直接液化过程中自由基的工作已经确认：ESR 测定的整个反应体系的自由基浓度总是随时间延长和煤转化率上升而单调增大，达到稳定值后不再下降；在强供氢能力环境中，ESR 测得的自由基浓度总是低于在弱供氢能力环境中的自由基浓度，说明 ESR 测得的自由基是无法与其它自由基发生碰撞和偶合的稳定自由基，因此它们在不同反应条件下不断积累。另外，大量研究显示，液化产物的生成速率在反应初期很高，然后随时间延长而逐步下降，所以也说明 ESR 测得的自由基仅是活性自由基反应过程中生成的稳定产物中的自由基，不是煤液化反应的推动力，其浓度与煤液化转化率和油产率的动力学没有直接关系。

4.5 煤直接液化过程中的活性自由基与 ESR 自由基的关系

鉴于供氢溶剂在煤液化过程中向煤热解产生的活性自由基供氢，原理上通过已知结构的供氢溶剂所发生的转化（如：四氢萘供氢后转化为萘、二氢菲供氢后转化为菲等）就可以计算出实际参与煤自由基反应的活性自由基量，特别是在供氢溶剂自身不发生脱氢且供氢溶剂量远大于煤量的情况下（即煤自由基碎片之间的偶合量最少）。

4.5.1 活性自由基的测定

基于上述思路，刘沐鑫等在快速加热的毛细管反应器（0.25 min 达到反应温度，无飞温）中研究了大柳塔煤（DLT，含碳 72.4%）在 440 °C、二氢菲（DHP）存在下的液化反应[12]，通过菲的生成量计算了供氢量，同时用 ESR 测定了液化过程中体系的稳定自由基量。研究发现，煤液化过程中体系的ESR 自由基浓度（C_{ESR}，图 4-11）与供氢溶剂量有关，无 DHP 时，体系的 ESR 自由基浓度迅速上升，从原煤的 1.0×10^{-5} mol/g 升至 60 min 的 3.4×10^{-5} mol/g［乘以阿伏伽德罗常数后为自旋数（spin）浓度，约为 2.0×10^{19} spin/g］，表明煤热解产生的自由基碎片（有些大碎片含有多个互不接触的孤电子）发生了强烈的偶合和缩聚，生成了包裹有孤电子的大分子物质（沥青质或积炭）。但 DHP 存在下的现象相反，体系的 ESR 自由基浓度下降，且随 DHP 添加量增多，ESR 自由基浓度的下降幅度增大或下降时间增长；当 DHP 与煤质量比为 4∶1 以上时，ESR 自由基浓度从原煤的 1.0×10^{-5} mol/g 迅速降到 2 min 的 0.2×10^{-5} mol/g，说明：①煤颗粒在热解过程中破碎使得其内部的大部分自由基暴露于 DHP，并被 DHP 提供的氢自由基偶合湮灭；②煤热解产生的活性自由基碎片被 DHP 提供的氢所稳定，自由基碎片自身偶合的概率大大降低。另外，DHP 存在下体系的自由基不能完全消失的现象说明煤颗粒中有一些结构不发生破裂或裂解（应该是惰质组），其中包裹的孤电子无法与 DHP 接触，不能从 DHP 获得 H 自由基。

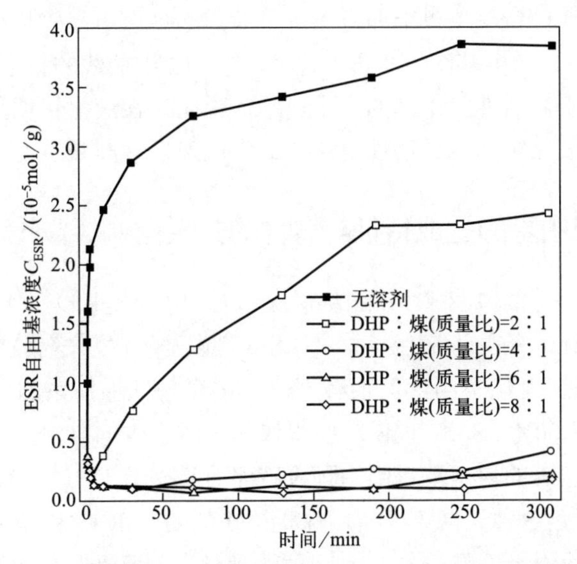

图 4-11　大柳塔煤在 440 °C 有无二氢菲（DHP）条件下液化时反应体系（气液固全部）的 ESR 自由基浓度变化

图 4-12 显示了上述反应中 DHP 向煤热解生成自由基碎片的供氢量（R_H，单位质量煤获得的氢自由基量）变化。显然，R_H 的范围在 10^{-2} mol/g 量级，高于图 4-11 中 C_{ESR} 的两个数量级以上，且随 DHP 量的增加而增加，说明液化过程中煤裂解产生的活性自由基量远远大于 ESR 检测到的自由基量，大部分活性自由基被 DHP 供的 H 自由基湮灭［如反应式（4-2）～式（4-5）所示］，不能被 ESR 检测到；

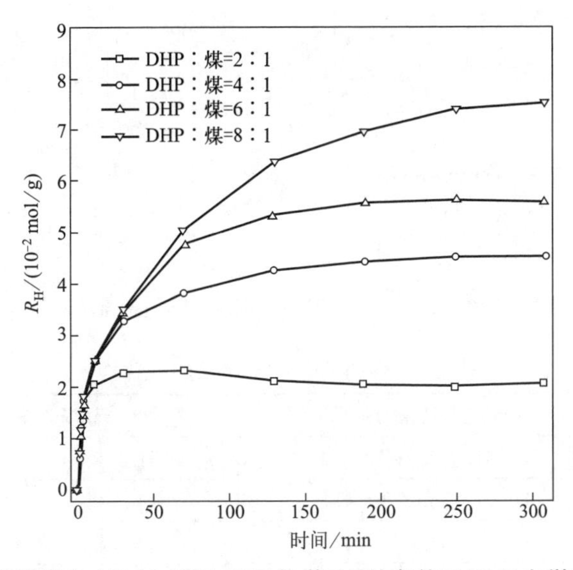

图 4-12　大柳塔煤在 440 °C 不同 DHP 与煤质量比条件下 DHP 向煤的供氢量变化

70 min 内 DHP∶煤为 6∶1 以上即可以满足对煤活性自由基碎片加氢的要求（因为图 4-11 中的 ESR 自由基浓度不再变化）。图 4-12 中曲线的斜率表述了 DHP 的供氢速率，对应于煤活性自由基的产生速率，说明煤在液化初期生成活性自由基的速率最大，随液化时间延长活性自由基的生成速率逐渐减小。

4.5.2 活性自由基的生成特征与煤种的关系

图 4-13(a) 显示了 14 种中国煤（从褐煤到无烟煤，表 4-3）在 440 °C 和 DHP∶煤 = 8∶1（质量比）条件下液化过程中 ESR 自由基浓度（C_{ESR}）的变化。显然，不同煤阶煤的 C_{ESR} 变化不同，但很有规律。褐煤和烟煤体系的自由基浓度在前 2 min 内快速下降 60%～86%，说明这些煤快速裂解产生的自由基碎片被氢自由基稳定，煤中原来包裹的自由基也因为颗粒破碎而暴露于 DHP，从而被 DHP 供的氢自由基所稳定。但 5 种无烟煤（碳含量高于 90%）的 ESR 自由基浓度先在 0.5 min 内快速升高，而后缓慢下降，约 10 min 内达到稳态，但仍然高于原煤的值，说明无烟煤颗粒初期没有发生显著的破碎，其裂解生成的部分自由基处于颗粒内，不能充分地与 DHP 接触从而得到 H 自由基。

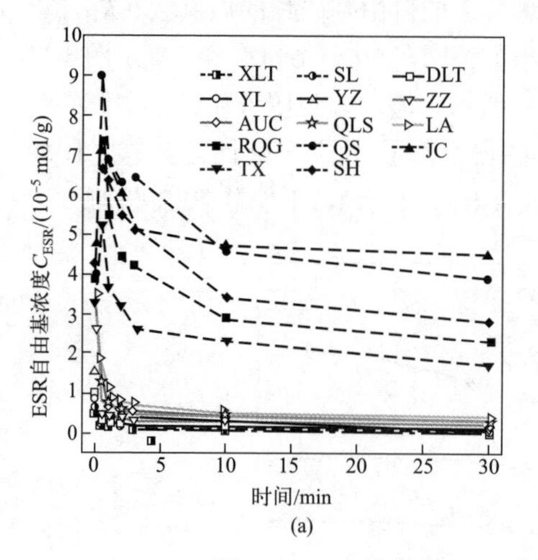

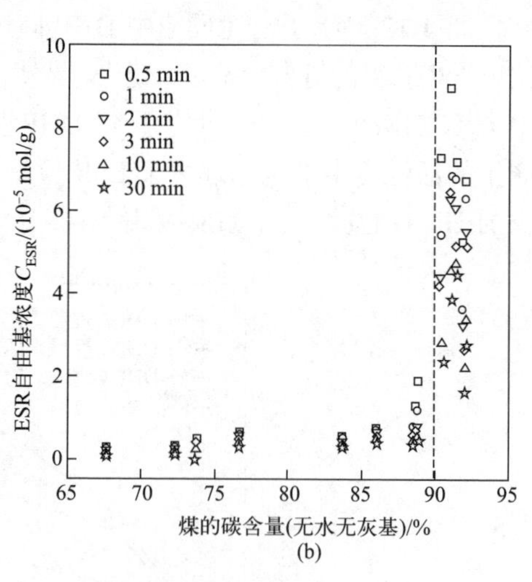

图 4-13 14 种煤在 DHP 中热液化体系的自由基浓度变化

表 4-3 煤的工业分析和元素分析数据 单位：%

煤的名称	工业分析（质量分数）			元素分析（无水无灰基，质量分数）				
	M_{ad}	A_d	V_{daf}	C	H	O[①]	N	S
小龙潭煤（XLT）	14.0	16.1	47.8	67.5	4.1	24.1	1.9	2.4
胜利煤（SL）	15.0	13.4	47.8	67.7	4.5	25.7	1.3	0.8
大柳塔煤（DLT）	4.9	13.2	42.9	72.4	4.5	20.6	1.5	1.0

续表

煤的名称	工业分析（质量分数）			元素分析（无水无灰基，质量分数）				
	M_{ad}	A_d	V_{daf}	C	H	O[①]	N	S
依兰煤（YL）	5.4	2.6	44.0	73.8	5.0	19.5	1.4	0.3
兖州煤（YZ）	2.1	12.0	42.6	76.7	5.2	12.5	1.5	4.1
枣庄煤（ZZ）	0.4	8.9	34.5	83.7	5.2	8.7	1.6	0.8
澳煤（AUC）	0.2	8.4	23.0	85.9	4.7	7.2	1.7	0.5
青龙山煤（QLS）	0.5	10.1	17.8	88.6	4.4	5.0	1.4	0.6
潞安煤（LA）	0.4	12.2	13.9	88.8	4.2	4.9	1.7	0.4
汝淇沟煤（RQG）	0.5	15.3	10.1	90.3	3.2	5.3	1.0	0.2
沁水煤（QS）	0.8	12.0	7.3	91.0	3.1	4.4	1.1	0.4
晋城煤（JC）	1.5	29.0	7.5	91.4	2.9	4.4	0.9	0.4
太西煤（TX）	1.1	2.5	6.8	91.9	2.1	5.0	0.9	0.1
寺河煤（SH）	0.8	8.2	6.0	92.1	3.1	3.3	1.1	0.4

① 质量差。

注：*M*—水分；*A*—灰分；*V*—挥发分；ad—空气干燥；d—干燥。

图 4-13(b) 显示，所有 14 种煤的自由基浓度变化与煤碳含量（%）呈现很好的对应关系，碳含量越高，ESR 自由基浓度越高；时间越长，自由基浓度越低；在褐煤到烟煤范围（碳含量 67%～88%范围），ESR 自由基浓度随煤碳含量增加而略有增加，随时间延长略有减少，但差别不大，约在 0.1×10^{-5}～0.5×10^{-5} mol/g 的范围；无烟煤的自由基浓度随碳含量增加显著增加，随时间延长显著下降，但在碳含量 91%附近经历了最大值，达到 9×10^{-5} mol/g，然后显著下降，含碳最高的煤的自由基浓度在反应 30 min 后降至略高于烟煤自由基浓度的水平。说明无烟煤的结构较为坚固，颗粒在热解中不易破裂，共价键断裂的比例较小，但随时间延长，DHP 仍能抑制部分缩聚反应。

值得指出，图 4-13(b) 中无烟煤在 DHP 中反应的 ESR 自由基浓度随碳含量变化的趋势（随碳含量增加经历极大值后下降）与第 2 章（图 2-8）中高芳香度物质（未经加热）的 ESR 自由基浓度随芳香度变化趋势类似，也与第 3 章（图 3-51）中 6 种煤热解原位 ESR 自由基浓度在 600 ℃ 左右随温度的变化趋势类似。这些现象说明，重质有机资源的结构在碳含量>91%、芳香度>0.95%附近发生了显著变化，这些自由基浓度的变化也体现在第 3 章中煤热解挥发物的释放规律上，也与煤的很多物理性质在碳含量 88%～90%附近发生突变有关。但到目前为止，文献中还没有对该现象原理的解释。

刘沐鑫等发现（图 4-14），上述煤在供氢溶剂二氢菲（DHP）中液化过程中累计产生的活性自由基量随时间延长单调上升，随煤碳含量升高而规律降低，如：30 min 内褐煤产生的活性自由基量达到 3.8×10^{-2} mol/g，无烟煤产生的活性自由基量达到 0.9×10^{-2} mol/g。相应地，煤中共价键断裂的累积量（$N_{B,C}$，图 4-14 右侧坐标）为活性自由基量的一半，随液化时间和煤的碳含量呈现很好的规律性。无烟煤的 $N_{B,C}$ 显著小于其它煤的 $N_{B,C}$，说明无烟煤中芳香结构单元开始融并，孤立的芳香结构单元显著减少。

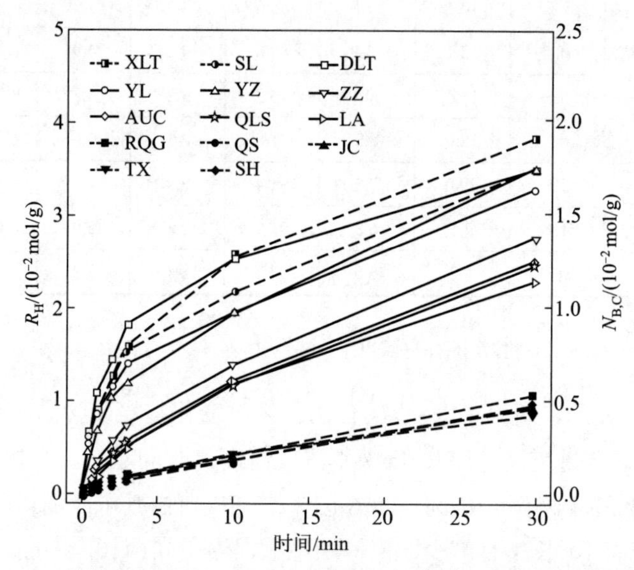

图 4-14　14 种煤在 440 °C、DHP：煤 = 8：1 条件下液化过程中累计获得的氢自由基量（R_H）及煤的断键量（$N_{B,C}$）

假定煤中共价键的断裂速率正比于煤的质量，依据图 4-14 的断键量数据可以拟合得出不同煤在 440 °C 可发生断裂的共价键总量［图 4-15(a)，$N_{B,0}$］以及共价键断裂的动力学常数 k［图 4-15(b)］。显然，煤在 440 °C 可断裂的共价键量随煤碳含量增加略有减少，直到碳含量为 90%附近开始显著下降；共价键断裂的一级反应速率常数随碳含量下降而近似线性下降。

当然，图 4-15 的现象也可能说明，碳含量低于 70%的煤（褐煤）在热解过程中发生大量的含氧基团（如羧基）分解，该过程不是自由基历程，不需要从 DHP 获取 H 自由基，而且这些煤热解过程中的共价键断裂量少于碳含量在 72%左右的煤。如果是这样，对于碳含量>72%的煤，它们共价键断裂的动力学常数 k 随煤碳含量的增加可能呈现由快到慢的非线性下降趋势，有可能是某种 e 指数关系。这个分析可能是合理的，尽管作者当时未能这样认识。

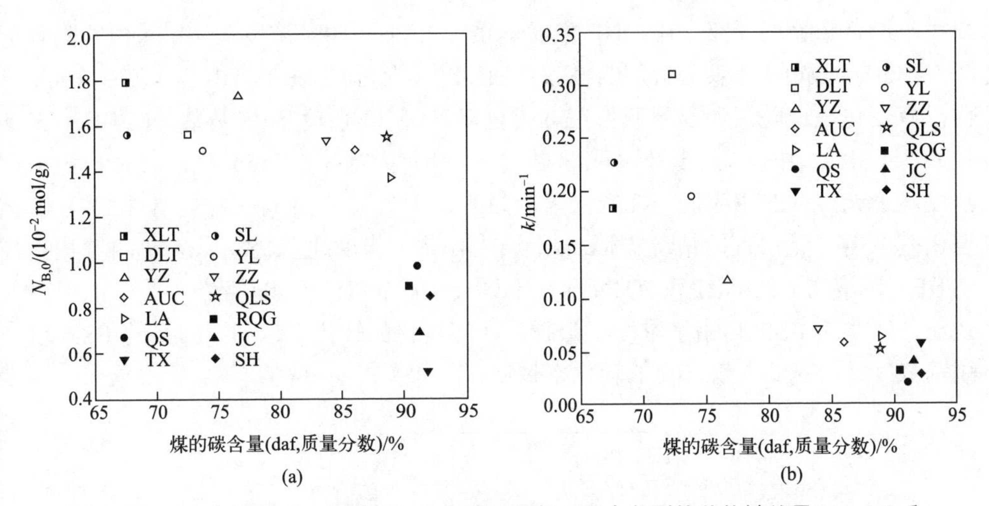

图 4-15　14 种煤在 440 °C 和 DHP 中液化过程可发生断裂的共价键总量 $N_{B,0}$ (a) 和共价键断裂速率常数 k (b)

4.5.3 煤在不同溶剂中液化的自由基浓度变化

如前所述，煤加氢液化的本质是煤热解产生活性自由基碎片及活性自由基碎片被 H_2 和供氢溶剂加氢，两种加氢途径均可被催化剂加速。由于供氢溶剂中的 C—H 键键能低于 H_2 气中 H—H 键的键能，经由供氢溶剂加氢的路线更为高效。刘沐鑫等在氮气气氛中研究了 DLT 煤在 440 °C 及不同溶剂中液化过程中 ESR 自由基浓度变化[13]，发现（图 4-16）无溶剂时，体系的 ESR 自由基浓度快速上升，3 min 内从煤的 1.0×10^{-5}mol/g 升至 2.1×10^{-5} mol/g，认为煤裂解产生的自由基碎片

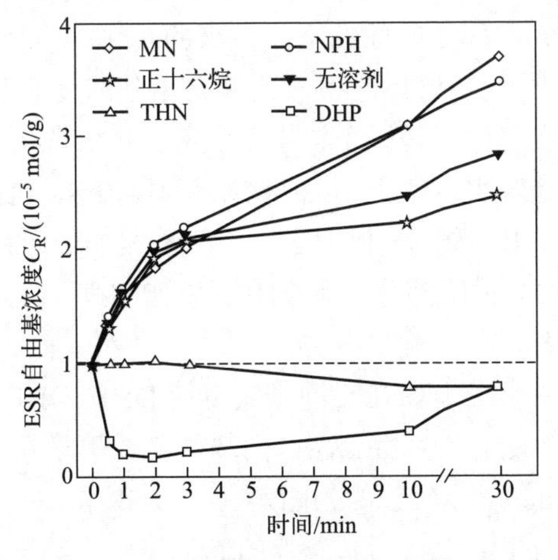

图 4-16　DLT 煤在 440 °C 不同溶剂中液化过程的 ESR 自由基浓度变化

MN—甲基萘；NPH—萘；THN—四氢萘；DHP—二氢菲

发生了偶合和缩聚反应；在 DHP 中，体系的 ESR 自由基浓度在 1 min 内下降到了 0.2×10^{-5} mol/g；在供氢溶剂四氢萘（THN）中，体系的 ESR 自由基浓度在 3 min 内没有变化，但随后明显下降；在非供氢溶剂萘（NPH）和甲基萘（MN）中，体系的 ESR 自由基浓度上升，3 min 内与无溶剂时类似，10 min 后的 ESR 自由基浓度高于无溶剂的相应值；在无供氢能力的正十六烷（cetane）中，体系的 ESR 自由基浓度与无溶剂的情况类似。结合图 4-17 中煤液化转化率［X_C，四氢呋喃（THF）可溶物］在 DHP 和 THN 存在下最高，在 NPH 和 MN 存在下最低的现象说明，体系的 ESR 自由基浓度下降越多，煤液化的转化率越高；体系的 ESR 自由基浓度升得越高，煤液化的转化率越低。

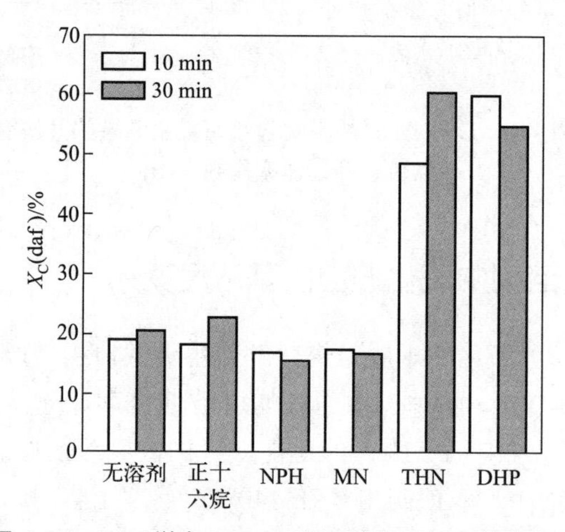

图 4-17　DLT 煤在 440 °C 不同溶剂中液化的转化率

图 4-18 显示，煤液化的产物油（O，正己烷可溶物）产率和沥青质（A，THF 可溶但正己烷不溶物）产率随时间的变化与煤的转化率类似，但气体（G）产率随热解时间的变化不大，说明气体产率与ESR自由基浓度的关系不大，煤在440 °C热解或液化产生的主要气体不是源于自由基反应，或煤热解自由基碎片的偶合与缩聚所产生的气体质量较小。另外，煤液化体系中的 ESR 自由基主要存在于液化残渣中，少量存在于 THF 可溶物中，因为将液化产物溶于 THF 的过程中 ESR 自由基浓度出现微小下降，说明部分溶于 THF 中的自由基碎片移动性增强，进而发生碰撞使得自由基偶合。

从图 4-19 可以看出，DLT 煤在相同供氢量的 DHP（DHP：煤＝8：1）和 THN（THN：煤＝3：1）中液化产生的活性自由基数（约等于从供氢溶剂获得的氢自由基数，N_H）在 10^{-2} mol/g 量级，约为图 4-16 中 ESR 自由基浓度（C_R）的千倍水平。所以共价键断裂产生活性自由基碎片的速率正比于该温度下煤中可断裂的共价键量［式（4-6）］，煤自由基碎片从供氢溶剂获得氢自由基的速率正比于活性自

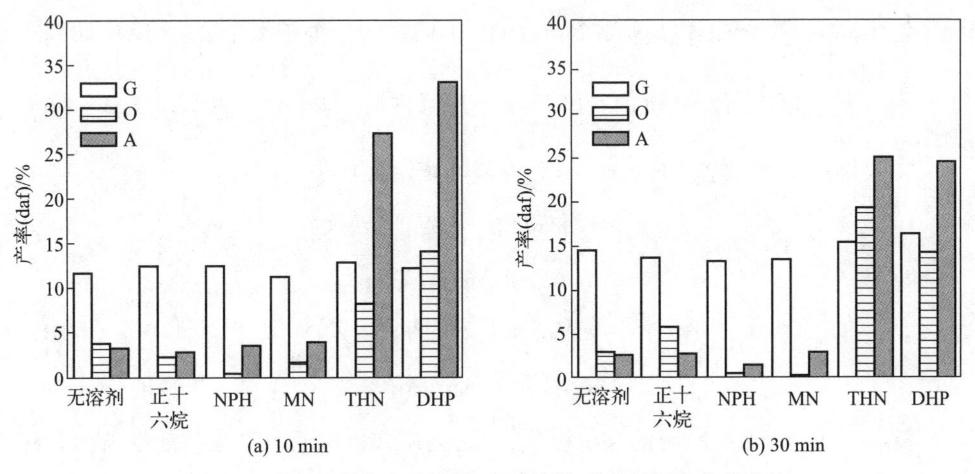

图 4-18　DLT 煤在 440 °C 不同溶剂中液化过程的产物产率

G—气体；O—油；A—沥青质

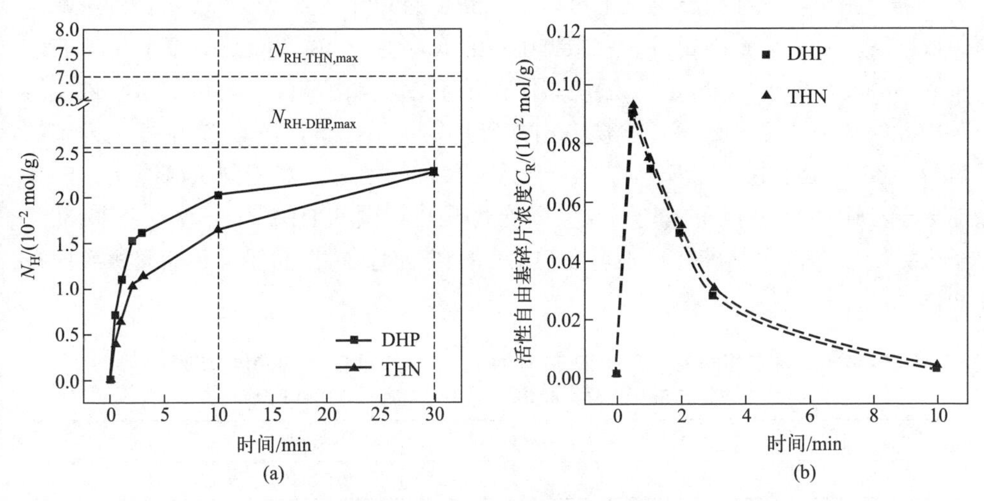

图 4-19　在图 4-18 实验中 DLT 煤自由基碎片得到的 H 自由基量（N_H）和自由基碎片的浓度（C_R）随时间的变化

$N_{RH\text{-}THN,max}$—单位煤可从 THN 获得的最大氢自由基数；$N_{RH\text{-}DHP,max}$—单位煤可从 DHP 获得的最大氢自由基数

由基碎片浓度和供氢溶剂可供氢的量[式(4-7)]，由此提出了式(4-8)～式(4-11)的速率方程。动力学拟合显示，DLT 煤在 440 °C 迅速热解产生活性自由基碎片，煤自由基碎片量在 0.5 min 时达到最高值 0.1×10^{-2} mol/g，随后逐步下降，3 min 时降到 0.03×10^{-2} mol/g，10 min 时降到 0.01×10^{-2} mol/g 以下。表 4-4 列出了动力学模拟确定的该煤在 440 °C 可断裂的共价键总数（$N_{B,0}$）和速率常数 k_1、k_2。显然，440 °C 下煤在 DHP 中液化的速率常数 k_1 和 k_2 均高于其在 THN 中的数，DHP 向煤自由基供氢的速率常数［1.93 g/(mol•s)］高于 THN 向煤自由基供氢的速率常数

［1.24 g/(mol•s)］，或煤自由基碎片在 DHP 中缩聚的量少于在 THN 中缩聚的量。

$$煤中可断共价键（B）\xrightarrow{k_1}煤活性自由基碎片（R） \tag{4-6}$$

$$R + 溶剂中可供氢（H）\xrightarrow{k_2}获得氢的煤活性自由基碎片（R—H） \tag{4-7}$$

$$dN_B/dt = -k_1N_B \tag{4-8}$$

$$dN_R/dt = k_1N_B - k_2N_RN_H \tag{4-9}$$

$$dN_{RH}/dt = k_2N_RN_H \tag{4-10}$$

$$dN_H/dt = -k_2N_RN_H \tag{4-11}$$

式中，N_B 为煤中断裂的共价键量；N_R 为煤共价键断裂产生的活性自由基碎片量；N_{RH} 为获得氢的煤活性自由基碎片；N_H 为溶剂供出的氢自由基量；k_1 和 k_2 为速率常数。

需要指出，煤在某一温度下可以发生断裂的共价键数应该不受溶剂的影响，但依据表 4-4 中煤在 DHP 中液化数据确定的 $N_{B,0}$ 值（0.0123 mol/g）高于其在 THN 中的 $N_{B,0}$ 值（0.0091mol/g），说明并不是所有的煤自由基碎片均可从这些供氢溶剂中获得氢自由基，还有一些煤自由基碎片发生了缩聚，在 DHP 中发生缩聚的量少于在 THN 中发生缩聚的量。但另一种可能性是，在相同供氢量下，DHP 的分子个数多于 THN 的分子个数，每个煤颗粒周围的 DHP 分子数多于 THN 分子数，所以煤自由基碎片更不容易在 DHP 中碰面，它们的偶合和缩聚概率比在 THN 中低。

表 4-4　供 H 量相同条件下 DHP 或 THN 在 440 °C 对 DLT 煤的供氢动力学参数（DHP：煤=8：1，THN：煤 = 3：1，10 min 内）

供氢溶剂	k_1/s^{-1}	k_2/[g/(mol•s)]	$N_{B,0}$/(mol/g)	R^2
DHP	0.0088	1.93	0.0123	0.98
THN	0.0081	1.24	0.0091	0.97

4.6　煤直接液化催化剂的作用

自 SRC 和 EDS 工艺开发以后，所有的煤直接液化工艺都使用催化剂。到目前为止，元素周期表中的大部分元素都被测试过，最终从催化活性、经济性和环境兼容性等多方面考虑，适宜的催化剂主要是铁基催化剂，其次是钼基催化剂。这些催化剂的活性相都是金属硫化物，大都由氧化物与硫或含硫化合物在液化过程中原位生成。早期催化剂的颗粒比较大，到 20 世纪 90 年代以后，超细催化剂

（数百纳米到几纳米）的研究成为主流，文献中有很多关于催化剂制备方法、煤转化率、油产率和组成、加氢程度等方面的报道，但深入到自由基层面并报告自由基信息的研究很少。

4.6.1　煤在不同催化剂条件下液化的稳定自由基浓度变化

Ibrahim 等用 ESR 原位研究了 Blind Canyon (BC) 煤在常压、流动 H_2 及 9 种催化剂（20～400 nm）条件下直接液化过程中的 ESR 自由基浓度变化[14]，并将其大致归纳为 3 个阶段的变化（图 4-20）：第一阶段从常温到 100 °C，ESR 自由基浓度略微升高；第二阶段为 100～300 °C，ESR 自由基浓度逐步下降；第三阶段是 300 °C 以上，ESR 自由基浓度快速上升。对有些催化剂，ESR 自由基浓度还呈现第四阶段变化，即在 450 °C 左右快速下降。通过将 400 °C 条件下铁催化和非催化条件下 ESR 自由基浓度的比值（*R*）与 Pradhan 等人在高压釜中四氢萘存在下 400 °C 的煤液化油产率相关联（图 4-21），发现体系的 ESR 自由基浓度与油产率正相关，相同 *R* 值下钼催化剂的油产率高于铁催化剂的油产率，由此认为，自由基浓度比值 *R* 表示催化剂的裂解活性，裂解活性越高，煤产生的自由基量越大，煤液化的油产率就越高。

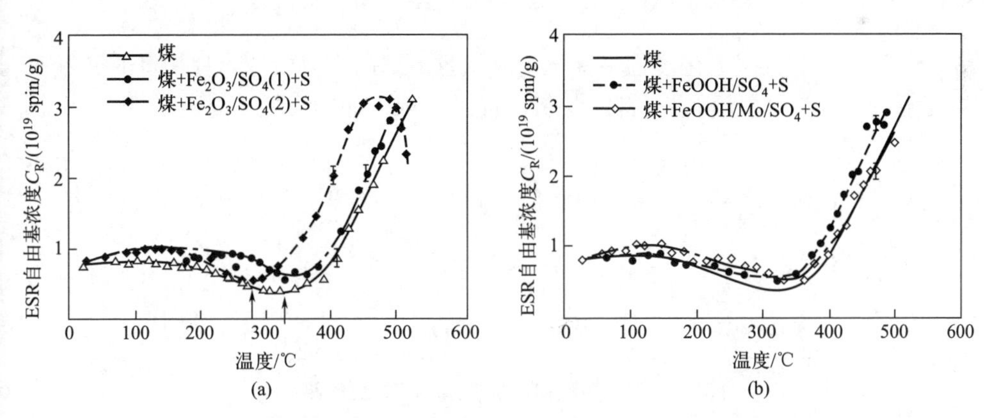

图 4-20　BC 煤在不同催化剂存在下液化过程中的 ESR 自由基浓度的变化
（H_2 流速 100 mL/min，Fe：煤 = 1%，Fe：S = 0.5）

需要指出，上述 Ibrahim 等的研究是在常压和 H_2 流动条件下进行的，煤液化产生的挥发物被流动的 H_2 不断地移出 ESR 原位池。由于 H_2 会还原金属硫化物和硫黄（S），并将生成的 H_2S 气体移出反应器，且常压下 H_2 的加氢量很小，因此该研究实际测定的是煤催化热解脱挥发物后残余固体的自由基浓度，不是煤催化加氢液化过程中的活性自由基浓度。若其使用的催化剂确有作用，其主要作用应该是煤结构脱氢，以及由此导致的煤结构缩聚，所以催化剂的活性越高，对煤脱氢缩聚的作用越大，残余固体的 ESR 自由基浓度就越高。因此 Ibrahim 等的结论是不对的，源于他们误认为 ESR 自由基是活性自由基。

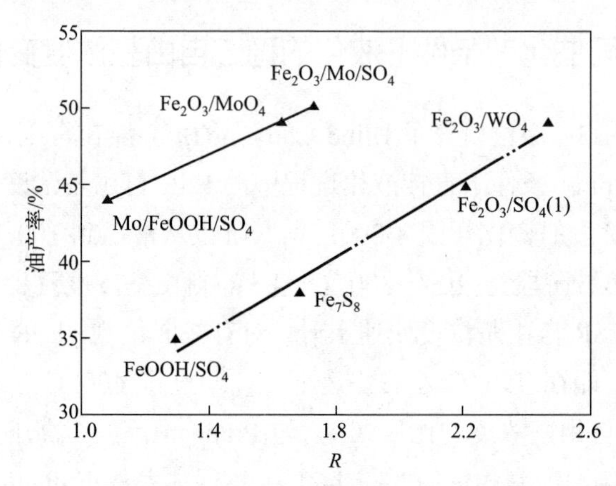

图 4-21　400 °C 下 BC 煤在铁催化剂和无催化剂条件下液化过程中 ESR 自由基浓度的比值（*R*）与高压釜中四氢萘存在下液化油产率的关系

4.6.2　用供氢溶剂脱氢评价煤直接液化催化剂的方法

原理上，煤直接液化过程中催化剂对供氢溶剂向煤自由基碎片加氢的促进作用强于对气相 H_2 向煤自由基碎片加氢的促进作用，如图 4-22 所示[15]。

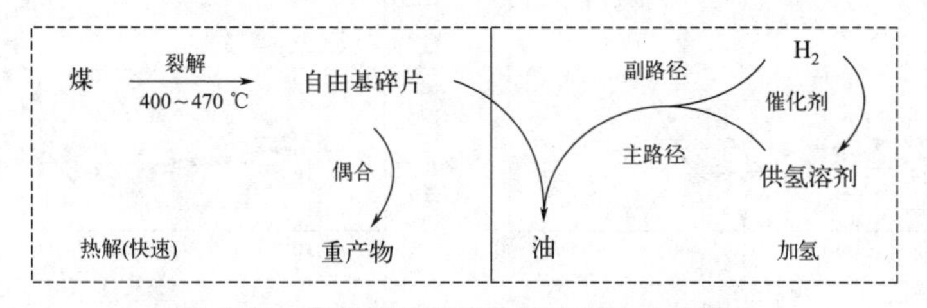

图 4-22　煤热解和直接加氢液化的反应路径

鉴于催化剂不改变可逆反应的化学平衡，因此煤直接液化催化剂既可催化供氢溶剂（或 H_2）的 H 向反应物供（加）氢，也可催化供氢溶剂脱氢，其基本步骤是把供氢溶剂中的 H 转移到催化剂上形成弱键合、易转移的 H 自由基（即 H 原子）。基于此，陈泽洲等提出了用煤直接液化催化剂对供氢溶剂的催化脱氢反应活性评价其煤直接液化活性的方法，特点是仅需测定催化剂和供氢溶剂的自压（即冷态为常压）反应，无需高压 H_2。具体是用催化剂对四氢萘的常压脱氢活性实验数据评价其对煤高压加氢液化的活性，他们还将催化剂对四氢萘脱氢的活性与催化剂前驱体的硫化特征以及硫化催化剂对煤液化的催化活性相关联。几种催化剂前驱体在 5% H_2S/H_2 气氛中的硫化实验显示（图 4-23，H_2S 逸出信号）[16]，负载于无硫半焦（模拟煤）上的氧化钼（Mo）在 30 °C 就与 H_2S 发生了硫化反应，而担载于无硫半焦上的氧化钴（Co）、氧化镍（Ni）及多种铁（Fe，为氧化铁或氢氧化铁）在 130 °C 以上才与 H_2S 发生硫化反应。在相同气氛中，所有的硫化物在 180 °C 以上被 H_2 部分还原，但在 400～500 °C 范围不再发生明显变化，说明这些催化剂在 400～500 °C 的相态与它们在煤直接液化过程中的相态类似。

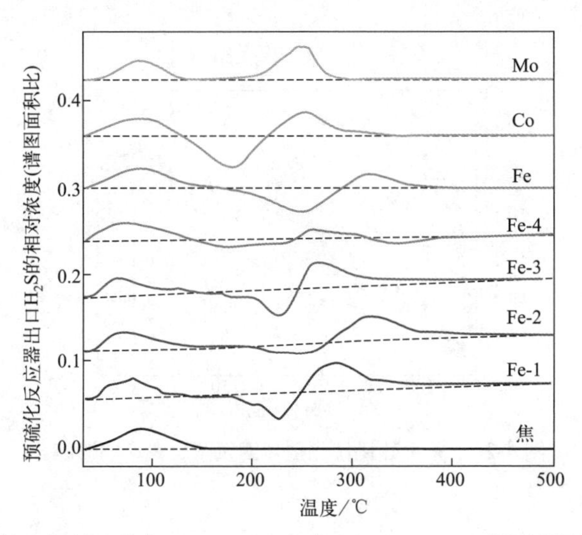

图 4-23　多种催化剂前驱体在 5% H_2S/H_2 气氛、30～500 °C 升温过程中的硫化和还原

研究发现，上述催化剂对四氢萘脱氢率的影响不同（图 4-24），一般而言，Mo 催化剂的活性最高，Co 催化剂的活性次之，Fe 催化剂的活性较低，但担载 Fe 催化剂的活性显著高于多种沉淀 Fe 催化剂（Fe-1、Fe-2、Fe-3 和 Fe-4）的活性。这些四氢萘脱氢数据的一级反应动力学拟合显示，反应速率常数（图 4-25）与它们在 450 °C 催化兖州煤直接液化的转化率及油产率（图 4-26）成正比，四氢萘脱氢的活化能及煤液化转化率和油产率与催化剂在液化条件下的硫含量成比例（图 4-27）。这些发现不仅简化了煤液化催化剂的活性评价，而且揭示了不同催化剂对煤液化的本质作用，即硫化物结构与活化氢的关系，而活化氢量越大，其稳定煤自由基碎片的能力越强。这个现象也支撑了硫化物催化剂的加氢机理，即 M—S—H（M 为金属）结构中的 S—H 键是加氢活性位，不同金属的 M—S 键键能不同，因而对 S—H 键键能的影响不同，煤自由基碎片从催化剂获得氢自由基的难易程度就不同。

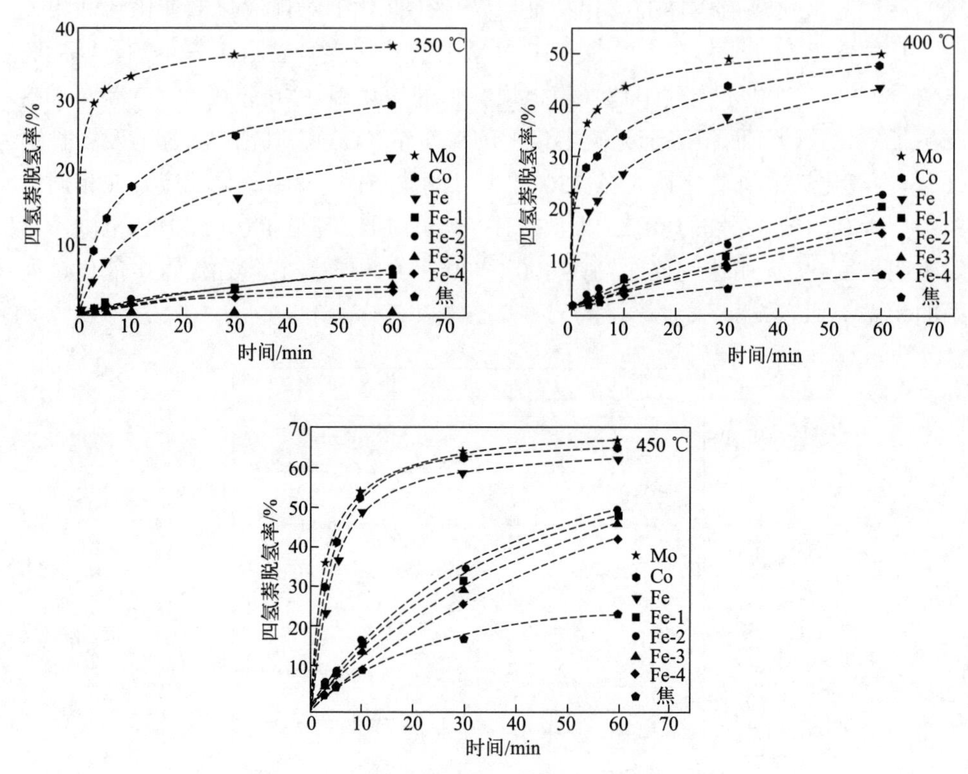

图 4-24 多种硫化催化剂对四氢萘脱氢率的影响

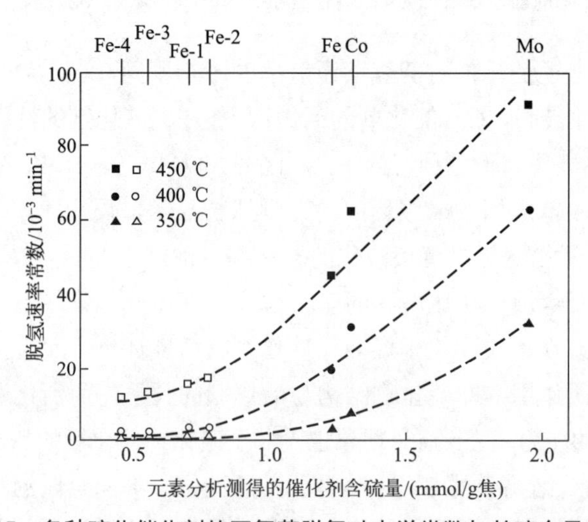

图 4-25 多种硫化催化剂的四氢萘脱氢动力学常数与其硫含量的关系

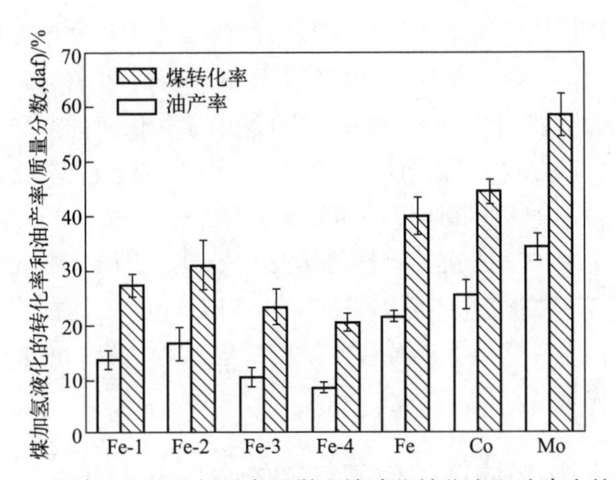

图 4-26　多种硫化催化剂对兖州煤直接液化转化率和油产率的作用

煤的碳质量含量为 81.5%，高压釜，初始氢压 6.2 MPa，四氢萘∶煤 = 2（质量比），450 °C，15 min；转化率为四氢呋喃可溶物的质量分数，油产率为正己烷可溶物的质量分数

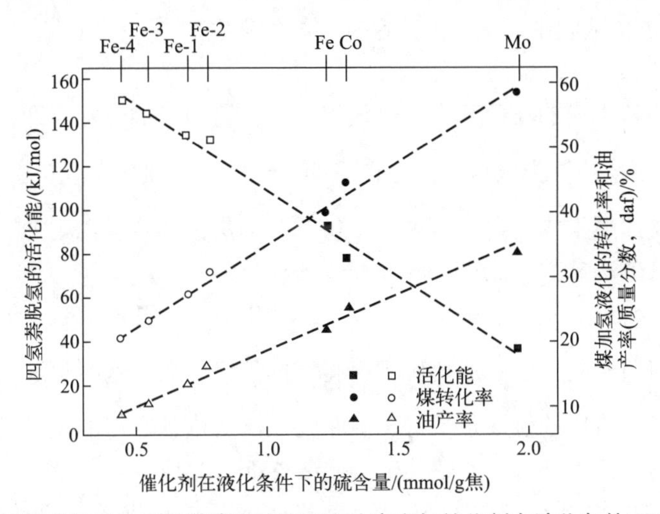

图 4-27　四氢萘脱氢活化能及煤液化转化率和油产率与催化剂在液化条件下硫含量的关系

4.7　煤直接液化供氢溶剂评价

煤直接液化工业装置使用的循环溶剂由过程中生产的中质油和重质油混合而成，经加氢后与煤混合制浆参与液化反应。这些溶剂的组成非常复杂，既含有可供氢的组分，也含有不可供氢的组分，还包括沥青质类物质。前面所述的四氢萘、二氢菲、二氢蒽等纯溶剂的供氢能力（或容量）可由它们的供氢反应式计算，如四氢萘供出 4 个氢自由基转化为萘，二氢菲或二氢蒽分别供出 2 个氢自由基转化

为菲或蒽。前人通过这些溶剂对煤液化反应转化率和产物产率的影响大致了解了它们的相对供氢活性（如二氢蒽比四氢萘更易供氢等），并将它们供氢活性的差异与供氢涉及断键的键能相关联。例如，二氢蒽中参与供氢的脂肪 C—H 键的键能为 335 kJ/mol，二氢菲中参与供氢的脂肪 C—H 键的键能为 373 kJ/mol[17]，四氢萘中参与供氢的脂肪 C—H 键的键能为 334 kJ/mol（C_α—H）和 390（C_β—H）kJ/mol[18]，非供氢溶剂环己烷中 C—H 键的键能为 402 kJ/mol，正己烷中 C—H 键的键能在 410 kJ/mol 以上，苯中的 C—H 键的键能为 465 kJ/mol[19]。这些信息定性地判断了纯溶剂的供氢活性差异，但不能量化复杂的供氢过程，也不能量化供氢与液化条件（如温度）的关系。

4.7.1 用煤模型物反应评价供氢溶剂的方法

Roux 等[20]以过氧化二苯甲酰（dibenzoyl peroxide，DP）为热解产生自由基的前驱物（简称前驱物），研究了多种溶剂向热解自由基供氢的差异，根据反应网络和实测的产物分布提出了量化供氢溶剂的 4 个参数。

（1）供氢参数（donor index，DI）

前驱物热解生成的自由基中从供氢溶剂夺得氢原子的分数，即

DI = [前驱物热解生成自由基夺得氢的量]/[前驱物热解生成自由基的量]

如前驱物热解生成的自由基量等于供氢溶剂供出的氢量，则 DI = 1。

（2）供氢效率参数（efficiency index，EI）

供氢溶剂给出的氢原子中用于偶合前驱物生成自由基的分数，即

EI = [前驱物热解生成自由基夺得氢的量]/[供氢溶剂给出氢的量]

如供氢溶剂给出的氢原子量等于前驱物热解自由基夺得的氢量，则 EI = 1。

（3）前驱物自由基残余参数（scavenger index，SI）

没有从供氢溶剂获得氢的前驱物热解自由基量与供氢溶剂给出氢量的比值，即

SI = [前驱物热解生成的自由基量−前驱物热解自由基从供氢溶剂获得氢的量]/[供氢溶剂给出氢的量]

$$SI = EI/DI - EI$$

（4）供氢溶剂循环参数（recycle index，RI）

溶剂供氢后生成可加氢循环产物的分数，即

RI = [供氢溶剂供氢生成可加氢循环产物的量]/[供氢溶剂的反应量]

如二氢蒽供氢后均生成蒽或四氢萘供氢后均生成萘，则 RI = 1。

他们对多种供氢溶剂在 87 °C 下对过氧化二苯甲酰热解自由基的加氢研究发现[20]，二氢菲、二氢蒽和苊（acenaphthalene）的 DI 均在 0.9 左右，四氢萘的 DI 约为 0.8，二氢萘的 DI 仅为 0.4 左右。二氢菲的 RI 最高，可达 0.7；二氢蒽的 RI 约为二氢菲的一半，苊和四氢萘的 RI 为 0。由于这些研究的温度远低于煤直接液化温度，过氧化二苯甲酰中的共价键也不是煤液化过程中断裂的主要共价键，而 4 个参数既与反应温度有关，也与共价键前驱物的结构有关，所以该研究确定的参数值范围不能表示煤直接液化条件下的参数值。

Meyer 和 Oviawe 等[21,22]以苄基苯基醚（benzyl phenyl ether，BPE）为自由基前驱物，在 300～450 °C 范围研究了 4 种溶剂向热解自由基供氢的参数（表 4-5），发现二氢菲和四氢萘优于其它溶剂，因为二氢菲的 DI 值和 RI 值最高、SI 值最低；四氢萘的 EI 值最高，其 DI 值与二氢菲的 DI 值类似，其 RI 值略低于二氢菲的 RI 值，SI 值也较低；4 种溶剂的 DI 值均随温度升高而升高，它们的 RI 值虽然也随温度升高而升高，但均在 450 °C 下降。

表 4-5　4 种供氢溶剂向苄基苯基醚供氢 30 min 的参数

溶剂	参数	温度/°C			
		300	350	400	450
二氢菲（DHP）	DI	0.79	0.84	0.92	0.94
	EI	1.05	1.02	1.00	0.57
	SI	0.29	0.19	0.09	0.04
	RI	0.69	0.76	0.88	0.77
四氢萘（THN）	DI	0.78	0.84	0.90	0.91
	EI	1.53	1.59	1.62	1.40
	SI	0.43	0.29	0.19	0.13
	RI	0.57	0.64	0.65	0.61
四氢喹啉（THQ）	DI	0.66	0.66	0.84	0.87
	EI	0.93	0.81	0.65	0.41
	SI	0.48	0.41	0.12	0.06
	RI	0.42	0.42	0.43	0.35
茚满（I）	DI	0.65	0.73	0.81	0.83
	EI	1.37	1.40	1.41	1.22
	SI	0.73	0.53	0.34	0.26
	RI	0.06	0.08	0.10	0.06

值得指出，上述供氢参数是苄基苯基醚与供氢溶剂反应 30 min 的结果，其它自由基前驱物在其它反应时间的数据对比可能结果不同。另外，这些参数不能提供这些溶剂的有效温度范围（包括起始供氢温度和自身脱氢生成 H_2 的温度），因此不足以准确指导实验设计和工业过程。

4.7.2 用供氢动力学评价供氢溶剂的方法

动力学拟合是将实验数据理性化的方法，同时含有温度和时间的作用，可以更清楚地量化供氢溶剂对热解生成的自由基的供氢作用。Oviawe 等[23]在预热时间为 6 min 的微型反应器中研究了氮气压力下 4 种供氢溶剂对苄基苯基醚和 Freyming 煤（自由基前驱物）热解的供氢反应，通过每种自由基前驱物同时与两种等物质的量供氢溶剂的混合物在 300 °C 和 400 °C 的反应，在假设一级供氢动力学的前提下，获得了两种供氢溶剂供氢速率常数之比的表达式［式（4-12）和式（4-13）］。

$$\frac{\mathrm{d}[SH_2]}{\mathrm{d}[S'H_2]}=\frac{k_{SH_2}[SH_2]}{k_{S'H_2}[S'H_2]} \tag{4-12}$$

$$\ln\left(\frac{[SH_2]}{[SH_2]_0}\right)\bigg/\ln\left(\frac{[S'H_2]}{[S'H_2]_0}\right)=\frac{k_{SH_2}}{k_{S'H_2}} \tag{4-13}$$

式中，SH_2 是一种供氢溶剂；$S'H_2$ 是与 SH_2 混合的另一种供氢溶剂；k_{SH_2} 和 $k_{S'H_2}$ 分别是这些供氢溶剂的速率常数。

研究发现，400 °C 条件下苄基苯基醚在四氢萘（THN）和茚满（I）中热解的速率常数比（k_{THN}/k_I）为 1.07，在二氢菲和四氢萘中热解的速率常数比（k_{DHP}/k_{THN}）为 1.70。300 °C 条件下苄基苯基醚在这些溶剂中热解的速率常数比为：k_{DHP}/k_I = 1.57、k_{THQ}/k_I = 1.47、k_{THN}/k_I = 1.06。400 °C 条件下 Freyming 煤在这些混合供氢溶剂中热解的速率常数比为：k_{THN}/k_I = 1.55 和 k_{DHP}/k_I = 4.57。显然，这些速率常数的比值与自由基性质有关，如 k_{DHP}/k_I 在苄基苯基醚热解中为 1.57，在 Freyming 煤热解中为 4.57，但对所研究的两种自由基前驱物和温度（300 °C 和 400 °C）而言，二氢菲的供氢活性高于四氢萘，四氢萘的供氢活性略高于茚满，四氢喹啉的供氢活性低于二氢菲但高于四氢萘。

Kamiya 等[24]在高压釜中研究了澳大利亚 Yallourn 褐煤和日本 Akabira 烟煤在 H_2 气氛（冷态 1 MPa）及多种供氢溶剂共存下的反应。他们将煤与 1-甲基萘（溶剂）、四氢萘（弱供氢溶剂）和一种强供氢溶剂混合并反应，分析强供氢溶剂的转化。图 4-28 显示，Yallourn 煤在 350 °C 液化过程中，各种供氢溶剂转化量的顺序为：二氢蒽>二氢菲>四氢喹啉>四氢萘酚>八氢蒽，四氢萘的转化量很少。图 4-29 显示了这两种煤的液化转化率（四氢呋喃可溶物）与多种溶剂供氢量的关系（图中没有区分不同供氢溶剂的数据），可以看出，相同温度下不同供氢溶剂的供氢量与煤转化率有相似，甚至相同的关系；褐煤在两个温度下液化的转化率与供氢量呈直线关系，烟煤在两个温度下液化的转化率与供氢量似乎呈两阶段直线关系；褐煤液化所需的供氢量多于烟煤。

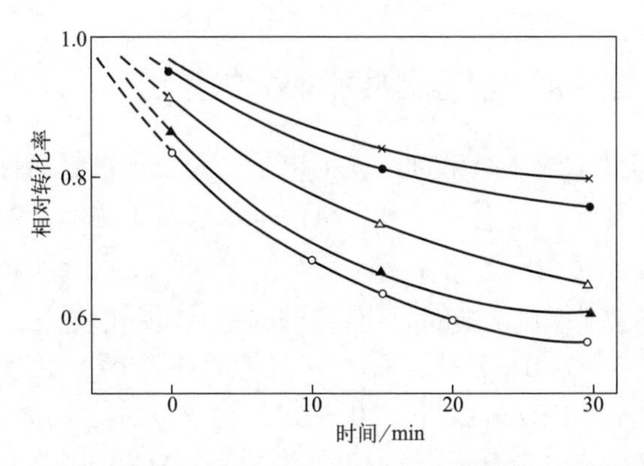

图 4-28　一些强供氢溶剂在 350 °C、Yallourn 褐煤、1-甲基萘及四氢萘共存条件下的转化率随时间的变化

× 八氢蒽；● 四氢萘酚；△ 四氢喹啉；▲ 二氢菲；○ 二氢蒽

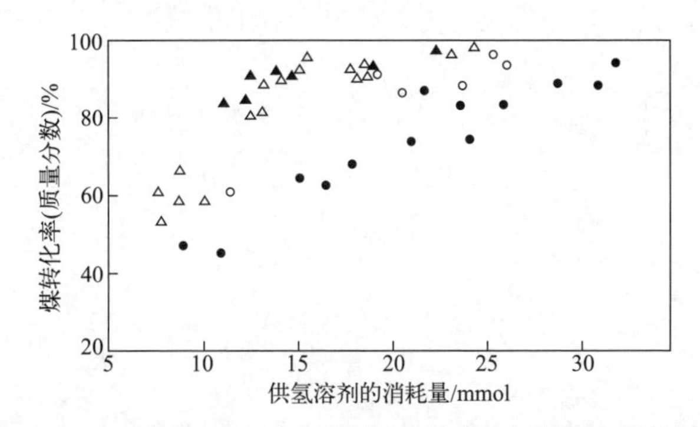

图 4-29　Yallourn 褐煤和 Akabira 烟煤液化转化率与供氢溶剂供氢量的关系

● Yallourn 褐煤（350 °C）；○ Yallourn 褐煤（450 °C）；△ Akabira 烟煤（400 °C）；▲ Akabira 烟煤（450 °C）

表 4-6 是 Akabira 烟煤在 400 °C、混合溶剂（甲基萘+四氢萘+供氢溶剂 A）中液化 30 min 的数据。可以发现，二氢蒽、二氢菲、四氢喹啉和八氢蒽的一级供氢速率常数 k 分别约为四氢萘 k 值（$1.2\times10^{-3}\ s^{-1}$）的 13 倍、12 倍、10 倍和 6 倍。

表 4-6　Akabira 烟煤在 400 °C、混合溶剂（甲基萘+四氢萘+供氢溶剂 A）中液化 30 min 的数据

供氢溶剂 A	煤转化率（四氢呋喃可溶物）/%	供氢溶剂 A 的转化率/%	$k_X=\left(\frac{-dX}{X\,dt}\right)_{15\,min}$ /s^{-1}		k_A/k_T
			k_A	k_T	
二氢蒽	98	38.4	1.39×10^{-2}	1.1×10^{-3}	13
二氢菲	96	36.6	1.32×10^{-2}	1.1×10^{-3}	12
四氢喹啉	93	22.5	1.0×10^{-2}	1.0×10^{-3}	10
四氢萘酚	93	25.7	1.1×10^{-2}		
八氢蒽	83	20.8	5.0×10^{-3}	0.8×10^{-3}	6
四氢萘（T）	79	5.9	1.2×10^{-3}	1.2×10^{-3}	1

4.7.3 供氢溶剂的起始供氢温度和最大供氢量

值得指出，虽然上述供氢溶剂研究提出了多种表征供氢活性的方法和参数，但煤液化工艺设计还希望了解每一种供氢溶剂在煤共价键解离条件范围的起始供氢温度（T_i）和最大供氢量（$Q_{H,max}$），更希望了解组成复杂（且未知）的工业供氢溶剂的相关参数，因为一个好的供氢溶剂应该具有高的 $Q_{H,max}$ 和较低的 T_i。基于这个认识，沈涛等在常压微型反应器中研究了两种简单结构的煤模型物［苄基苯基醚（BPE）和联苄（BBZ），也称自由基前驱物或自由基生成物］分别在三种已知简单结构的供氢溶剂［二氢菲（DHP）、二氢蒽（DHA）和四氢萘（THN）］中的反应，发现两种煤模型物的转化量与这些供氢溶剂的转化量趋势相同，而且煤模型物生成的自由基量与供氢溶剂的供氢量一致（图 4-30），均可用一级反应动力学描述，基于这些煤模型物的反应动力学可以计算出供氢溶剂的 T_i 和 $Q_{H,max}$[25]。

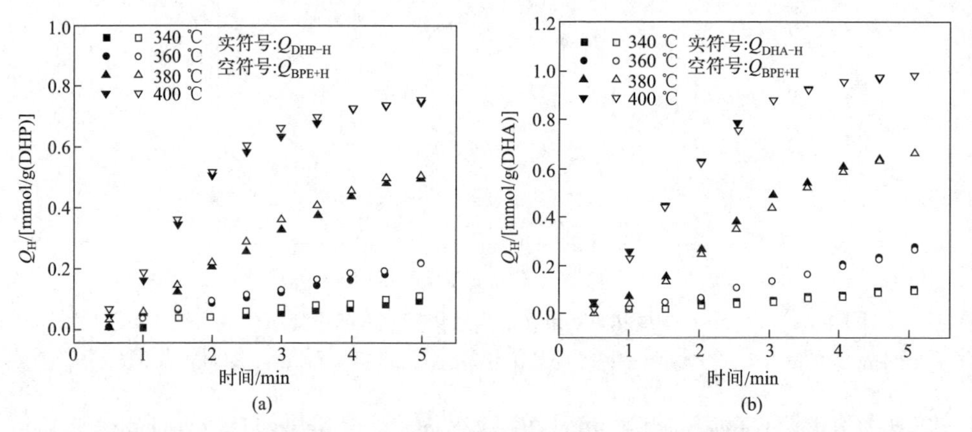

图 4-30 供氢溶剂 DHP (a) 和 DHA (b) 供出的 H 量与 BPE 热解生成的自由基碎片获得的 H 量的对比

进而，他们采用该方法评价了 4 种组成复杂的工业溶剂的动力学参数和 $Q_{H,max}$（表 4-7），并基于不同的煤模型物最小转化率阈值确定了对应的 T_i 值（表 4-8）[26]。因为所研究供氢溶剂的 $Q_{H,max}$ 顺序是 P3 > P2 > P1 > C1，在煤模型物转化率阈值≤0.01%时的 T_i 顺序是 P3 < P1 < P2 < C1，所以 P3 最好，C1 最差，P1 和 P2 居中。P3 的特点是含氮环烷较多，C1 的特点是烷烃和含氧多环芳烃多（煤基溶剂的特点）。总体而言，对供氢有贡献的结构是含有烷基侧链或氮原子的大于 2 环的芳香结构（由 GC×GC-MS 测定），这两部分结构在 P3、P2、P1 和 C1 中的占比分别约为 45.9%、50.0%、41.5%和 24.0%。值得注意的是，P3 的 $Q_{H,max}$ 大于四氢萘的值（实验拟合值为 35.3 mmol/g，理论值为 30.3 mmol/g），其它溶剂的 $Q_{H,max}$ 大于二氢菲和二氢蒽的值，P3 的 T_i 类似于二氢菲和二氢蒽的值，说明调控工业循环溶剂的组成能够制出高效供氢溶剂。

表 4-7　不同工业供氢溶剂的供氢动力学参数

供氢溶剂	速率常数×10⁻³/min⁻¹				其它参数（340～400 °C）			
	$k_{340\ °C}$	$k_{360\ °C}$	$k_{380\ °C}$	$k_{400\ °C}$	$Q_{H,max}$	A/min⁻¹	E_a/(kJ/mol)	R^2
P1	0.76	2.82	8.54	15.13	23.2	5.49×10^{11}	173.7	0.97
P2	0.58	2.13	6.40	11.94	27.8	5.27×10^{11}	175.0	0.98
P3	0.77	2.05	5.56	9.66	36.3	3.07×10^{9}	147.6	0.99
C1	0.33	2.26	7.94	14.23	20.8	1.29×10^{15}	216.8	0.94
DHP	1.79	4.05	13.07	26.31	11.1	5.40×10^{10}	158.4	0.98
DHA	1.75	5.57	18.32	33.26	11.1	9.22×10^{11}	172.4	0.99

表 4-8　不同工业供氢溶剂在不同煤模型物转化率阈值时的起始供氢温度

转化率阈值/%	不同煤模型物转化率阈值下的 T_i/°C				
	0.1%	0.01%	0.001%	0.0001%	0.00001%
P1	342.6	303.5	269.0	238.5	211.2
P2	347.7	308.2	273.4	242.6	215.0
P3	344.4	298.6	259.2	224.8	194.6
C1	352.2	319.4	290.0	263.3	239.0
DHP	329.4	300.3	252.8	221.4	193.5
DHA	328.6	302.8	257.7	228.1	201.7

研究发现，上述供氢溶剂的性质与它们的有机结构有关，比如 $Q_{H,max}$ 正比于含烷基侧链或含氮原子且大于 2 环的芳香结构，也正比于 ^{13}C NMR 测定的 f_{ar}^2 和元素分析得出的碳含量［w(C)，质量分数］的乘积［图 4-31(a)］，即桥接环烷的芳碳占总碳的分数，但 $Q_{H,max}$ 与 ^{1}H NMR 测定的芳环侧链上的 H_α 量无关［图 4-31(b)］，似乎随 H_β 含量升高而降低［图 4-31(c)］，说明大部分 H_α 和 H_β 不具备供氢能力。出乎意料的是，图 4-31(d)显示，$Q_{H,max}$ 与式（4-14）所表述的质子供出指数（proton donor quality index，PDQI[27]，也称供氢指数）没有规律性关系，该指数体现与芳环桥接的环烃中 H_β（在 ^{1}H NMR 谱图中的化学位移是 1.5～2.0[28]）占溶剂质量的份额，以 mg/g 表示，被一些研究者认为是量化供氢溶剂能力的参数。

$$\text{PDQI(mg/g)} = \frac{10H_\beta}{H_t w(\text{H})} \tag{4-14}$$

式中，H_β是 ^{1}H NMR 化学位移在 1.5～2.0 区间的积分值；H_t 是 ^{1}H NMR 化学位移在全部范围的积分值；w(H)是元素分析 H 元素的质量分数。

需要指出，PDQI 计算采用的 H_β/H_t 数据（即 ^{1}H NMR 谱图中化学位移在 1.5～2.0 的面积与总面积的比值）是有问题的，因为并不是所有 H_β都是可以供出的 H，也并不是其它 H 不可供出，比如二氢菲和二氢蒽结构中没有 H_β，只有 H_α，其 PDQI 的计算值是 0，但它们是许多研究使用并认为优良的供氢溶剂；四氢萘含有 2 个

H_α和 2 个 H_β，这 4 个 H 均可供给煤生成的自由基碎片。另外，图 4-31(d)中 4 种工业供氢溶剂实际测定的 $Q_{H,max}$ 在 20～36 mmol/g（即 mg/g）范围，但它们的 PDQI 值仅在 4.2～7.2 mg/g 范围，二者有非常显著的差别。这些现象说明，PDQI 仅是一个“粗略”的参数，应该不能用于评价供氢溶剂的真实供氢能力，但一些研究者们并未认识到这个问题。

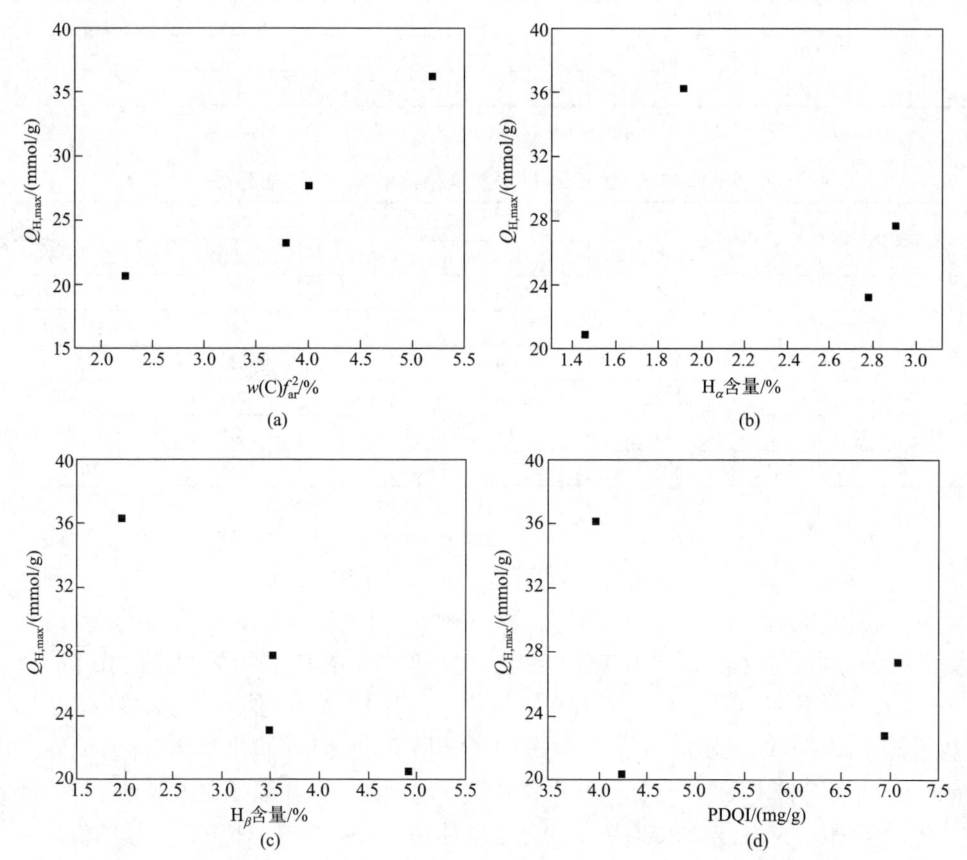

图 4-31 4 种供氢溶剂的 $Q_{H,max}$ 与元素分析、^{13}C NMR 及 ^{1}H NMR 参数的关系

(a) $Q_{H,max}$ vs. $w(C)f_{ar}^2$；(b) $Q_{H,max}$ vs. H_α；(c) $Q_{H,max}$ vs. H_β；(d) $Q_{H,max}$ vs. PDQI

4.7.4 煤液化过程中供氢溶剂的供氢效率分析

前人对煤直接液化供氢溶剂的研究很多，大都关注煤转化率和产物产率随操作条件的变化，如随时间和温度的变化等，对煤转化率和产物产率随供氢量的关系缺乏认识。针对这个问题，沈涛等以四氢萘为供氢溶剂对比研究了中国淖毛湖煤（NMH，H/C = 0.97）和上湾煤（SW，H/C = 0.75）液化过程中的供氢效率[29]。淖毛湖煤是高挥发分烟煤，其无水无灰基挥发分（质量分数）在 50%左右。上湾

煤是中国神华百万吨煤直接液化装置用煤，其无水无灰基挥发分约在 34%。研究发现，两种煤的转化率（X_C）、油产率（Y_O）、沥青质产率（Y_A）和有机气体产率（Y_{OG}）均随温度升高和时间延长而显著变化，规律不同，但它们和四氢萘的供氢量（R_H）呈现简单的关系。如图 4-32(a) 所示，在 380～440 °C 范围，两种煤的转化率均随 R_H 增加而线性增加，但斜率和截距不同；R_H（以煤计）超过约 0.012 mol/g（相当于加入 THN 的 20%）后，两种煤的转化率增幅变小，但仍可用线性表述。两种煤的截距说明 NMH 煤中约有 10%的组分无需供氢就可转化，即无需共价键断裂就可产生挥发分，说明该煤含有两相模型（Given 模型）所述的游离组分；但 SW 煤不含这种组分。两种煤的斜率差异说明，NMH 煤受热断裂形成的自由基碎片的平均尺寸（或质量）约为 SW 煤的 1.5 倍（正比于斜率）。当 R_H 超过 0.012 mol/g 后，两种煤的转化率随 R_H 的变化均减小，斜率均约为 15.3 g/mol，差别均为 0.28 g/g，说明自此以后两种煤中的易转化组分基本反应完毕，以后是难转化组分的反应，且二者难转化组分的结构和反应性类似。NMH 煤中易转化的组分约为 72.5%，而 SW 煤中易转化的组分约 44.5%；由于两种煤易转化部分的比值大于它们在 R_H 小于 0.012 mol/g 范围的斜率比，表明 NMH 煤中游离组分的平均分子量大于断键生成产物的平均分子量。另外，每一种煤在 380～440 °C 范围 X_C-R_H 数据重合的现象说明在该温度范围发生的断键种类相似。

由图 4-32(a) 还可以看出，两种煤在 455 °C 的 X_C-R_H 关系均不同于它们在 380～440 °C 范围的关系，相同 R_H 下的 X_C 均高，说明一种或多种高键能的共价键也发生了断裂和加氢。令人奇怪的是 455 °C 下的 X_C-R_H 关系也是两阶段线性，转折点仍在 0.012 mol/g 附近，且转折后的斜率类似，均小于 380～440 °C 范围的值。这些现象可能说明，与 380～440 °C 范围相比 455 °C 下新增断裂共价键生成的自由基碎片更大，或煤热解过程中自身的氢转移量加大，特别是 R_H 大于 0.012 mol/g 以后。

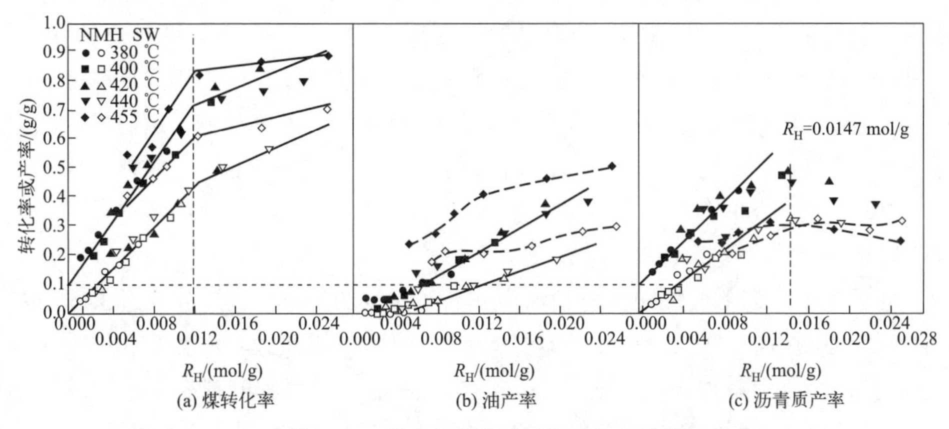

(a) 煤转化率　(b) 油产率　(c) 沥青质产率

图 4-32　NMH 煤与 SW 煤直接液化过程中四氢萘的供氢量（R_H）与煤转化率（X_C）、油产率（Y_O）和沥青质产率（Y_A）的关系

图 4-32(b) 显示，在 380～440 °C 范围，两种煤的 Y_O 在 R_H 小于 0.005 mol/g 范围内为恒值，SW 煤为 0 g(油)/g(煤)，NMH 煤为 0.05 g(油)/g(煤)，表明煤热解初期四氢萘供出的氢没有用于油的生成，NMH 煤约含 5%（质量分数）的游离油，SW 煤不含游离油。当 R_H 大于 0.005 mol/g 时，两种煤的 Y_O 均随 R_H 增加而线性上升，且 NMH 煤的斜率是 SW 煤的 1.6 倍，但这些 Y_O-R_H 斜率均显著小于图 4-32(a) 中相应的 X_C-R_H 斜率，说明煤热解生成油的单位质量氢耗量高于生成其它组分的氢耗量，也说明 NMH 煤共价键断裂产生的油自由基碎片的质量大于 SW 煤的油自由基碎片质量，或者 NMH 煤共价键断裂产生的油自由基碎片含有的孤电子数量少于 SW 煤的油自由基碎片的孤电子数量（即与 SW 煤相比，NMH 煤生成油自由基碎片所需的断键数较少）。与 X_C-R_H 规律不同，图 4-32(b) 显示在 380～440 °C 范围内，Y_O-R_H 的变化单调升高，说明油的反应性不高，其生成后转化为其它产物的量较少；也说明不同阶段生成的油的平均分子量差异不大。每种煤在 380～440 °C 范围的 Y_O-R_H 关系重合说明，发生断裂的共价键种类类似，生成的自由基碎片尺寸也相近，虽然溶剂的筛选（正己烷可溶）也有一定的作用。

图 4-32(b) 还显示，两种煤在 455 °C 的 Y_O-R_H 曲线高于 380～440℃范围的 Y_O-R_H 曲线，即相同 R_H 下的 Y_O 较高；NMH 煤的 Y_O 显著大于 SW 煤的 Y_O，也以 0.012 mol/g 为界呈现两阶段趋势，此后 NMH 煤的 Y_O 总比 SW 的 Y_O 多 20 个百分点。这些现象说明，NMH 煤在 455 °C 下的 Y_O 不仅源于 THN 的供氢，还源于煤自身的氢转移，这应该与该煤的 H/C 值比较高有关。

图 4-32(c) 显示，两种煤的 Y_A 随 R_H 增加呈现先增加后下降的趋势，且每种煤在 380～440 °C 的数据重合；NMH 煤的斜率大于 SW 煤的斜率；NMH 煤有截距，约为 0.1 g/g，与 X_C-R_H 的截距相同。这些数据说明，NMH 煤中的可萃游离相主要是沥青质（A），该煤裂解生成的 A 分子大于 SW 煤裂解生成的 A 分子或该煤裂解生成 A 自由基碎片所需的断键量少于 SW 煤。另外，两种煤的 Y_A 均在 R_H 为 0.015 mol/g 附近出现极大值，NMH 煤的极大值大于 SW 煤的极大值。由于 0.015 mol/g 仅为体系最大可供氢量的 25%，反应体系仍然具有充足的供氢能力，Y_A 的增大和减小应该主要源于煤和 A 的裂解，受缩聚的影响很小。两种煤 455 °C 时 Y_A 显著低于 380～440 °C 范围 Y_A 值的现象说明，A 在 455 °C 的转化显著，且 NMH 煤 A 的反应性高于 SW 煤 A 的反应性。

为了量化认识上述煤转化率和油产率与供氢量的关系，沈涛等构建了图 4-33 的主要反应网络，对比了所有路径均为一级（仅考虑煤及其自由基）和均为二级（除了煤及其自由基外，还考虑了供氢溶剂的供氢）前提下的拟合结果。发现包含供氢的二级反应动力学可以更好地拟合实验数据，说明供氢对煤液化速率的重要性。

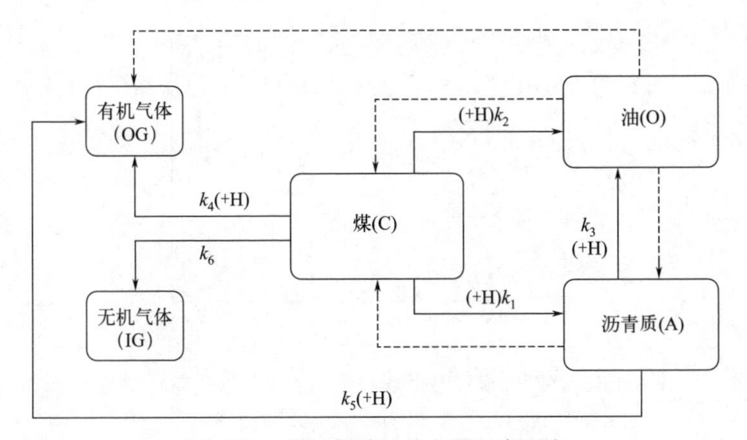

图 4-33　煤加氢液化的主要反应网络

图 4-34 显示了两种煤转化速率（$k^* = k_1+k_2+k_4+k_6$）随温度倒数的关系。显然，NMH 煤的转化速率高于 SW 煤的转化速率，二者的比值在 2.4～3.4 范围；二者的活化能接近，NMH 煤为 69 kJ/mol，SW 煤为 81 kJ/mol。这些数据说明，NMH 煤中的弱共价键多于 SW 煤的弱共价键，或 NMH 煤热解生成自由基碎片的平均尺寸大于 SW 煤自由基碎片的平均尺寸。

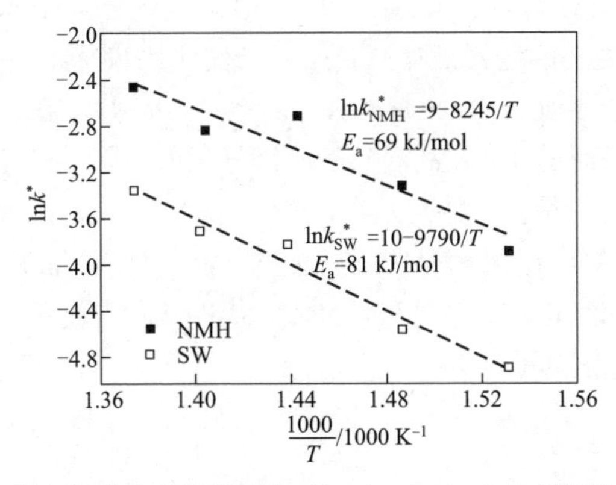

图 4-34　煤加氢液化的转化速率（$k^*=k_1+k_2+k_4+k_6$）的活化能（E_a）

需要指出的是，动力学拟合还推断出反应零时刻（$t = 0$ min）时煤的残余率、油产率和沥青质产率，这些数据应该是煤两相模型中的游离组分量与煤从常温升至反应温度（约 1 min 内）的转化量之和。前者为常量，且对低温数据的贡献大于对高温数据的贡献；后者随温度升高而增大。由图 4-35 可知，380 °C 零时刻时，SW 煤的残余率很大，油产率和沥青质产率均很小，可以认为该煤不含游离组分；NMH 煤的残余率、油产率和沥青质产率分别为 0.84、0.05 和 0.11，说明 NMH 煤含有 5%的游离油和 11%的游离沥青质。

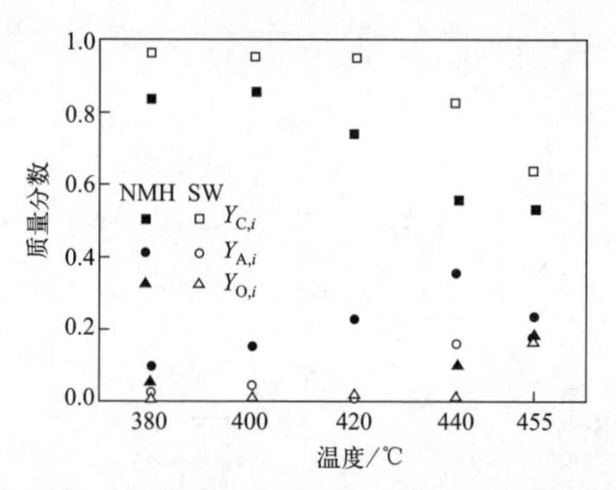

图 4-35 NMH 煤和 SW 煤在不同温度下液化零时刻的残余率（$Y_{C,i}$）、沥青质产率（$Y_{A,i}$）和油产率（$Y_{O,i}$）

高温下零时刻（t = 0 min）时较低的煤残余率和较高的油产率及沥青质产率说明，实验中煤在升温至设定反应温度的过程中发生了显著的反应（特别是在高压釜反应器中），文献中不加区别地将这些反应量计入设定反应温度下转化量的简化方法会导致严重错误的动力学分析（参数），值得以后的研究者重视。

基于图 4-33 中动力学网络计算得到的每一步反应的速率常数 k 和对应族组分的平均分子量计算得到的四氢萘向各个产物供氢的绝对速率示于图 4-36，可以看出，沥青质自由基获得氢自由基的绝对速率（V_{H-A}）最低，且随时间延长而下降；油自由基获得氢自由基的绝对速率（V_{H-O}）的变化比较复杂，一般而言随温度升高而增加，渐进到最高值（NMH 煤约在 420 °C，SW 煤约在 440 °C），因此 V_{H-O} 在低温段随时间延长而增加，在高温时随时间延长而下降；有机气体自由基获得氢自由基的速率（V_{H-OG}）最快，特别是在 420 °C 以上，如 NMH 煤和 SW 煤的 V_{H-OG} 分别在 440 °C 和 455 °C 出现激增。所有这些现象说明，从高产油和高效供氢的角度看，在无催化剂和气相氢的条件下，NMH 煤的液化温度不宜超过 420 °C、SW 煤的液化温度不宜超过 440 °C。

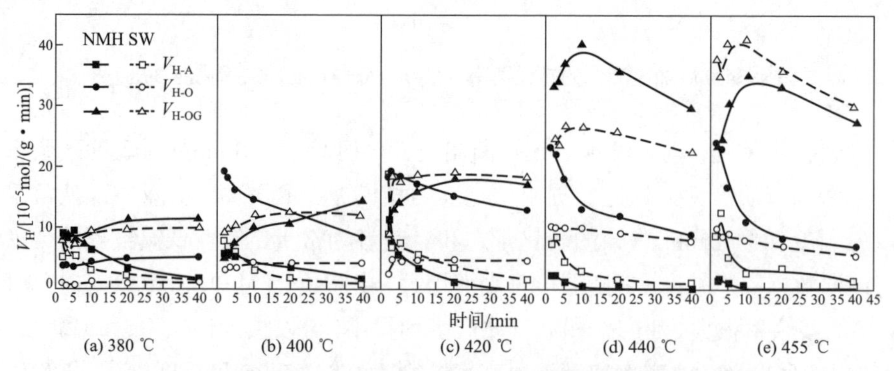

图 4-36 NMH 煤和 SW 煤液化过程中不同产物获得氢自由基的绝对速率 V_H（V_{H-A}—沥青质；V_{H-O}—油；V_{H-OG}—有机气体）

上述分析显示，采用 SW 煤的神华煤直接液化工艺的第一段温度应该低于 440 °C，在保障向油供氢速率最高的同时避免大量氢消耗于气体生成。另外，NMH 煤可能会在无催化剂和无（低）气相氢的条件下，仅靠供氢溶剂即可实现高的液化率和油产率。

煤直接液化技术自发明以来经历了第二次世界大战期间的工业应用，但当时的单台反应器规模小、液化条件苛刻、液化率不高、环境危害大，研究的范围很广但研究结果很难在公开文献中找到。20 世纪 70～90 年代各国开发了很多煤直接液化技术，尽管均未实现工业生产，但包括自由基反应在内的基础研究得到了很大发展，这些技术的进步和科学知识的积累催生了 21 世纪年产百万吨产品的神华煤直接液化技术，实现了长期稳定运行。但长期以来，人们对煤直接液化的核心反应——自由基反应认识不足，过去一些错误的认识没有得到纠正，直到近年来才有所发展。这些新认识的意义虽然很大，但仍然没有形成系统知识，不能满足新时代煤直接液化技术发展的要求。本章仅是抛砖引玉，介绍了一些自由基反应的示例，希望能够从原理角度促进该技术快速发展。

参考文献

[1] Liu Z, Shi S, Li Y. Coal liquefaction technologies—Development in China and challenges in chemical reaction engineering [J]. Chemical Engineering Science, 2010, 65(1): 12-17.

[2] 刘振宇. 煤直接液化技术发展的化学脉络及化学工程挑战 [J]. 化工进展, 2010, 29(2): 193-197.

[3] 李小强, 刘永, 秦光书. 神华煤直接液化示范项目的进展及发展方向 [J]. 煤化工, 2015, 43(4): 12-15.

[4] 吴秀章, 舒歌平. 强制内循环反应器在煤直接液化工艺中的应用 [J]. 炼油技术与工程, 2009, 39(8): 31-35.

[5] Grandy D W, Petrakis L. E.s.r. investigation of free radicals in solvent-refined-coal materials [J]. Fuel, 1979, 58(3): 239-240.

[6] Retcofsky H L, Thompson G P, Raymond R, et al. Studies of e.s.r. linewidths in coals and related materials [J]. Fuel, 1975, 54: 126-128.

[7] Petrakis L. Formation and behaviour of coal free radicals in pyrolysis and liquefaction conditions [J]. Nature, 1981, 289(5797): 476-477.

[8] Petrakis L, Grandy D W, Jones G L. Free radicals in coal and coal conversions. 7. An in-depth experimental investigation and statistical correlative model of the effects of residence time, temperature and solvents [J]. Fuel, 1982, 61(1): 21-28.

[9] Petrakis L, Jones G L, Grandy D W, et al. Free radicals in coal and coal conversions. 10. Kinetics and reaction pathways in hydroliquefaction [J]. Fuel, 1983, 62(6): 681-689.

[10] Rudnick L R, Tueting D. Investigation of free radicals produced during coal liquefaction using ESR [J]. Fuel, 1984, 63(2): 153-157.

[11] Fowler T G, Kandiyoti R, Bartle K D. The influence of hydrogen donors on the pyrolysis of a bituminous coal as studied by in situ e.s.r. spectroscopy [J]. Fuel, 1988, 67(12): 1711-1713.

[12] Liu M, Yang J, Yang Y, et al. The radical and bond cleavage behaviors of 14 coals during pyrolysis with 9,10-dihydrophenanthrene [J]. Fuel, 2016, 182(15): 480-486.

[13] Liu M, Yang J, Li Y, et al. Radical reactions and two-step kinetics of sub-bituminous coal liquefaction in various solvents [J]. Energy & Fuels, 2019, 33(3): 2090-2098.

[14] Manjula M, Ibrahim, et al. Testing iron-based catalysts for direct coal liquefaction using in situ electron spin resonance spectroscopy [J]. Energy & Fuels, 1994, 8(1): 48-52.

[15] 陈泽洲. 煤加氢液化催化剂及相关条件下烃组分的反应研究 [D]. 北京：北京化工大学, 2018.

[16] Chen Z, Xie J, Liu Q, et al. Characterization of direct coal liquefaction catalysts by their sulfidation behavior and tetralin dehydrogenation activity [J]. Journal of the Energy Institute, 2019, 92(4): 1213-1222.

[17] Hao H, Wu B, Yang J, et al. Non-thermal plasma enhanced heavy oil upgrading [J]. Fuel, 2015, 149: 162-173.

[18] 杨哲，宗士猛，龙军. 四氢萘微观结构的量子化学研究 [J]. 计算机与应用化学, 2012, 29(4): 465-468.

[19] 罗渝然. 化学键能数据手册 [M]. 北京：科学出版社，2005.

[20] Roux M L, Nicole D, Delpuech J J. Performance indices for coal liquefaction solvents [J]. Fuel, 1982, 61(8): 755-760.

[21] Meyer D, Oviawe P, Nicole D, et al. Modelling of hydrogen transfer in coal hydroliquefaction 5. The reaction of benzylphenylether with four hydroaromatic solvents at 300-450 °C [J]. 1990, 69(10): 1317-1321.

[22] Oviawe P, Nicole D, Gerardin R. Modelling of hydrogen transfer in coal hydroliquefaction: 7. Influence of catalyst on the decomposition mechanism of benzylphenylether [J]. Fuel, 1993, 72(1): 69-74.

[23] Oviawe P, Nicole D, Fringant J L. Modelling of hydrogen transfer in coal hydroliquefaction 6. Relative rate constants of hydrogen transfer from hydroaromatic solvents to radicals generated by thermolysis of benzylphenylether [J]. Fuel, 1993, 72(1): 65-68.

[24] Kamiya Y, Nagae S. Relative reactivity of hydrogen donor solvent in coal liquefaction [J]. Fuel, 1985, 64: 1242-1245.

[25] Shen T, Hu Z, Liu Q, et al. A method to evaluate hydrogen donation ability of hydrogen-storage solvent in hydrogenation process by radical-precursor compounds [J]. Fuel, 2022, 314: 122741.

[26] Shen T, Hu Z, Liu Q, et al. Evaluation of Hydrogen Donation Ability of Industrial Hydrogen Storage Solvents by Radical Precursors [J]. Fuel 2022, 327: 125070.

[27] Tanabe K, Yokoyama S, Satoij M, et al. Estimation of hydrogen donor ability for recycle solvent on coal liquefaction [J]. Journal of the Japan Institute of Energy, 1986, 65(12): 1012-1019.

[28] 吴秀章，舒歌平. 煤直接液化装置开车过程中循环溶剂性质变化规律及其影响 [J]. 煤炭学报, 2009, 34(11): 1527-1530.

[29] Shen T, Wang Y, Liu Q, et al. A comparative study on direct liquefaction of two coals and hydrogen efficiency to the main products [J]. Fuel Processing Technology, 2021, 217: 106822.

第5章

生物质热解及自由基反应

5.1 引言

生物质是煤的前驱物，其组成、性质及热解反应都接近于低阶褐煤。近几十年来国内外开发了一些生物质热解工艺，但这些工艺大都借鉴或直接采用了煤热解工艺，因此第 3 章关于煤热解和第 4 章关于煤直接液化的很多信息都适用于生物质热解和液化，包括自由基反应历程。与煤不同，生物质是可再生资源，其高效清洁利用是未来零碳社会的重要组成部分，且利用方式适宜于小规模、精细化的化学品生产，因此需要学术界更加深入地认识其转化过程。鉴于此，本章单独介绍生物质热解和自由基反应认知的发展。

5.2 生物质的组成和结构

生物质是光合作用生成的有机物，其组成随植物种类及植物部位不同而不同。总体而言，干生物质约含有 30%～50%的碳（C）、5%～7%的氢（H）、30%～45%的氧（O），以及少于 2%的氮（N）和少于 1%的硫（S）。干生物质的挥发分多在 60%以上，固定碳约在 20%以下，灰分不超过 20%（均为质量分数）。表 5-1 举例

表 5-1 软木、硬木、柳枝稷和稻秆的工业分析和元素分析数据

种类	工业分析（干基，质量分数）/%			元素分析（无水无灰基，质量分数）/%					热值/(MJ/kg)	O/C 原子比	H/C 原子比
	挥发分	固定碳	灰分	C	H	N	O	S			
软木	72.4～87.0	12.6～21.6	0.3～6.0	46.1～52.8	5.3～6.1	0.1～0.5	40.5～48.4	<0.3	19.0～19.8	0.6～0.8	1.2～1.6
硬木	84.6～91.3	14.3～19.6	0.1～1.1	45.3～52.0	6.0～6.1	0.2～0.6	41.6～47.1	0.1～1.1	17.7～20.4	0.7～0.8	1.4～1.6
柳枝稷	76.7～80.4	14.4～14.5	5.1～8.9	39.7～49.7	4.9～6.1	0.6～0.7	31.8～43.4	<0.2	12.6～18.1	0.6～0.7	1.2～1.8
稻秆	71.6～88.7	8.1～14.5	8.9～13.9	43.6～45.4	5.3～7.4	0.4～0.8	33.0～50.6	<0.1	16.2～18.9	0.5～0.8	1.4～2.0

给出了软木、硬木、柳枝稷和稻秆的组成和性质数据，可见就每一类或每一种生物质而言，它们的工业分析、元素分析和热值数据也不是固定的[1]。

干生物质主要由纤维素、半纤维素和木质素组成，其结构可由图 5-1 表述，其中 40%～80%的质量为纤维素，10%～25%的质量为半纤维素，10%～25%的质量为木质素[2]。木本植物的木质素质量含量较高，可高于 25%；草本植物的木质素质量含量较低[3]。半纤维素通过氢键和范德华力与纤维素连接，通过共价键与木质素键合。

纤维素是一种高分子多糖，由葡萄糖分子通过β-1,4 糖苷键相连而成，其基本结构如图 5-2 所示，其碳、氢和氧的质量含量分别为 44.4%、6.2%和 49.4%，化学表达式为（$C_6H_{10}O_5$）$_n$，其中 n 为聚合度，木质纤维素的 n 约为 6000～8000[2]。木质纤维素的密度约为 1500 kg/m^3，结晶纤维素的密度约为 1600 kg/m^3。纤维素分子主要含有脂肪碳-氧（C_{al}—O）键和脂肪碳-碳（C_{al}—C_{al}）键，其中 C_{al}—O 键包括糖苷键、吡喃环中的 C_{al}—O 键和与羟基相连的 C_{al}—O 键；C_{al}—C_{al} 键包括吡喃环中的 C_{al}—C_{al} 键和侧链 C5 与 C6 之间的 C_{al}—C_{al} 键。纤维素中糖苷键的解离能较低，在热解中先解离。纤维素中葡萄糖单元的吡喃环上有 3 个羟基，C6 位的羟基空间位阻最小，比其它位的羟基易于反应。

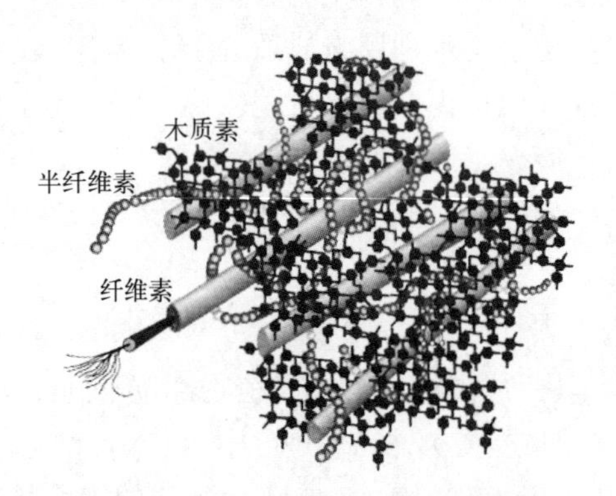

图 5-1　干生物质的结构示意图[2]

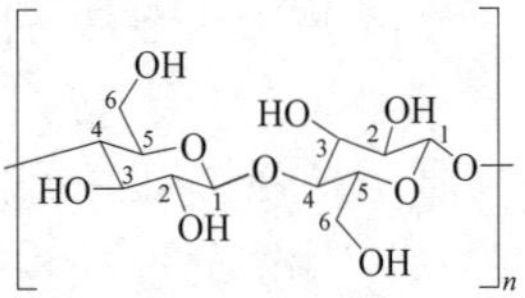

图 5-2　纤维素的基本单元结构[2]

半纤维素的结构比纤维素复杂，由多种基本糖单元（如木糖、甘露糖、半乳糖和阿拉伯糖等，如图 5-3 所示）聚合的多种聚糖组成，如葡萄糖醛酸木聚糖、半乳葡甘露聚糖、阿拉伯葡糖醛酸木聚糖，等等。半纤维素的聚合度小于纤维素，仅在 150～200 范围，平均密度约为 1500 kg/m^3。半纤维素的侧链多于纤维素、不易结晶，因而其反应性高于纤维素。

如图 5-1 所示，木质素是生物质中由纤维素和半纤维素构成的网状结构中的黏结性填充物，主要由图 5-4 中的三种苯基丙烷类结构单体通过醚键和碳碳键链接而成。这些单体为H单体（对羟基苯基丙烷单体，*p*-hydroxyphenyl）、G单体（愈创木基丙烷，guaiacyl）和S单体（丁香酚基丙烷单体，syringyl），它们的主要区别是苯环上甲氧基官能团的数量。H单体不含甲氧基，G单体含1个甲氧基，S单体含2个甲氧基。软木木质素主要含有G单体，因此也称为G型木质素；硬木木质素主要含有G单体和S单体，因此也称为G-S型木质素；草本木质素含有三类单体，也称为G-S-H型木质素。木质素密度约为1330～1450 kg/m^3，聚合度差异很大，分子量约为几十万到几百万。

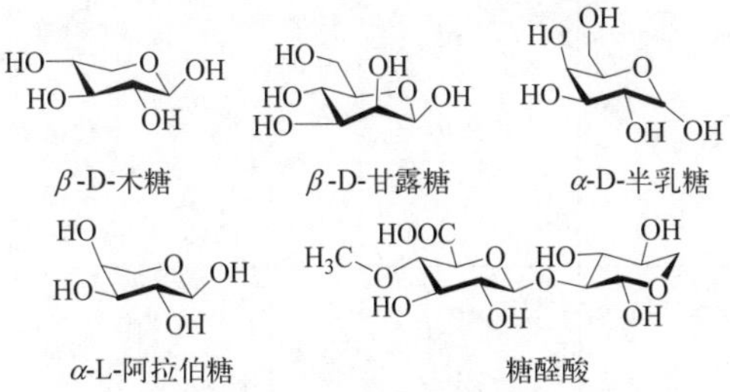

β-D-木糖　β-D-甘露糖　α-D-半乳糖　α-L-阿拉伯糖　糖醛酸

图5-3　半纤维素的基本糖单元结构[2]

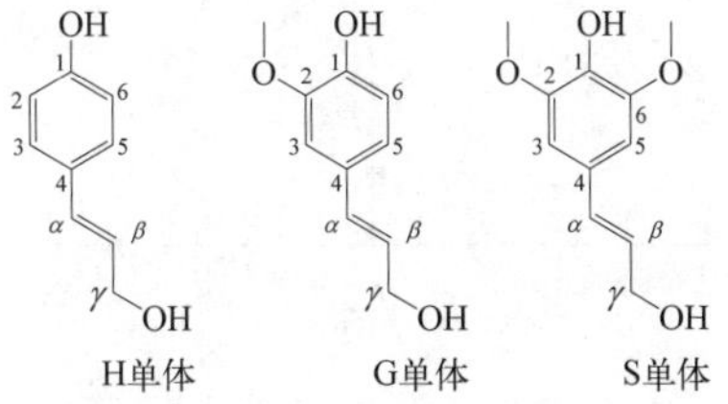

H单体　G单体　S单体

图5-4　木质素的三种结构单体

图5-4木质素单体中的“丙基”部分接有不同的含氧官能团，如甲氧基（—OCH_3）、酚羟基（Ph—OH）、脂羟基（—OH）、羰基（—C═O）、醛基（—CHO）、羧基（—COOH）等，单体之间还会通过C—O键和C—C键而链接，如图5-5所示。不同链接方式列于表5-2[4, 5]。

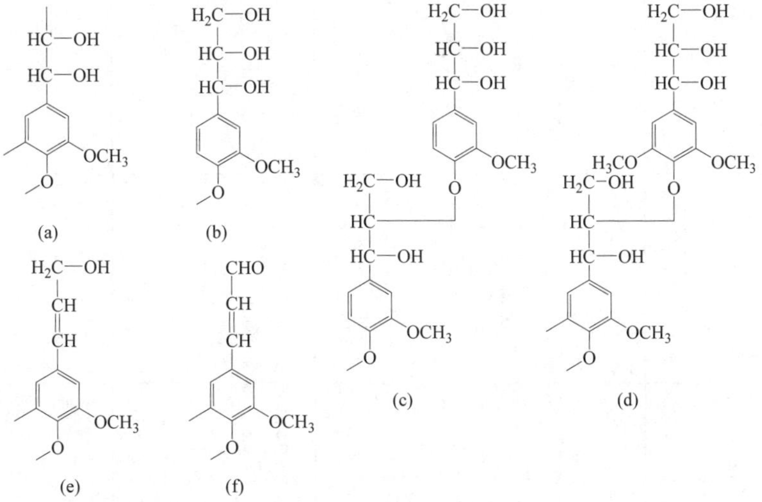

图5-5　木质素单体的几种侧链结构[2]

表 5-2　木质素单体的主要链接键及其在软木和硬木木质素中的含量

链接键	结构	含量/%	
		软木木质素	硬木木质素
β-O-4	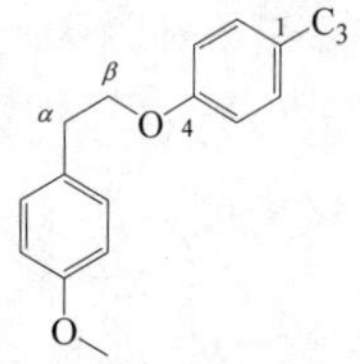	40～50	50～60
α-O-4	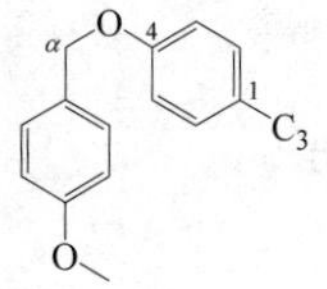	6～8	6～8
4-*O*-5	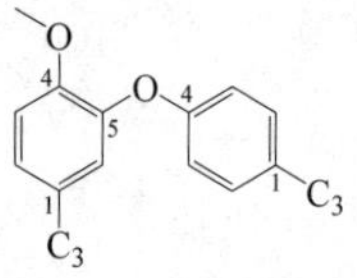	4～8	3
5-5	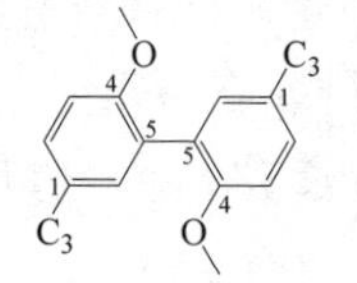	18～25	3
α-O-4 & *β*-5	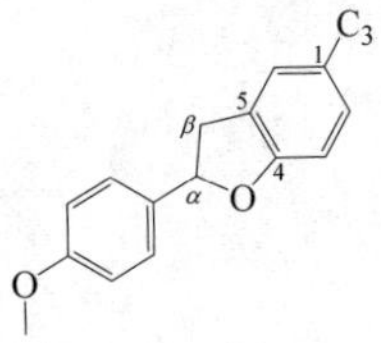	9～12	3
β-β & *γ-O-α*	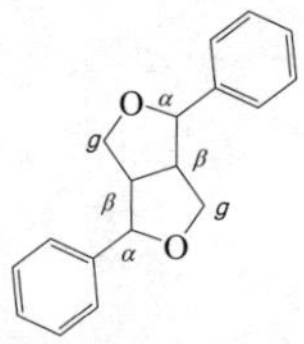	3	3～12
α-O-4 & *β-O*-4 & 5-5	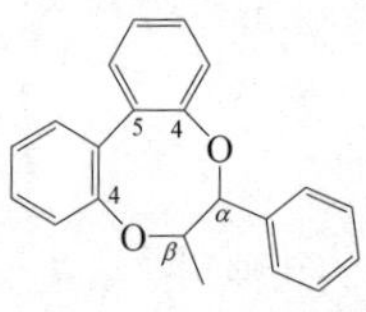	5～7	1

续表

链接键	结构	含量/%	
		软木木质素	硬木木质素
β-1 & α-O-α	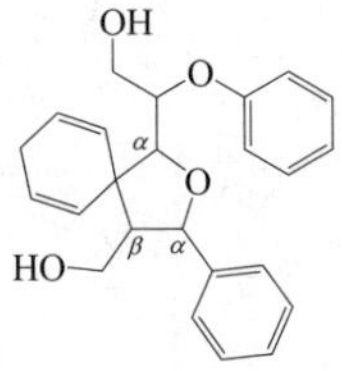	3	3

生物质还含有淀粉、粗蛋白、脂肪、蜡质等有机物，也含有矿物质（燃烧后成为灰分），包括钾和钠等碱金属，以及硅、铝、钙等金属氧化物。这些物质含量虽少，但对生物质利用过程的影响不容忽视，有的甚至是一些生物质利用技术的主要影响因素。

5.3　生物质的热解反应

生物质是人类最早利用的能源，主要用于燃烧供热。生物质热解生产木炭和焦油及化学品的方式虽然出现较晚，但应该不晚于 6000 年前，用于冶炼和家用。生物质热解生产木炭的相关文献记载很多，如《礼记•月令》中季秋之月的“草木黄落，乃伐薪为炭”及唐代白居易《卖炭翁》中的“伐薪烧炭南山中。满面尘灰烟火色，两鬓苍苍十指黑”等。现代最为常见的生物质热解是吸食烟草，该过程包含部分烟草（或热解焦）的燃烧和部分烟草的热解，生成的烟气包括多种有机物（如尼古丁、苯并芘、丙酮和苯等）、硫化物和氮化物，以及一氧化碳（CO）、二氧化碳（CO_2）和氮氧化合物（NO_x）等气体。部分烟草挥发物冷凝成为焦油。因此本质上吸烟是生物质的分级转化（热解＋燃烧）过程。在生物质热解制化学品方面，最早发现的纯物质当数甲醇，因此甲醇曾被称为木精。

随着人们对化石燃料燃烧排放 CO_2 的担心，由生物质转化生产化学品和油气的研究得到全球的关注，因为生物质被誉为可再生资源，其物质来源是 CO_2 和水，其能量来源是太阳能，尽管其燃烧仍然排出 CO_2，也被认为是零碳（整个循环没有排放 CO_2）利用，若生物质被转化为非燃料的化学品和材料，则被认为是负碳（整个过程的 CO_2 排放为负值）利用。21 世纪以来，生物质热解的研究快速增长，近年来的研究论文发表量超过 1500 篇/年（图 5-6）。研究规模从毫克级到吨级，涉及不同生物质及其组分或模型化合物在不同反应器中、不同温度和压力下、不同气氛或环境中的热解产物种类和产率，但仅有极少研究报道了自由基信息。

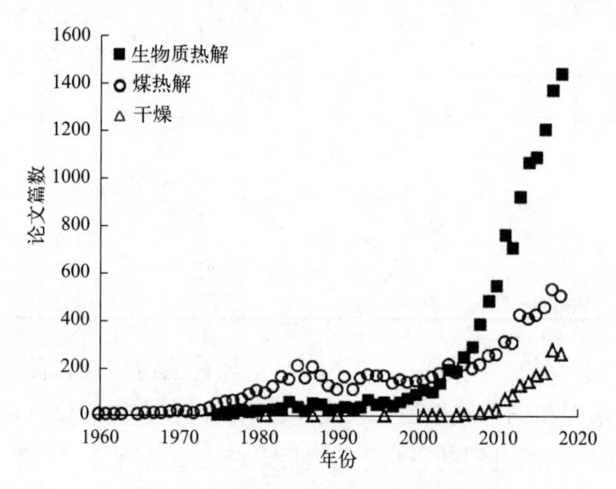

图 5-6 生物质热解文献的年发表量[1]

生物质热解和液化技术采用的反应器和工艺架构与煤的热解和液化技术非常类似，这里不再赘述，具体可参见第 3 章和第 4 章，但生物质的结构特征使其热解和液化产物与煤热解和液化产物有所不同。比如木质素的醚键（如 β-O-4 和 α-O-4 等）量多于煤，因这些键的热稳定性较差，生物质热解的初级产物主要是愈创木酚类化合物，这些化合物很易脱甲基生成苯二酚，脱甲氧基生成苯单酚。很多研究显示，β-O-4 型木质素模型化合物（如苯基苯乙基醚）中的醚键和碳碳键在热解中均裂生成苯氧基、环戊二烯基、苄基以及苯等化合物[6]；α-O-4 模型化合物在热解中生成苄基、对醌基、甲苯和联苄等化合物，均说明生物质热解主要遵循自由基机理[7]。另外，对位的甲氧基还可降低芳碳侧链 C_{ar}—C_{al} 键和 C_{ar}—O 键的离解能，使生物质更易热解生成自由基。

需要指出，上述定性的化学认识并不足以形成有效的热解技术，因为与第 3 章的煤热解步骤类似，生物质在任何反应器中的热解反应也可分为两步，即：①固态生物质热解生成挥发物和焦；②挥发物的反应，虽然第①步过程形成的焦还同时发生连续的结构演化。上述两步反应均包含共价键解离生成自由基碎片及自由基碎片的反应，但第①步反应受温度的影响较大，受反应器结构的影响较小；第②步挥发物的反应对热解最终产物的产率和组成影响很大，是反应器设计的重点。所以近年来研究者们更加关注挥发物的反应及其中涉及的自由基信息，力图将产物调控和反应器结构相关联。基于此认识，本章以下部分将从两段反应的角度介绍自由基反应，先大致介绍近期的两段反应产物分布研究，然后介绍第一阶段反应过程中固体（焦）的自由基信息，最后介绍第二阶段挥发物反应过程中的自由基信息。

5.3.1　生物质热解过程中挥发产物的释放规律

如前所述，生物质热解的研究很多，原料、反应器及热解条件都不尽相同，研究结果也各异，但所展现的主体规律大都类似。因此讨论热解过程的主流现象就能够认识其基本规律。就目前的研究来看，生物质热解研究大致分为两大类，一类关注固态原料的失重过程，即热解挥发物的逸出过程，典型例子是在热天平中的热解（如图 3-2 中松木的热解过程），但该过程很难给出挥发物的反应信息，如焦油等重质挥发物的生成及其组成变化；另一类关注全产物分布，特别是焦油及其组成随条件的变化，有的还关注挥发物的再反应特征，典型例子是在固定床和流化床中的热解，但这些过程难以给出挥发物和残余固体的实时变化。

Lei 等[8]在热天平中研究了 3 种木质素热解失重（转化）过程，通过 4 个升温速率（10～60 °C/min）下的失重量和等转化率动力学方法计算了这些木质素热解失重的活化能（E_α，图 5-7），发现不同木质素热解失重的活化能差别不大，但均不是定值，均随转化率（α）升高而增大，而且以转化率 0.7（约为温度<400 °C 的点）为界分为两个变化阶段，α<0.7 时活化能随α升高而增大的幅度较小，α>0.7 时活化能随α升高的幅度较大。他们认为，木质素中脂肪碳-碳键（C_{al}—C_{al}）和脂肪碳-氧键（C_{al}—O）均裂的解离能（BDE）略高于 60 kcal/mol，所以在α<0.7 范围内活化能低于 60 kcal/mol 的现象说明第一阶段反应属于自由基诱导的裂解。进而认为，α>0.7 范围内的木质素热解属于芳香碳-脂肪碳键（C_{ar}—C_{al}）的反应，应该主要是芳环缩聚反应。值得再次指出的是，热天平程序升温热解过程中挥发物生成后被载气吹扫移出坩埚，但仍然在恒温区内并继续发生反应，但这些反应不影响坩埚的重量变化，所以图 5-7 的数据基本不包括挥发物的反应。另外，共价

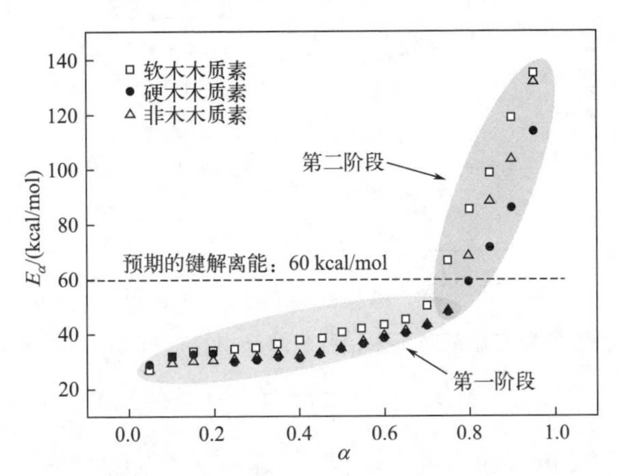

图 5-7　由热天平数据动力学拟合得出的 3 种木质素热解的活化能（E_α）[8]

键的解离能（BDE）不是实验确定的活化能，前者是静态的热力学参数，后者是失重速率常数随温度倒数的变化率（即升高一度速率增大多少），很多文献将二者视为同一参数是不正确的，由此进行的分析和得出的结论也值得商榷。

5.3.2 生物质热解过程中挥发物的反应

全淑苗等[9]利用两段固定床反应器研究了玉米秸秆热解过程中挥发物的反应及产物组成的变化，生物质在第一阶段快速升温至 540 °C，其热解挥发物被载气携带进入第二阶段，在 440～650 °C 反应 1.5～4.7 s。虽然玉米秸秆在第一阶段快速升温至 540 °C，但其大部分挥发物在达到 400 °C 前就逸出并进入第二阶段，所以在第二阶段的最低温度（440 °C）仍然有挥发物的显著升温。研究发现，第一阶段生成的挥发物含有接近 45%的四氢呋喃不溶物（定义为焦，包括沥青质和微细焦或析炭颗粒），当挥发物在第二阶段停留 4.7 s 时，挥发物随温度升高发生显著反应，导致油产率下降，气和水的产率升高（图 5-8）；油的模拟蒸馏馏分同时发生变化（图 5-9），其中残留在色谱柱中的重组分（CR）显著减少，180～285 °C 和 285～400 °C 的中间馏分（HO 和 VHO）也减少，但 35～79 °C 和 79～180 °C 的轻馏分（LO 和 VLO）增加；轻馏分主要含有单环芳烃、醛、酮和酚，中间馏分含有呋喃和醇，残留在色谱柱中的重组分含有高碳的酸和酯，随挥发物反应温度升高，酮、酸和呋喃的含量下降，酚、醛、单环芳烃的含量升高。

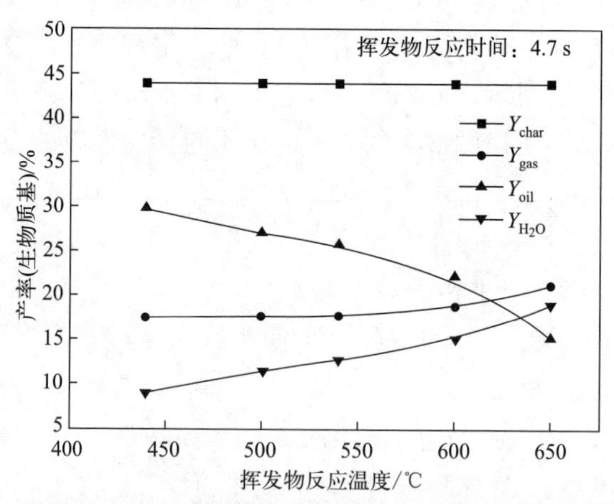

图 5-8 挥发物反应温度对玉米秸秆热解产物的影响（反应时间 4.7 s）

Y_{char}—焦产率；Y_{gas}—气产率；Y_{oil}—焦油产率；Y_{H_2O}—水产率

挥发物在 440 °C 的反应量较少，随时间延长主要发生油品脱氧重质化并生成水的反应；挥发物在 600 °C 的反应量较多，随时间延长除了发生脱氧反应外，还发生裂解生成气体的反应（图 5-10），同时发生结焦或析炭（包括沥青质）反应，结焦量随挥发物反应温度升高和时间延长而增多，部分焦附着于反应管壁并不断演化。

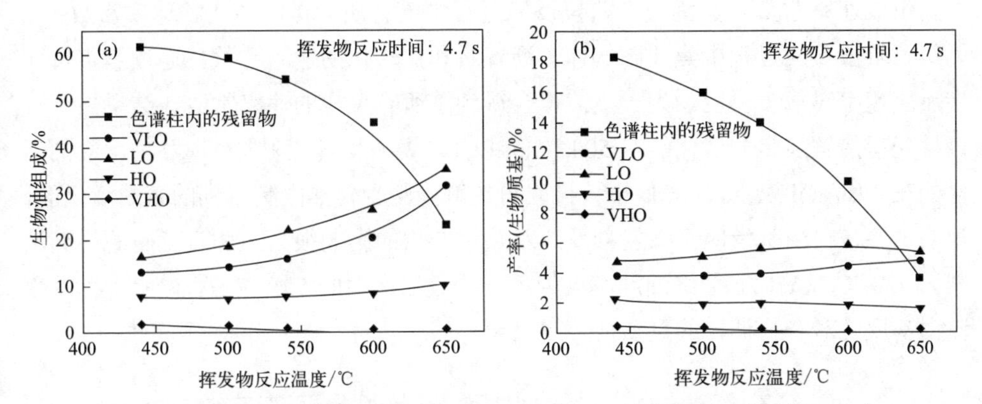

图 5-9　挥发物反应温度对油组成 (a) 和产率 (b) 的影响（反应时间 4.7 s）

VLO—最轻油；LO—轻油；HO—重油；VHO—最重油

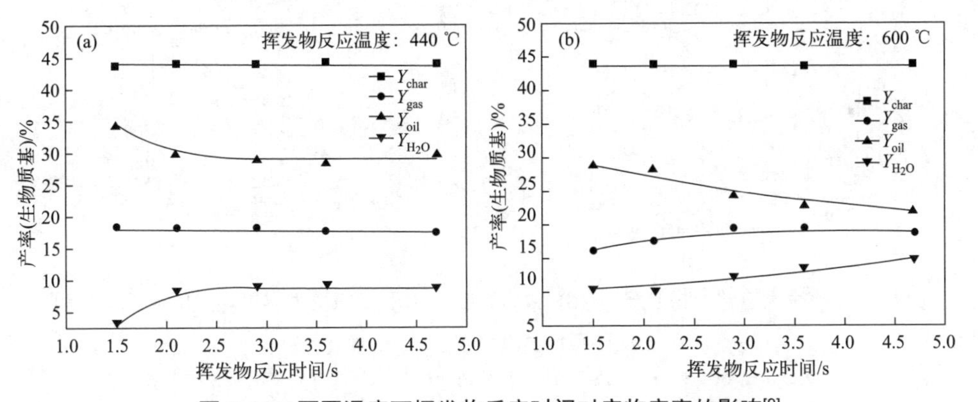

图 5-10　不同温度下挥发物反应时间对产物产率的影响[9]

全淑苗等[10]还用特别构型的反应器模拟研究了固体热载体热解过程中一个小微元内核桃壳的热解（第一阶段）及挥发物反应（第二阶段）。发现该过程受到传热速率的控制，4 mm 厚的常温核桃壳粉（粒径范围为 0.25～0.83 mm）在与 600～900 °C 的石英砂（粒径范围为 1.7～4.0 mm）接触后，核桃壳粉两侧的温差很大，0.5 min 时约为 150 °C，2 min 时约为 50 °C。因挥发物穿过高温石英砂后才能离开反应器，所以产物的产率和组成既受核桃壳温度的影响，也受石英砂温度的影响（图 5-11）。

为了分别认识第一阶段反应中核桃壳粉的温度和第二阶段反应中石英砂的温

度对热解产物的贡献，提出了图 5-12 的反应网络[10]，其中 A 为原料核桃壳粉；B 为挥发物中非焦油部分（即挥发物减去焦油，该部分包括有机和无机气体、沥青质乃至结焦，因为反应后石英砂变黑）；C 为焦油；k_1 和 k_2 为第一阶段反应的挥发物生成速率常数；k_3 为第二阶段反应过程中沥青质向焦油转化的速率常数；k_4 为第二阶段反应过程中焦油向气体、沥青质和焦转化的速率常数。通过假定每一步反应速率对每一反应物为一级，拟合得到了所有反应的速率常数。结果显示，核桃壳粉热解步骤的活化能在 50 kJ/mol 以下，说明受传热限制；挥发物反应的活化能在 5 kJ/mol 以下，显著低于核桃壳粉热解步骤受传热限制得到的表观活化能，说明主要是自由基反应；挥发物反应对热解产物的影响很大，如石英砂的最高温度为 420 °C 左右时，最终油产率仅为第一阶段油产率的 50%左右，说明了挥发物自由基反应对产物调控的重要性。

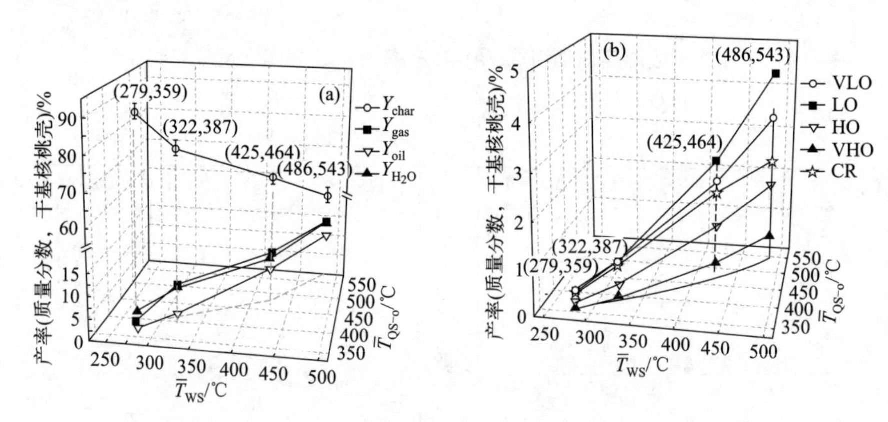

图 5-11 核桃壳热解产物的产率 (a) 和油的馏分 (b) 随核桃壳层平均温度（$\overline{T}_{WS}$）和石英砂平均温度（$\overline{T}_{QS-o}$）的变化

石英砂∶核桃壳=9∶1；石英砂预热温度分别为 600 °C、700 °C、800 °C 和 900 °C

$\overline{T}_{WS}$—核桃壳平均温度；$\overline{T}_{QS-o}$—石英砂平均温度；Y_{char}—焦产率；Y_{gas}—气产率；Y_{oil}—焦油产率；Y_{H_2O}—水产率；VLO—最轻油；LO—轻油；HO—重油；VHO—最重油；CR—色谱柱内的残留物

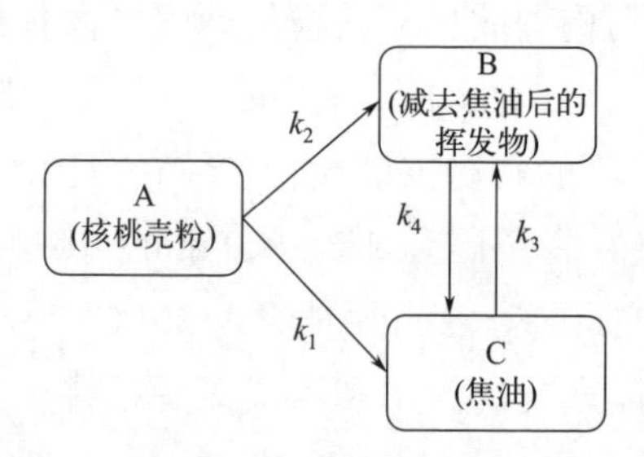

图 5-12 核桃壳固体热载体热解的反应网络

其中，k_1 和 k_2 是第一阶段核桃壳平均温度下的速率常数；k_3 和 k_4 是第二阶段石英砂最高温度下的速率常数

5.4　生物质热解焦的结构和自由基信息

原理上，生物质断裂一个共价键会产生两个自由基（即含有孤电子的碎片），生成的大部分挥发性自由基碎片的移动性很强，会很快经碰撞而湮灭，无法被 ESR 检测到，但也有少数孤电子因赋存于焦和沥青质结构中作为结构缺陷而稳定存在，因而可被 ESR 检测到。一般而言，热解气体产物的 ESR 自由基浓度很低，主要源于夹带的微细焦粒；焦油的自由基浓度相对较高，一般约在 10^{17} spin/g，主要源于悬浮于其中的微细焦粒和沥青质；焦的自由基浓度最高，可达 10^{19} spin/g 或更高的水平。文献中很多生物质热解过程中的自由基研究集中在热解反应器中残余物的 ESR 自由基方面，特别是具有连续载气吹扫的热解反应器，所以实际检测到的是残余焦的稳定自由基浓度，但很多文献没有明确说明这一点。

5.4.1　生物质热解焦的结构演化和自由基特征

Volpe 等[11]研究了橙子废弃物和柠檬废弃物在固定床反应器中慢速热解（50 °C/min）成焦过程，但未标定自由基浓度，仅是给出了 ESR 谱线两次积分值的数据（正比于自由基浓度）。图 5-13 显示，这两种原料热解的自由基浓度基本相同，差别应该在实验误差范围之内：300 °C 热解焦的自由基浓度很低，350～650 °C 热解焦的自由基浓度显著增加，因而作者认为共价键断裂主要发生在 350～650 °C 范围。显然，这些现象与第 3 章煤在不同温度下热解的 ESR 自由基浓度变化趋势相同。

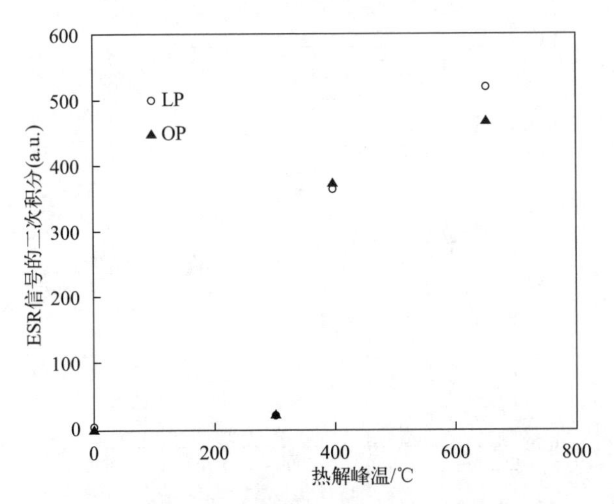

图 5-13　不同温度下柠檬废弃物和橙子废弃物热解焦 ESR 信号的二次积分数据（正比于自由基浓度）

LP—柠檬废弃物；OP—橙子废弃物

图 5-14 显示，上述热解焦的拉曼（Raman）光谱均显示两个峰，即位于 1580～1600 cm^{-1} 的 G 峰（石墨结构，包括 C_{sp^2} 原子的平面拉伸振动）和位于 1350 cm^{-1} 附近的 D 峰（表示多于 6 个缩合芳环的结构缺陷）；随热解温度升高，柠檬废弃物焦的 G 峰逐渐蓝移（向高波数偏移），而橙子废弃物焦的 D 峰逐渐红移（向低波数偏移）；二者的 D/G 峰高比值（图 5-15）均随热解温度升高而升高，在 400 °C 达到最大值，然后随温度升高而下降。由此认为，柠檬废弃物和橙子废弃物中的纳米纤维素晶体随温度升高而逐渐破坏，在 400 °C 左右成为无定形碳，但无定形碳在更高温度下发生芳香结构的有序重组。这些规律与 ESR、热天平和红外数据一致[12]。

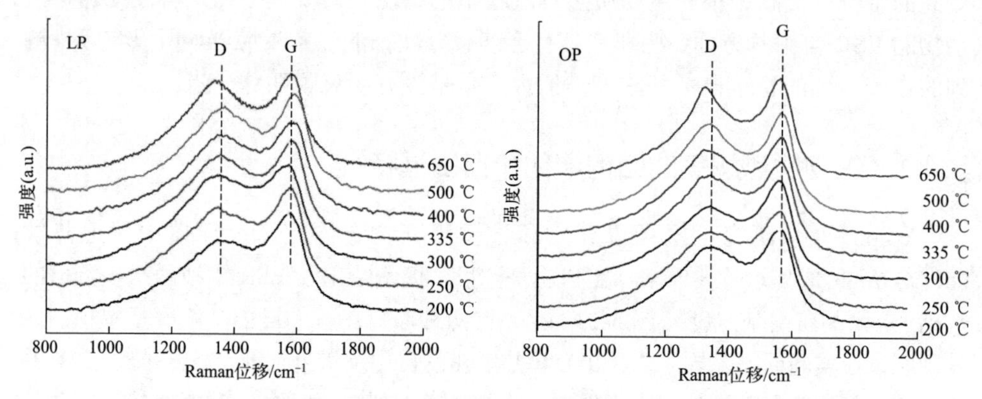

图 5-14　柠檬废弃物和橙子废弃物在不同温度下热解残焦的拉曼光谱

LP—柠檬废弃物；OP—橙子废弃物

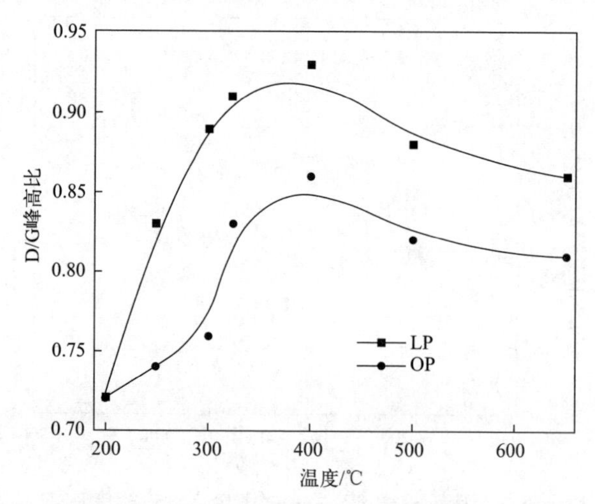

图 5-15　不同温度下柠檬废弃物和橙子废弃物热解焦拉曼光谱的 D/G 峰高比

LP—柠檬废弃物；OP—橙子废弃物

Trubetskaya 等[13]研究了多种生物质在 1000 °C 热解所得焦的常温 ESR 自由基浓度（图 5-16）及其与焦产率的关系（图 5-17）。发现焦的自由基浓度在 7×10^{16}～150×10^{16} spin/g 范围，生物质中钾和硅的含量对焦自由基浓度的影响大于其主要有机成分（纤维素、半纤维素和木质素）的影响［图 5-17(a)］。基于文献中各种自由基的 g 值（表 5-3）和线宽，以及分峰拟合 ESR 谱线得到的各种自由基的浓度，他们认为木质纤维素主要含有 O 基（以 O 为中心的）自由基，热解焦主要包括脂肪结构中的碳基自由基（$g = 2.0025$～2.0026）和多环芳烃中的碳基自由基（$g = 2.0026$～2.0028），这些自由基的线宽较窄［<6 Gs（6×10^{-4} T）］；生物质中的钾催化自由基生成大分子结构，因而自由基浓度较低；高温下富硅焦的熔融约束自由基的迁移，因而自由基浓度较高；快速升温丝网反应器（1000 °C/s，WMR）热解焦的自由基浓度略高于慢速升温管式反应器（10 °C/min，TR）热解焦的自由

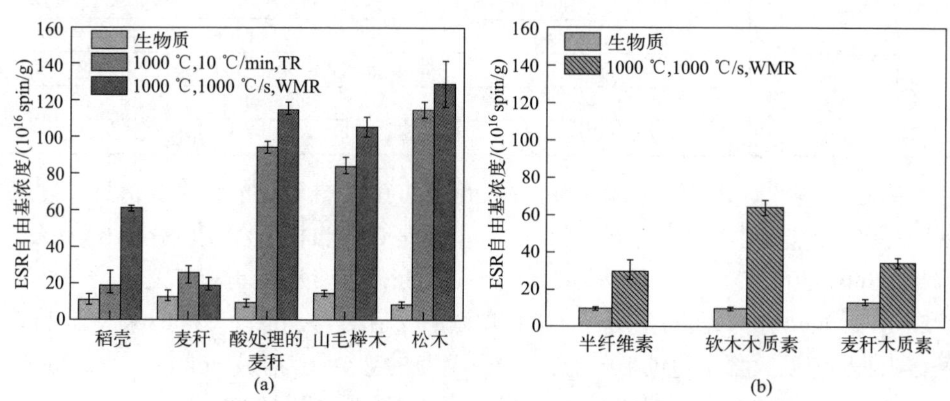

图 5-16　生物质 (a) 及其有机组分 (b) 热解焦的自由基浓度

WMR：1000 °C/s，在 1000 °C 停留 1 min；TR 反应器：10 °C/min，在 1000 °C 停留 10 min

TR—管式反应器；WMR—丝网反应器

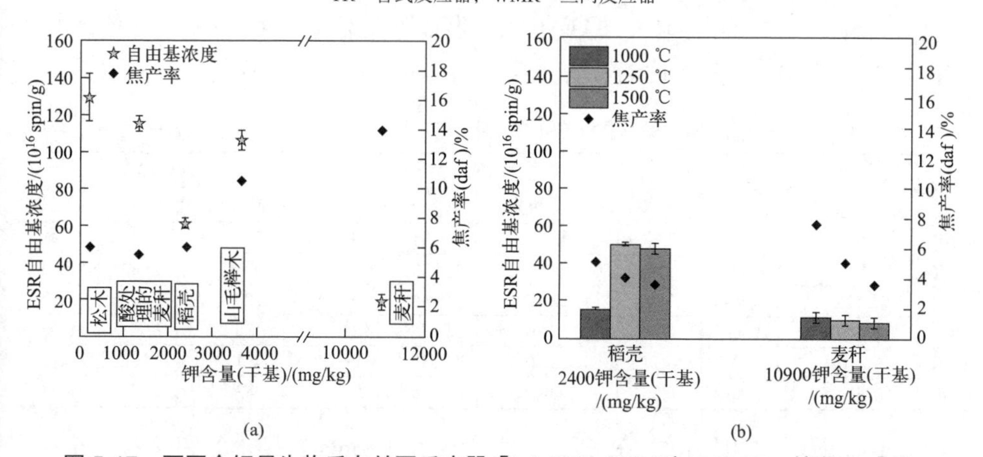

图 5-17　不同含钾量生物质在丝网反应器［(a) 1000 °C/s 到 1000 °C，停留 1 s］和气流床反应器［(b) 1000 °C、1250 °C 和 1500 °C］中热解焦的产率和自由基浓度

基浓度；木材焦的自由基浓度高于稻壳焦和麦秆焦的自由基浓度；软木木质素焦的自由基浓度高于稻壳焦和半纤维素焦的自由基浓度。

表 5-3 木质纤维素及其热解焦中自由基的 g 值[13]

自由基种类	g 值	结构
碳基	2.0025～2.0026	脂肪π结构的 C
	2.0026～2.0028	1～5 环芳烃的 C
	2.0028	石墨碳和无取代脂肪的 C
	2.0029	复杂芳烃（晕苯、苯并芘）的 C
	2.0030～2.0040	链接氧原子的 C
	2.0030～2.0035	含氮芳杂环 C
	2.0035～2.0042	偶氮化合物中的 C
氧基	2.0038～2.0047	π结构的 O（醌类，1～3 环）
	2.0035～2.0040	醚类 O（一、二、三甲氧基苯）
	2.0040～2.0060	半二酮、半醌、酮阴离子的 O
氮基	2.0031	含 N 自由基
	2.0045～2.0055	硝基中的 N
	2.0055～2.0065	硝酰（基）中的 N

Huang 等[14]研究了不同地区海带在 200～700 °C 热解焦的自由基信息，发现 200～300 °C 焦自由基的 g 值约为 2.0043，主要是 O 基自由基，浓度约在 10^{18} spin/g 水平；300～500 °C 焦的 g 值约为 2.0029～2.0036，主要是 O 基和 C 基自由基，浓度在 10^{19} spin/g 水平；500～700 °C 焦自由基的 g 值约为 2.0027～2.0030，主要是 C 基自由基，浓度大都不超过 10^{17} spin/g 水平，有的甚至仅为 10^{16} spin/g 水平；200～400 °C 焦的线宽约在 7～8 Gs［$(7～8)\times10^{-4}$ T］范围，但 600 °C 焦的线宽约小于 1 Gs，部分数据见表 5-4。这些数据显示，不同产地海带热解焦的自由基种类差别很小，焦的自由基浓度主要与其碳含量（正比于热解温度）有关，变化规律与木质纤维素热解焦类似。值得指出，这些数据与很多研究不同，很多文献发现生物焦的自由基浓度在 600 °C 左右达到峰值，而不是在 400 °C 左右，出现差异的原因不详。

表 5-4 不同产地海带热解焦的 ESR 自由基浓度（C_R）、g 值和线宽（ΔH_{pp}）[14]

产地	200 °C			400 °C			600 °C		
	C_R/(10^{17} spin/g)	g	ΔH_{pp}/Gs	C_R/(10^{17} spin/g)	g	ΔH_{pp}/Gs	C_R/(10^{17} spin/g)	g	ΔH_{pp}/Gs
BH	0.09	2.0043	7.23	435.0	2.0034	7.43	0.83	2.0028	0.98
QZ	24.2	2.0043	6.84	585.0	2.0035	8.02	0.88	2.0028	0.98
NB	12.2	2.0043	7.33	221.0	2.0036	8.31	70.5	2.0029	7.62
LY	18.8	2.0044	6.74	574.0	2.0035	8.21	0.8	2.0028	0.98
CD	0.16	2.0043	6.74	332.0	2.0032	6.26	0.1	2.0028	0.78
DL	33.8	2.0044	6.35	464.0	2.0036	8.11	9.3	2.0027	0.78

Bahrle 等[15]采用原位 ESR 研究了由白杨木（poplar，硬木）和松木（pine，软木）制备的硫酸木质素（Klason lignin）的热解过程（惰性气氛、40 °C/min、

常温～550 °C，每 50 °C 停留 20 min），发现二者的相对自由基浓度（实时自由基浓度 I 和最高自由基浓度 I_{max} 之比）的变化趋势和数值均类似（图 5-18）。自由基浓度在 300 °C 左右开始显著升高，最大增幅在 350～400 °C 区间，550 °C 的自由基浓度达 1 mmol/kg。他们认为，ESR 测定的自由基为焦中相对稳定的自由基，不包括高活性初级自由基和挥发物中的自由基。间接说明原位测定的自由基浓度与常温测定的自由基浓度相同。

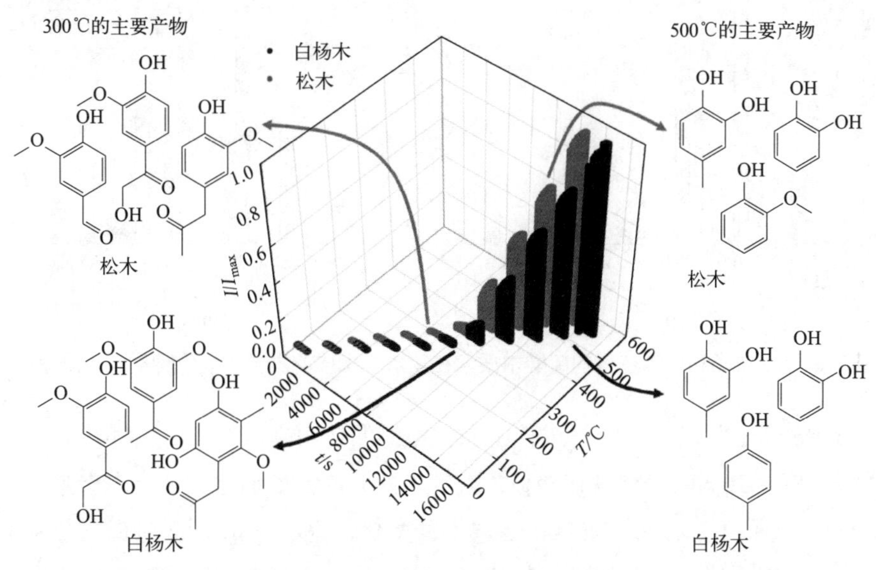

图 5-18　由白杨木和松木获得的硫酸木质素在热解中的 ESR 相对自由基浓度（I/I_{max}）随温度和时间的变化以及 300 °C 和 500 °C 条件下的最可几挥发物种类

Bahrle 等用 Py（热解）-GC-MS 测定了上述过程生成的挥发物组成，发现产物可归为图 5-19 中的 A、B、C 三大类：A 类是脂肪侧链含有酮基的烷氧基取代酚，B 类是 A 类失去酮基的烷氧基取代酚，C 类是 B 类失去烷氧基的酚。挥发物中 A 类产物的产率随热解温度升高而增加，在 350 °C 左右出现最大值，焦的自由基浓度在这个温度附近显著上升（图 5-18）；B 类产物的产率在低温下低于 A 类产物，但随温度升高而增加的速率较快，直至超过 A 的产率并在 450 °C 出现最大值；C 类产物的产率一直最低，但在 500 °C 附近超过其它两种产物，在 500 °C 出现最大值。硬木木质素和软木木质素的主要区别在于前者在 300～400 °C 的 A 类产物显著多于后者、在 450～550 °C 的 C 类产物显著少于后者，且前者在 550 °C 还生成了分子量更大的产物。这些产物产率的变化规律与两种木质素的结构相关，硬木木质素含有大量的 S 单元，而软木木质素含有大量的 G 单元。

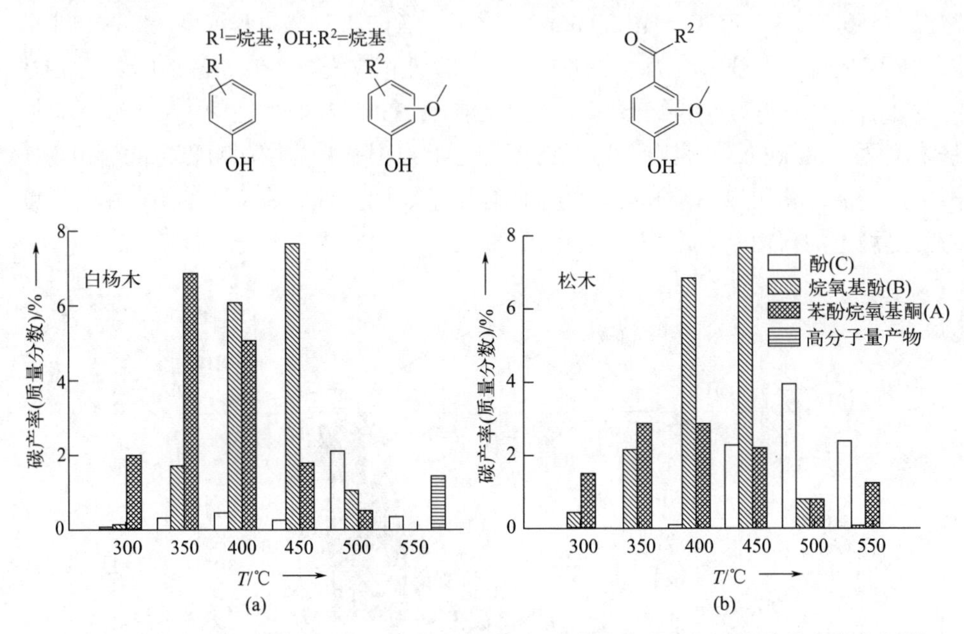

图 5-19　由白杨和松木获得的硫酸木质素在热解中生成的主要挥发物种类及碳产率[15]

Bahrle 等还发现[15]，热解过程中原位检测的自由基浓度（C_R）和热天平失重量（Δm，图 5-20）的变化规律相似：大都均随时间延长而增大，但失重主要发生在前 500 s，而自由基浓度在 3000 s 内不断变化，说明 ESR 观察到的是焦中的自由基，焦结构不仅在挥发物显著释放过程中演化，而且在挥发物基本释放完毕后仍然不断演化。另外，硬木木质素焦的自由基浓度高于软木木质素焦的自由基浓度，但 550 °C 下硬木木质素焦的自由基浓度在 750 s 后下降至低于软木木质素焦的自由基浓度，说明高温下活性自由基的湮灭速率大于生成速率。他们认为，上述现象源于硬木木质素含有 60%的*β*-*O*-4 键和 5%的 5-5 键，软木木质素含有 40%的*β*-*O*-4 键和 20%的 5-5 键，而*β*-*O*-4 键和 5-5 键的 BDE 分别为 272 kJ/mol 和 502 kJ/mol，即*β*-*O*-4 键先于 5-5 键断裂，使得焦结构先发生缩聚。再者，木质素 G 单元热解焦中苯环上的 5-位未被取代，因而具有较高的电子自旋密度，使其更易发生自由基湮灭反应，因而具有较低的自由基浓度。S 单元热解焦自由基在该位上有个甲氧取代基。因为软木木质素几乎完全由 G 单元构成，而硬木木质素含有 70%的 S 单元，所以软木木质素热解生成很多 G 单元自由基，其自由基浓度低于硬木木质素热解生成的自由基浓度。

基于 TG 失重和焦的红外数据，Bahrle 等认为硬木木质素在 550 °C 热解焦的自由基湮灭可归结于图 5-21 中两个半醌自由基歧化生成醌和氢醌的反应（即 **1** 向 **2**），并通过两种木质素 550 °C 热解焦在常温下与氨（NH_3）反应的自由基信号变化（图 5-22）得到验证[15]，因为在 NH_3 存在下，两个半醌自由基的反应趋向于生成阴离子自由基和氨阳离子（即 **1** 到 **3**）。需要指出，这些自由基反应发生在焦中，是焦结构演化的一部分，这和 550 °C 热解焦的氧含量仍然较高的现象是一致的，而焦的脱氧过程应该主要发生在 600 °C 以上。

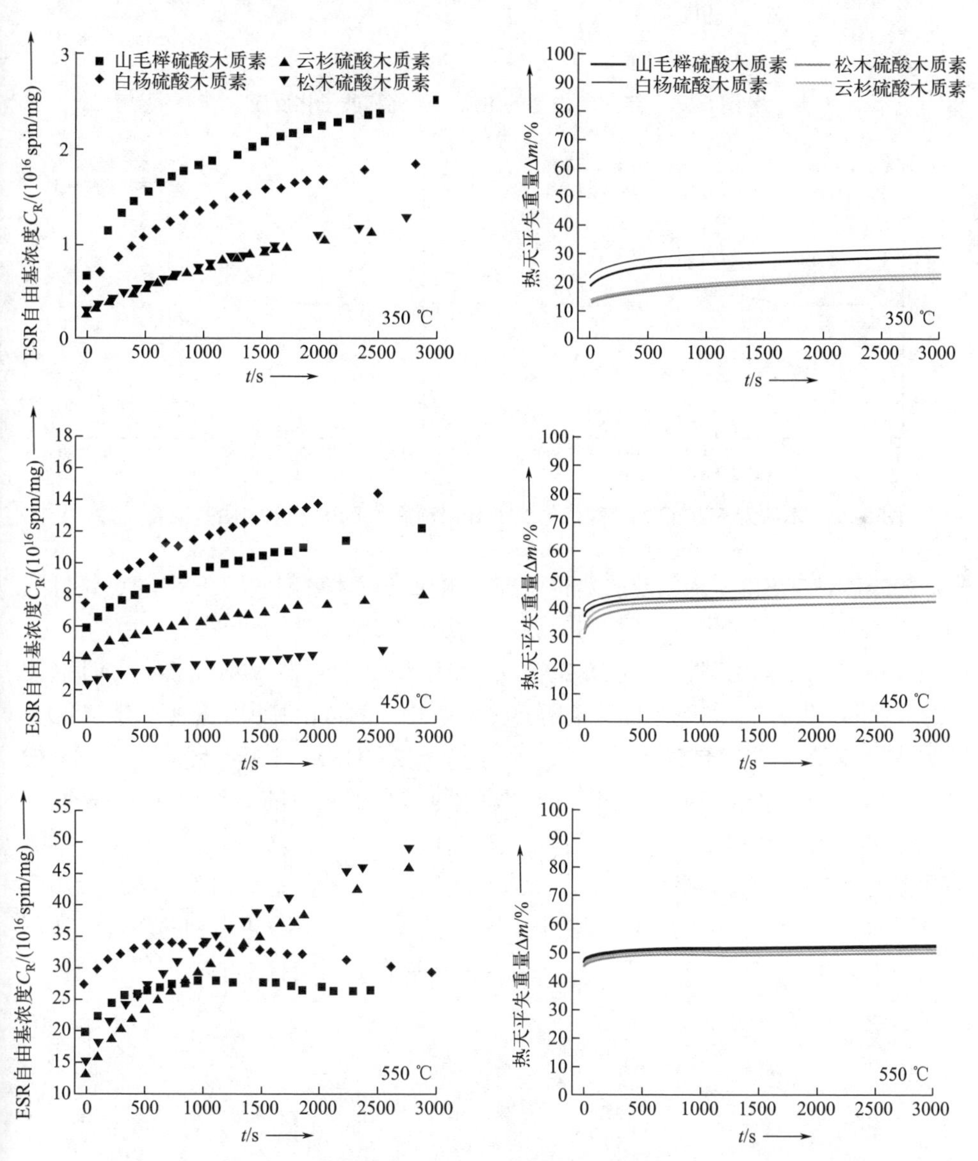

图 5-20 2 种硬木（山毛榉和白杨）和 2 种软木（云杉和松木）的硫酸木质素在热解过程中的自由基浓度和失重量随时间的变化[15]

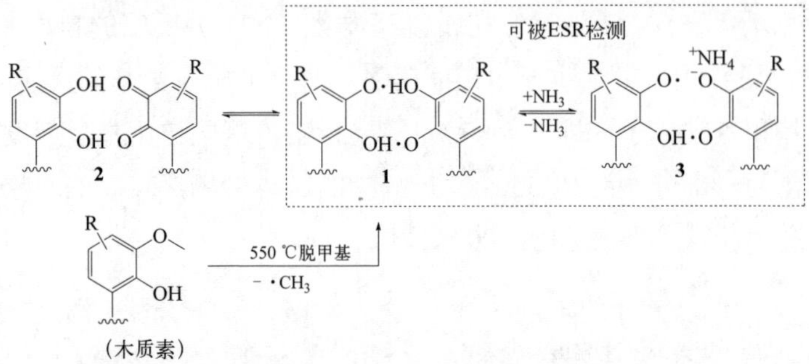

图 5-21 半醌自由基的生成、歧化和质子化反应

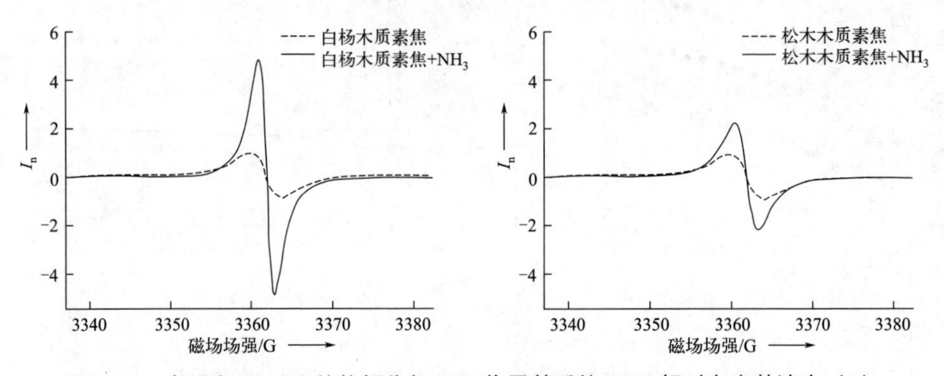

图 5-22 木质素 550 °C 的热解焦与 NH_3 作用前后的 ESR 相对自由基浓度（I_n）

Zhou 等[16]在微型密闭反应器中研究了木质素单体愈创木酚在 600 °C 惰性气氛和四氢萘气氛中的热解，用 ESR 测定了快速冷却所得固液产物的自由基信息，以及这些产物与自由基捕获剂 DMPO（5,5-二甲基-1-吡咯啉-*N*-氧化物）反应后（图 5-23）的自由基信息。发现两种气氛所得热解产物中的自由基种类相似（图 5-24），主要为半醌基（g = 2.0032）、环戊二烯基（g = 2.0043）、甲基、羟基、甲氧基酚基和苯氧基（g = 2.00479）自由基。四氢萘供氢减少了残焦量和半醌基自由基量，提高了苯氧自由基的相对含量，但未改变环戊二烯基自由基的量，由此认为半醌自由基是生成焦的关键组分，环戊二烯基是生成焦油的关键自由基。需要指出，上述研究没有给出热解的固体、液体和气体产率，也没有报告自由基浓度，所测得的自由基信息应该主要源于固体（包括焦和沥青质）结构中的官能团，液体产物中自由基的量很少。

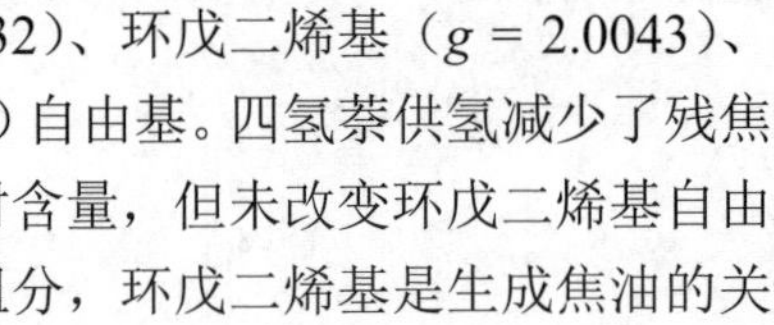

图 5-23 自由基捕获剂（DMPO）与热解自由基（R′•）反应的示意图

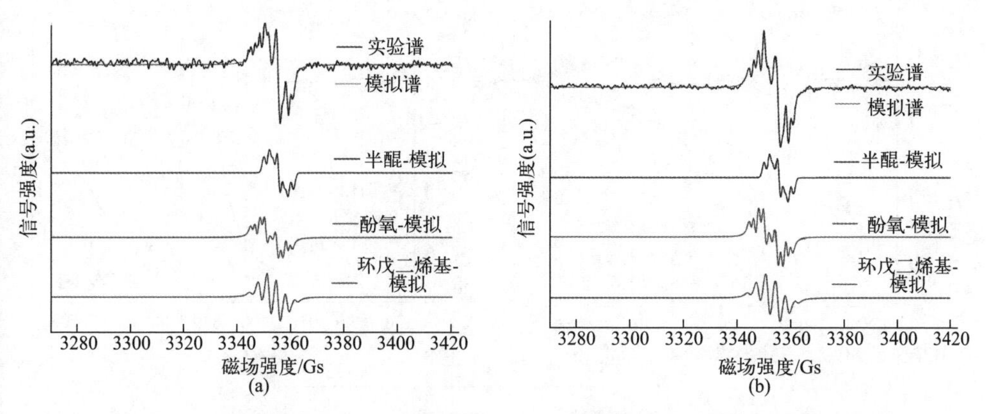

图 5-24　愈创木酚 (a) 及其在四氢萘 (b) 中热解产物和模拟物的 ESR 谱图

Lei 等[8]在 ESR 高温池中研究了 3 种木质素在 50 °C/min 升温条件下热解过程的 ESR 原位自由基信息，发现这些木质素均含有少量自由基，浓度约在 0.16×10^{19} spin/g［图 5-25(a)］；样品（残余固体或焦）的自由基浓度在升温至 200 °C 的过程中略有增加，在 250 °C 以上快速增加，在 350 °C 附近达到峰值，约为$(5\sim35)\times10^{19}$ spin/g，随后自由基浓度下降，到 500 °C 附近降至 200 °C 左右的水平［图 5-25(b)］；热解至 730 °C 后的常温自由基浓度高于低温下的原位自由基浓度［图 5-25(c)］。因为 250 °C 以上样品的 g 值在 2.002 附近，接近自由电子的 g 值（2.00232），他们认为这些木质素热解过程中产生了可自由移动的自由基，这些自由基在起始阶段诱导了木质素的热解。因自由基的线宽随温度升高而下降，所以自由基的寿命随温度升高而变短（弛豫时间较短），稳定性变差。木质素热解可分为 3 个阶段：①低温段主要发生木质素中原有稳定自由基的迁移、可逆反应和对非自由基结构的诱导反应。随后是②弱共价键（如 α-芳醚键和 O—CH_3 键，BDE 分别为 172 kJ/mol 和 234 kJ/mol）断裂生成大量自由基碎片以及自由基碎片的反应，其分布峰可由高斯或洛伦茨峰表述；3 种木质素自由基浓度的大小顺序与它们结构中的苯基香豆烷（phenylcoumaran）的丰度有关，软木木质素的丰度最高，每百个芳环中有 19 个，非木（竹子）和硬木木质素的丰度类似，每百个芳环中分别有 5.2 个和 4.4 个。最后是③自由基的湮灭。由于软木木质素比硬木木质素和竹子木质素含有更多弱 α-芳醚键，因此其在热解中生成更多的活性自由基。

需要指出，作者认为图 5-25(a) 和 (b) 中的自由基为活性自由基，图 5-25(c) 中的残焦自由基为稳定自由基，因而认为热解过程中生成的活性自由基量是稳定自由基量的 2 倍。显然，这个认识有误，因为大量研究已经证明（包括第 3 章和第 4 章的内容），ESR 无法测到活性自由基，730 °C 热解焦自由基浓度较低的现象应该源于高温下焦结构重组导致的稳定自由基湮灭，正如第 3 章煤焦自由基以及向冲等人的研究所示。

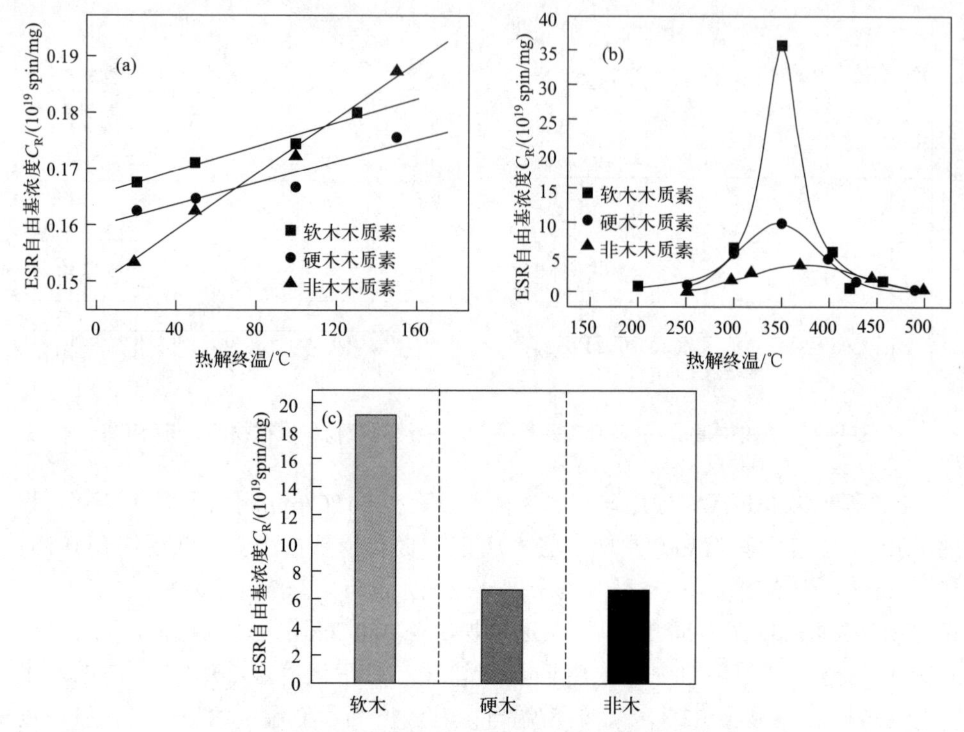

图 5-25　3 种木质素热解过程中的原位自由基浓度[8]

(a) 低温段；(b) 高温段；(c) 730 °C 热解后冷却焦的自由基浓度

5.4.2　生物质热解焦的自由基类别

向冲等[17]在管式反应器中研究了玉米芯在惰性气氛中的热解，用 ESR 测定了焦的自由基浓度，发现在 300～750 °C 范围自由基浓度先随热解温度升高而增大，然后随热解温度升高而减小，到 750 °C 消失；新鲜焦（F-Char）的自由基浓度最高，常温吸附 O_2 后焦（O-Char）的自由基浓度显著降低，随后进行的 N_2 吹扫可脱除部分吸附于焦上的 O_2，恢复焦（N-O-Char）的自由基浓度。图 5-26 示例了热解终温 500 °C 和 600 °C 条件下焦在连续 3 个"O_2 吸附–N_2 吹扫"循环过程中的自由基浓度变化。这些现象说明，大部分文献报道的焦自由基信息均是在焦暴露于空气后测定的，这些焦的自由基信息严重地被吸附 O_2 所改变。

基于上述现象，他们将新鲜焦中的自由基位点分成 3 类（图 5-27）[17]：①能够不可逆吸附 O_2 的强自由基位（浓度为 $C_{R\text{-}S}$），即吸附的 O_2 不能被 N_2 吹扫而脱附，数值上等于 F-Char 和 N-O-Char 的自由基浓度差；②能够可逆吸附 O_2 的弱自由基位（浓度为 $C_{R\text{-}W}$），即吸附的 O_2 可被 N_2 吹扫而脱附，数值上等于 N-O-Char 和 O-Char 的自由基浓度差；③无法与 O_2 接触的封闭自由基位（浓度为 $C_{R\text{-}E}$），数值上是 O-Char 的自由基浓度。如果假设吸附 O_2 的唯一作用是湮灭焦上的自由基位，那吸附 O_2 后的焦仅含有封闭自由基位，吸附 O_2 后再经 N_2 吹扫的焦含有弱自由基位和封闭自由基位，新鲜焦含有所有3种自由基位。这些焦的原位漫反射傅里叶变换红外光谱（DRIFTS）显示，强自由基位吸 O_2 后形成C—O和C═O键；弱自由基位吸 O_2 后很难形成C—O和C═O键，可能说明强自由基位的孤电子位于碳原子上（或以碳为中心，可称为碳基自由基），弱自由基位的孤电子位于氧原子上（或以氧为中心，可称为氧基自由基）。

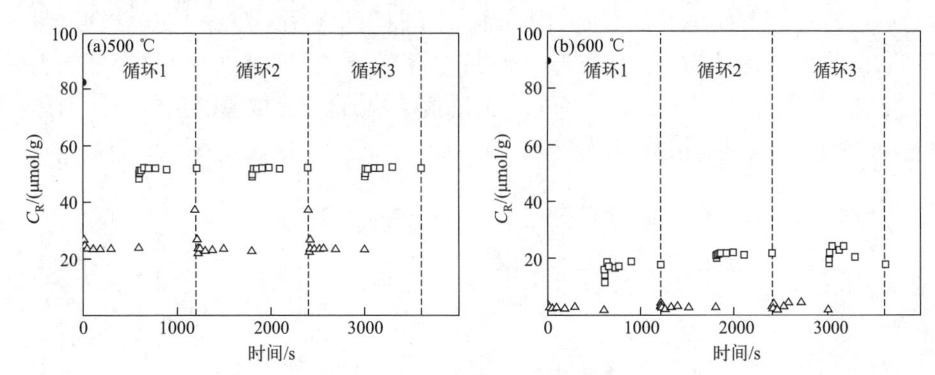

图5-26　玉米芯经程序升温至500 °C和600 °C生成焦的自由基浓度（C_R）在不同气氛中的变化

• F-Char；□ N-O-Char；△ O-Char

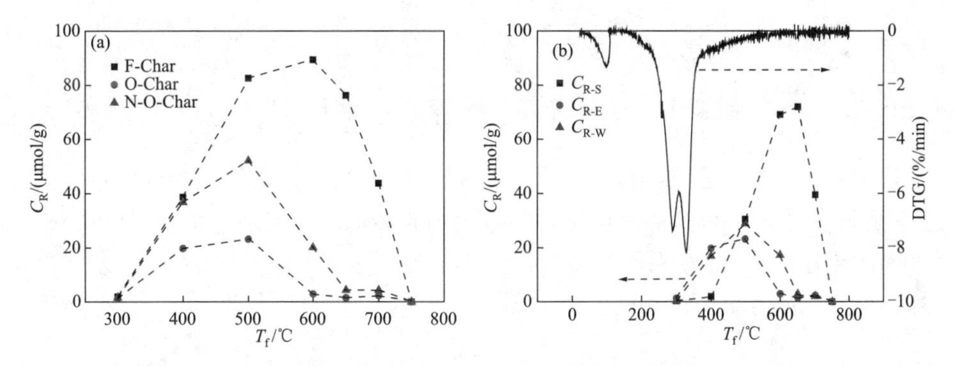

图5-27　新鲜焦（F-Char）、吸附 O_2 后焦（O-Char）和吸 O_2 后再经 N_2 吹扫焦（N-O-Char）的玉米芯炭中的自由基浓度（C_R）变化(a)，以及由此确定的三种自由基的浓度与热重失重速率（DTG）的关系(b)

C_R—ESR自由基浓度；T_f—热解最高温度；DTG—热重失重速率；C_{R-S}—强自由基位浓度；C_{R-W}—弱自由基位浓度；C_{R-E}—封闭自由基位浓度

图5-27还显示，焦的自由基出现于热解失重峰之后，先于300～400 °C范围形成封闭自由基和弱自由基位，这些自由基位在500 °C左右达到峰值，消失于600～650 °C之间；强自由基位的生成温度较高，在400～500 °C范围，在650 °C达到峰值，消失于700～750 °C范围。这些数据可归结于几个现象（猜想）：①从热解初期到主要挥发物生成阶段，自由基碎片的生成量大，它们之间的反应充分，

因此很多焦自由基与挥发自由基碎片偶合而湮灭，所以 ESR 检测到的自由基浓度不高；②从热解初期到主要挥发物生成阶段的焦结构刚性不强，共价键断裂及挥发性自由基碎片逸出所遗留在焦结构中的孤电子容易发生迁移和偶合，导致焦的自由基浓度不高；③在大量挥发物释放之后，焦中共价键断裂生成的自由基碎片量少，焦上生成的自由基位不能充分地与挥发性自由基碎片接触与偶合，且焦结构刚性较强不易发生演变，因此其中的孤电子不易迁移；④在 600 °C 以上，焦中的芳香结构单元开始融并，因而其中的孤电子得以偶合而湮灭。这些分析说明，玉米芯的热解或焦结构的演化可分为<600 °C 和>600 °C 两个阶段，这个猜想也可从图 5-28 中焦产率及 H/C 比和 O/C 比随热解终温的变化规律得到印证。如焦产率在<600 °C 范围呈 e 指数下降趋势，在>600 °C 范围呈缓慢线性下降趋势。

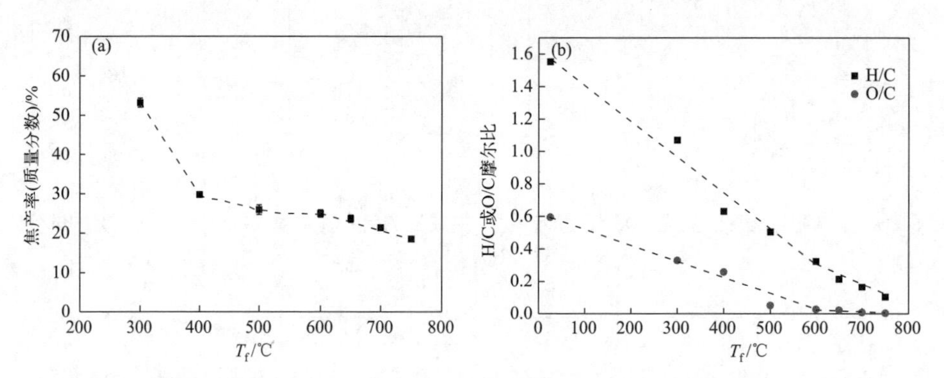

图 5-28　玉米芯焦的产率 (a) 及 H/C 和 O/C 摩尔比 (b) 随热解终温（T_f）的变化[17]

焦的碳核磁谱（图 5-29）显示，玉米芯在低温热解阶段发生芳环侧链β位断裂，生成挥发性自由基碎片和焦结构中链接于芳环上的亚甲基自由基［图 5-29(b)］，后者的浓度在 600 °C 左右达到最大值；焦中的亚甲基自由基在 600 °C 以上发生迁移和偶合，于 700～750 °C 范围消失。

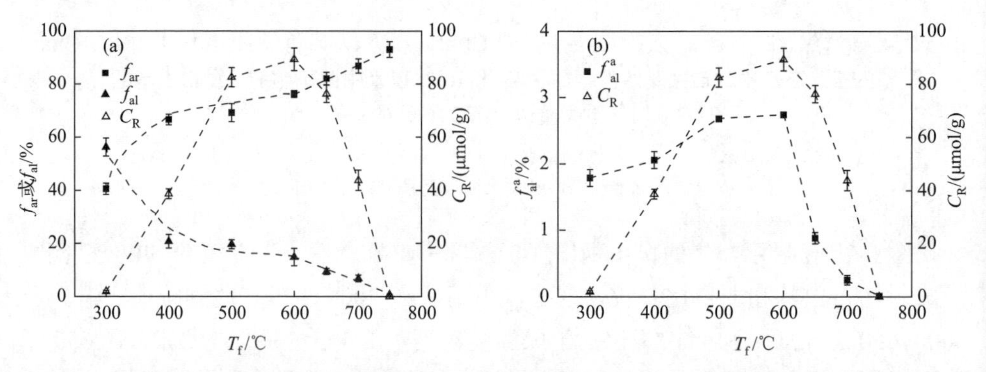

图 5-29　玉米芯焦的碳核磁分析：芳碳率（f_{ar}）和脂碳率（f_{al}）与自由基浓度（C_R）的关系 (a) 以及芳环侧链亚甲基碳（f_{al}^a）与自由基浓度（C_R）的关系 (b)[17]

图 5-30(a) 中焦的拉曼光谱数据显示，表示焦结构石墨化程度的 A_{D1}/A_G 随热解终温升高而增大，且在 600 °C 以上增幅加大；表示焦结构缺陷或反应位点的 $(A_{D3}+A_{D4})/A_G$ 也随热解终温升高而增大，但在 600 °C 以上开始下降，说明低于 600 °C 时，玉米芯中共价键断裂生成焦的无定形结构的比例增大，非石墨缺陷数随热解终温升高而增多，但在 600～750 °C 范围，焦中的缺陷结构减少，但仍未形成石墨结构。图 5-30(b) 显示（其中的虚线箭头表示时间顺序），焦中缺陷结构的演化与焦中自由基浓度呈现很好的对应关系，即焦的拉曼光谱参数［$(A_{D3}+A_{D4})/A_G$］和自由基浓度（C_R）均在 600 °C（CC-600）以下升高，然后在 600 °C 以上以相同规律下降，说明自由基浓度可以用来量化焦中的结构缺陷。

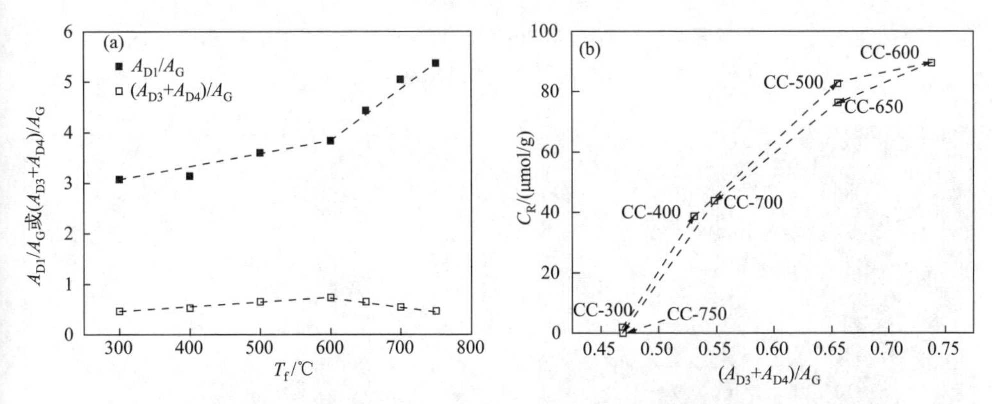

图 5-30　玉米芯焦的拉曼分析：A_{D1}/A_G 和 $(A_{D3}+A_{D4})/A_G$ 随热解终温（T_f）的关系 (a) 以及自由基浓度 C_R 与 $(A_{D3}+A_{D4})/A_G$ 的关系 (b)[17]

5.4.3　利用焦的自由基位制备单原子催化剂的方法

依据上述图 5-26 和图 5-27 中玉米芯焦中不同自由基位点对 O_2 的吸附特点，向冲等[18]提出利用焦中的强自由基位在溶液中“锚定”金属阳离子的思路，通过向不同温度下热解的核桃壳焦上浸渍醋酸钯/甲苯溶液，发现热解终温 600 °C 制备的新鲜焦（F-Char-600，未吸附 O_2）出现自由基浓度下降的现象（图 5-31），并通过球差电镜发现干燥后的焦上出现钯单原子（0.1～0.3 nm）及纳米团簇（0.3～1.2 nm）（图 5-32），但吸附 O_2 的焦（O-Char-600）在相同的醋酸钯/甲苯溶液浸渍过程中没有发现显著的自由基浓度变化，在干燥的焦上仅发现了很大的钯团簇颗粒。由此他们认为，溶液中的钯阳离子与新鲜焦上的强自由基位发生了键合，因而得以形成单原子钯；吸附于焦表面的 O_2 偶合了焦的强自由基位，因此溶液中的钯只能非选择性地沉积于焦表面，形成大的钯团簇。这项研究开辟了利用焦上的强自由基位诱导生成单金属原子的方法。

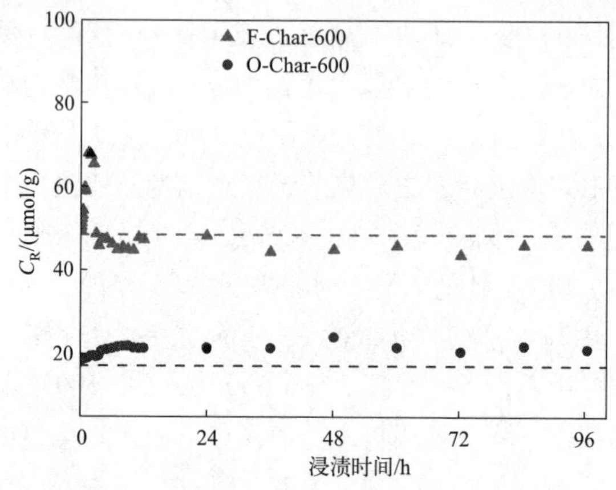

图 5-31　在核桃壳焦上常温浸渍醋酸钯/甲苯溶液过程中新鲜焦（F-Char-600，未吸附 O_2）和吸附 O_2 焦（O-Char-600）的自由基浓度（C_R）变化

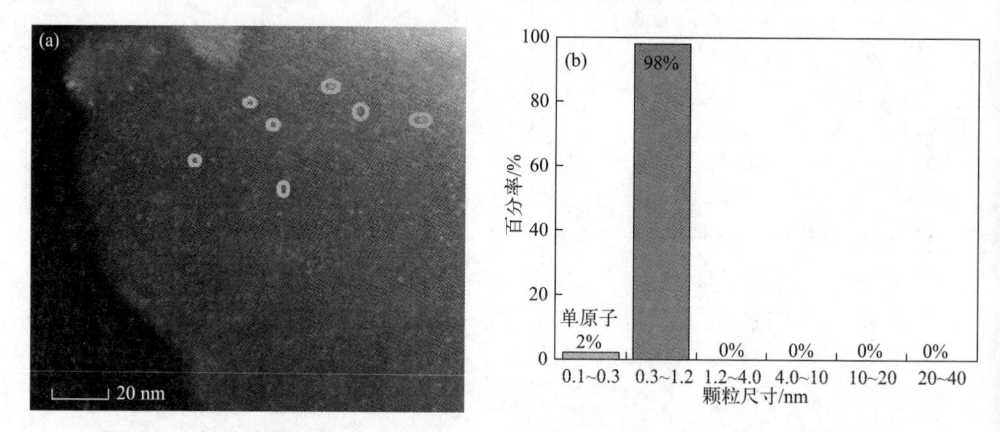

图 5-32　新鲜核桃壳焦（F-Char-600，未见 O_2）上担载的钯颗粒（球差电镜）

5.5　生物质热解挥发物的反应及自由基特征

如前所述，在任何热解反应器中都发生固体生物质热解产生挥发物以及挥发物在逸出过程中的反应，两者均是自由基反应，前者取决于生物质的温度，后者与挥发物逸出的环境和时间有关，而反应器结构和条件对后者的影响大于前者，因此，认识挥发物的自由基反应非常必要。

5.5.1　烟草热解模型挥发物的反应及自由基特征

为了认识烟草燃吸过程中生成的自由基碎片以及其后续反应，Adounkpe 等[19]在图 5-33 的装置中研究了烟草热解模型挥发物氢醌和邻苯二酚（儿茶酚）在 700～

1000 °C 以及苯酚在 500～1000 °C 热解生成的自由基。样品在反应器中挥发并热解，挥发物流经液氮（77 K）冷却的冷指并冷凝于冷指上已经预先形成的多孔固态 CO_2 中，然后用 ESR 检测自由基信息。研究发现，这些模型挥发物在 750 °C 以上热解生成的冷凝物的 ESR 谱图比较简单，经过热“退火”［即略微升高冷指温度，提高高活性自由基（如烷基自由基）的移动性使它们迁移并反应湮灭］后均显示出环戊二烯基（CPD）自由基的特征（图 5-34，3 条谱线，超细分裂常数为 6.0 G，*g* 值为 2.0050，线宽约为 3 G）。

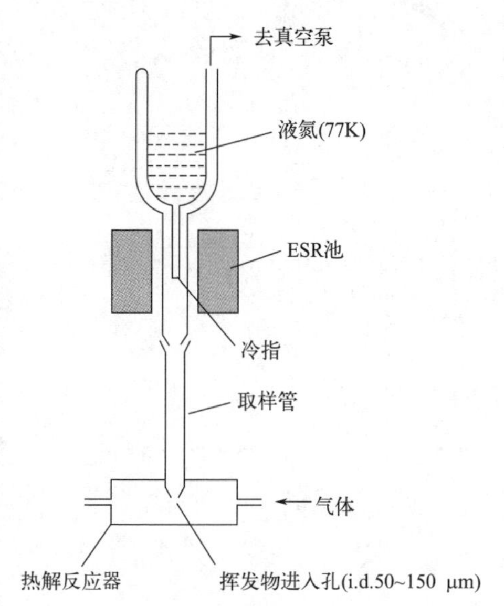

图 5-33 LTMI-ESR 反应器（热解挥发物冷凝于 ESR 检测池中的冷指上）

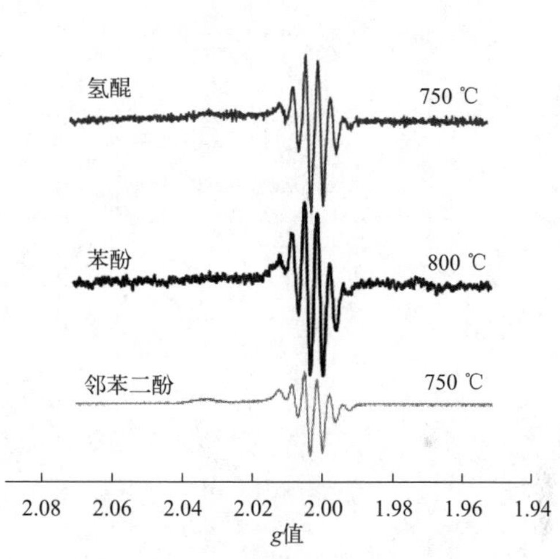

图 5-34 氢醌、苯酚和邻苯二酚热解过程中冷凝于冷指上多孔固态 CO_2 中挥发物的 ESR 谱线

热解温度低于 750 °C 时，冷凝物的 ESR 谱比较复杂，说明多种自由基共存，如苯酚在 700 °C 热解的冷凝物 ESR 谱图（图 5-35，谱线 A）显示其可能包含环戊二烯基自由基、酚氧基自由基（图中的 a 和 b 峰），以及少量未知自由基（可能是不饱和分子的加氢产物，如*所示）。经过“退火”后发现，挥发物确实含有环戊二烯基自由基（谱线 B）。苯酚在 550 °C 和 500 °C 热解的挥发物冷凝物也含有环戊二烯基自由基（谱线 C 和谱线 D）。

他们通过“退火”及调节 ESR 微波功率辨识不同的自由基种类（不同自由基的微波响应不同，调节功率可改变一些自由基的信号强度），发现这些模型化合物常压热解和负压热解生成的冷凝物大都含有苯氧基、环戊二烯基和过氧化氢自由基，说明无氧条件下环戊二烯基和苯氧基自由基的寿命较长；有氧条件下苯酚热解生成的环戊二烯基较少，但苯氧基自由基量变化不大（图 5-36）。值得指出，这项研究的实验温度（氢醌和邻苯二酚在 700～1000 °C，苯酚在 500～1000 °C）

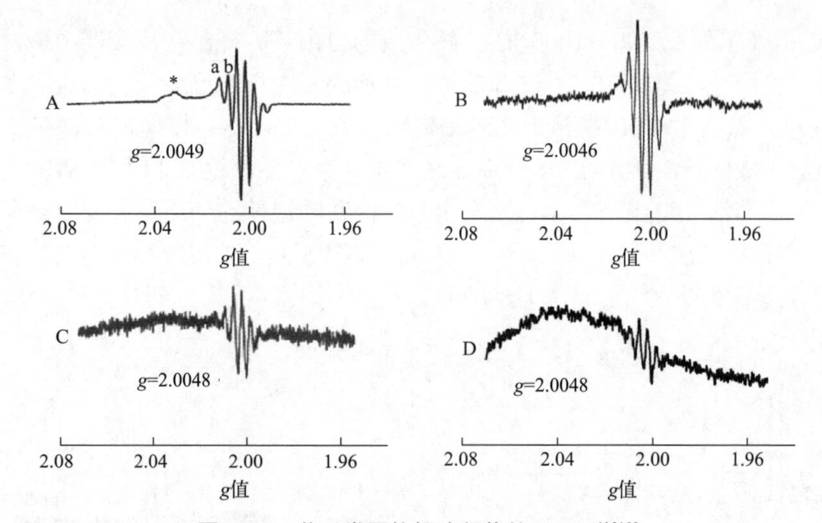

图 5-35 苯酚常压热解冷凝物的 ESR 谱[19]

A—700 °C 热解冷凝物的原始谱图；B—700 °C 热解冷凝物“退火”后的谱图；C—550 °C 热解冷凝物的原始谱图；D—500 °C 热解冷凝物的原始谱图

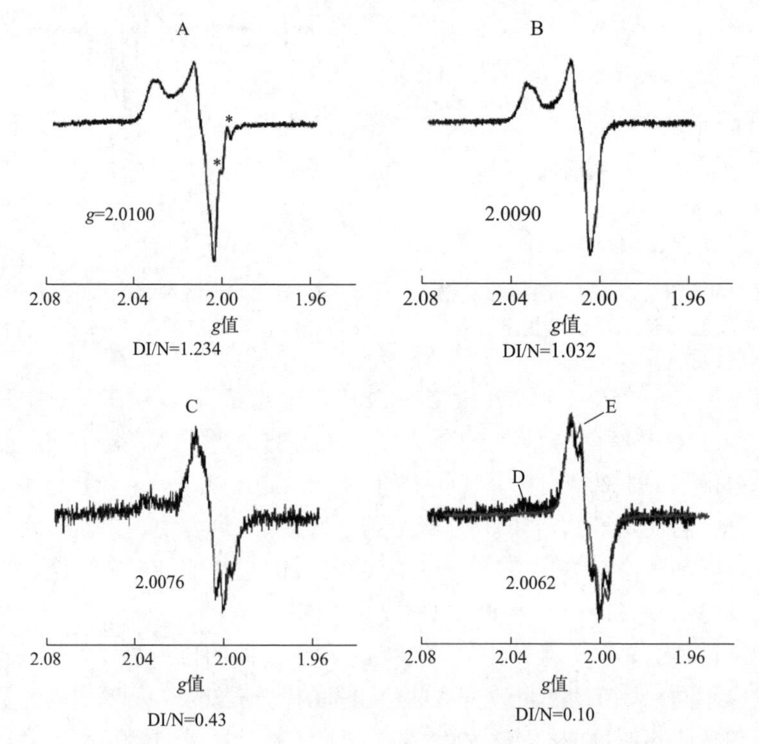

图 5-36 苯酚在 700 °C、含有 0.1%氧气的常压氮气中热解冷凝物的 ESR 谱[19]

A—原始谱图；B，C，D，E—逐步“退火”过程中的谱图

谱图 A 中标记*的峰在“退火”过程中消失；谱图 E 是 77 K 下纯酚氧自由基的谱图；DI/N 为归一化的 ESR 谱线的二次积分值

应该低于样品实际经历的温度，因为观察到的自由基不应该在 600 °C 以上的温度下存在，即这些自由基应该是烟草模型化合物在低于 600 °C 条件下挥发并裂解的产物，设定的实验温度仅是正比于样品的升温速率和实际热解温度。

5.5.2　木质素热解挥发物的反应及自由基特征

Kibet 等[20]在类似图 5-33 的系统中研究了木质素在管式反应器中热解挥发物的快速（<0.2 s）冷凝物，发现 N_2 和 4%O_2/N_2 气氛中生成的冷凝物类似，均含有二甲氧基苯酚、愈创木酚、苯酚、邻苯二酚、苯、苯乙烯、对二甲苯等。450 °C 热解所得冷凝物的 ESR 谱线（图 5-37 中的谱线 1）不对称、没有精细结构，*g* 值为 2.0071，线宽为 13.5 Gs（主峰两侧标有*的小峰说明冷凝物含有微量的氧）。Burley 烟草在 450 °C 及含有微量空气（<1 Torr，1 Torr = 133.3 Pa）下热解冷凝物的 ESR 谱线（图 5-37 中的谱线 2）的 *g* 值为 2.0056, 线宽为 13 Gs，和木质素热解冷凝物的谱线相似。

他们认为，这些热解冷凝物中含有包括 RO_2•在内的多种自由基，通过对比木质素热解冷凝物的 ESR 谱线（图 5-38 中谱线 1）与烟草热解生成的 RO_2•谱线（图 5-38 中谱线 2），发现差值谱线（图 5-38 中谱线 3）的 *g* 值为 2.0064，线宽为 18 Gs，与苯氧基自由基和含有取代基的苯氧基自由基（如半醌自由基）的 *g* 值和线宽类似，由此认为木质素中酚结构之间的连接键在热解中发生断裂，经自由基反应生成多种含酚的化合物，如丁香酚基、愈创木基和酚基产物。由于这些自由基可导致细胞损伤、DNA（脱氧核糖核酸）损伤、氧化应激、肿瘤和癌症（比如苯酚损伤肝、肺、肾脏、心血管系统以及神经系统），它们被称为环境持久性自由基（environmentally persistent free radicals，EPFR）。

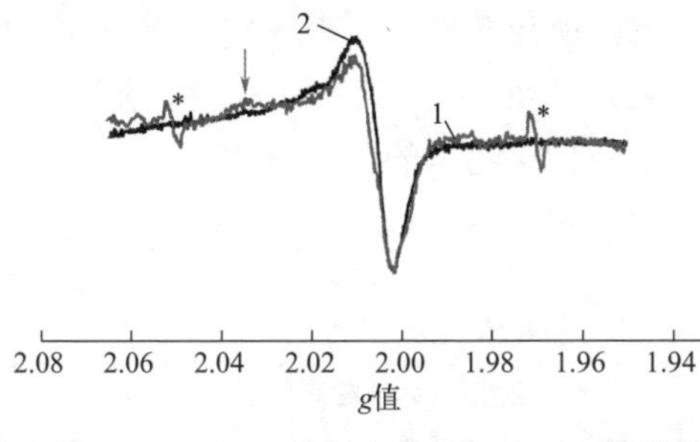

图 5-37　450 °C 热解冷凝物的 ESR 谱图[20]

谱线 1—木质素热解，*g* = 2.0071，线宽 = 13.5 Gs；
谱线 2—Burley 烟草，*g* = 2.0056，线宽=13 Gs

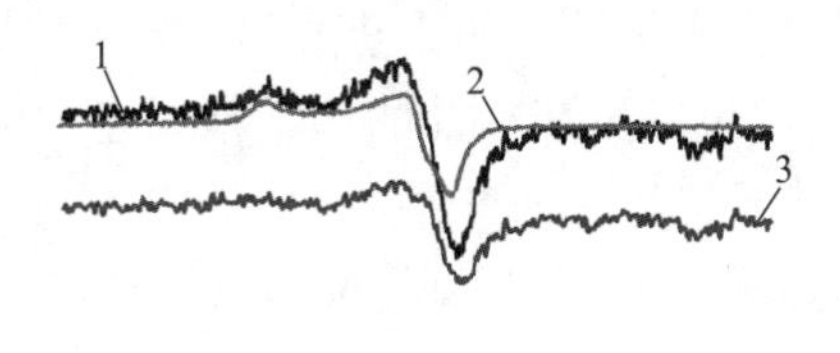

图 5-38　含空气条件下木质素 450 °C 热解冷凝物的 ESR 谱图[20]

谱线 1—*g* 值为 2.0073，线宽为 15.0 Gs；谱线 2—烟草 450 °C 真空热解的 RO_2•自由基谱线，*g* 值为 2.0089；谱线 3—谱线 1 与谱线 2 之差，*g* 值为 2.0064，线宽为 18.0 Gs

Kim 等[21]在微型反应器中研究了三种含有甲氧基的*α*-*O*-4 二聚酚类化合物（图 5-39）于 500 °C 热解的挥发物及液氮冷凝的挥发物。基于产物分布推测芳环上的甲氧基侧链不仅促进芳基 C—O 键均裂，而且促进甲氧基 C—O 键均裂生成多种自由基，这些自由基参与了多种反应历程，包括自由基聚合生成大分子产物的反应。热解挥发物的冷凝物含有 ESR 可测的自由基（表 5-5），尽管这些冷凝物的 *g* 值基本相同（2.0035 和 2.0036），但作者认为它们含有以氧为中心的苯氧基自由基和以碳为中心的苄基自由基。

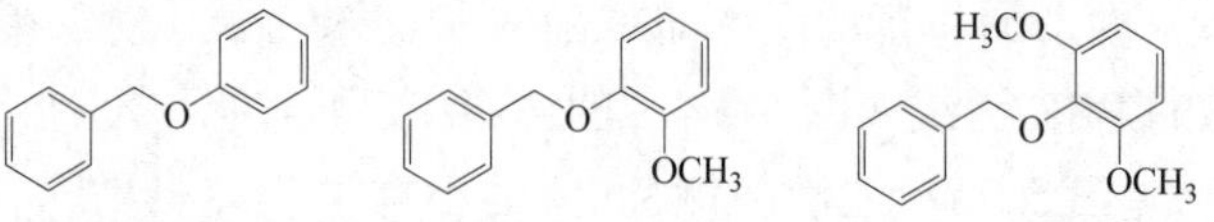

苄基苯基醚　　1-苄氧基-2-甲氧基苯　　1-苄氧基-2,6-二甲氧基苯

图 5-39　三种含有甲氧基的 *α*-*O*-4 二聚酚类化合物

表 5-5　含有甲氧基的 *α*-*O*-4 二聚酚类化合物在 500 °C 热解产物冷凝物的 ESR 参数[21]

原料	苄基苯基醚	1-苄氧基-2-甲氧基苯	1-苄氧基-2,6-二甲氧基苯
g 值	2.0035	2.0035	2.0036
线宽 ΔH_{pp}/Gs	8.77	6.60	6.23
自由基浓度/(spin/g)	1.19×10^{16}	6.23×10^{17}	3.68×10^{17}

5.5.3　生物质热解焦油的反应及自由基特征

上述研究表明，生物质热解挥发物的反应对最终产物的产率和组成影响很大，导致油产率下降，气体产率和析炭（结焦）率升高。这些现象也在热解焦油的反应研究中得到证明。热解焦油的反应既发生在热解反应器内（以挥发物反应的形式），也发生在焦油的加工精制过程中，均涉及自由基反应。何文静[22]在管式固定床反应器中研究了核桃壳和玉米芯热解，这两种生物质的元素组成非常类似，但结构差异显著（表 5-6），核桃壳比玉米芯含有更多木质素。

表 5-6　核桃壳和玉米芯的结构和元素组成

原料	木质纤维素含量（质量分数）/%			元素含量（无水无灰基，质量分数）/%				
	木质素	纤维素	半纤维素	C	H	N	O	S
核桃壳	31.7	13.8	16.6	53.1	3.2	1.0	42.3	0.4
玉米芯	13.8	22.5	22.1	53.6	3.2	1.0	41.9	0.3

研究发现，核桃壳和玉米芯热解生成焦油的组成非常类似，碳质量含量分别为 54.7%和 53.3%，氢质量含量均为 7.1%，氧质量含量分别为 37.8%和 38.9%。

但两种焦油的碳核磁表征数据（表 5-7）显示，核桃壳焦油的芳碳率（f_a）高于玉米芯焦油（主要为芳香基碳和不饱和烷基碳），应该与核桃壳的木质素质量含量（31.7%）高于玉米芯的木质素质量含量（13.8%）有关。

表 5-7　生物质油中不同化学结构的碳原子的分布[22,23]　　单位：%

化学位移 δ	碳类型	核桃壳焦油	玉米芯焦油
0～45	烷基碳	24.8	24.8
45～65	甲氧基碳和氮-烷基碳	9.2	7.8
65～90	氧-烷基碳	3.2	7.5
90～110	双氧-烷基碳	7.0	4.7
110～145	芳香基碳和不饱和烷基碳	36.1	29.3
145～165	氧-芳基碳	10.3	10.8
165～190	羧基碳、酯碳和酰胺碳	5.9	7.0
190～215	醛基和酮基碳	3.6	4.1
f_a	芳碳率	46.4	40.1

研究发现（表 5-8）[24]，核桃壳和玉米芯均含有 ESR 可测的自由基，其量均在 6×10^{16} spin/g 左右，远低于煤的自由基浓度，如碳质量含量为 74%的呼伦贝尔褐煤的自由基浓度约为 6×10^{18} spin/g，是核桃壳和玉米芯自由基浓度的 100 倍，说明煤化过程涉及共价键断裂和自由基反应。核桃壳和玉米芯热解生成的焦油也含有自由基，且核桃壳焦油的自由基浓度显著高于玉米芯焦油的自由基浓度，但低于相同反应器中相同条件下呼伦贝尔褐煤热解焦油的自由基浓度（6×10^{16} spin/g 左右），该顺序与原料的自由基浓度顺序一致，自由基浓度水平略低于原料，这个现象显著不同于第 3 章中煤及其热解焦油自由基浓度的差别（表 3-5）。核桃壳和玉米芯的自由基浓度不随常温放置时间而变，但它们热解焦油的自由基浓度在常温放置过程中升高，2 周内提高了近 1 倍，说明焦油的活性（或不稳定性）较高，在常温下仍然发生自由基反应，这与文献中报道的生物质焦油不稳定，其物理和化学性质在常温放置过程中发生改变（黏度增大、重组分增加等）的现象一致，但机理不明。因为常温下不应该发生共价键断裂，除非焦油中的某些自由基诱导了一些共价键的断裂。另外，也许焦油曾经暴露于空气中，自由基与 O_2 发生了缓慢的反应，但新鲜焦与 O_2 的作用是降低自由基浓度，完全不同于焦油与 O_2 的反应。

表 5-8　生物质及其热解产焦油和水相的自由基浓度[24]　单位：10^{16} spin/g

样品状态	样品	核桃壳	玉米芯
新鲜样	生物质	6.1	5.8
	热解焦油	3.2	1.3
	热解水	0	0

续表

样品状态	样品	核桃壳	玉米芯
室温下 2 周后	生物质	6.1	5.9
	热解焦油	5.8	2.7
	热解水	0	0

图 5-40 为上述生物质热解生成的焦油和水在高温下的自由基浓度变化。显然，两种焦油的自由基浓度随温度和时间的变化规律类似：在 300 ℃（573 K）的变化不大，在 350 ℃（623 K）及以上随停留时间延长和温度增加而增大。热解水的自由基浓度也呈现类似的规律，但浓度很低，仅为焦油浓度的几个百分点。这些数据说明，生物质热解焦油（特别是程序升温过程中低温逸出的焦油）仍含有很多弱共价键，这些键在 350 ℃ 及以上会断裂产生自由基碎片，发生自由基反应，并缩聚生成大分子产物，导致自由基浓度增加；每一温度下可以发生断裂的共价键种类不同，所以反应程度不同，当相关共价键断裂完毕后，自由基的生成量减少。值得指出，图 5-40 中自由基浓度逐渐趋向并维持于高浓度的现象说明这些自由基被约束在大分子结构之中，更准确地说是大分子内部结构的一部分，无法自由迁移，也说明焦油热解生成了很多大分子产物，如沥青和析炭（焦）。

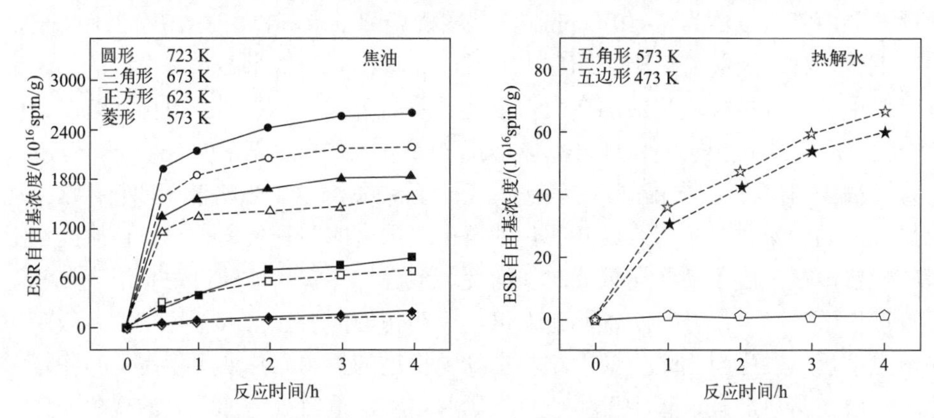

图 5-40　核桃壳（实心符号）与玉米芯（空心符号）热解生成的焦油和水在高温下的自由基浓度变化[24]

图 5-41 对比了上述核桃壳焦油与呼伦贝尔褐煤热解焦油在相同条件下反应的自由基浓度变化[22]。可以看出，核桃壳焦油的稳定性低于呼伦贝尔煤焦油，因为核桃壳焦油的自由基浓度在 300 ℃（573 K）的增幅远大于呼伦贝尔煤焦油，说明核桃壳焦油比呼伦贝尔煤焦油含有更多弱的共价键（特别是以氧为中心的共价键），更易发生自由基反应，这也与核桃壳等生物质的起始热解温度低于煤的起始热解温度有关，低温下生成且及时逸出反应体系的焦油理应在低温下发生进一步裂解。

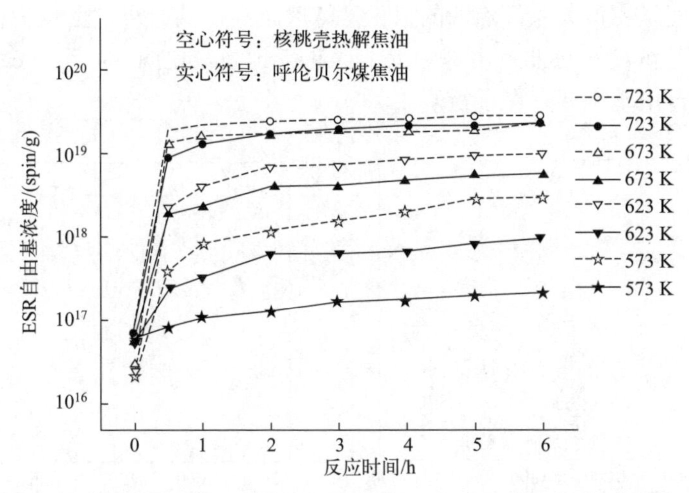

图 5-41　核桃壳焦油与呼伦贝尔褐煤焦油在高温下的自由基浓度变化

图 5-42 关联了核桃壳和玉米芯热解焦油和热解水在图 5-40 的高温过程中的析炭（结焦）量[24]。可以看出，两焦油在高温下析炭规律类似，两种热解水的析炭规律也类似，都随温度升高和时间延长而增加，水相也是如此。无论水相还是油相其结焦率随温度和时间的变化趋势都与自由基浓度随温度和时间的变化趋势相同。

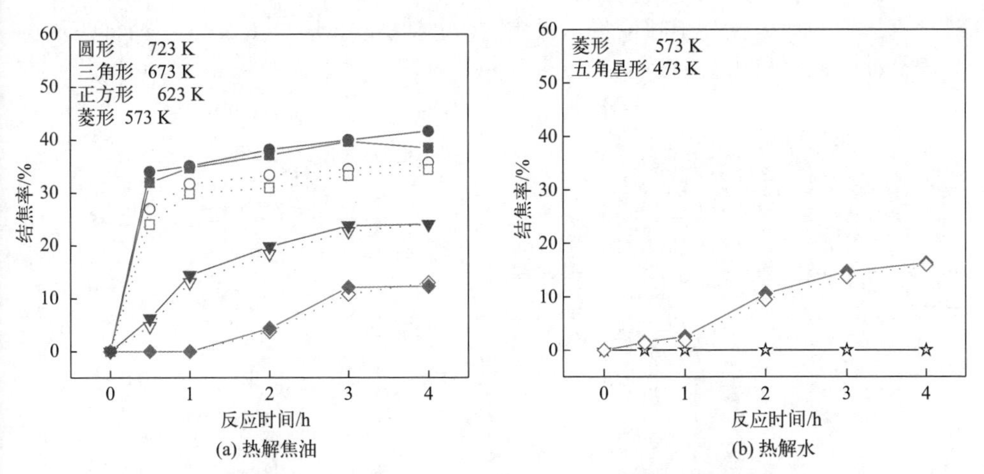

图 5-42　核桃壳（实心符号）与玉米芯（空心符号）热解焦油 (a) 和热解水 (b) 在图 5-40 的过程中的析炭（结焦）量[24]

图 5-43(a) 关联了核桃壳和玉米芯焦油在高温条件下的析炭量与自由基浓度的关系，图 5-43(b) 关联了两种焦油总自由基浓度（C_t）中析炭自由基浓度（C_c）的占比与焦油总自由基浓度（C_t）的关系。显然，相同温度下两种焦油的析炭量

和自由基浓度呈相似关系：焦油的自由基浓度越高，其析炭量也越多；每种焦油中析炭自由基浓度在焦油自由基中的占比越来越高，说明 350 °C（623 K）以上时，焦油的自由基主要存在于析炭中。

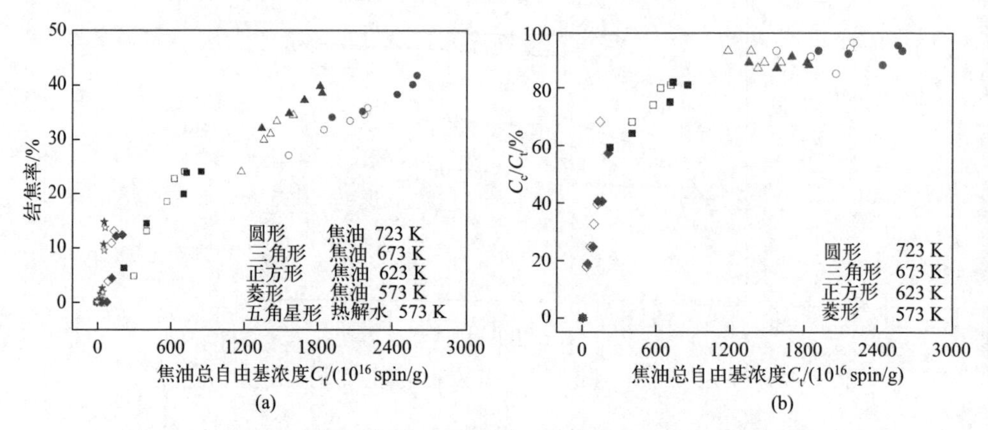

图 5-43　核桃壳（实心符号）和玉米芯（空心符号）焦油在高温下反应的自由基浓度与析炭量的关系[22, 24]

图 5-44 是核桃壳热解焦油和呼伦贝尔煤热解焦油在不同温度下反应 6 h 后的四氢呋喃不溶物（析炭）玻璃管中照片。显然，核桃壳焦油在 300 °C（573 K）就产生了大量析炭，而呼伦贝尔煤焦油在 400 °C（673 K）才有大量析炭，说明核桃壳焦油的反应性高于呼伦贝尔煤焦油，更易析炭，这与图 5-45 中两种焦油在相同条件下反应析炭量的数据一致。

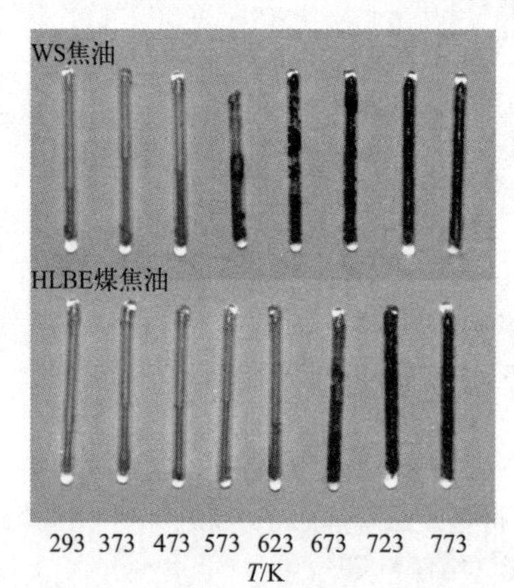

图 5-44　核桃壳（WS）焦油和呼伦贝尔（HLBE）煤焦油在图 5-41 条件下反应 6 h 并经四氢呋喃清洗后的照片[22]

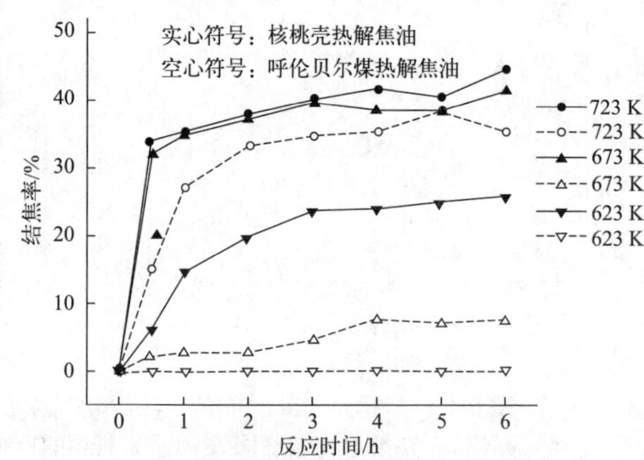

图 5-45　核桃壳焦油和呼伦贝尔煤焦油在相同条件下反应的析炭量对比[22]

5.6　生物质在供氢溶剂中的反应及活性自由基

文献中有很多关于生物质加氢液化的报道，包括在 H_2 压力下的催化液化以及在供氢溶剂中的液化和催化液化，但这些文献大都局限于产物研究，很少涉及液化过程中的自由基信息。

5.6.1　生物质组分在二氢菲中热解的断键动力学

刘沐鑫等[25]在密闭的石英管中研究了木质素、纤维素和半纤维素在供氢溶剂二氢菲（DHP）中热解过程中的共价键断裂和自由基历程，发现供氢溶剂对体系中 ESR 测定的稳定自由基浓度（C_R）的影响很大。如图 5-46 所示，在 400 °C 无二氢菲条件下，体系的稳定自由基浓度随反应时间延长而升高，30 min 时木质素的稳定自由基浓度达 4×10^{-5} mol/g，远高于同时间内纤维素和半纤维素的稳定自由基浓度（约 1×10^{-5} mol/g）。二氢菲存在时木质素、纤维素和半纤维素热解的稳定自由基浓度仅在 1 min 内略有升高，随后降至 0.2×10^{-5} mol/g 以下，但木质素的稳定自由基浓度仍高于纤维素和半纤维素的稳定自由基浓度。这些现象和图 5-2、图 5-3 和图 5-4 中这些物质的结构信息一致。他们认为，这些现象说明：①木质素热解断裂的共价键量多于纤维素和半纤维素热解的断键量；②共价键断裂生成的自由基碎片从二氢菲获得氢自由基而稳定，从而抑制了缩聚成焦的反应，使得

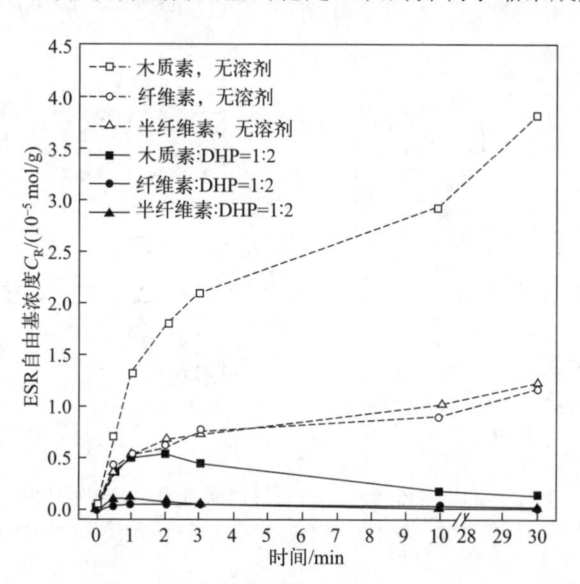

图 5-46　木质素、纤维素和半纤维素在 400 °C 有无二氢菲条件下热解过程中体系的稳定自由基浓度（C_R）变化[25]

体系的稳定自由基浓度下降；③纤维素和半纤维素的热解不全是自由基反应，比如吡喃环上的羟基脱水遵循频哪醇重排机理；④木质素中芳环侧链的解离能低于纤维素中的共价键的解离能，比如木质素中 β-O-4 结构单元中的 C_β—O 键的键能为287 kJ/mol，明显低于纤维素中β-1,4 糖苷键中的 C_{al}—O 键的键能（323 kJ/mol），更远低于纤维素中吡喃环的 C_{al}—O 键的解离能（424 kJ/mol）；纤维素中的含氧官能团为羟基，而木质素中的含氧官能团包括羟基、羰基、羧基和甲氧基，其中羟基的稳定性最高，然后是羰基>羧基>甲氧基；⑤纤维素中的 C_{al}—C_{al} 键主要位于吡喃环中，其键能高于木质素中苯环间的 C_{al}—C_{al} 桥键；⑥在二氢菲存在下，木质素、纤维素和半纤维素在发生热解区域的自由基碎片浓度较高，不能完全从周围的二氢菲获得氢自由基，因而发生了自身偶合和缩聚生成含有稳定自由基的产物，但这些产物会进一步热解，且生成的自由基碎片可从二氢菲获得氢自由基，因而使得稳定自由基浓度下降。

图 5-47 显示了木质素、纤维素和半纤维素在 8 倍于它们质量的二氢菲中热解的稳定自由基浓度和二氢菲的供氢量。若木质素、纤维素和半纤维素热解生成的自由基碎片全部可以从二氢菲得到氢，则这些物质热解产生的活性自由基量应为供氢量 R_H 的 1/2，因为断裂一个共价键生成两个自由基。由此看来，热解过程中生成的活性自由基量大约高 ESR 测到的稳定自由基量（R_D）的 3 个数量级。鉴于在 8 倍二氢菲存在下木质素、纤维素和半纤维素热解生成稳定自由基的峰值时间随反应温度升高而缩短（如：350 ℃ 下约为 10 min、3 min 和 1 min；440 ℃ 下均缩短至 0.5 min 以内），因此可通过改变热解条件范围来调控自由基反应和产物分布。

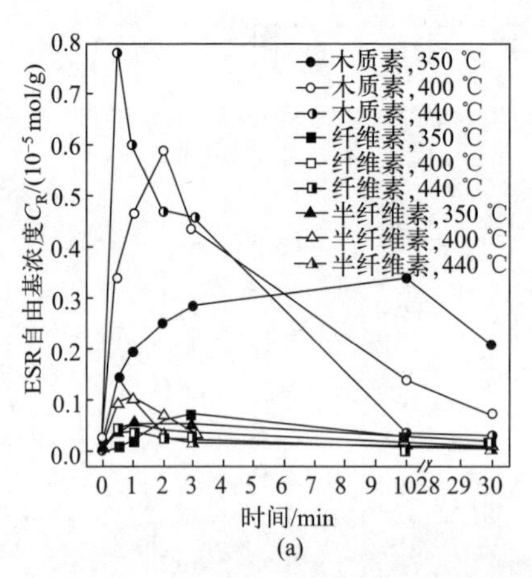

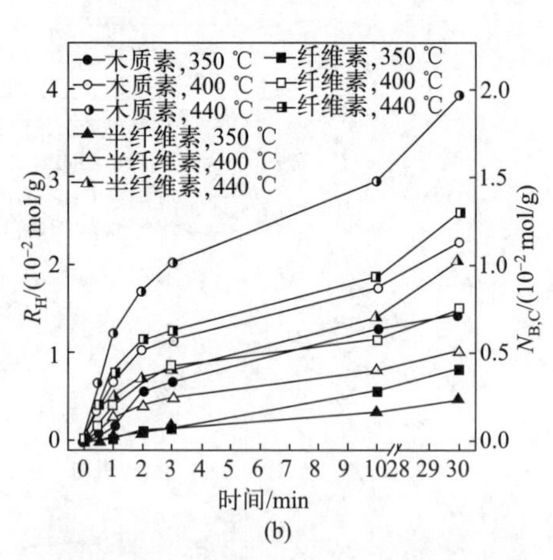

图 5-47　木质素、纤维素和半纤维素在 8 倍于它们质量的二氢菲中热解过程中体系的稳定自由基浓度（C_R）、二氢菲供氢量（R_H）及共价键断裂量（$N_{B,C}$）的变化[25]

基于上述数据和一级断键动力学公式［（式（5-1）～式（5-5)］，通过非线性拟合得到了表 5-9 的断键动力学参数[25]。

$$-dN_B/dt = k_1N_B \tag{5-1}$$

$$N_B = N_{B,0}\exp(-k_1t) \tag{5-2}$$

$$N_B = N_{B,0} - N_{B,C} \tag{5-3}$$

$$k_1 = A\exp[-E_a/(RT)] \tag{5-4}$$

式中，$N_{B,0}$、N_B和$N_{B,C}$分别是三种生物质组分在某一温度下可以断裂的总键量、单位时间内还未发生断裂的键量和已经发生的断键量；k_1为速率常数；A和E_a分别为指前因子和活化能；R和T分别为气体常数和温度；t为时间。

表 5-9　可发生断裂的共价键裂解动力学参数

生物质	$N_{B,0}$/(10^{-2} mol/g)	E_a/(kJ/mol)	A/min^{-1}	R^2
木质素	0.89	90.5	4.87×10^6	0.96
纤维素	0.63	129.7	3.67×10^9	0.98
半纤维素	0.68	126.5	7.33×10^{10}	0.95

值得指出，文献中的化学反应动力学研究很多，表达式或简或繁，描述的或是反应物和产物的物质的量变化或质量变化，这对可以写出化学反应计量式的简单反应而言没有差别，因为化学反应过程中涉及的断键数量与物质的量变化或与质量变化呈严格而单一的对应关系。但对于无法写出化学反应计量式的复杂反应，如生物质、煤、重油等有机资源的转化，由于无法表述反应物的结构，反应中发生的断键种类多样，涉及平行和连续反应，且产物的种类繁多，文献中常以反应物或产物的质量，甚至相态（如热天平实验中固相到挥发相）变化表述反应过程，拟合确定的质量动力学表达式并不能以已知固定的比例反映断键过程。具体而言，在生物质热解过程中，相同共价键断裂生成的自由基碎片大小不同，反应后生成的产物质量不同，因此从断键视角和质量变化视角所得到的动力学不同。未来人工智能化学反应（或在计算机上进行化学反应实验）可能要求这两类动力学，因为化学反应的本质是元素键合关系的变化，这就是断键动力学所表述的。由此看来，反应式（5-1）～式（5-4）的意义重大，其形式虽然和常规的动力学表达式类似，但可能是首次进行的断键动力学尝试。从表 5-9 的实验数据拟合结果可以看出，每克木质素中可发生断裂的共价键数量多于纤维素和半纤维素，而后两者的数值接近；木质素的断键活化能小于纤维素和半纤维素的断键活化能，而后两者的数值也接近。这些信息应该与目前了解的木质素、纤维素和半纤维素的模型键合结构一致。半纤维素的指前因子略大于纤维素的指前因子，应该与目前对它们的结构（如缩合度）认知一致。

另外值得指出的是，动力学拟合得出的木质素热解初级阶段的可断键数总量（$N_{B,0}$，约为 0.89×10^{-2} mol/g）和其中的弱键的总和（键能小于 326 kJ/mol，约为

0.92×10^{-2} mol/g）接近，这些弱键包括图 5-48 异核单量子相关谱（HSQC）中 A 和 A′结构中的 C_β—O、C_α—C_β 和 C_γ—O 键，FA 和 *p*CA 结构中的 C_β—C_γ 键，以及 B 结构中的 C_γ—O 和 C_β—C_γ 的键[25]。这些现象说明，木质素中大约一半的 C_{al}—C_{al} 和 C_{al}—O 键（约为 1.98×10^{-2} mol/g）先发生了断裂。动力学拟合得出的纤维素和半纤维素热解初级阶段的可断键数总量（$N_{B,0}$，分别约为 0.63×10^{-2} mol/g 和 0.68×10^{-2} mol/g）和它们中的 C_{al}—O 键量（键能小于 323 kJ/mol，0.62×10^{-2} mol/g 和 0.76×10^{-2} mol/g）非常相近。

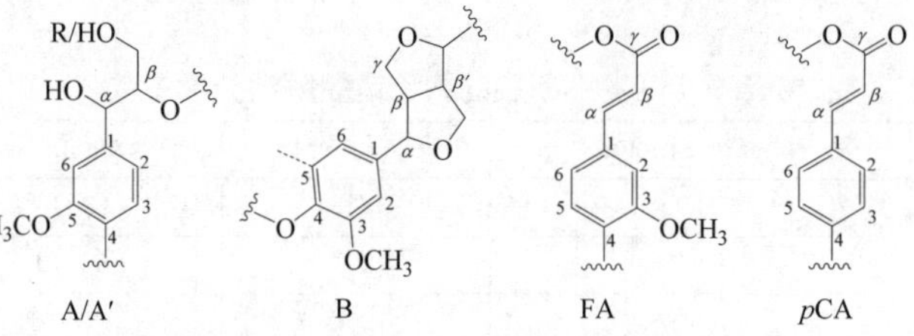

图 5-48　由异核单量子相关谱（HSQC）确定的木质素的主要结构

A 和 A′—*β*-*O*-4 和*γ*-酰化的*β*-*O*-4 单元；B—树脂醇单元；FA—阿魏酸酯单元；*p*CA—对香豆酸酯单元

5.6.2　木质素在供氢溶剂中反应的产物分布

鉴于供氢溶剂在探索生物质热解机理、减少自由基碎片裂解和缩聚的重要作用，刘家鹏等在高通量微型反应器中研究了碱性木质素在 3 种供氢溶剂中的热解过程[26]，发现在 300～440 °C 范围，供氢溶剂不影响木质素热解的气体产率，但显著地提高了转化率和液化率，降低了焦产率［图 5-49(a)］。同时，供氢溶剂大幅提高了单酚产率［图 5-49(b)］，且它们促进单酚产率的顺序为：二氢蒽（DHA）> 四氢咔唑（THCA）> 二氢菲（DHP），与它们供氢发生 C—H 键的解离能（BDE）顺序（分别为 326.4 kJ/mol、334.1 kJ/mol 和 341.6 kJ/mol）一致。说明这些单酚源于热解初期生成的自由基碎片，对这些自由基碎片及时供氢是阻止它们继续裂解和缩聚的有效措施。值得指出的是，相比热解反应的单酚产物，供氢溶剂中的反应都新增了酮取代的愈创木酚，DHA 中的反应还新增了烯丙基取代的愈创木酚，说明含有不饱和取代基的单酚自由基碎片的化学稳定性差，易于发生连续反应，但这些自由基碎片获得氢自由基后的稳定性提高；供氢溶剂供氢的 BDE 越低，其稳定自由基碎片的能力越强。

研究发现，这些供氢溶剂的供氢量以及对单位质量木质素的供氢率随时间的变化趋势与木质素的转化率和酚产率随时间的变化趋势相似。如图 5-50(a) 显示，木质素在 DHA 中的液体产率（Y_{liquid}）随温度升高而增大，随时间延长呈现 e 指数上升趋势，这些趋势与图 5-50(b) 中 DHA 的转化率（即供氢率）和图 5-50(c)

中单位质量木质素所获得的 H 自由基量（Q_H）随温度和时间的变化趋势相同，说明供氢溶剂的供 H 机制是木质素热解自由基碎片从其夺 H 的反应。

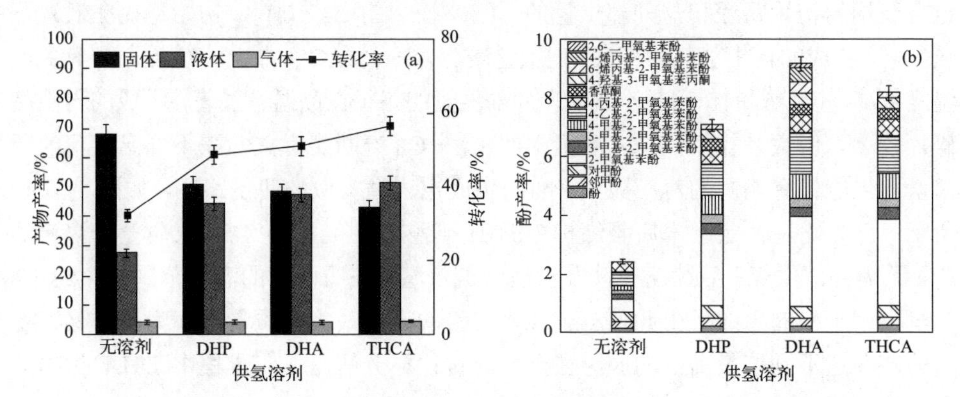

图 5-49　供氢溶剂二氢菲（DHP）、二氢蒽（DHA）和四氢咔唑（THCA）对碱性木质素热解产物的作用（350 °C，供氢溶剂：木质素 = 2：1，30 min）

(a) 木质素转化率及气液固产率；(b) 酚产率

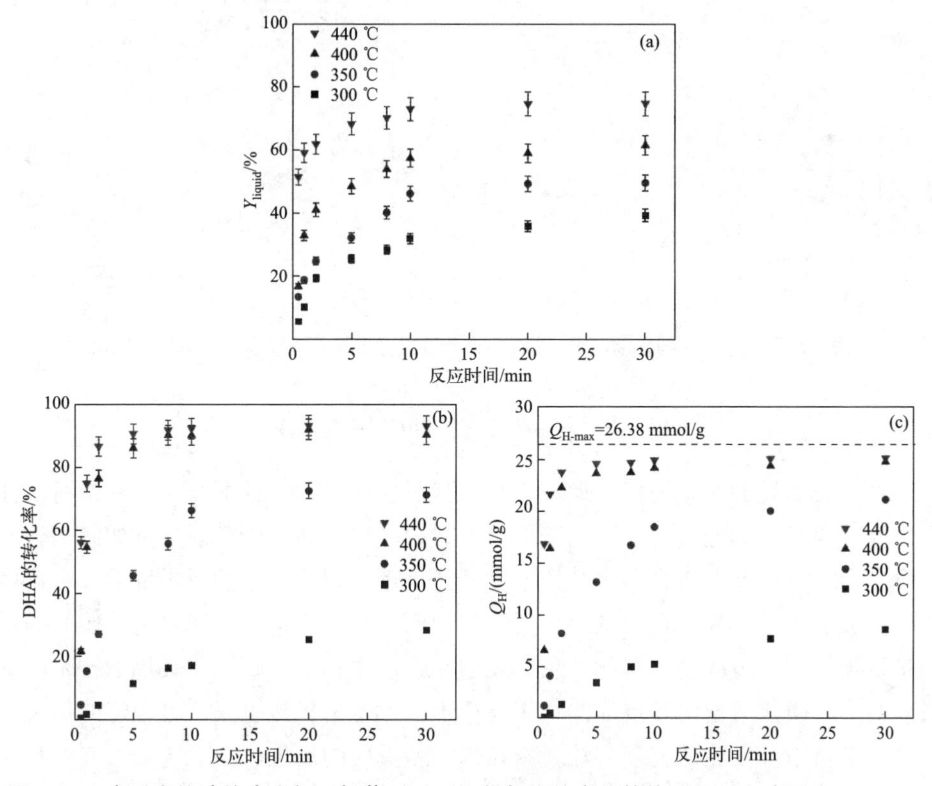

图 5-50　木质素的液体产率与二氢蒽（DHA）供氢率的变化趋势（DHA：木质素 = 2：1）

(a) 液体产率；(b) DHA 的转化率；(c) 单位质量木质素热解自由基碎片的夺氢率

基于上述认识，他们得出了图 5-51 中液体产率（Y_{liquid}）和单酚产率（$Y_{phenols}$）与供氢量（Q_H）的关系，认为 300～400 ℃的液体生成包含两条路径，即取决于自身结构的初始路径和与外部供氢的后续路径［图 5-51(a)］。初始路径在低温下较显著，生成的自由基碎片较大，但数量较少，与木质素中的 C_{al}—O 键断裂有关，温度越高，该步骤的作用越小。依赖外部供氢的路径在高温下显著，生成的自由基碎片较小，但数量较多，与木质素中的 C_{al}—C_{al} 键断裂有关，在不同温度下的断键量和供氢量有相同的对应关系。酚的生成也遵循类似的两条路径，如图 5-51(b) 所示：起始路径决定于木质素结构中的 H 转移，生成大约 4.5%（质量分数）的酚，无需外部供氢；后续路径涉及供氢溶剂供氢，在所研究的温度范围内大约 1/4 的氢供用于酚的生成，由此预测出该木质素的理论最大酚质量产率为 12.7%，实验酚产率达不到该最高值的原因在于酚的转化与分解。反应过程中 DHA 供出的 H 中约 25%用于酚的生成，其余用于其它产物的生成。

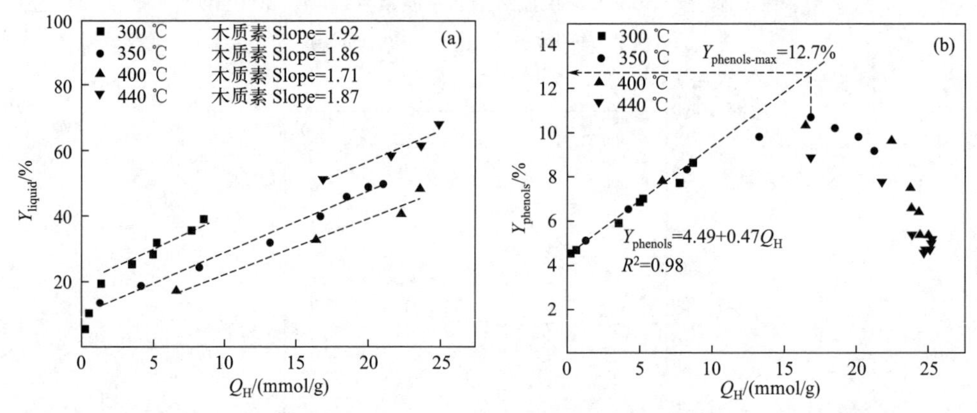

图 5-51　液体产率（Y_{liquid}）和单酚产率（$Y_{phenols}$）与供氢量（Q_H）的关系（DHA：木质素 = 2：1）

$Y_{phenols\text{-}max}$—最大单酚产率

(a) 液体产率（Y_{liquid}）；(b) 单酚产率（$Y_{phenols}$）

生物质热解的文献很多，但关于自由基反应研究的文献很少，特别是对活性自由基的研究，如通过活性自由基的反应调控产物分布的研究。尽管如此，本章也没有全部介绍所有包含自由基的研究，只是重点介绍了涉及两步反应（生物质热解生成自由基碎片及自由基碎片反应）的研究。若生物质热解自由基研究的目的是认识自然、汲取基本科学现象、发明和改进生物质热解及相关加工技术，则目前对生物质热解自由基反应的认识还很不够，本章抛砖引玉，希望能够促进生物质热解自由基反应研究新方法、新技术、新反应的产生。

从碳中和的角度看，生物质热解技术的主要作用是生成碳产物、精细化学品及 H_2（也许还有甲烷）。碳产物包括低端的改良土壤材料、中端的环保材料和高端的碳材料。精细化学品既包括热解直接产生的化学品，也包括由生物碳气化进而催化合成出的化学品，还包括生物碳和氧化钙在可再生电力驱动下生成碳化钙的丰富下游化学品。这些基于生物质热解的技术均是零碳和负碳过程，其中直接生产化学品和碳结构的定向构建依赖于对生物质热解自由基反应的调控，特别是共价键断裂和原位加氢的匹配。因此，生物质热解自由基反应是生物质热利用的核心机理，对其的研究理应是未来发展的重点。

参考文献

[1] Gouws S M, Carrier M, Bunt J R, et al. Co-pyrolysis of coal and raw/torrefied biomass: A review on chemistry, kinetics and implementation [J]. Renewable and Sustainable Energy Reviews, 2021, 135: 110189.

[2] 王树荣, 骆仲泱. 生物质组分热裂解 [M]. 北京：科学出版社, 2013.

[3] Gellerstedt G. Chemical Degradation Methods: Permanganate Oxidation [M]. Berlin Heidelberg: Springer, 1992.

[4] Zakzeski J, Bruijnincx P, Jongerius A L, et al. The catalytic valorization of lignin for the production of renewable chemicals [J]. Chemical Reviews, 2013, 110(6): 3552-3599.

[5] Chakar F S, Ragauskas A J. Review of current and future softwood kraft lignin process chemistry [J]. Industrial Crops & Products, 2004, 20(2): 131-141.

[6] Jarvis M W, Daily J W, Carstensen H H, et al. Direct detection of products from the pyrolysis of 2-phenethyl phenyl ether [J]. The Journal of Physical Chemistry A, 2011, 115(4): 428-438.

[7] He T, Zhang Y, Zhu Y, et al. Pyrolysis mechanism study of lignin model compounds by synchrotron vacuum ultraviolet photoionization mass spectrometry [J]. Energy & fuels, 2016, 30(3): 2204-2208.

[8] Lei M, Wu S, Liang J, et al. Comprehensive understanding the chemical structure evolution and crucial intermediate radical in situ observation in enzymatic hydrolysis/mild acidolysis lignin pyrolysis [J]. Journal of Analytical and Applied Pyrolysis, 2019, 138: 249-260.

[9] Quan S, Liu Z, Shi L, et al. Volatiles reaction during pyrolysis of corn stalk—Its influence on bio-oil composition and coking behavior of volatiles [J]. Fuel, 2019, 246: 1-8.

[10] Quan S, Shi L, Zhou B, et al. Study of temperature variation of walnut shell and solid heat carrier and their effect on primary pyrolysis and volatiles reaction [J]. Fuel, 2021, 292(5): 120290.

[11] Volpe R, Menendez J, Reina T R, et al. Free radicals formation on thermally decomposed biomass [J]. Fuel, 2019, 255: 115802.

[12] Volpe R, Menendez J, Reina T R, et al. Evolution of chars during slow pyrolysis of citrus waste [J]. Fuel Processing Technology, 2017, 158: 255-263.

[13] Trubetskaya A, Jensen P A, Jensen A D, et al. Characterization of free radicals by electron spin resonance spectroscopy in biochars from pyrolysis at high heating rates and at high temperatures [J]. Biomass & Bioenergy, 2016, 94: 117-129.

[14] Huang Y, Guo X, Ding Z, et al. Environmentally persistent free radicals in biochar derived from Laminaria japonica grown in different habitats [J]. Journal of Analytical and Applied Pyrolysis, 2020, 151: 104941.

[15] Bahrle C, Custodis V, Jeschke G, et al. Insitu observation of radicals and molecular products during lignin pyrolysis [J]. Chemsuschem, 2014, 7(7): 2022-2029.

[16] Zhou Q, Luo Z, Li G, et al. EPR detection of key radicals during coking process of lignin monomer pyrolysis [J]. Journal of Analytical and Applied Pyrolysis, 2020, 152: 104948.

[17] Xiang C, Liu Q, Shi L, et al. A study on the new type of radicals in corncob derived biochars [J]. Fuel, 2020, 277: 118163.

[18] Xiang C, Liu Q, Shi L, et al. Radical-assisted formation of Pd single atoms or nanoclusters on biochar [J]. Frontiers in Chemistry, 2020, 8: 598352.

[19] Adounkpe J, Khachatryan L, Dellinger B. Radicals from the atmospheric pressure pyrolysis and oxidative pyrolysis of hydroquinone, catechol, and phenol [J]. Energy & Fuels, 2009, 23(3): 1551-1554.

[20] Kibet J, Khachatryan L, Dellinger B. Molecular products and radicals from pyrolysis of lignin [J]. Environmental Science & Technology, 2012, 46(23): 12994.

[21] Kim K H, Bai X, Brown R C. Pyrolysis mechanisms of methoxy substituted *α-O*-4 lignin dimeric model compounds and detection of free radicals using electron paramagnetic resonance analysis [J]. Journal of Analytical & Applied Pyrolysis, 2014, 110: 254-263.

[22] 何文静. 煤和生物质热解及煤溶剂抽提过程中自由基反应行为研究 [D]. 北京：北京化工大学, 2015.

[23] 郑安庆, 赵增立, 江洪明, 等. 松木预处理温度对生物油特性的影响 [J]. 燃料化学学报, 2012, 40: 29-36.

[24] He W, Liu Q, Shi L, et al. Understanding the stability of pyrolysis tars from biomass in a view point of free radicals [J]. Bioresource Technology, 2014, 156: 372-375.

[25] Liu M, Yang J, Liu Z, et al. Cleavage of covalent bonds in the pyrolysis of lignin, cellulose, and hemicellulose [J]. Energy & Fuels, 2015, 29:5773-5780.

[26] Liu J, Zhao L, Liu Z, et al. Catalyst-free liquefaction of lignin for monophenols in hydrogen donor solvents [J]. Fuel Processing Technology, 2022, 229: 107180.

第6章 油页岩热解及自由基反应

6.1 引言

油页岩是一种重质有机资源，其主要组分是无机沉积岩，其中分散着固相有机组分，这个特点使其开采及能源和化学品利用方法复杂、成本高，因而被归为非常规资源或非常规能源，在国内外能源利用结构中的比例很小。世界油页岩资源储量很丰富，总量达 10 万亿吨，主要分布在美国、俄罗斯和我国。我国油页岩储量换算成页岩油约为 476 亿吨[1]，主要分布在东部、中部和青藏地区，分别占全国资源总量的 48%、22%和 17%，主要产地有依兰、桦甸、抚顺、北票、龙口、茂名等[2]。过去的很多能源预测认为，在常规能源消耗殆尽的过程中，油页岩等非常规能源的利用比例将逐步增大，以满足社会对能源的要求，但是当二氧化碳排放成为化石能源利用的主要约束后，可再生能源技术的大力发展不仅将减少常规化石能源的利用量，也将减少非常规化石能源的利用量，因此油页岩未来的利用方向不太确定，但大概率是生产化学品。

油页岩生产化学品和油品的主要技术是热解（干馏），已经开发利用的技术主要是气体热载体和固体热载体技术，非常类似于前面介绍的煤和生物质的热解技术。但相比于煤和生物质，油页岩热解的研究较少，对热解过程中自由基反应的研究更少。

6.2 油页岩的宏观组成及加工技术

油页岩的无机组成复杂，主要有碳酸盐（如方解石和白云石等）、硅酸盐（如石英、高岭石、蒙脱石和伊利石等）、黄铁矿及极少量的其它金属化合物（如钴、钼和钒等）。

油页岩中的有机物由低等浮游生物经腐化作用而来，岩体大都呈灰色、黄色和褐色，有机质质量含量一般为4%～20%，个别高达35%，主要是不溶于常规有机溶剂的复杂大分子物质，称为干酪根或油母质，可分为腐泥型（Ⅰ型）、腐泥腐殖混合型（Ⅱ型）和腐殖型（Ⅲ型）等三类。Ⅰ型源于藻类，主要由较小的简单芳香结构和长链脂肪结构组成。Ⅲ型源于植物的维管结构，主要由结构复杂的大芳核结构和短脂肪链构成。Ⅱ型介于Ⅰ型和Ⅲ型之间，为二者的混合物。油页岩有机质的碳含量约为60%～84%，氢/碳元素比约为0.8～1.8，氧/碳元素比约为0.03～0.32，氮和硫的含量相对较少[2]。

油页岩可直接燃烧发电或热解制取页岩油。由于油页岩的有机质含量低，其燃烧的发热量远低于煤，灰渣量大，一般不直接燃烧，全球仅爱沙尼亚建有大规模的油页岩火电厂。油页岩热解产生的页岩油在品质上与某些石油馏分类似，可简易加工后用作燃料，也可通过催化加氢精炼等深加工过程制备多种化工产品。中国、巴西和爱沙尼亚等许多国家都进行了工业规模的油页岩热解和加工，但规模都不大。2014年我国产页岩油78万吨[1]，仅为我国当年石油消耗量5.05亿吨的0.15%。

油页岩热解炉可分为外热式和内热式。外热式为间接加热，即高温热源和油页岩不直接接触，间壁供热。该技术的页岩油产率高，热解气热值高，但单炉规模小，残渣中的焦需处理利用，工艺比较复杂。内热式是油页岩热解焦在热解器下部出口区域与氧气或空气燃烧产生热烟气，热烟气向上与向下的油页岩逆向流动直接加热油页岩。该工艺相对简单，并直接利用了残渣中焦的能量，但氧气也会烧掉部分热解油，使得油产率较低，而且热解气因混有烟气而热值低。目前我国主要采用的是内热式抚顺炉，其结构类似第3章煤热解部分介绍的鲁奇炉，油页岩颗粒从顶部进入热解炉后向下移动，依次发生干燥、热解、燃烧或气化过程。气化与燃烧不同，是热解焦与水蒸气和氧气反应生成高温合成气，不仅为热解反应提供热量，还形成了还原气氛，促进了油页岩热解。内热式抚顺炉的基本结构如图6-1所示，其单炉容量为100～200 t/d，为了保障热气流动通畅，不能处理小颗粒和粉料。由于氧气会烧掉部分有机质，该炉的页岩油产率低、油品较重。

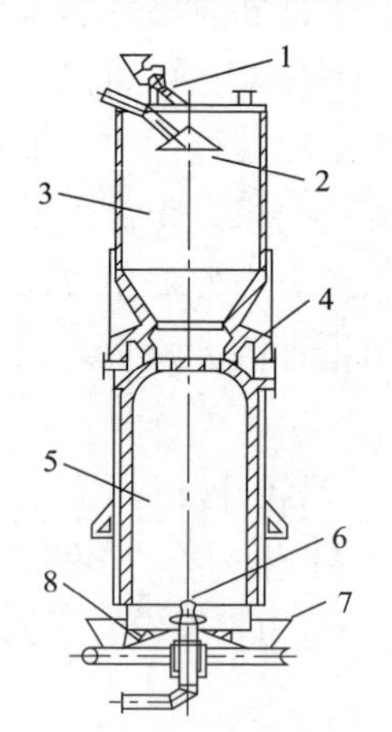

图6-1 抚顺热解炉的结构示意图[1]

1—进料；2—气体收集；3—热解段；4—混合室；5—半焦气化段；6—风头；7—灰皿；8—排灰

6.2.1 油页岩有机质的组成

前人对油页岩有机质的组成和结构进行了很多研究，方法与对煤的研究相同，包括采用仪器进行非破坏分析的物理法和通过化学反应进行破坏性分析的化学法。物理法主要有固体碳核磁共振（^{13}C NMR）、傅里叶变换红外光谱（FTIR）、X 射线光电子能谱（XPS）和 X 射线衍射（XRD）等。化学法主要有元素分析、工业分析和热解、氧化、加氢以及溶剂萃取等。

一般而言，油页岩有机质主要是碳骨架构成的大分子网络结构，没有规整的结构单元。碳骨架主要为脂肪碳（含量约 60%～90%），多为直链的亚甲基碳，平均链长为 5～22 个碳，脂环结构较少；还有少量芳香结构，主要是单环和迫位缩合的多环，芳环取代度为 46%～61%。随芳香碳含量增加，平均脂肪链长度和芳香碳取代度减小，平均芳环团簇尺寸增大（2～5 环），C—O 官能团和芳香硫的相对含量增加，C═O（羧基或羰基）的含量减少。

对美国绿河油页岩的研究文献较多。该油页岩源于湖相藻类，为Ⅰ型干酪根，其有机质的分子量接近 1000，约含 18%～20%的芳香碳，平均为两环；约含 26%的脂链碳，平均脂链长 11～13 个碳；还有约 37%的脂环碳、5%的甲基碳和 8%～12%的氧接碳，根据这些数据，研究者构建了其有机质的二维结构模型（图 6-2）[3]和三维结构模型[4]。

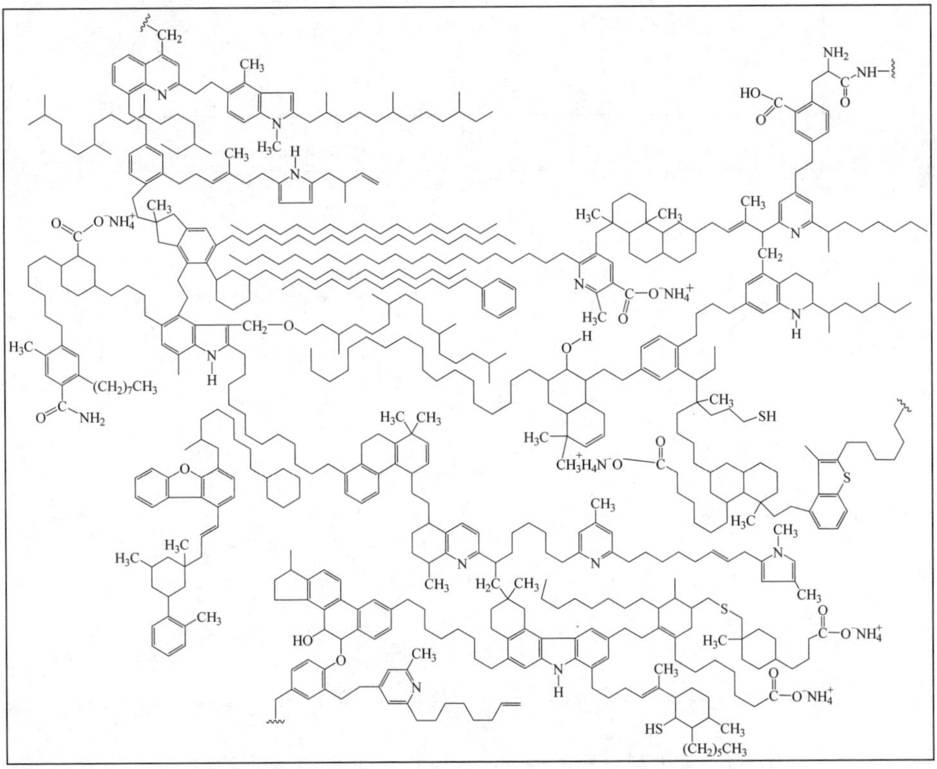

图 6-2　绿河油页岩有机质的二维化学结构模型

图 6-3(a) 和 (b) 分别是澳大利亚 Rundle Ramsay Crossing 和爱沙尼亚 Kukersite 油页岩有机质的二维化学结构模型[3,5]。它们主要由脂肪链、环烷烃和少量一环芳烃构成，氧原子主要是链接在脂肪烃和芳香碳上的羟基和烷氧基。

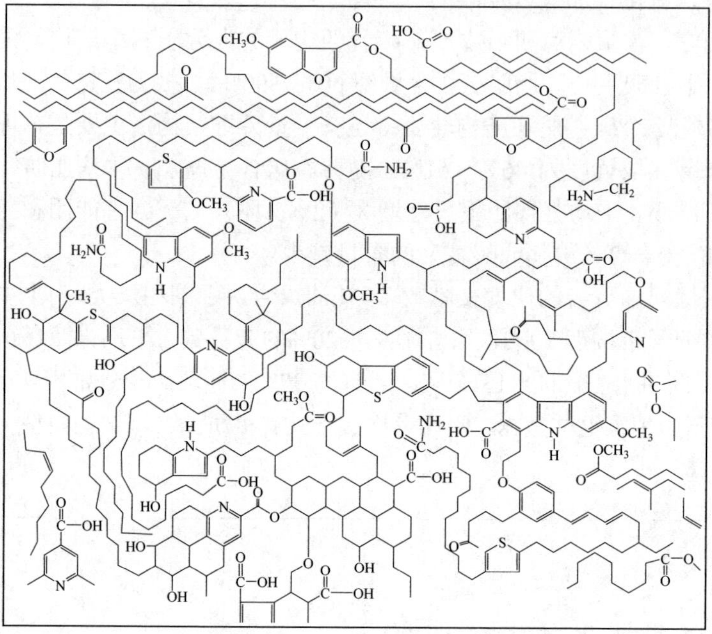

(a)

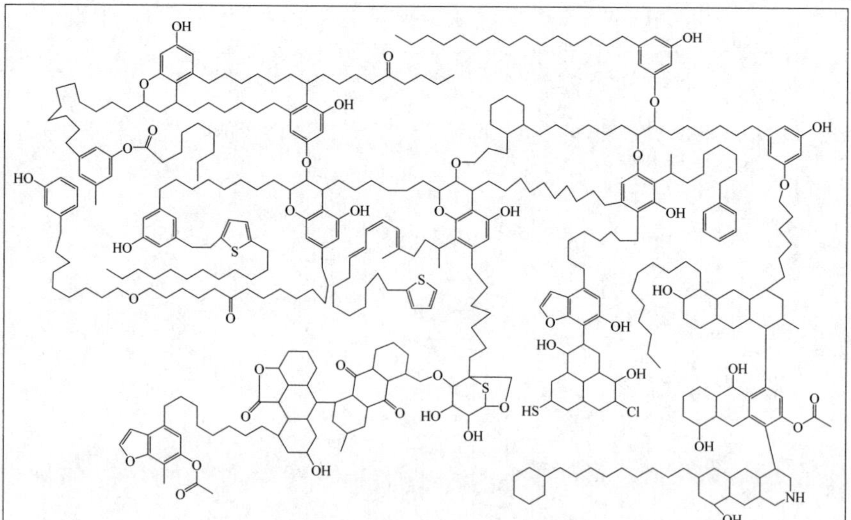

(b)

图 6-3　澳大利亚 Rundle Ramsay Crossing (a) 和爱沙尼亚 Kukersite (b) 油页岩有机质的化学结构模型

很多研究表明，中国桦甸油页岩主要是Ⅰ型和Ⅱ型干酪根，其有机质的脂碳率达 86%，芳碳率仅为 9.7%。脂肪碳主要以亚甲基形式存在，平均链长为 12～24 个亚甲基。平均每 100 个碳中含有一个二环或两个苯环，芳环间通过亚甲基链接，芳环的取代度为 0.42～0.75。有机质中氧主要以醚键和羟基存在；硫主要为芳香硫、脂肪硫、亚砜和砜；氮主要存在于芳香杂环化合物中。Li 等结合实验模拟构建了桦甸油页岩有机质的化学结构模型（图 6-4），认为分子式为 $C_{243}H_{407}N_3O_{25}S_2$，分子量为 3829[6]。Guan 等基于 ^{13}C NMR 和 XPS 等表征结果及 DFT 模拟构建了其有机质的三维化学结构模型，认为分子式为 $C_{235}H_{365}O_{25}N_3S_3$[7]，S 含量高于 Li 等的模型。刘青等研究发现，该油页岩有机质的乙醇醇解产物包括链长为 4～25 个碳的脂肪羧酸（52.0%）、链长为 14～22 个碳的链烷烃（11.4%）、主要为单环和双环的芳香族（19.1%），以及脂肪醇（5.4%）、硫化合物（1.8%）和含氮化合物（5.0%）[8]。

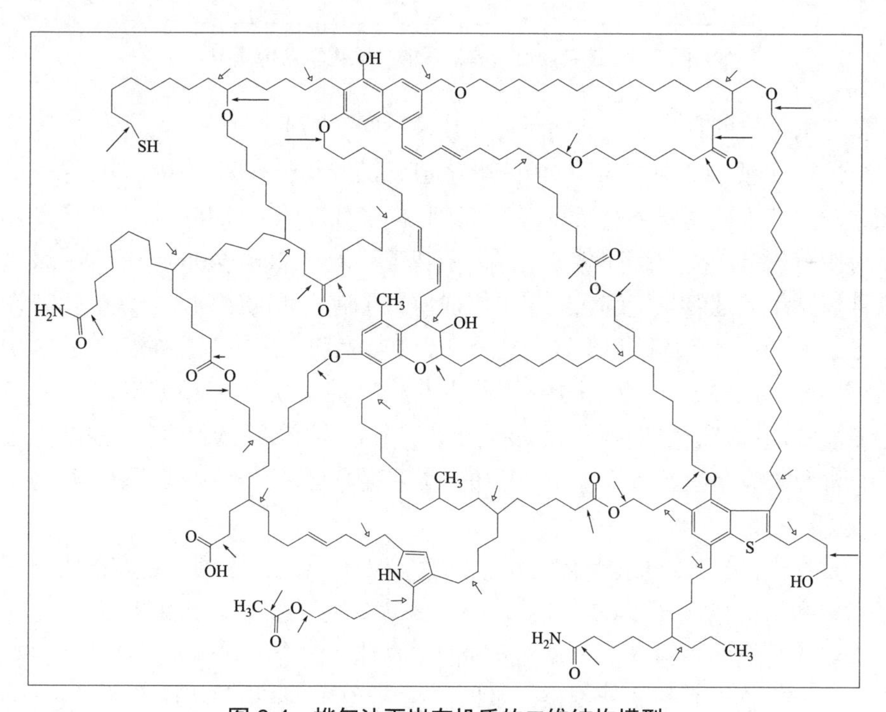

图 6-4　桦甸油页岩有机质的二维结构模型

研究发现，茂名和抚顺油页岩的有机质也主要是Ⅰ型和Ⅱ型干酪根，含有较多的长链亚甲基链和少量的芳环结构。1986 年秦匡宗等认为茂名油页岩有机质的平均结构碳骨架模型如图 6-5 所示，平均分子的化学式为 $C_{302}H_{440}O_{23}N_6S_2$，分子量为 4580，平均结构单元中芳碳率为 30%、脂链碳率为 48%、脂环碳率为 22%[9,10]。2017 年王擎等基于元素分析、^{13}C NMR、XPS 和模拟方法构建了茂名油页岩和抚顺油页岩有机质的化学结构模型，分子式分别为 $C_{244}H_{344}O_{23}N_6S_6$ 和 $C_{240}H_{346}O_{19}N_8S_3$[11]，茂名油页岩结构的杂原子含量高于秦匡宗的模型，特别是 S/C 比。

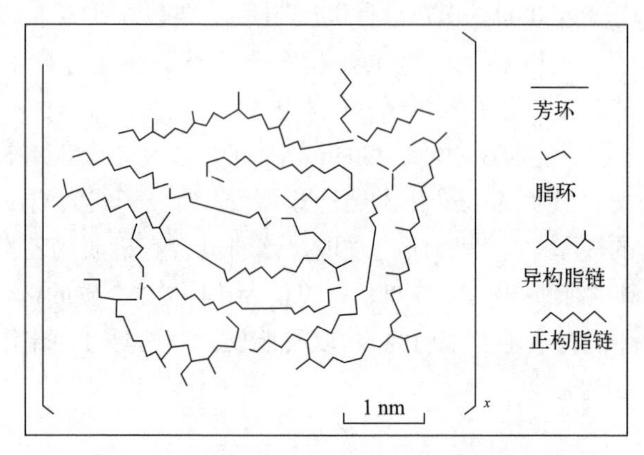

图 6-5　茂名油页岩有机质的二维化学结构模型

依兰油页岩的有机质与前面所述的几种不同，属于Ⅲ型干酪根，脂碳含量较少（45%），主要为亚甲基碳和次甲基碳，碳链的平均长度为 5～10 个碳原子；芳环团簇的尺寸主要为三环及三环以下，芳环的取代度约为 0.46；含氧结构主要为羧基及少量的酯、酚、醇和醚等基团。余智等[12]通过 200～400 °C 条件下该油页岩在四氢萘中的逐级热溶解聚的产物组成研究了有机质的结构，发现液体产物中脂肪烃类占 36.9%（直链和支链烷烃分别为 27.4%和 8.7%）、芳香烃类占 32.0%、醇/酚类化合物占 5.5%、酯/醚类化合物占 5.4%。直链烷烃的碳数范围为 14～30，其中 C_{16} 和 C_{26} 直链烷烃的含量最多，固体残渣主要为芳香族化合物。王倩等通过分析该油页岩有机质的碱/氧氧化产生的 12 种苯羧酸的分布构建了图 6-6 的化学结构模型[13]。

需要指出，虽然一般认为化学结构模型可以直观地展示油页岩有机质的平均分子组成和结构特征，但因其依赖的物理及化学表征结果可以构建出很多结构图，且这些结构是众多不同分子（源于不同的生物体）混合物结构的拼接体，主观性很高，因此它们仅是概念性图像，难以定量地用于“结构与反应”关系研究[14]。原理上，物质是元素通过化学键链接的结构，化学反应是化学键的重组，因此描述油页岩有机质结构的关键是量化不同化学键的比例（即键合结构），描述油页岩有机质化学反应的关键是量化化学键的变化，而上述化学结构的图像模型难以给出这些信息。另外，同一油页岩有机质的分析数据可以画出很多结构图像，但这些结构中共价键的种类和分布却是相似的。需要指出，“有机质平均分子化学式”这种表述值得商榷，其本质就是元素分析结果（反映元素比例，不涉及分子量），

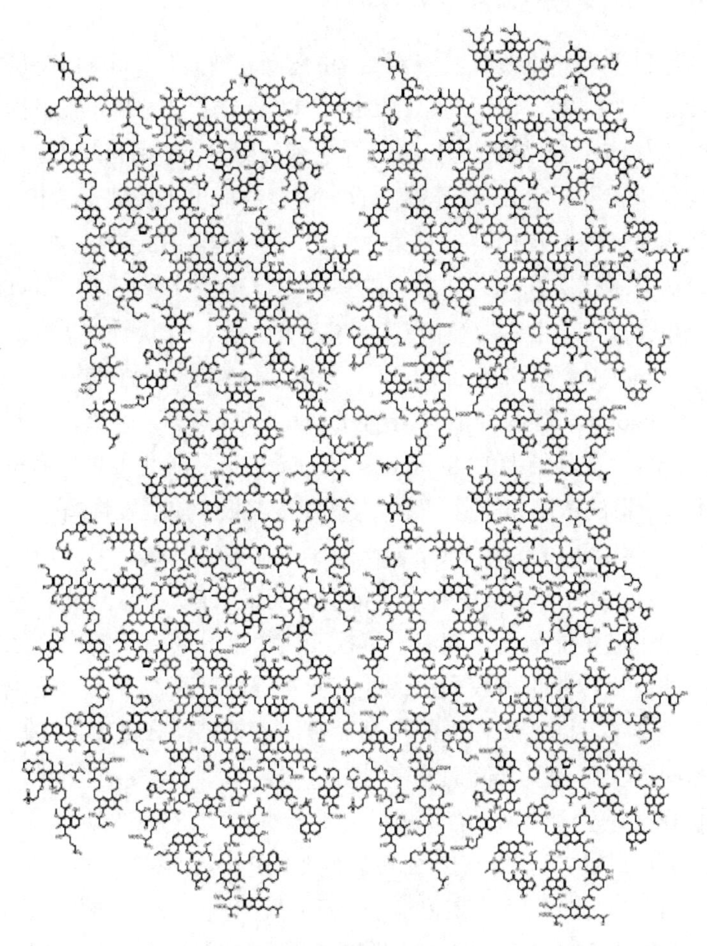

图 6-6　依兰油页岩有机质的二维结构模型[13]

但其具体表达式(如上述茂名的 $C_{302}H_{440}O_{23}N_6S_2$ 和 $C_{244}H_{344}O_{23}N_6S_6$)含有分子量，而分子量是将数量巨大的不同大小分子的总元素比例按照“最小整数的原子组合”构建的假想分子结构（可称为“质数组结构”）的质量，其具体结构也十分可疑，如同基于一个圈里（代表分析的样品质量）2 头猪和 1 只鸡的总腿数（10）和总翅膀数（2）计算出具有 5 条腿和 1 个翅膀的怪物所具有的“平均体重（总重量除以 2，代表分子量）”或平均肢体结构（腿 $_5$ 翅膀 $_1$，代表分子式中的元素分布）。若也考虑这 3 个动物的头，这个怪物的质数组平均结构式就变成“头 $_3$ 腿 $_{10}$ 翅膀 $_2$”，因为在保持肢体为整数的情况下无法再分。显然，平均分子化学式除了反映元素组成外并没有提供更多的信息，反而得出可笑而无用的参数。这个问题也存在于其它重质有机资源的结构研究和表述中。

6.2.2 油页岩有机质的键合结构

针对科学表述重质有机资源结构的要求，刘振宇提出将有机质结构的“唯像”认识转变为“唯键”认识的思路[14]，即以不同化学键的分布来描述有机质的结构及其变化（即键合结构模型），避开复杂的组分异构细节。基于此，周斌等[15]依据元素分析和 ^{13}C NMR 表征得出的结构参数提出了构建键合模型的方法，并用于煤的结构表征，具体内容参见第 3 章。王擎等基于油页岩的特点修正了周斌等的方法，估算了抚顺和茂名油页岩的共价键分布，发现这两种油页岩有机质中的共价键分布类似，均主要为 $C_{al}—C_{al}$ 和 $C_{al}—H$，它们在抚顺油页岩有机质中的浓度分别为 51.7 mmol/g 和 52.5 mmol/g，在茂名油页岩有机质中的浓度分别为 80.9 mmol/g 和 77.2 mmol/g。这两种油页岩有机质中的 $C_{ar}—C_{ar}$ 含量相对较少，抚顺的为 16.0 mmol/g，茂名的为 13.8 mmol/g。他们计算了 11 种油页岩有机质化学结构模型中各类共价键的浓度和能量密度，发现随干酪根变质程度提高，$C_{al}—C_{al}$、$C_{al}—H$ 和 $C_{al}═O$ 化学键浓度逐渐降低，$C_{ar}—C_{ar}$、$C_{ar}—C_{al}$、$C_{ar}—O$ 和 $C_{ar}—H$ 化学键浓度逐渐升高；油页岩干酪根中价电子能对总势能贡献相当，随变质程度升高而上升。价电子能中键角能最大，随着干酪根变质程度升高先小幅度降低随后迅速升高；键伸缩能与扭转能也占较大比例并随变质程度升高而升高。范德华能在非键能中居于主导地位，随变质程度的升高而升高，氢键能在非键能中比例很小，但也随着干酪根的变质程度升高而升高[11]。

赵晓胜等基于油页岩有机质的元素分析和 ^{13}C 核磁数据，用周斌等提出的键合模型计算了我国吉林桦甸（HD）、辽宁北票（BP）、陕西铜川（TC）、新疆巴里坤（BK）、山东龙口（LK）、黑龙江依兰（YL）和摩洛哥（MA）、缅甸（MM）等 8 种油页岩有机质的共价键浓度分布，示于表 6-1[2]。可以看出，油页岩有机质中的 $C_{al}—C_{al}$ 均多于 $C_{ar}—C_{ar}$ 键，二者的比值（$C_{al}—C_{al}/C_{ar}—C_{ar}$）在 MM 和 HD 中最高（4.4 和 4.7），在 BK 和 YL 中最低（1.1）；MM 和 HD 的支链数最少（$C_{al}—C_{ar}$，2.47 和 1.64），说明平均支链长度较长；BK 和 YL 的支链数最多（6.13 和 5.03），说明平均支链长度较短。显然，MM 和 HD 为Ⅰ类干酪根，TC、BK 和 YL 为Ⅲ类干酪根。另外，这些油页岩有机质的脂肪链长度（$C_{C_{al}-H}/C_{C_{al}-C_{al}}$ 的比值）差别很大，MM 和 MA 的分别约为 1.5 和 1.7，而 YL 和 TC 的分别为 0.95 和 0.83。他们依据一环的苯、二环的萘、三环的蒽和四环的苯并蒽中 $C_{ar}—C_{al}$、$C_{ar}—H$ 和 $C_{ar}—O$ 三类键之和与 $C_{ar}—C_{ar}$ 的比值（分别为 1.00、0.73、0.63 和 0.57）估算出这些油页岩有机质中的平均芳核为 1～4 环，说明键合结构模型不仅直接给出了共价键的分布，而且包含了平均分子结构信息。

表 6-1　8 种油页岩有机质的共价键浓度分布[2]

油页岩名称	不同共价键的浓度/(mmol/g)							
	$C_{al}—C_{al}$	$C_{al}—C_{ar}$	$C_{ar}—C_{ar}$	$C_{al}—H$	$C_{ar}—H$	$C_{al}—O$	$C_{ar}—O$	$C_{al}=O$
MM	50.63	2.47	11.36	73.73	2.26	4.13	3.79	3.06
HD	57.32	1.64	12.20	59.02	2.60	0.52	4.83	1.89
MA	39.00	4.90	16.30	64.76	3.01	5.01	4.32	3.61
BP	48.16	3.05	18.98	48.29	4.21	2.21	3.82	2.66
TC	35.37	3.67	27.71	29.32	11.60	2.53	7.26	1.28
BK	31.09	6.13	28.67	43.55	10.91	0.52	9.68	4.02
LK	37.18	2.50	26.81	39.09	7.83	1.34	12.32	2.20
YL	36.90	5.03	32.19	34.96	8.20	1.39	7.41	1.90

基于键合模型，赵晓胜关联了这些油页岩有机质中各种共价键与 H/C 比的关系[2]。图 6-7(a) 显示，随 H/C 比增加，$C_{al}—C_{al}$ 浓度增加、$C_{ar}—C_{ar}$ 浓度减小，但 $C_{al}—C_{ar}$ 浓度仅有少许减少，说明芳核的烷基取代率增大；图 6-7(b) 显示，随 H/C 增加，$C_{al}—H$ 浓度增加，$C_{ar}—H$ 浓度减少。这些规律与煤键合关系的变化类似，但变化率的差别显著。

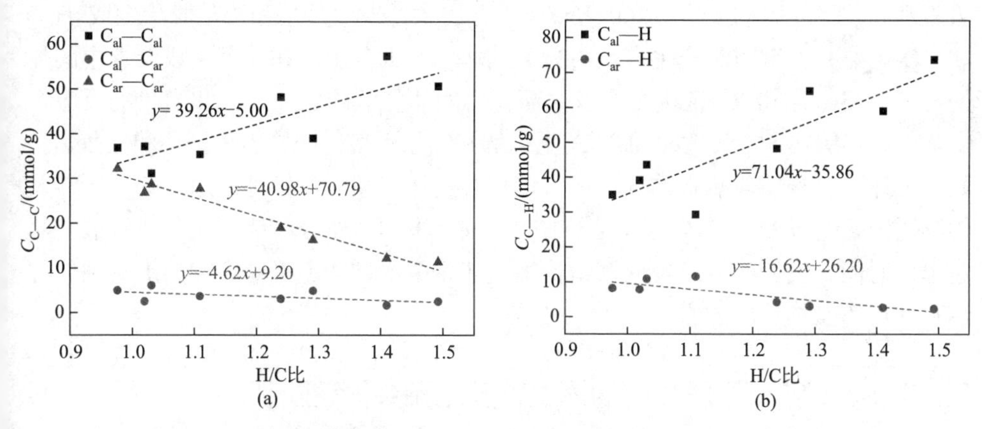

图 6-7　8 种油页岩有机质的 $C_{al}—C_{al}$、$C_{al}—C_{ar}$ 和 $C_{ar}—C_{ar}$ 浓度 (a) 以及 $C_{al}—H$ 和 $C_{ar}—H$ 浓度 (b) 与 H/C 比的关系

图 6-8 显示了上述 8 种油页岩有机质的稳定自由基浓度（C_R）与芳碳率 f_{ar} 的关系。显然，这些油页岩有机质的 C_R 值较小，但 TC、BK 和 YL 中有机质的 C_R 与一些褐煤的类似；C_R 随 f_{ar} 增加呈现指数增加，说明油页岩有机质的演化（成熟）过程与煤化过程类似，发生了缓慢的弱共价键断裂，进而导致部分轻脂肪组分逸出及残余结构芳构化的历程，芳构化形成的大分子结构内部含有自由基（孤电子）。

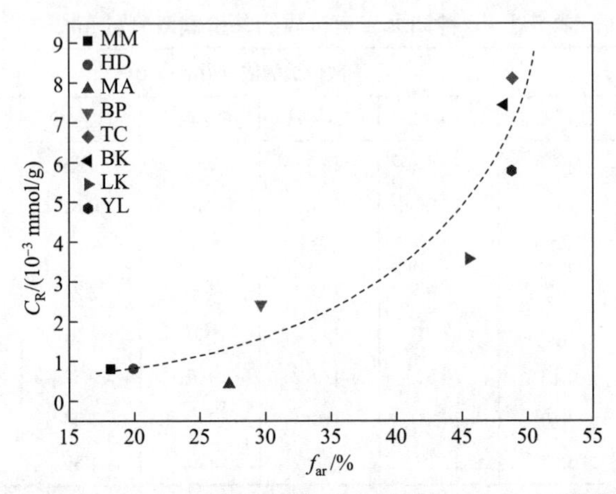

图 6-8 油页岩有机质（OM）的 ESR 稳定自由基浓度（C_R）与芳碳率（f_{ar}）的关系

6.3 油页岩有机质热解及产物的自由基信息

一般认为，油页岩有机质的热解过程可分为三个阶段。200 °C 以下主要发生吸附水和气体脱除的反应；200～350 °C 范围主要发生羟基和羧基脱除生成 H_2O 和 CO_2、弱共价键断裂产生有机小分子气体以及大分子温和缩聚生成沥青中间体的反应；350～550 °C 范围主要发生沥青中间体裂解产生油、气和半焦的反应。实际上，半焦在 550 °C 以上仍然发生裂解和缩聚反应，产生小分子烃和氢气。显然，上述三段和四段热解的认识和对煤热解的认识相同，仅是概念性的，所涉及的物质缺乏明确的化学界定，且详细的产物产率和组成分布信息还与热解的升温速率、时间、反应气氛及反应器结构等密切相关，这些因素对产物的影响主要源于它们对挥发物反应的影响。

6.3.1 油页岩有机质热解的挥发物反应和共价键断裂

张玉明等[16]在两段固定床反应器中研究了桦甸油页岩热解过程中挥发物的反应，发现温度对挥发物反应的影响显著。图 6-9 显示，挥发物停留时间为 0～3 s 时，主要发生大分子裂解为小分子的反应，导致油产率降低、气产率升高。更长时间的反应使得挥发物的缩聚量相对显著，产物中多环芳烃的含量升高（图中未显示）。与氮气气氛相比，水蒸气明显提高了油产率，作者认为水蒸气抑制了挥发物的裂解和自由基碎片的缩聚。

油页岩有机质热解的机理是自由基反应，其历程与第 3 章图 3-1 所描述的自由基反应历程相同，主要包括有机质中弱共价键受热发生断裂生成自由基碎片以

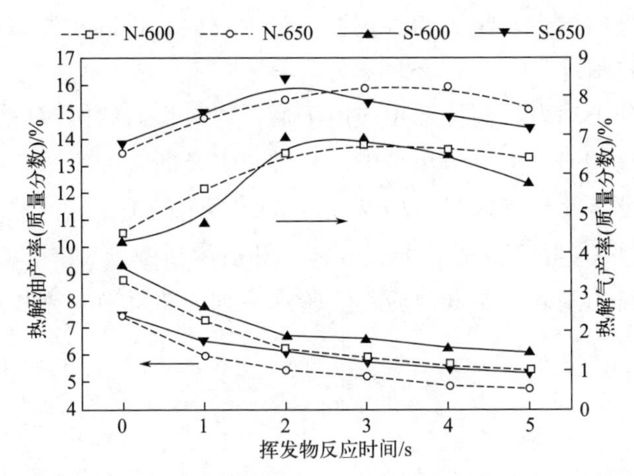

图 6-9 挥发物反应温度和时间对油页岩热解油气产率的影响

及自由基碎片的反应[14]。小自由基碎片之间的反应主要生成挥发性的油和气，大自由基碎片之间的反应包括缩聚生成沥青类产物以及悬浮于挥发相中的微小沥青颗粒（soot）。热解半焦或焦也含有自由基。热解过程中共价键的断裂行为、数量、产生自由基碎片的结构和反应行为等均与油页岩的有机结构有关，也受热解条件和反应器结构的影响，因此油页岩热解的自由基机理具有极其复杂的网络结构，认识其中的关键路径才能提出控制自由基反应的策略，从而有效地进行反应条件优化、反应器设计和产物加工工艺设计。

自由基机理的关键信息是键合关系的变化，包括不同种类共价键的断键量和由此生成的自由基碎片的组成以及不同自由基碎片反应生成的产物量和组成。目前这方面的研究很少，文献报道较多的是反应物或产物的质量变化以及表述反应物或某一产物质量变化的动力学，无论什么机理均暗藏其中，难以辨别。虽然自由基机理是不同产物质量变化的根源，但质量变化并不必然反映自由基变化的信息。常见的油页岩有机质的反应动力学表述的大都是固态原料到挥发态产物的质量变化，最简单的动力学是一级不可逆反应，复杂一点的是由多个平行一级不可逆反应组成的动力学，如分布活化能模型。如很多研究基于油页岩在热天平（TG）中固相质量变化进行一级动力学拟合，得出有机质热解反应的表观活化能主要在 160～200 kJ/mol 范围，将低一些的活化能归结于 C_{al}—O 和 C_{al}—S 等弱桥键的断裂及含杂原子官能团的分解，主要产生 H_2O、CO_2、H_2S 和部分小分子烃类；高一些的活化能归结于芳环脂肪侧链 β 位、长链脂肪烃和环烷烃中 C_{al}—C_{al} 键的断裂以及 Diels-Alder 环化反应，主要产生油和烃类气体。还有研究笼统地把热解归结于 C_{al}—O/S、C_{al}—C_{al} 和 C_{al}—H 等弱键的断裂，或将 CH_4 的生成归结为 C_{al}—O、C_{al}—C_{al} 和 C_{al}—C_{ar} 的断裂 。显然，这些研究并不包含可以辨析的自由基反应信息，也说明真正在实验中获取共价键断裂和自由基生成及反应的信息比较困难。

近年来，分子动力学模拟逐步应用于油页岩有机质的热解研究。在很多假设的前提下，这些研究可以给出可能的断键位点及断键顺序，并分析产生的自由基碎片组成及后续反应。图 6-10 为 Liu 等[17]报道的美国绿河油页岩有机质热解的初始断键位（实心箭头，序号①～⑩）和后续断键位（空心箭头），发现这些断键产生的自由基碎片及其反应与实验观察到的热解中间体和最终产物的分布类似。

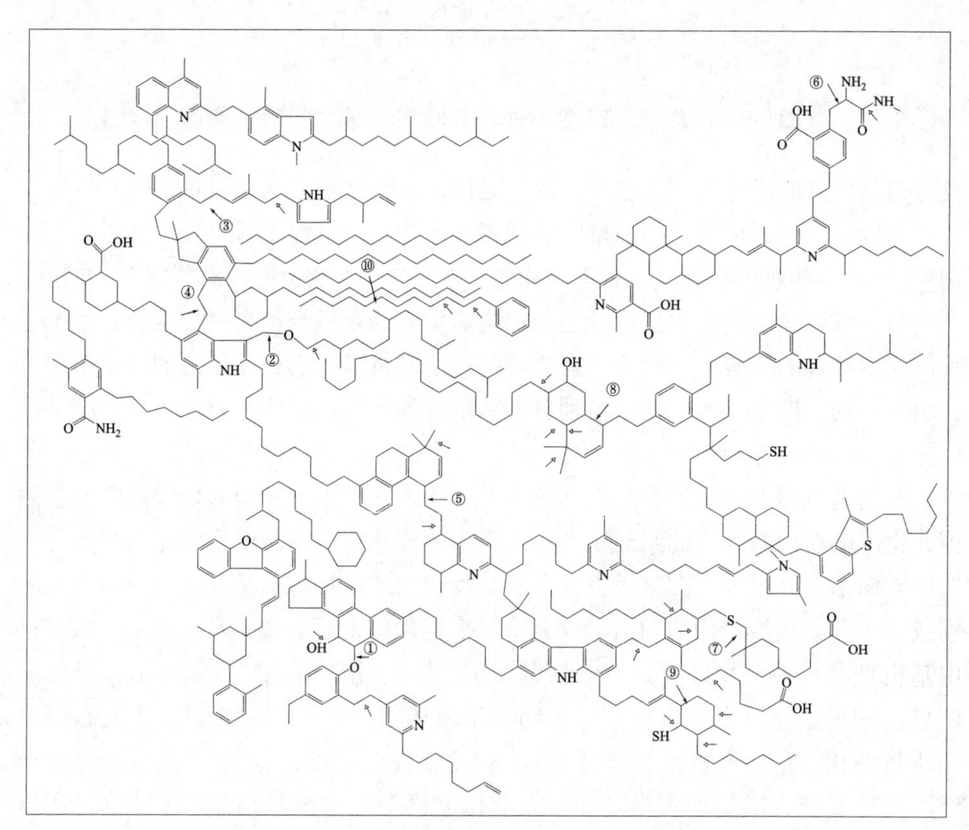

图 6-10　绿河油页岩有机质热解过程中的断键位点[17]

6.3.2　油页岩有机质及其在热解过程中的 ESR 自由基信息

通常认为，油页岩有机质共价键断裂产生的自由基为活性自由基，这些活性自由基经过一系列反应后，生成挥发性产物和焦。由于空间位阻以及共轭效应等原因焦结构中的部分自由基（孤电子）无法与其它自由基接触因而长期存在成为所谓的稳定自由基。稳定自由基的量（浓度）与活性自由基的量和结构及其传递能力有关，所以活性自由基和稳定自由基之间的关系是自由基机理的重要组成部分。

文献中用 ESR 研究油页岩热解过程中自由基变化的工作大都没有意识到 ESR 检测到的仅是稳定自由基，不是实际参与反应的活性自由基。最早用 ESR 研究油页岩有机质（干酪根）的大概是 Marchand 等，他们于 1968 年和 1969 年报道了多种干酪根及其氯仿萃取物在地质演化和热解（300～600 °C）过程中挥发物释放导致的 ESR 自由基浓度和线宽的变化，发现这些物质的 ESR 自由基浓度随挥发物释放而增大，且变化规律与干酪根的种类有关，但线宽数据波动很大，没有明显的规律[18]。他们认为，根据 ESR 自由基浓度、镜质组反射率以及挥发物释放规律可以区分干酪根的类别。1973 年，Hwang 等认为，根据干酪根的自由基浓度、g 值、线宽可以认识生油沉积物的演化。1976 年，Kaplan 等研究了美国加州一种油页岩干酪根在 150 °C 和 410 °C 的演化，发现在 5～120 h 范围，干酪根残余固体的 H/C 比下降，自由基浓度增加至 0.7（未显示单位），g 值从 2.0033 降至 2.0022，线宽从约 7×10^{-4} T 增加到约 8×10^{-4} T。Eaton 等于 1979 年研究了两种美国油页岩（$g=2.0034$）及其热解焦和油（$g=2.0031$）的 ESR 信息，发现油页岩的自由基浓度和热解油产率存在关联，认为自由基浓度正比于油页岩中有机碳的浓度，ESR 测到的自由基信息是多种自由基信号的叠加。Harrell 等于 1984 年发现，油页岩有机质中的芳烃和酚官能团含量越高，自由基信号越强，谱图越复杂。

1987 年，Silbernagel 等研究了 Green River（GROS）和 Rundle（ROS）油页岩在 350 °C 和 375 °C 热解过程中的 ESR 自由基信息，发现随热解时间增加，残余固体的自由基浓度升高［图 6-11(a)］、线宽下降［图 6-11(b)］、g 值下降（图 6-12）。

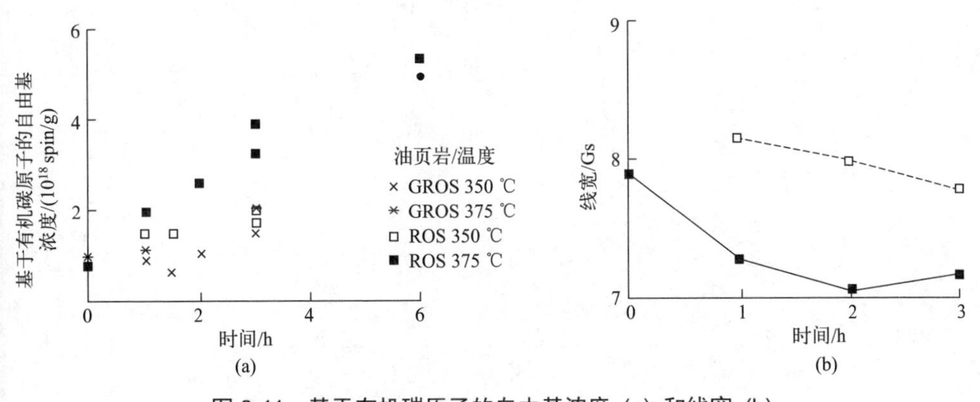

图 6-11　基于有机碳原子的自由基浓度 (a) 和线宽 (b)

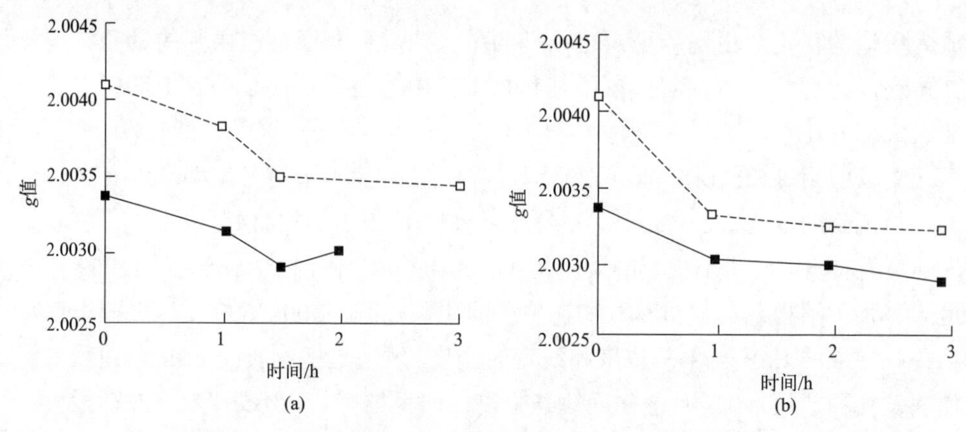

图 6-12 自由基的 g 值（实线：GROS；虚线：ROS）

(a) 350 °C；(b) 375 °C

他们认为，这些信息表明热解过程中发生了脂肪链的断裂，生成了芳香负离子自由基（g 值为 2.0028）。

Sousa 等[19]用 ESR 研究了伊拉蒂油页岩有机质热解过程中稳定自由基的浓度变化，发现其随温度升高、时间延长而增加，尤其是热解前段（如 420 °C、2 h 内），宏观上符合一级反应动力学。Wang 等[20]采用 ESR 研究了热解温度对龙口（Longkou）油页岩有机质热解产物稳定自由基浓度的影响（如图 6-13 所示），发现随着热解终温（370～550 °C）升高，热解油和半焦中的稳定自由基浓度逐渐增大，但热解沥青的稳定自由基浓度在 430 °C 出现转折（先增大后减小），认为沥青为有机质热解过程中的中间产物。石剑等[21]研究了爱沙尼亚油页岩有机质在 300～480 °C 范围热解产物的 ESR 信息，发现在低于 380 °C 时，热解半焦的稳定自由基浓度明显高于中间产物热沥青，但热沥青在 400 °C 和 420 °C 发生分解，使

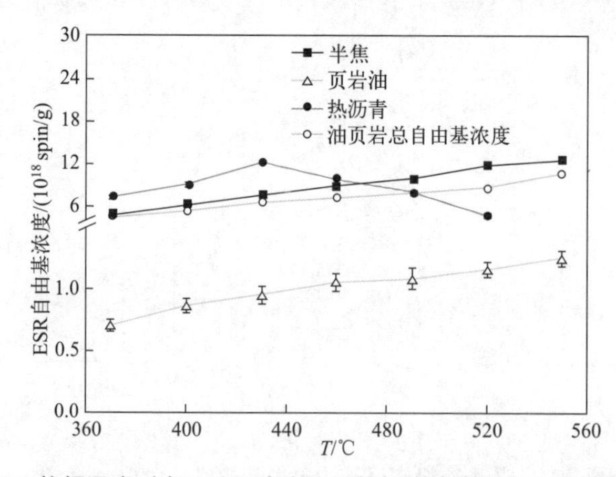

图 6-13 热解温度对龙口油页岩有机质热解产物稳定自由基浓度的影响

得其稳定自由基浓度超过并明显高于半焦。Hurst 在高温高压原位 ESR 反应器中研究了 H_2 和 N_2 气氛下油页岩有机质的热解反应行为，发现气氛对稳定自由基浓度的影响不大[22]，说明在该条件下 H_2 没有参与活性自由基的反应。

Shi 等研究了爱沙尼亚油页岩和龙口油页岩在铝甑中的热解产物随温度的变化，产物包括热解气、热解油、残余固体中的沥青和焦（图 6-14）[23,24]，发现这些油页岩的热解温区略有不同，在 300 °C 左右开始生成气体和油，460 °C 左右基本结束；沥青生成在 360～380 °C 达到峰值，然后在 440 °C 左右消失。爱沙尼亚油页岩热解产物（估计是 480 °C 的产物，文章未说明）的 ESR 分析数据（表 6-2）显示，干酪根和热解油的自由基浓度很低，均在 10^{14} spin/g 量级；沥青和焦的自由基浓度较高，在 10^{16} spin/g 量级。龙口油页岩热解沥青的自由基浓度随温度升高而增大（图 6-15），在 410 °C 附近达到峰值，约为 3.5×10^{19} spin/g；g 值随温度升高下降，从 310 °C 的 2.0027 降至 450 °C 的 2.00235 附近。基于这些产物的 g 值范围及 ^{13}C 核磁数据，认为油页岩有机质中的脂肪结构易在热解中分解，热解自由基碎片缩聚形成较为稳定的芳香结构，沥青中的孤电子主要位于碳原子和氧原子上。

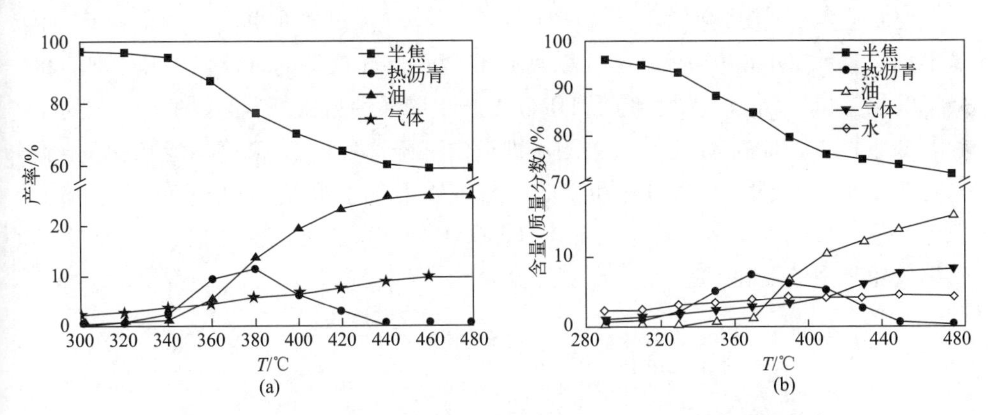

图 6-14　爱沙尼亚油页岩 (a) 和龙口油页岩 (b) 热解的产物分布

表 6-2　油页岩干酪根及 480 °C 热解产物的 ESR 自由基浓度[23]

样品	ESR 自由基浓度/(10^{14} spin/g)	g 值
干酪根	1.07	2.0022
热解沥青	87.0	2.0015
热解油	3.24	2.0016
热解焦	203	2.0025

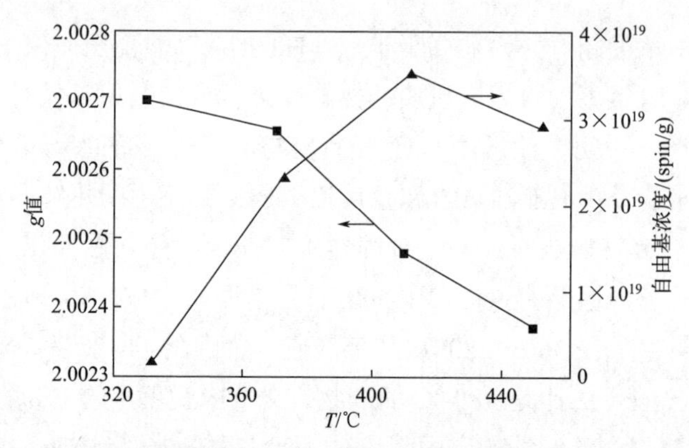

图 6-15　龙口油页岩热解产物沥青自由基信息随热解温度的变化[24]

6.4　油页岩有机质在供氢溶剂中热解的自由基反应

6.4.1　油页岩有机质热解的断键动力学

赵晓胜等[2,25]在微型密闭反应器中研究了桦甸油页岩有机质（HDOM）在供氢溶剂二氢菲(DHP)中的反应,并以DHP供氢后转化成菲的量计算了基于HDOM质量的供氢量（Q_H，数值上等于 HDOM 产生的活性自由基量）。图 6-16 显示，440 °C 条件下，HDOM 断裂产生的活性自由基碎片可从 DHP 夺取氢自由基，但只有在 DHP 的质量为 HDOM 质量的 6 倍或以上时才能实现向所有的 HDOM 活性自由基碎片供氢，从而可以计算出 HDOM 裂解产生初级活性自由基碎片量及断键量随时间的变化。

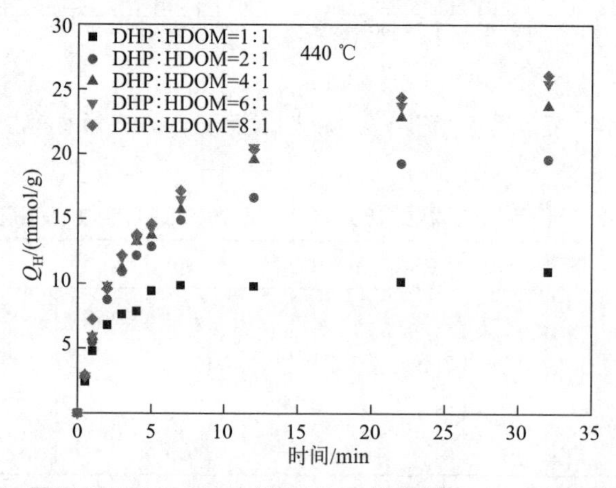

图 6-16　不同 DHP/HDOM 比例下 DHP 的供氢量（Q_H）随时间的变化

基于上述认识，赵晓胜等研究了 DHP∶HDOM = 8∶1 条件下 HDOM 在多个温度下热解产生的初级活性自由基碎片量（即 DHP 的供氢量 Q_H）和断键量（$C_{B\text{-}C}$，为 Q_H 值的一半）随时间的变化[2,25]。图 6-17(a) 显示，$C_{B\text{-}C}$ 随热解温度升高和时间延长而增加，其数值范围明显低于相同碳含量褐煤热解的断键量，说明 HDOM 结构中的芳香核数及芳香核上的脂肪侧链数明显少于褐煤的对应值，也说明 HDOM 中的氧含量和 C—O 键浓度低于褐煤。图 6-17(b) 显示了 $C_{B\text{-}C}$ 随时间的变化率（dC_{B-C}），认为该变化率随时间呈负指数减小的趋势不仅源于有机质中可断键量的消耗，而且源于不同键能键的断裂速率差异。

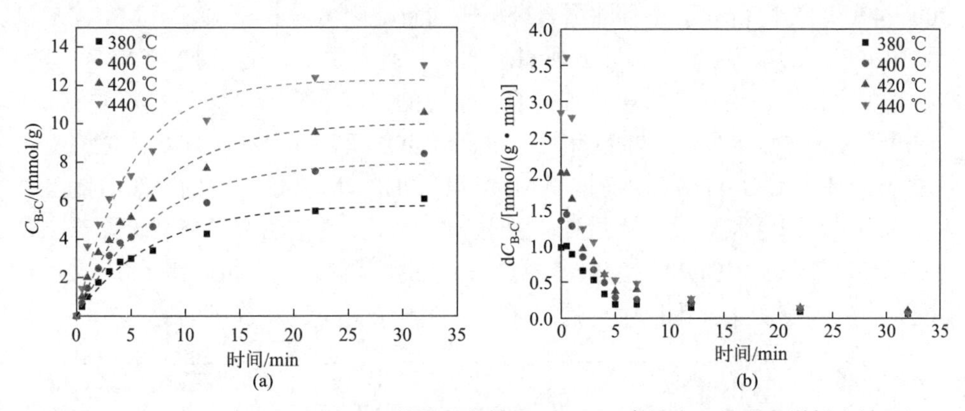

图 6-17　HDOM 在 380～440 °C 的累积断键量（$C_{B\text{-}C}$，虚线为一级动力学拟合结果）和断键速率（$dC_{B\text{-}C}$）随时间的变化

在假定 HDOM 热解中可断裂的多种共价键总体符合表观一级反应动力学，且该有机质在研究的温度范围可能发生断裂的总共价键浓度为恒值 C_{B0} (mol/g)的前提下，提出了计算热解每一时刻已经发生的累积断键量 $C_{B\text{-}C,t}$（mol/g）的动力学表达式［式（6-1）］，其中 E_a 为表观活化能；A 为指前因子；R 为气体常数；T 为温度；t 为反应时间。拟合表明，C_{B0} 为 10.9 mmol/g，E_a 为 123.6 kJ/mol，A 为 2.8×10^8 min^{-1}，拟合度（R^2）为 94%。

$$C_{B\text{-}C,t} = C_{B0}[1 - e^{-Ate^{-E_a/(RT)}}] \tag{6-1}$$

值得注意的是，上述拟合结果虽然可以说明一级动力学可以表述 HDOM 的初始断键行为，但拟合度不高，可能因为不同温度下的可断键总量（C_{B0}）不同，也可能因为 DHP 参与了反应，且其浓度还在反应过程中不断变化，即所研究的热解实际上是二级反应，对 HDOM 和 DHP 均为一级，二级反应才能更好地描述该热解过程。

需要指出，上述 HDOM 热解动力学所描述的仅是初级断键数，本质上与常见的描述质量变化的动力学不同，因为 HDOM 中相同共价键断裂所产生的自由基碎片的质量可能不同，但拟合得到的 E_a 值（123.6 kJ/mol）却和文献中描述该油页岩热解脱挥发分质量变化的一级反应动力学的 E_a 较为接近，比如 Xue 等[26]基于桦甸油页岩在 350～500 °C 范围的脱挥发分（质量）数据拟合得到的一级动力学的 E_a 为 109.8～130.5 kJ/mol，Wang 等[27]在热天平中及 390～530 °C 范围得到的程序升温热解脱挥发分（质量）的活化能为 99.5～148.8 kJ/mol。这些现象可能说明，HDOM 在不同条件下热解断键量的变化大致正比于产生的挥发物质量的变化，或 HDOM 初期热解断裂的活性自由基碎片质量大致相同。

为了得到更为可靠的断键动力学参数，赵晓胜等[2,28]在更宽的温度范围（300～420 °C）内研究了 8 种油页岩有机质的断键量。图 6-18 显示，MMOM 和 HDOM 的 $C_{B\text{-}C}$ 均明显低于其它 6 种有机质，与有机质 C_{al}—C_{al} 键浓度（表 6-1）的高低顺序相反，说明有机质热解过程中断裂的共价键并不取决于 C_{al}—C_{al} 键的总浓度，应该与侧链长度等参数有关。由于 MMOM 和 HDOM 的挥发分含量明显高于 YLOM 和 LKOM 等，因而推测 MMOM 和 HDOM 热解产生的初级活性自由基碎片的平均尺寸相对较大。另外，由于 MMOM 比其它油页岩有机质含有较多 C_{al}—C_{al} 和 C_{al}—O，HDOM 含有最多的 C_{al}—C_{al} 键，推测这些有机质在 300～420 °C 发生断裂的共价键主要为低键能的芳环 β 位 C_{al}—C_{al} 和 C_{al}—O 等弱键。

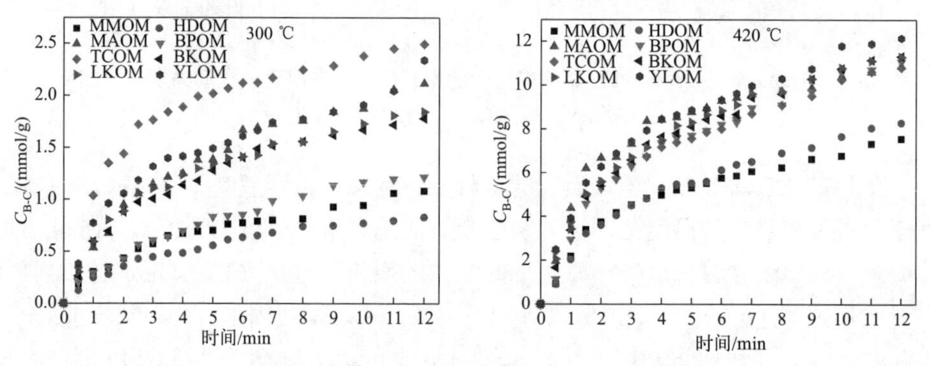

图 6-18　8 种油页岩有机质在 300 °C 和 420 °C 热解过程中的断键量（$C_{B\text{-}C}$）随时间的变化

图 6-19(a) 显示，这些油页岩有机质的 C_{B0} 随温度升高呈现指数增加的趋势。依据石磊等报道的不同温度下发生断裂的主要共价键种类（第 3 章表 3-3）以及罗渝然报道的键能信息（表 6-3）[29]推测，300～360 °C 范围主要发生芳环侧链β位的断裂，340～400 °C 主要发生醚键的断裂，380～420 °C 主要发生脂肪链中 C_{al}—C_{al} 键的断裂。图 6-19(b) 显示，不同温度下的 C_{B0} 大致与 H/C 摩尔比呈线性关系，H/C 比越高，C_{B0} 越小，说明主要断键位置位于芳环的侧链上。另外，C_{B0} 与 H/C 比拟合直线斜率随温度升高而增大，说明有机质中的芳香结构越多，可断裂共价键的种类越多，或长链脂肪烃中可断裂共价键的种类较少，具有芳香核的共价键结构网络的可断裂共价键种类较多。

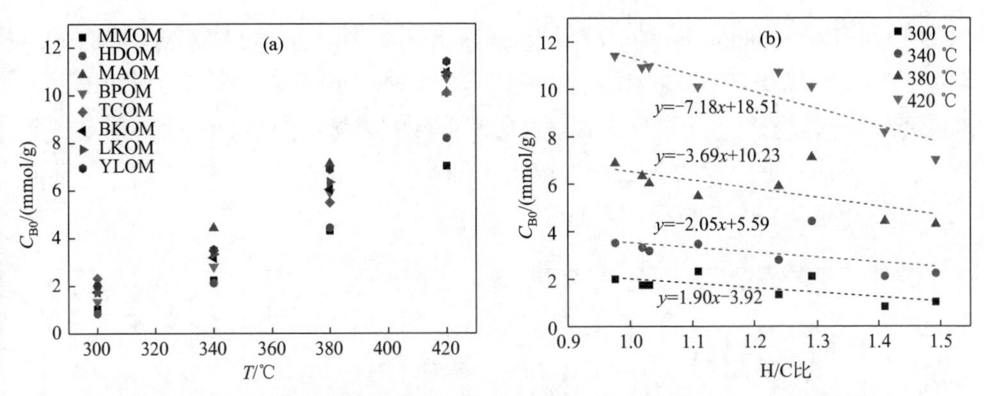

图 6-19　有机质热解可断键量（C_{B0}）与温度 (a) 及 H/C 比 (b) 的变化[2]

表 6-3　共价键的解离能及其最可几分布

键	解离能/(kJ/mol)	最可几分布/(kJ/mol)
C_{ar}—O--C_{al}	150～300	250
C_{ar}—C_{al}--C_{al}	250～320	300
C_{ar}—O--C_{ar}	310～330	320
C_{al}—O--C_{al}	340～360	350
C_{al}--C_{al}	340～380	360
C_{ar}--C_{al}	360～420	415

注：-- 表示断键位置。

6.4.2　油页岩有机质热解的活性自由基与 ESR 自由基的关系

如前几章所述，热解生成的活性自由基碎片的反应决定热解产物的组成和分布，稳定自由基的量反映焦生成过程中发生的缩聚反应或大分子活性自由基碎片的缩聚程度，二者都对整个工艺过程和反应器设计有重要影响。因此油页岩热解过程的本征反应参数应该包括活性自由基量和稳定自由基量，特别是二者随反应条件的变化规律。为此，赵晓胜等研究了 420 ℃、DHP∶有机质 = 8 条件下 8 种油页岩有机质热解过程中活性自由基浓度（$C_{R\text{-}t}$）随时间的变化情况[2,28]。从图 6-20(a) 可以看出，$C_{R\text{-}t}$ 在 1～25 mmol/g 范围，不同有机质 $C_{R\text{-}t}$ 的上升值顺序大致为 YLOM ≅ MAOM ＞ LKOM ≅ BKOM ≅ BPOM ≅ TCOM ＞ HDOM ＞ MMOM。鉴于所有油页岩有机质均在 12 min 转化为四氢呋喃可溶物，且稳定自由基浓度基本为 0，说明有机质热解过程中产生的初级活性自由基碎片可有效地从 DHP 获得氢而生成尺寸相对较小的产物。

图 6-20(b) 显示了相同条件下这些油页岩有机质单独热解（无供氢溶剂）过程中稳定自由基浓度 $C_{R\text{-}s}$ 的变化情况。可以看出，这些有机质热解过程中 $C_{R\text{-}s}$ 的量

级为 10^{-3}～10^{-2} mmol/g，均随时间延长而增加，其大小顺序约为 YLOM ≅ BKOM ≅ LKOM > BPOM ≅ TCOM > HDOM > MMOM > MAOM，该顺序与有机质的芳碳含量或 C_{ar}—C_{ar} 浓度大小顺序类似，说明芳香自由基碎片（C_{ar}—C_{al}·）容易发生缩聚反应，形成大分子产物并包裹部分自由基；芳香自由基碎片的尺寸越大，其缩聚后产生稳定自由基的概率相对越高。

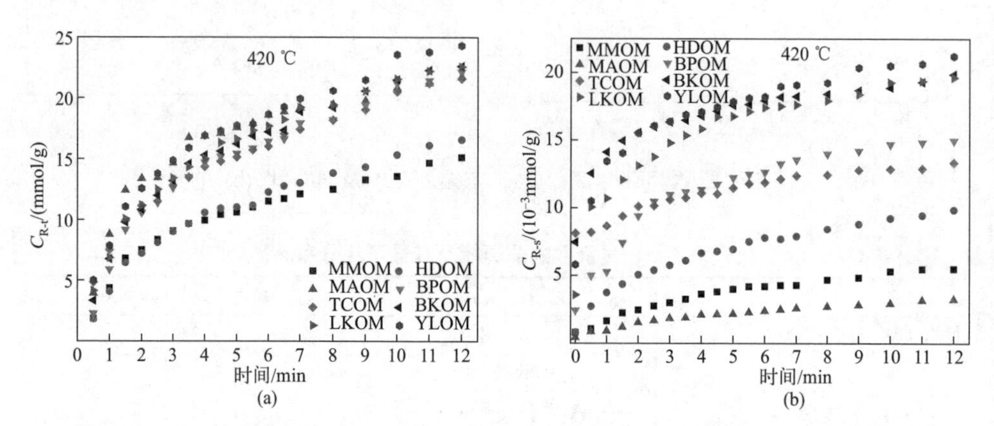

图 6-20　油页岩有机质在 DHP 存在下热解过程中的活性自由基浓度［C_{R-t} (a)］以及单独热解时稳定自由基的浓度［C_{R-s} (b)］[2,28]

图 6-21 关联了这些油页岩有机质的 C_{R-s} 与 C_{R-t} 的关系，可以看出，二者基本线性相关，即有机质在 DHP 中反应时产生的活性自由基碎片量 C_{R-t}（应该与无 DHP 时生成的活性自由基量相同）与无 DHP 时缩聚产生的稳定自由基量 C_{R-s} 成正比，斜率和截距均表示不同有机质活性自由基缩聚倾向，斜率越大，活性自由基的缩聚量越多；截距越大（或 C_{R-s} 越大），有机质的缩聚量越多。

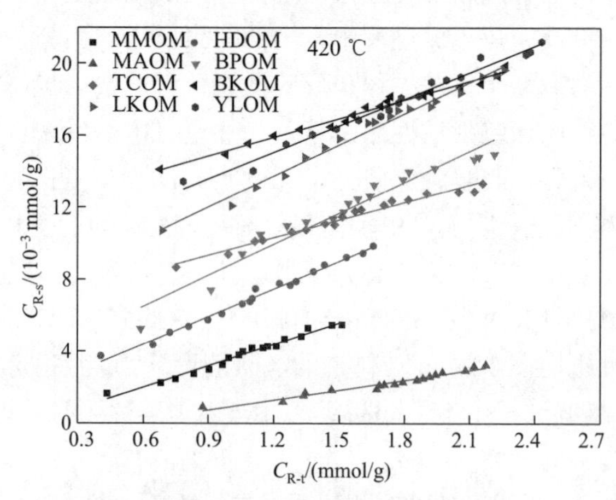

图 6-21　有机质热解产生的初级活性自由基浓度（C_{R-t}）与单独热解时生成的稳定自由基浓度（C_{R-s}）之间的关系[2, 28]

表6-4显示，图6-21中MAOM的斜率（S）仅为1.8×10^{-4}，明显小于其它有机质，HDOM、BPOM、LKOM和YLOM的S相差不大，介于$(4.9\sim5.8)\times10^{-4}$之间，其它3种有机质的$S$介于$(3.3\sim4.0)\times10^{-4}$之间，说明MAOM热解产生的活性自由基比较不易缩聚，HDOM、BPOM、LKOM和YLOM热解产生的活性自由基比较容易缩聚。虽然大量活性自由基反应生成了油和气，少量自由基也在缩聚反应中湮灭，仅有极少数自由基未能与其它自由基偶合因而留在焦结构中（约为活性自由基数量的0.1%量级）。斜率的倒数（$1/S$）表示形成一个稳定自由基所发生反应的活性自由基数，其中MAOM的值最大，约为5500，HDOM、BPOM、LKOM和YLOM的值为1700～2000，其它3种有机质为2500～3100。

表6-4　图6-21中油页岩有机质单独热解过程中的稳定自由基浓度（$C_{R\text{-}s}$）与供氢溶剂DHP存在下测得的活性自由基浓度（$C_{R\text{-}t}$）的比值关系参数

样品	$S/10^{-4}$	R^2	$1/S$
MMOM	3.97	97.84	2519
HDOM	5.12	98.83	1953
MAOM	1.83	95.56	5464
BPOM	5.75	94.53	1739
TCOM	3.27	97.40	3058
BKOM	3.46	98.06	2890
LKOM	5.77	98.51	1733
YLOM	4.92	98.15	2033

如前所述，芳香自由基碎片比脂肪自由基碎片更容易发生缩聚反应形成大分子产物进而包裹部分自由基，斜率S可能与有机质的芳碳含量（f_{ar}）、平均芳香团簇的浓度（$C_{ar\text{-}c}$）和平均芳香团簇的尺寸（N_c）有关，但图6-22显示，仅N_c与S有明显关系，即芳香团簇尺寸对缩聚的影响较大。这个现象说明，单环的芳烃对缩聚反应的贡献不大，而油页岩有机质中以单环芳烃为主，它们对f_{ar}和$C_{ar\text{-}c}$的贡献很大。

文献中对油页岩热解和加氢转化过程中的自由基反应研究较少，已有认识基本局限在现象层面。因为油页岩热解过程中的自由基反应机理与其它重质有机资源（如煤、生物质、重油等）热解过程的反应机理类似，已有的少量油页岩热解自由基研究也可指导工艺设计，关键是掌握油页岩有机质的结构和反应特点。赵晓胜等提出的用无供氢条件下ESR测定的稳定自由基浓度（$C_{R\text{-}s}$）与同温度充足供氢溶剂条件下测定的活性自由基浓度（$C_{R\text{-}t}$）的比值（即$C_{R\text{-}s}/C_{R\text{-}t}$）应该是表述油页岩缩聚倾向或结焦倾向的有效参数，可成为表征油页岩化学反应性的标准参数。另外，该参数应该也可用于其它重质有机资源化学反应性的表征。

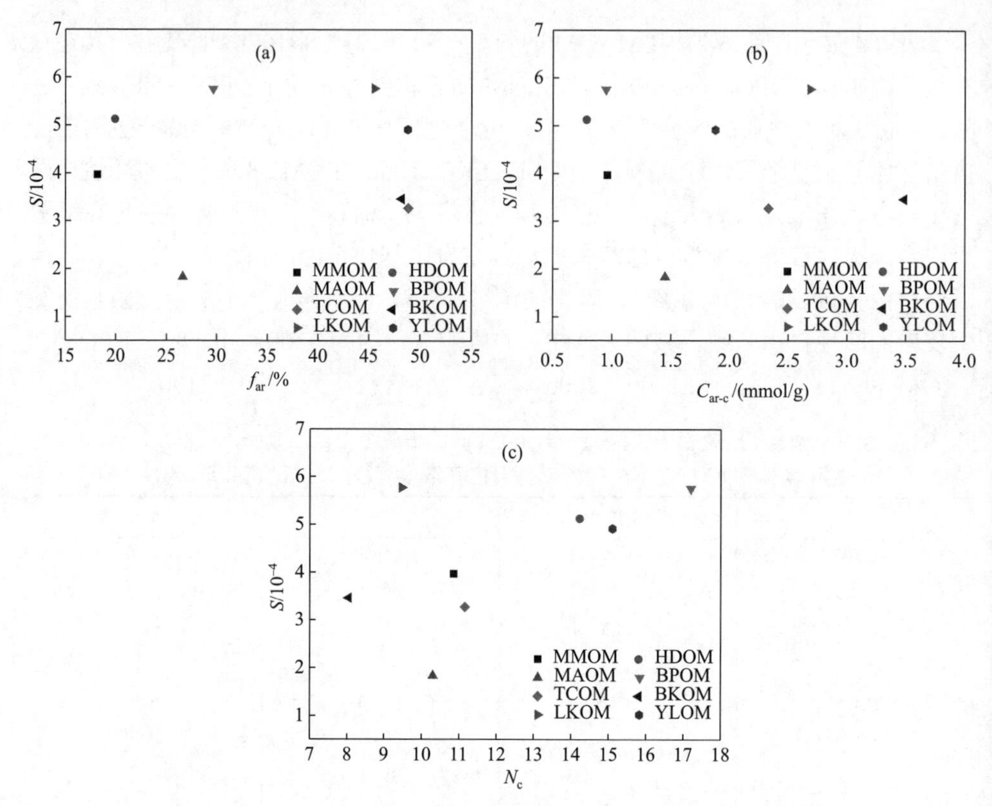

图 6-22　表 6-4 中 S 与油页岩有机质的芳碳含量 f_{ar} (a)、平均芳环团簇浓度 C_{ar-c} (b) 和平均芳环团簇尺寸 N_c (c) 的关系[2]

值得指出，在全球迈向碳中和的历程中，油页岩的主要作用是生产化学品，因此深刻认识油页岩热解的自由基反应，进而开发针对特定产物的高选择性生产技术是未来的发展方向。

参考文献

[1] 秦宏，岳耀奎，刘洪鹏，等. 中国油页岩干馏技术现状与发展趋势 [J]. 化工进展, 2015, 5: 1191-1198.

[2] 赵晓胜. 油页岩有机质的结构与热解断键研究 [D]. 北京：北京化工大学.

[3] Snape C. Composition, Geochemistry and Conversion of Oil Shales [M]//NATO ASI Series. Berlin: Springer Netherlands, 1995.

[4] Orendt A M, Pimienta I, Badu S R, et al. Three-dimensional structure of the Siskin Green River oil shale kerogen model: A comparison between calculated and observed properties [J]. Energy & Fuels, 2013, 27: 702-710.

[5] Lille U, Heinmaa I, Pehk T. Molecular model of Estonian kukersite kerogen evaluated by ^{13}C MAS NMR spectra [J]. Fuel, 2003, 82(7): 799-804.

[6] Ru X, Cheng Z, Song L, et al. Experimental and computational studies on the average molecular structure of Chinese Huadian oil shale kerogen [J]. Journal of Molecular Structure, 2012, 1030: 10-18.

[7] Guan X H, Liu Y, Wang D, et al. Three-dimensional structure of a Huadian oil shale kerogen model: An experimental and theoretical study [J]. Energy & Fuels, 2015, 29: 4122-4136.

[8] Liu Q, Hou Y, Wu W, et al. New insight into the chemical structures of Huadian kerogen with supercritical ethanolysis: Cleavage of weak bonds to small molecular compounds [J]. Fuel Processing Technology, 2018, 176: 138-145.

[9] 秦匡宗, 劳永新. 茂名和抚顺油页岩组成结构的研究Ⅰ.有机质的芳碳结构 [J]. 燃料化学学报, 1985, 2: 39-46.

[10] 秦匡宗. 茂名和抚顺油页岩组成结构的研究——Ⅲ.有机质的平均结构单元 [J]. 燃料化学学报, 1986, 1: 3-10.

[11] 王擎, 程枫, 潘朔. 油页岩干酪根化学键浓度与能量密度研究 [J]. 燃料化学学报, 2017, 10: 1209-1218.

[12] 余智, 侯玉翠, 王倩, 等. 油页岩有机质的逐级热溶解聚及产物特性 [J]. 化工学报, 2017, 10: 3943-3958.

[13] Wang Q, Hou Y, Wu W, et al. A study on the structure of Yilan oil shale kerogen based on its alkali-oxygen oxidation yields of benzene carboxylic acids, ^{13}C NMR and XPS [J]. Fuel Processing Technology, 2017, 166: 30-40.

[14] 刘振宇. 煤化学的前沿与挑战:结构与反应 [J]. 中国科学:化学, 2014, 44(9): 1431-1438.

[15] Zhou B, Shi L, Liu Q, et al. Examination of structural models and bonding characteristics of coals [J]. Fuel, 2016, 184: 799-807.

[16] 张玉明, 管俊涛, 乔沛, 等. 油页岩热解挥发分产物二次反应对油气收率与组成的影响 [J]. 燃料化学学报, 2021, 49(7): 1-9.

[17] Liu X, Zhan J H, Lai D, et al. Initial pyrolysis mechanism of oil shale kerogen with reactive molecular dynamics simulation [J]. Energy & Fuels, 2015, 29: 2987-2997.

[18] Silbernagel B G, Gebhard L A, Siskin M, et al. ESR studies of kerogen conversion in shale pyrolysis [J]. Energy Fuels, 1987, 32(6): 501-506.

[19] Sousa J J F, Vugman N V, Neto C C. Free radical transformations in the Irati oil shale due to diabase intrusion [J]. Organic Geochemistry, 1997, 26(3-4): 183-189.

[20] Wang W, Ma Y, Li S, et al. Effect of temperature on the EPR properties of oil shale pyrolysates [J]. Energy & Fuels, 2016, 30(2): 830-834.

[21] 石剑, 李术元, 马跃. 爱沙尼亚油页岩及其热解产物的电子顺磁共振研究 [J]. 燃料化学学报, 2018, 46(1): 1-7.

[22] Hurst H J. High pressure high temperature electron spin resonance study of oil shale retorting [J]. Fuel, 1987, 66(3): 369-371.

[23] Shi J, Ma Y, Li S, et al. Characteristics of Estonian oil shale kerogen and its pyrolysates with thermal bitumen as a pyrolytic intermediate [J]. Energy & Fuels, 2017, 31(5): 4808-4816.

[24] Shi J, Ma Y, Li S, et al. Characteristics of thermal bitumen structure as the pyrolysis intermediate of Longkou oil shale [J]. Energy & Fuels, 2017, 31, 10: 10535-10544.

[25] Zhao X, Liu Z, Liu Q. The bond cleavage and radical coupling during pyrolysis of Huadian oil shale [J]. Fuel, 2017, 199: 169-175.

[26] Xue H Q, Wang H Y, Yan G, et al. Kinetics on the isothermal decomposition of oil shale [J]. Advanced Materials Research, 2012, 581-582: 112-116.

[27] Wang Q, Sun B Z, Hu A J, et al. Pyrolysis characteristics of Huadian oil shales [J]. Oil Shale, 2007, 24(2): 147-157.

[28] Zhao X, Liu Z, Lu Z, et al. A study on average molecular structure of eight oil shale organic matters and radical information during pyrolysis [J]. Fuel, 2018, 219: 399-405.

[29] 罗渝然. 化学键能数据手册 [M]. 北京：科学出版社，2005.

第7章 重质油热解及自由基反应

7.1 引言

石油作为人类的主要能源始于20世纪初，50年代后成为最主要的能源，到目前仍然如此。石油的种类很多，划分方法不同，常用密度分类，比如在20 °C，密度小于 0.87 g/cm^3 的为轻质原油，在 0.87～0.92 g/cm^3 之间的是中质原油，在 0.92～1.0 g/cm^3 之间的是重质原油，大于 1.0 g/cm^3 的是超重质原油。石油经脱盐和脱水、常压和减压蒸馏，按沸点从低到高得到汽油、煤油、柴油、润滑油、燃料油、渣油。由于重质原油和超重质原油、燃料油和渣油的密度都较大，所以在很多场合它们也被泛称为重质油。

重质油的加工涉及自由基机理，因其组成极其复杂，且大多数产品是混合燃料，所以业界对认识自由基机理并利用其调控加工过程和产物选择性的要求不高，这与煤炭和生物质热加工中遇到的情况一样。但随着人们对重质油加工过程的效率提高、污染控制、产物精细化要求日益强烈，自由基机理研究逐渐得到了重视，文献中时有报道。近年来，重质油加工过程中的自由基反应研究取得了显著进展，包括活性自由基和稳定自由基的判别及相互关系、自由基对热解反应的诱导、自由基与结焦过程及焦结构演化的关系、自由基反应动力学等。本章阐述这些进展，并分析其意义。

值得指出，本章介绍的重质油反应中的自由基行为和规律本质上与前几章煤、生物质、油页岩反应中的类似，不同之处是前几章的物质常温下为固体，它们的热解大都起始于固体中共价键断裂生成挥发物（油页岩热解可能涉及部分组分的先蒸发），随后发生挥发物的反应，因而有（固体）转化率的概念，而重质油的反应没有明显固体热解，主要是原料在液相和气相中的反应，很难涉及转化率，但由于重质油的反应类似于煤、生物质、油页岩热解中挥发物的反应，会形成固体焦，因此自由基反应与结焦成为重要的关注点。

7.2　重质油的结构与反应

7.2.1　重质油的胶体结构

一般认为，重质油宏观上是胶体体系，由沥青质、胶质和油构成，结构复杂。每个胶束的中心是沥青质，沥青质外面吸附着胶质构成胶束，胶束分散在包括脂肪烃（饱和分）和简单芳香烃在内的油中。图 7-1 示意了这些重质油组分之间的相互关系[1]，表 7-1 是这些组分的模型结构[2]。虽然图 7-1 和表 7-1 对这些组分的定义略有不同（说明它们之间并没有严格的界定），但总体而言，沥青质含有较多的缩合芳香烃，平均分子量和极性最大；胶质含有较小的缩合芳烃以及较多的脂肪侧链，平均分子量和极性居中；油含有小分子芳烃和脂肪烃，平均分子量和极性最小。重质油加工大都在加热条件下进行，如蒸汽裂化、减黏裂化、催化加氢、催化裂化、溶剂脱沥青或延迟焦化等，其结构的稳定性随升温而下降，导致沥青质析出，而沥青质和胶质在热加工过程中会发生团聚、裂解、加氢和缩聚、结焦等反应。

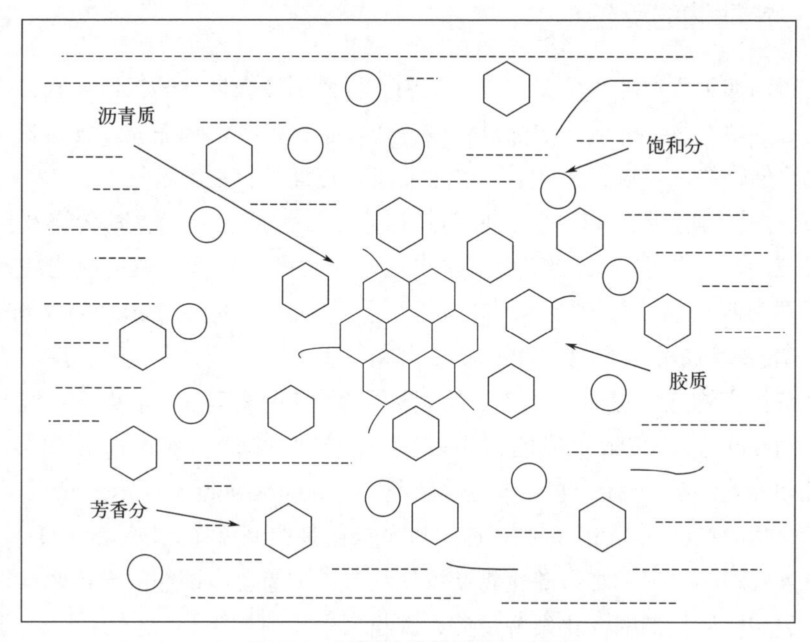

图 7-1　重质油胶体结构示意图

表 7-1 重质油胶体组分的模型结构

胶体组分	饱和分	芳香分
模型结构	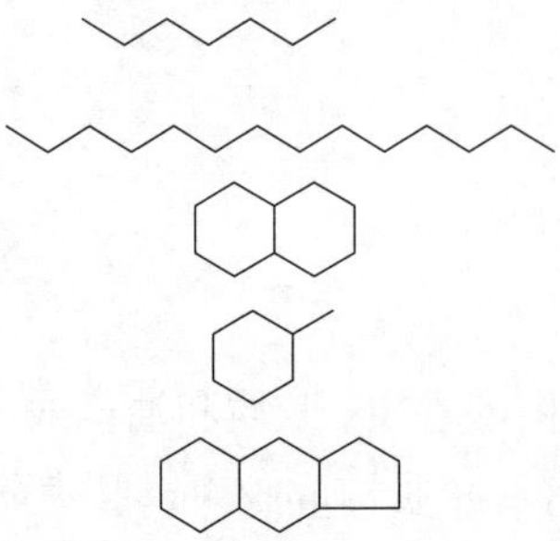	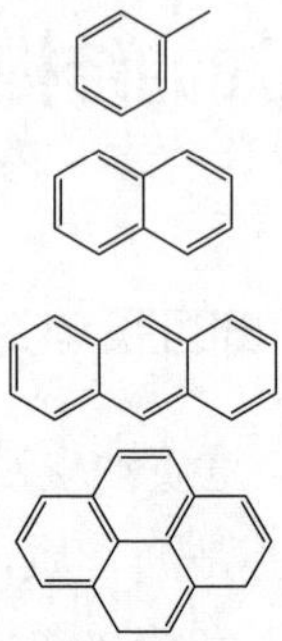
胶体组分	**胶质**	**沥青质**
模型结构	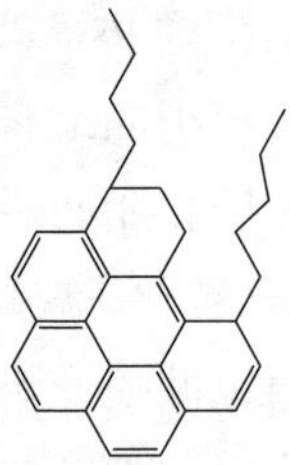	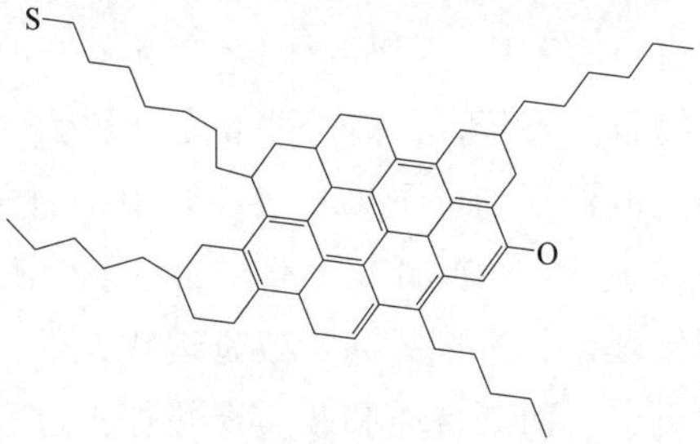

7.2.2 重质油的反应

重质油加工大致分为两类反应，主要历程分别遵循自由基机理和碳正离子机理，前者主要发生在非催化的热过程中，也发生在多种催化加氢过程（如过渡金属硫化物催化的加氢过程）中；后者主要发生在酸催化裂解过程中。

如前面几章所述，自由基反应包括自由基碎片产生、自由基传递及自由基湮灭等三步。对于重质油加工而言，自由基碎片产生于共价键的热均裂，自由基湮灭源于两个自由基的偶合，自由基传递反应比较复杂。Burklé-Vitzthum 等研究了 78 种脂肪烃混合物在 450 °C 的热解过程，以正十六烷和异戊烷的混合物为例，依据产物分析提出了图 7-2 的裂解模型[3,4]。该模型包括正十六烷的起始裂解（initiation）、裂解生成的自由基碎片从异戊烷分子夺取氢原子的氢传递（H-transfers）反应、异戊烷自由基的β-断裂（decompositions via β-scission）反应、自由基碎片的加成（additions）反应，以及自由基的湮灭（terminations）反应。

与重质油热加工和金属硫化物及氧化物催化加氢反应遵循的自由基机理不同，分子筛类酸性催化剂的催化裂解反应为碳正离子机理。图 7-3 是 Cerqueira 等报道的小分子物质经由碳正离子机理逐步长大形成焦的过程[4,5]。

起始裂解：　$nC_{16}H_{34} \longrightarrow$ 自由基

氢传递：　自由基 + $nC_{16}H_{34} \longrightarrow$ 烷烃 + $nC_{16}H_{33}\cdot$

$nC_{16}H_{33}\cdot + isoC_5H_{12} \longrightarrow nC_{16}H_{34} + isoC_5H_{11}\cdot$

异戊烷自由基的β-断裂：　$isoC_5H_{11}\cdot \longrightarrow C_4H_8 + CH_3\cdot$

$isoC_5H_{11}\cdot \longrightarrow C_3H_6 + C_2H_5\cdot$

$isoC_5H_{11}\cdot \longrightarrow C_2H_4 + C_3H_7\cdot$

加成：　$isoC_5H_{11}\cdot + C_3H_6 \longrightarrow C_8H_{17}\cdot$(一甲基)

$isoC_5H_{11}\cdot + C_3H_6 \longrightarrow C_8H_{17}\cdot$(二甲基)

$isoC_5H_{11}\cdot + C_{29}H_{58} \longrightarrow isoC_{33}^{+}$

自由基的湮灭：　$isoC_5H_{11}\cdot + isoC_5H_{11}\cdot \longrightarrow$ 产物

$isoC_5H_{11}\cdot + nC_{16}H_{33}\cdot \longrightarrow$ 产物

图 7-2　正十六烷和异戊烷混合物热解的模型反应[3,4]

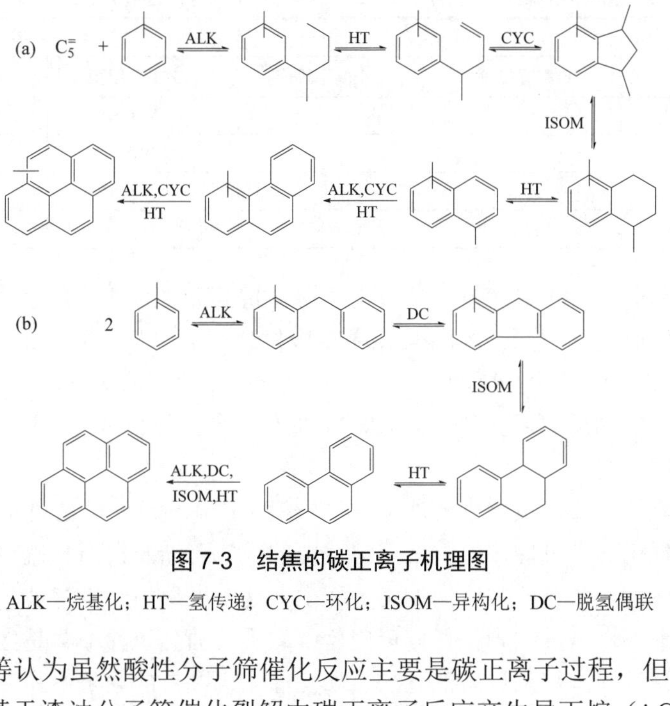

图 7-3　结焦的碳正离子机理图

ALK—烷基化；HT—氢传递；CYC—环化；ISOM—异构化；DC—脱氢偶联

Meng 等认为虽然酸性分子筛催化反应主要是碳正离子过程，但也存在自由基反应[6]。基于渣油分子筛催化裂解中碳正离子反应产生异丁烷（i-C_4），自由基反应产生正丁烷（n-C_4）的原则，他们用产物中异丁烷和正丁烷的比值 R_M 判断了大庆常压渣油在三种催化剂（LCM-5、CEP-1 和 AKZO）和石英砂条件下碳正离子反应与自由基反应的占比（表 7-2），发现比值在 0.14～1.87 范围，说明两种机理总是共存；反应温度越高自由基反应占比越大；AKZO（FCC 催化剂）在 500 °C 和 550 °C 以碳正离子反应为主，所有催化剂在 600～700 °C 范围均以自由基反应为主。表 7-3 给出了 LCM-5 和 CEP-1 催化剂在 600～700 °C 范围的自由基机理和碳正离子机理的分布。

表 7-2　大庆常压渣油裂化产物中异丁烷和正丁烷的比值（R_M）

裂解温度/°C	热裂化	催化剂		
	石英砂	AKZO	LCM-5	CEP-1
500		1.87		
550		1.30		
600	0.22	0.94	0.33	1.02
630	0.17	0.83	0.27	0.86
660	0.16	0.73	0.23	0.78
700	0.14	0.69	0.20	0.63

表 7-3　两种催化剂裂解大庆常压渣油反应中的自由基机理和碳正离子机理分布

裂解温度/°C	LCM-5/%		CEP-1/%	
	自由基机理	碳正离子机理	自由基机理	碳正离子机理
600	93.0	7.0	51.6	48.4
630	94.1	5.9	59.7	40.3
660	95.9	4.1	63.6	36.4
700	96.3	3.7	71.3	28.7

Chang 等[7]以十二烷基苯为模型化合物研究了渣油的热反应，发现甲苯产率与苯产率的比值为 20 左右。因为自由基反应机理产生甲苯，碳正离子反应机理产生苯，所以认为自由基机理占主导地位。杨朝合等研究了有无 $NiMo/Al_2O_3$ 催化剂条件下孤岛渣油的反应，发现 $NiMo/Al_2O_3$ 催化剂条件下仍为热反应[8]，所以主要是自由基机理。

从上述介绍可知，虽然重质油加工涉及很多催化过程，且酸性催化剂表面发生的反应是碳正离子机理，但整个反应器中的反应还涉及自由基机理。换言之，自由基机理体现在所有的重质油加工过程中。这个现象虽然没有被一些研究人员所认识，但毫不奇怪，因为在任何反应器中，重质油分子并不总是接触催化剂，很多重质油分子周围都是重质油分子，如在催化剂颗粒的间隙中和催化剂的孔隙中、在反应器中没有催化剂的区域，当然还包括在预热器及高温管路中。

7.2.3　重质油反应中的结焦

重质油的热解或催化裂解反应大都在 350 °C 以上进行，生成的自由基碎片均是挥发性的，因此其反应历程和煤、生物质及油页岩的热解历程不同，仅涉及挥发物的反应，但挥发物的自由基反应信息与煤、生物质及油页岩热解过程中的类似，也涉及析炭或结焦反应，特别是在催化剂上的结焦，这些反应主要涉及自由基机理。

煤、生物质及油页岩在热解过程中会生成两类焦，一类是原料反应残留的焦（char，可称为一次焦），另一类是挥发物在一次焦上的结焦（coke，可称为二次焦），二次焦的形成有点类似重质油热解过程中挥发物在催化剂上的结焦，但二次焦的表征非常困难，其波谱信号大都混杂在一次焦的信号中，所以文献报道极少，前面章节也未讨论。因此，本章重点介绍重质油热解和催化裂解过程中的结焦行为及相关自由基信息。

如前所述，无论是催化过程还是非催化过程，加氢或不加氢，重质油加工过程中均发生结焦。除了非催化的延迟焦化（利用少部分原料结焦换取大部分原料轻质化）外，其它结焦现象均是加工过程希望避免的，因其导致催化剂失活，系统积炭堵塞。

重质油结焦的机理比较复杂，大致可用四类理论阐述：①升温过程中重质油胶体体系发生破坏，大分子沥青质析出并团聚成焦的相分离理论；②反应过程中大分子沥青质吸附在催化剂上的吸附脱附理论；③催化裂化过程中碳正离子成焦理论；④大分子裂解产生的自由基碎片偶合、缩聚成为焦的自由基理论。原理上，这些机理均伴随自由基信息变化，但由于缺乏原位检测活性自由基的方法，且反应涉及的活性自由基数量大、种类多，因此相关研究极少，认识不足。

相分离理论的基础是沥青质的结构及其在胶体中的赋存状态。早期的沥青质模型应该是 Teh Fu Yen（晏德福）提出的，后来 Mullins 进行了修正，形成图 7-4 的模型[9]。该模型认为多个沥青质分子（左图）团聚形成约 1.5 nm 团簇（中图），这些团簇再聚集形成约 2～5 nm 的小颗粒（右图），这些颗粒以胶体状态存在于重质油中。在重质油热加工及催化加工过程中，由于温度或其它条件的改变沥青质颗粒从胶体体系中分离出来，成为初始观察到的焦。

Wiehe 等[10]研究了高温下冷湖减压渣油及其脱沥青油热反应过程中挥发分、庚烷可溶物、沥青质和甲苯不溶物（焦）的生成规律以及庚烷可溶物的热解规律（图 7-5），建立了渣油生焦的相分离动力学模型，发现渣油中轻组分的挥发使得液相油含量逐渐下降、沥青质含量不断增加，达到最大值后结焦开始，即相分离开始于沥青质含量到达最大值，结焦为沉积出的沥青质。

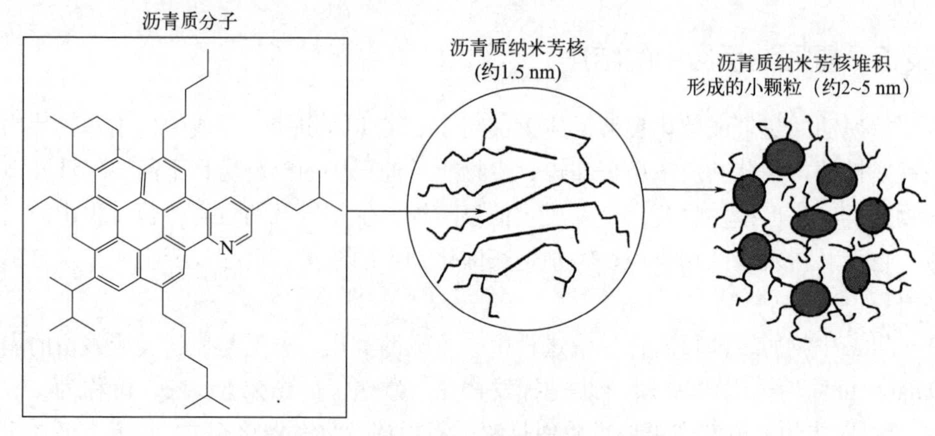

图 7-4 Mullins 修正的沥青质 Yen 模型[9]

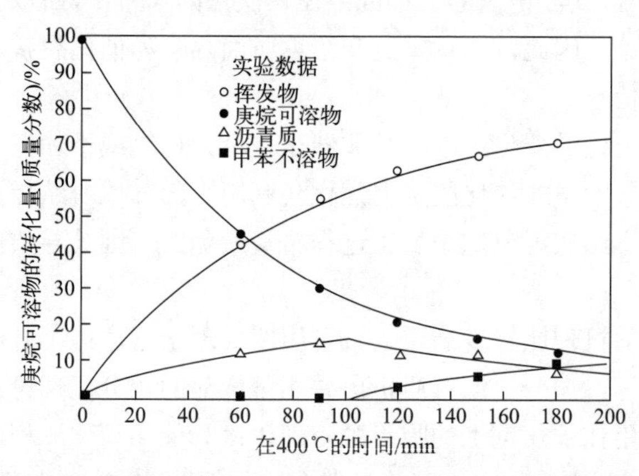

图 7-5 冷湖减压渣油的正庚烷可溶物在 400 °C 热解过程中四类组分的变化

沥青质在催化剂上的吸附脱附理论认为，催化剂上的初始结焦源于原料中的大分子物质、重芳烃和含杂原子的有机物在催化剂表面的吸附[11,12]。这些大分子有机物若不能在催化剂表面及时发生加氢、异构化和开环反应，从而使它们在催化剂表面的吸附力变小而脱附，则会在催化剂表面发生脱氢、裂解和缩聚反应形成结焦。显然，沥青质在催化剂上的吸附脱附理论涉及相分离理论，也涉及热裂解和加氢裂解反应。

7.3 重质油及其热解过程中的自由基信息

值得指出，上面介绍的重质油反应和结焦机理是基于理想条件下的推演和对最终产物的分析，并没有真实测定反应中的自由基信息。如第 2 章所述，自 1954 年以来，研究者已经使用 ESR 测定了很多重质有机物的稳定自由基信息，这些物质的原始自由基信息说明它们的反应历程并不理想，不能仅依靠不含自由基的结构中共价键键能大小判断断键和反应行为，因为起始断键的位置与结构中的原始孤电子位置有关，或由于自由基的存在，反应会在低于预期温度下发生。

7.3.1　重质油中的自由基信息

Garifianov 等于 1956 年报道了石油中存在 ESR 可测的稳定自由基；Gutowsky 等于 1958 年发现重质油的自由基浓度在 10^{16}～10^{18} spin/g 范围，自由基主要来源于沥青质；晏德福等于 1962 年发表了与石油及其加工产物有关的很多物质的自由基信息，如表 7-4 中一些石油沥青的自由基信息和表 7-5 中一些石油加工产物的 g 值及自旋轨道相互作用，发现对于芳香度为 0.26～0.53 的沥青质，自由基浓度在 10^{18} spin/g 量级，线宽约为 5.4～7.5 Gs，g 值约在 2.003 水平；炭黑的 g 值范围很大，从 2.0019～2.0041；碳正离子的 g 值在 2.0025，碳负离子的 g 值略高，约为 2.0026～2.0029；半醌的 g 值较高，达 2.0041～2.0047[13]。Elofson 等于 1977 年报道了 100 种原油和 12 种油砂中沥青质的自由基含量、线宽和 g 值，发现这些自由基的性质与重质油的地理分布和性质有关[4]。

表 7-4　一些石油沥青的自由基信息[13]

石油沥青名称	g 值	自旋轨道相互作用$(\lambda/\Delta)\times10^4$	线宽/Gs	自由基浓度/(10^{18} spin/g)	芳香度（X 射线）
Wafra No. A-1	2.0036	13	5.6	2.21	0.37
Wafra No. A-17			5.7	1.88	0.35
Mara	2.003	7	6.7	1.68	0.35
Ragusa	2.0023	4	5.4	2.12	0.26
Baxterville	2.003	7	5.7	4.39	0.53
Lagunillas			7.5	1.81	0.41
Burgan			5.7	1.86	0.38
Raudbatain			5.6	1.62	0.32

注：1 Gs = 10^{-4} T。λ是描述自旋轨道耦合（电子自旋磁矩与轨道磁矩相互作用）的参数；Δ是电子基态和第一激发态之间的能量差（二者的单位参见文献）；$\lambda/\Delta \approx |g-g_e|$，其中 g 是样品的 g 值，g_e 是纯自旋的 g 值。

表 7-5　石油加工过程中一些物质的自由基信息[13]

类别名称	物质名称	g 值	自旋轨道相互作用$(\lambda/\Delta)\times10^4$
炭黑	Philblack A	2.0035	12
	Philblack O	2.0031	8
	Wyex	2.0023	0
	乙炔炭黑	2.0031	8
	Thermal (P-33)	2.0019	4
	Spheron 6	2.0041	18

续表

类别名称	物质名称	g 值	自旋轨道相互作用(λ/Δ)×10^4
碳正离子	蒽正离子	2.0025	2
	1,2-苯并蒽正离子	2.0025	2
	二萘嵌苯正离子	2.0025	2
	晕苯正离子	2.0025	2
碳负离子	蒽负离子	2.0027	3
	二萘嵌苯负离子	2.0026	2
	晕苯负离子	2.0029	6
半醌	1,4-苯并半醌	2.0047	24
	2-甲基-1,4-苯并半醌	2.0046	23
	1,4-石脑油半醌	2.0044	21
	9,10-蒽半醌	2.0041	18
天然碳或氮的自由基	*p,p'*-二苯甲基二苯甲烷	2.0025	2
	p,p'-二苯甲基二苯丁烷	2.0025	2
	三(4-联苯基)甲烷	2.0031	8
	p,p'-二苯甲基联苯	2.0031	8
	正丙酰基-9-氨基咔唑	2.0036	13
	三(4-硝基苯基)甲烷	2.0037	14
	1,1-二苯基苦基苯肼	2.0036	13

重质油会接触空气，并与空气中的氧发生化学作用。当重质油与氧气接触的时间较长时，人们认为发生了老化或氧化作用，这种作用会导致重质油的自由基浓度变化并被 ESR 检测到，升高温度会加速这种变化。Lewis 等[14]将 21 种多环芳烃置于 4 mm 内径的耐热玻璃管中，在氧气鼓泡和升温条件下检测 ESR 信号的变化。发现在 80～265 °C 范围 20 min 左右就可观察到多环芳烃发生了明显的颜色加深和自由基信号变化。表 7-6 是这些多环芳烃氧化后的自由基信息。显然，氧化后约一半物质的自由基显示出 ESR 的超精细结构，自由基的 g 值在 2.0029～2.0040 范围，说明孤电子位于芳氧基上，即位于与芳碳化学键合的 O 原子上，大约以氢过氧化物和醌的形式存在，进而说明氧化过程中 O 原子取代了多环芳烃分子中活性最高位置上的 H 原子，如图 7-6 所示，也会发生如图 7-7 所示的孤电子迁移。另外，这些自由基 g 值偏离自由电子 g 值（2.002319）的程度（Δg）与最低空轨道（LUMO）能量系数（$-m^{m+1}$，图 7-8）呈线性关系，也与极谱半波还原电位（the polarographic half-wave reduction potential，图 7-9）呈线性关系，因此作者认为，氧化后这些多环芳烃保留了原来的芳香结构，仅是增加了氧原子取代基。

表7-6　芳香化合物与 O_2 反应生成的自由基的信息

序号	化合物名称	化合物结构	反应温度/°C	超精细分裂谱线数	线宽/Gs	g值
1	二氢蒽	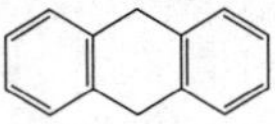	105	66	0.1	2.00339±0.00003
2	蒽	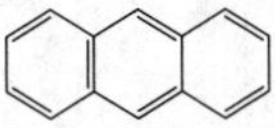	85	20	1.0	2.00370±0.00001
3	并四苯	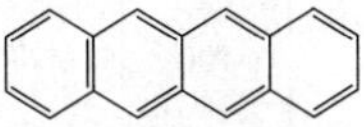	120	无	4.0	2.00331±0.00010
4	并五苯	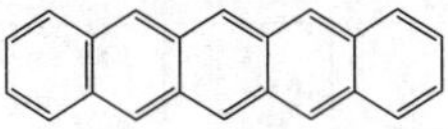	120	31	0.3	2.00295±0.00001
5	联二蒽	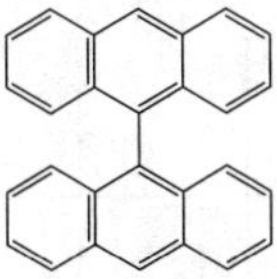	120	100	0.12	2.00338±0.00002
6	二萘嵌苯	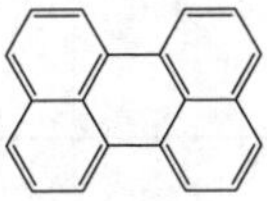	130	60	0.09	2.00322
7	嵌二萘	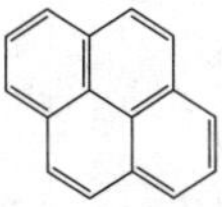	145	46	0.08	2.00399±0.00001
8	9,10-二甲基蒽	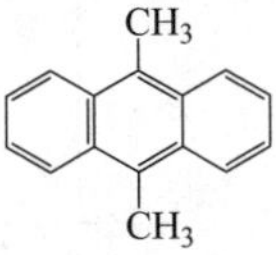 CH_3 CH_3	265	25+	0.3	2.00335±0.00010
9	荧蒽	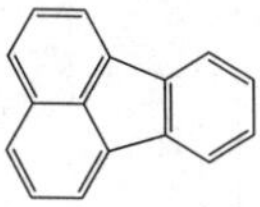	80	2	2	2.0038±0.0004
10	3,4-苯并芘	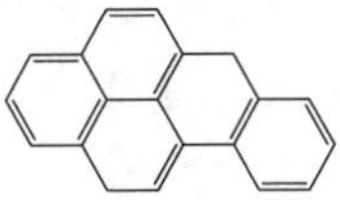	75	166	0.08	2.00348±0.00002
11	1,2-苯并芘	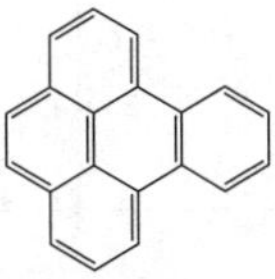	95	30	0.1	2.00402
12	甘菊环	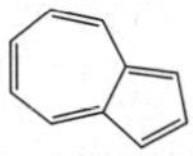	100	无	4	2.00313±0.00005

续表

序号	化合物名称	化合物结构	反应温度/°C	超精细分裂谱线数	线宽/Gs	g 值
13	苯并蒽	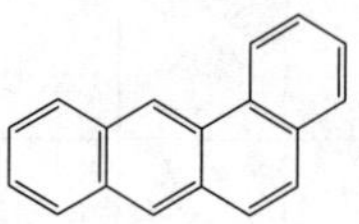	80	无	4	2.00385±0.00004
14	蒽嵌蒽	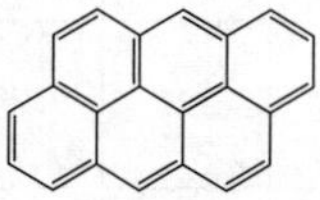	100	～30	0.4	2.00332±0.00002
15	1,2:5,6-二苯蒽	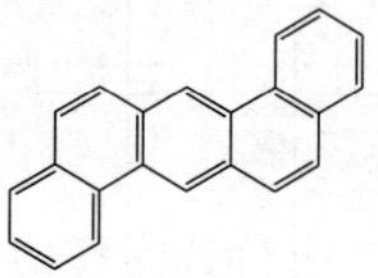	120	无	3	2.00378±0.00005
16	1,2:7,8-二苯蒽	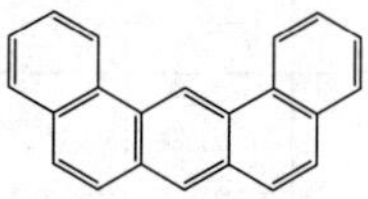	120	无	3	2.00384±0.00005
17	晕苯	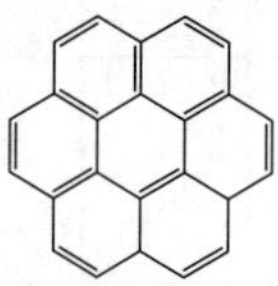	180	无	5	2.0034±0.0001
18	苊烯	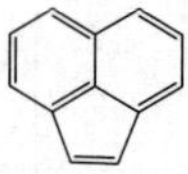	265	19	0.3	2.0032±0.0001
19	联亚二氢苊	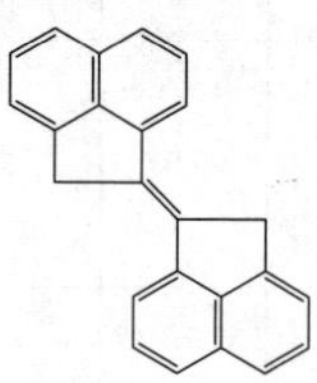	265	19	0.4	2.00326±0.00006
20	苯并[g,h,i]芘	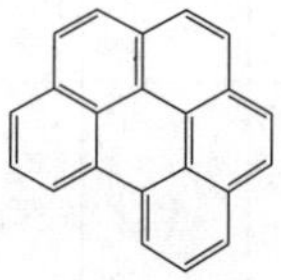	155～200	～30	0.1	
21	4*H*-环五菲	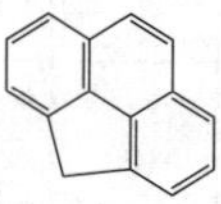	80	无	5	

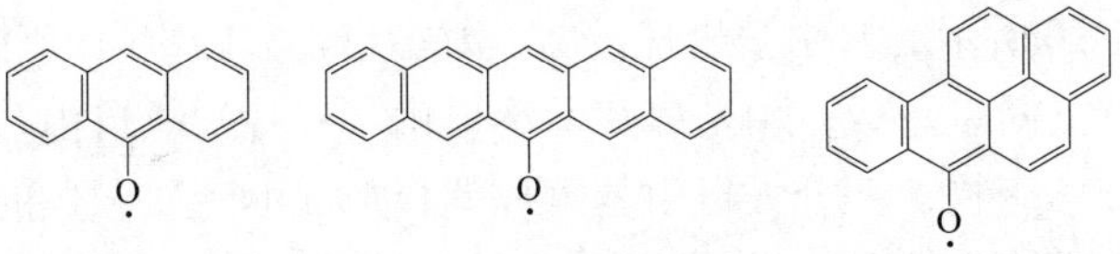

图 7-6 部分多环芳烃氧化后形成的含氧结构

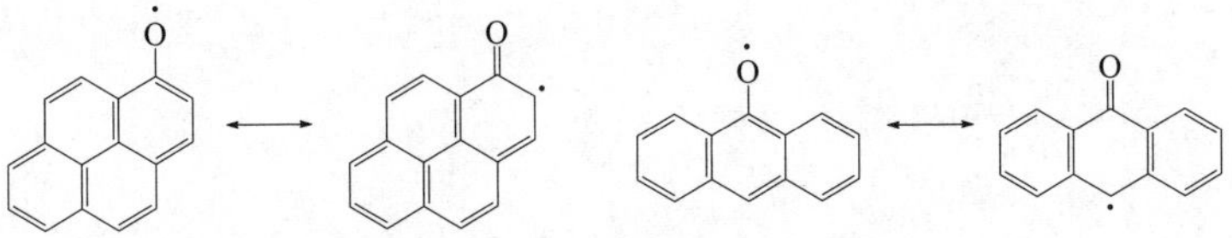

图 7-7 部分多环芳烃氧化后的结构转化

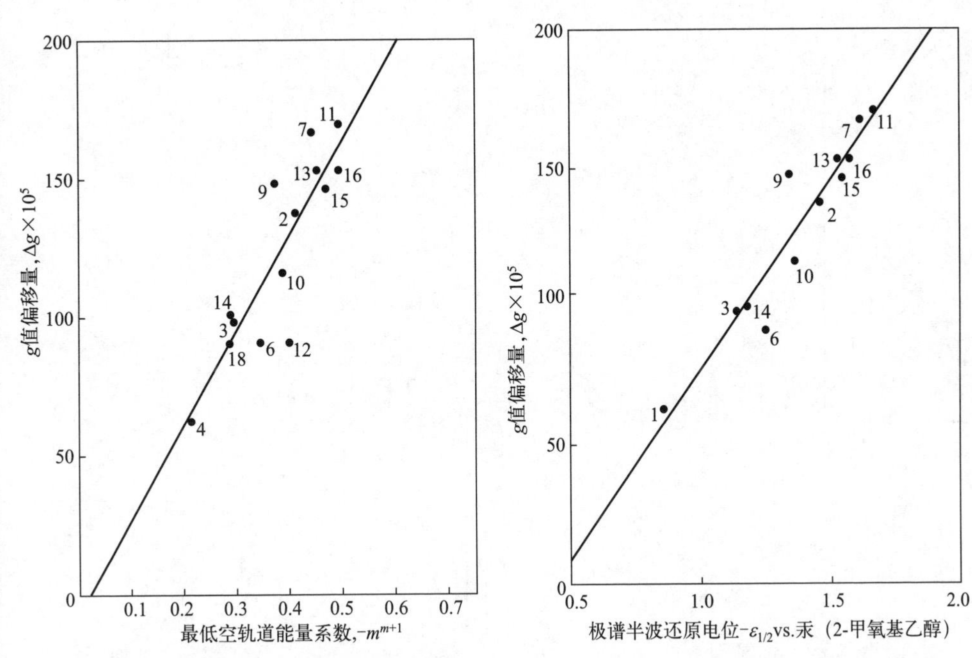

图7-8 多环芳烃氧化自由基 g 值偏离自由电子 g 值的程度（$\Delta g\times10^5$）与最低空轨道（LUMO）能量系数（$-m^{m+1}$）的关系（化合物编号见表 7-6）

图 7-9 多环芳烃氧化自由基 g 值偏离自由电子 g 值的程度（$\Delta g\times10^5$）与极谱半波还原电位（$\varepsilon_{1/2}$）的关系（化合物编号见表 7-6）

7.3.2 重质油热解过程中的 ESR 自由基信息

如前所述，重质油热解主要包括活性自由基的产生、反应及偶合湮灭。由于活性自由基的反应很快，尚无仪器能够直接检测并量化它们，因而前人主要研究了不同馏分或产物的质量变化，辅之以概念性和猜测性的自由基机理解释。比如，Kawai 等[15]研究了科威特减压渣油和模型化合物的热裂解反应，基于反应产物分布提出了如图 7-10 所示的自由基机理：沥青质先从碳-非碳键（如脂肪 C_{al}—S 键）、芳香桥键和支链处断裂形成自由基碎片，小自由基碎片与氢自由基或小自由基碎片结合形成小分子产物；部分大自由基碎片偶合形成沥青质和焦的前驱物等大分子产物；大自由基碎片或产物经脱烷基、脱氢和缩聚等反应生成不溶的焦从液相析出。实际上这个过程也会发生于催化剂表面，热解生成的自由基碎片也会吸附于催化剂表面。

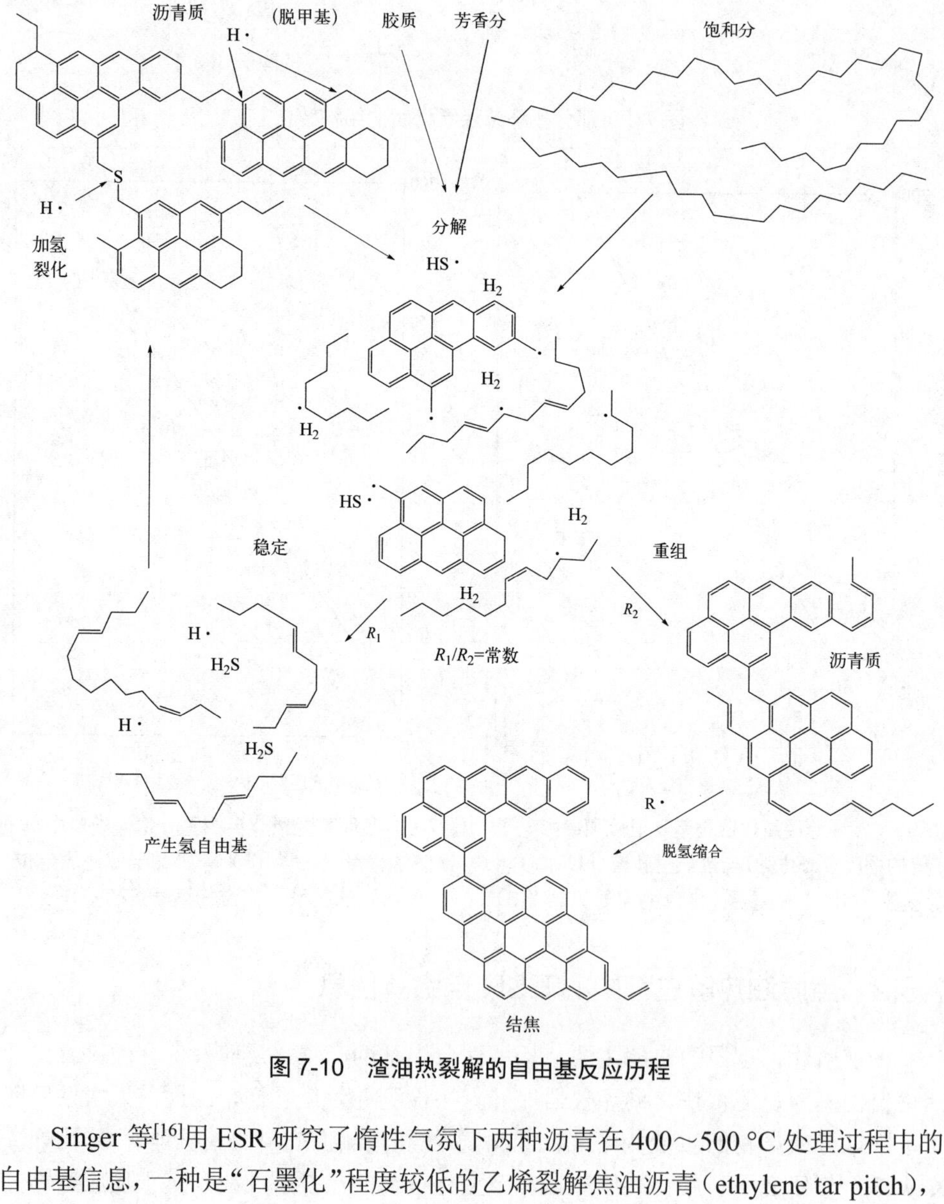

图 7-10　渣油热裂解的自由基反应历程

Singer 等[16]用 ESR 研究了惰性气氛下两种沥青在 400～500 °C 处理过程中的自由基信息，一种是“石墨化”程度较低的乙烯裂解焦油沥青（ethylene tar pitch），另一种是“石墨化”程度较高的石油催化裂解沥青（petroleum pitch），发现前者的自由基浓度高于后者；随热处理时间延长，两种沥青的自由基浓度均不断升高［图 7-11(a)］，线宽逐渐变窄［图 7-11(b)］，这些参数均与热处理时间的对数呈线性关系。自由基浓度的这种变化与沥青质的碳/氢原子比增大（图 7-12）、吡啶不溶物含量增加（图 7-13）呈正相关关系，但不同原料的趋势线不同，同种原料不同热处理温度的数据呈现相同趋势线。另外，反应温度越高，ESR 线宽越小。基于这些数据，作者认为 ESR 测定的自由基浓度是沥青分子量的函数，这些自由基的生成是沥青热处理过程的限速步骤。显然，后一认识是不正确的，因为基于前几章的讨论可知，ESR 测定的自由基不是原料裂解过程中生成的活性自由基，而是活性自由基偶合及缩聚过程中包裹在大分子结构中的孤电子，这些孤电子是裂解的残留物，其量约为活性自由基的千分之一量级。从另一角度讲，裂解生成

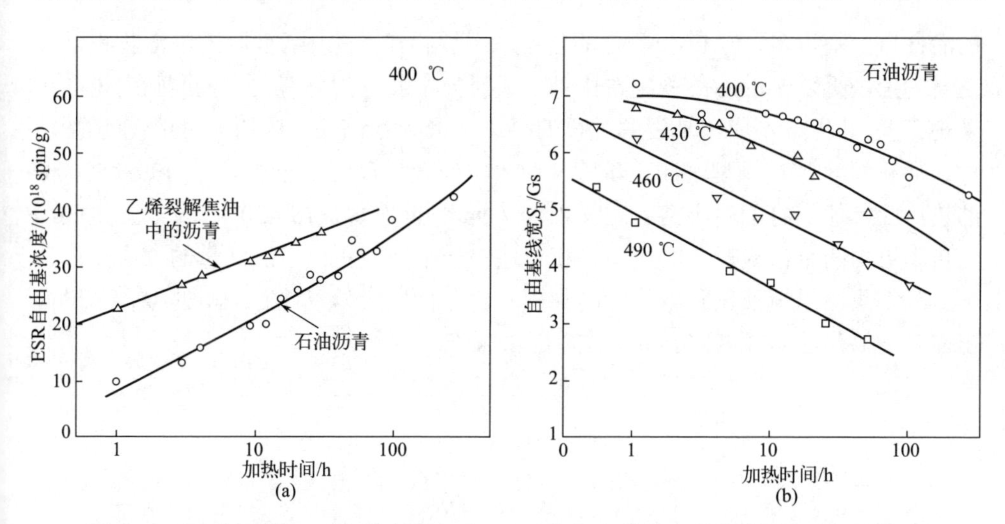

图 7-11　两种沥青的 ESR 自由基含量和石油焦自由基谱线宽度随加热时间的变化

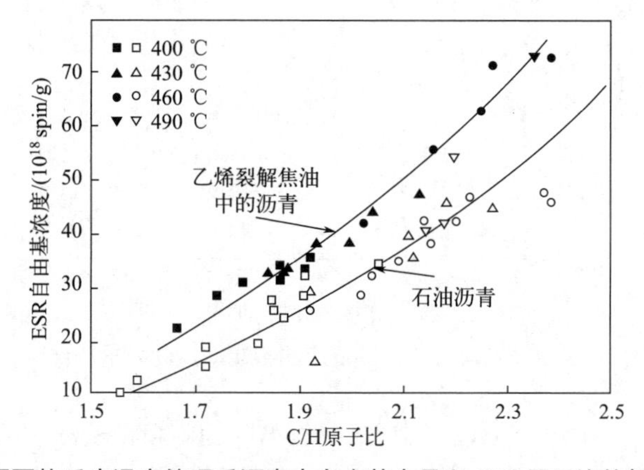

图 7-12　不同热反应温度处理后沥青中自由基含量和 C/H 原子比的相对变化关系

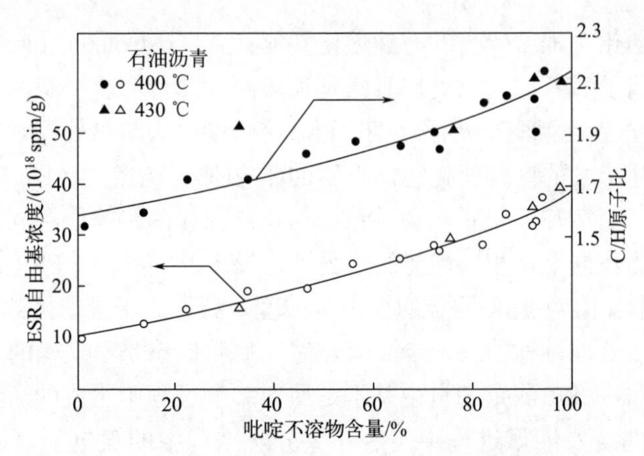

图 7-13　不同热反应温度处理后沥青的自由基含量随吡啶不溶物含量的变化

的活性自由基很多，但 ESR 测定的自由基主要存在于焦中，而吡啶不溶物也常被定义为焦，所以 Singer 的稳定自由基生成研究主要与生焦有关，更准确地说与焦结构有关，其生成不应该是裂解过程的限速步骤，甚至不是裂解生焦的限速步骤。

师新阁等[17]在微型密闭玻璃管反应器中研究了茂名常压渣油在 400～500 °C 的热反应，他们将 CS_2 不溶物定义为焦（析炭），发现焦在 420 °C 及以上生成，结焦率可由两个二级反应的速率之和表述，一个速率正比于渣油量的二次方，另一个速率正比于渣油量和结焦量的乘积（自催化反应）。从图 7-14 的拟合结果得出前者的活化能是 328 kJ/mol，后者是 56 kJ/mol。

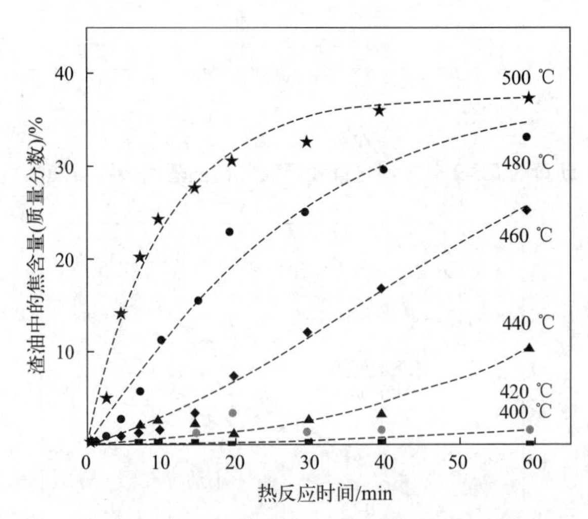

图 7-14　茂名常压渣油热反应的积炭率及动力学拟合线

图 7-15 显示，上述反应过程中 ESR 检测的稳定自由基浓度变化非常类似于图 7-14 的积炭率变化，且自由基浓度变化率不能用一级反应动力学表述［图

7-15(a)]，可用两个一级反应的速率之和表述，一个对渣油量，另一个对积炭量[图 7-15(b)]，前者的活化能为 168 kJ/mol，后者的活化能为 98 kJ/mol。图 7-16 和图 7-17 显示，当结焦质量分数小于 3.4%时，体系的稳定自由基主要存在于油中，当结焦质量分数大于 8%时，90%以上的稳定自由基存在于焦中。结焦过程中，焦结构不断演化，其芳香度随结焦量线性升高，从结焦质量分数为 8%时的 80%左右增长到结焦质量分数为 33%时的 90%左右；焦的硫质量含量从结焦质量分数为 14%的 6.7%左右下降到结焦质量分数为 33%的 5.8%左右（图 7-18）；自由基的线宽（ΔH_{pp}）从初始焦的 0.60 mT（等于 6.0 Gs）左右下降到结焦质量分数为 33%的 0.42 mT 左右，g 值从初始焦的 2.00325 左右下降到结焦质量分数为 33%的 2.00280 左右（图 7-19）。这些自由基信息的变化与渣油中芳香桥碳含量增加有关，对应的渣油芳香桥碳含量从 1.9%增加至 8.6%，说明芳香结构的缩聚程度增加。

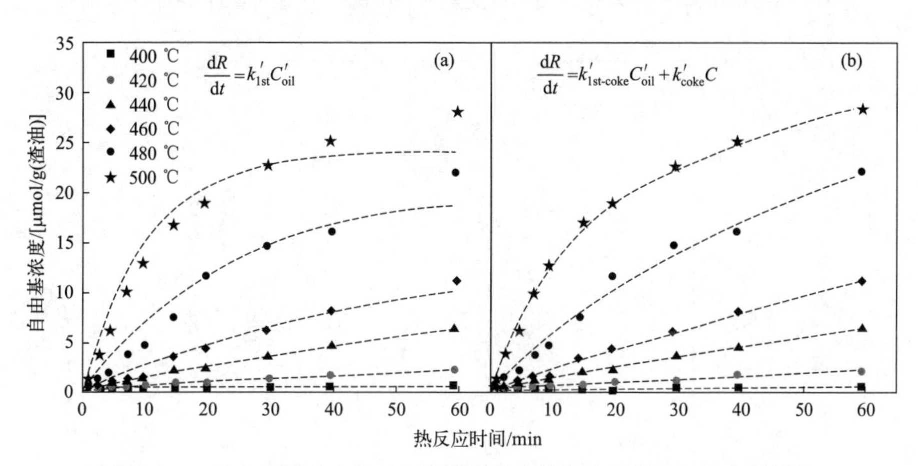

图 7-15　茂名常压渣油热反应结焦的自由基浓度的变化及动力学拟合

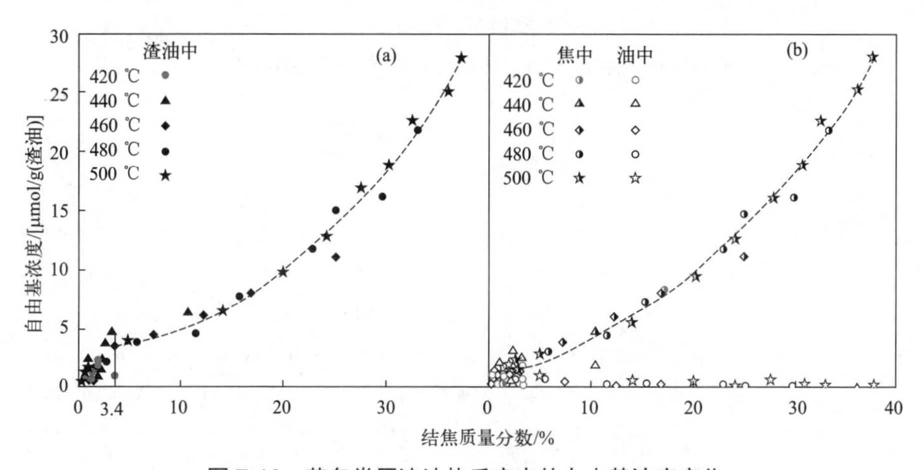

图 7-16　茂名常压渣油热反应中的自由基浓度变化

(a) 总量；(b) 焦中（半实心符号）和油中（空心符号）

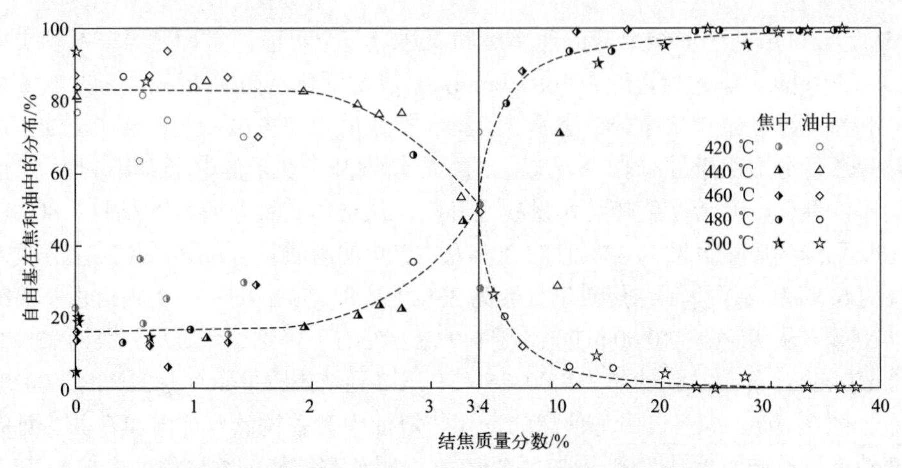

图 7-17　茂名常压渣油热反应焦和油中的自由基浓度的分布

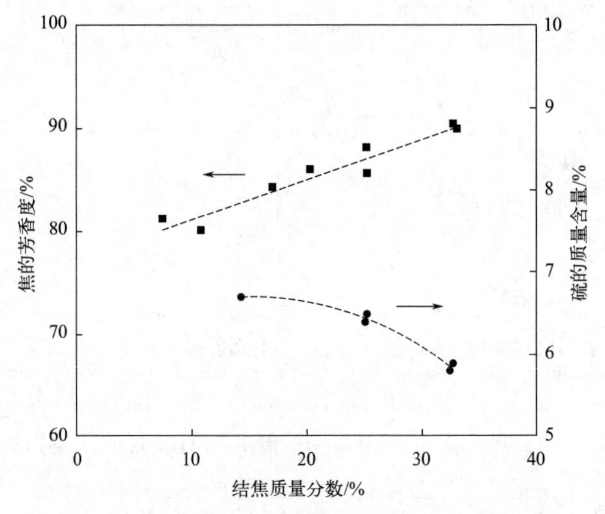

图 7-18　茂名常压渣油热反应焦中的芳香碳和硫分布

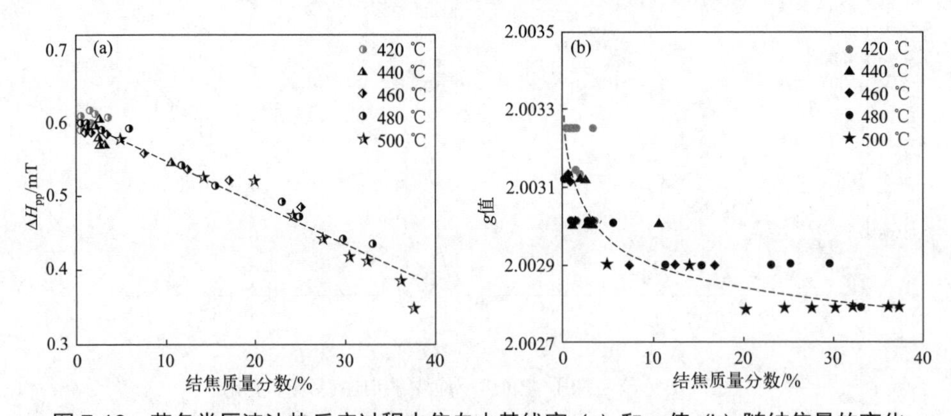

图 7-19　茂名常压渣油热反应过程中焦自由基线宽 (a) 和 g 值 (b) 随结焦量的变化

7.3.3　重质油组分在热解过程中的相互作用及 ESR 自由基浓度

如前所述，按照族组成的观点，重质油含有饱和分、芳香分、胶质和沥青质，这些组分在热解过程中发生不同程度的反应，且这些反应之间还有相互作用。为了认识这些组分在重质油热解过程中的作用，王廷等[18]用密闭的微型玻璃管研究了安庆（AQ）和青岛（QD）两种减压渣油及其族组成在热解中的结焦行为及过程中发生的稳定自由基浓度变化。两种减压渣油的部分性质如表 7-7 所示，与安庆渣油相比，青岛渣油较重，沥青质含量较高。

表 7-7　两种减压渣油的部分性质

减压渣油性质		安庆（AQ）	青岛（QD）
密度（20 °C）/(kg/m^3)		1001	1049
庚烷可溶物（Mal）质量分数/%	饱和分（Sa）	15.6	5.4
	芳香分（Ar）	37.5	48.7
	胶质（Re）	41.6	29.3
庚烷不溶物质量分数/%	沥青质（Asp）	5.3	16.6

研究发现，安庆渣油的反应性较低，在 440 °C 的结焦率很低；青岛渣油的反应性较高，结焦率显著高于安庆渣油（图 7-20）；两种渣油中沥青质组分的结焦率很高（图 7-21），安庆渣油中沥青质的结焦率在 60%左右，青岛渣油中沥青质的结焦率更高；这两种渣油及其族组分 Mal 和 Asp 热解过程中的自由基浓度变化与结焦率的变化类似，但更精细地显示了缩聚反应。如图 7-22 显示，安庆渣油的自由基浓度在 420 °C 就已经显著上升，说明发生了裂解及缩聚反应；Asp 热解的

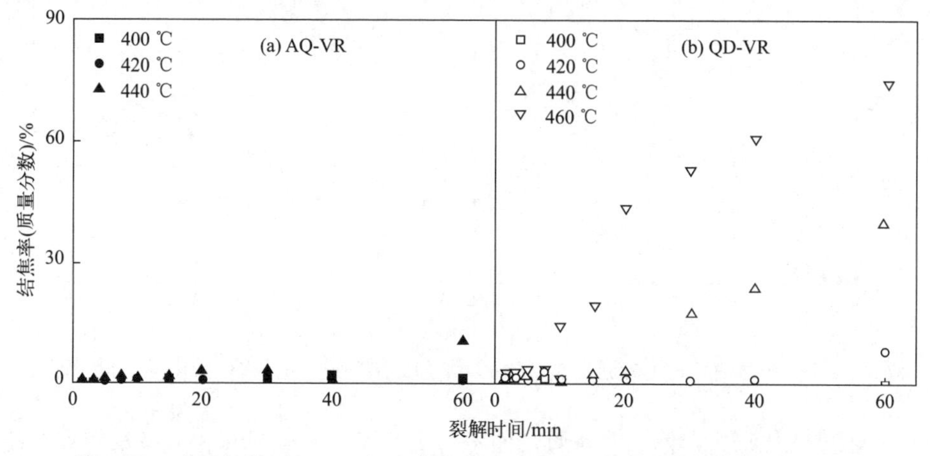

图 7-20　安庆渣油（AQ-VR）和青岛渣油（QD-VR）热裂解过程中的结焦率

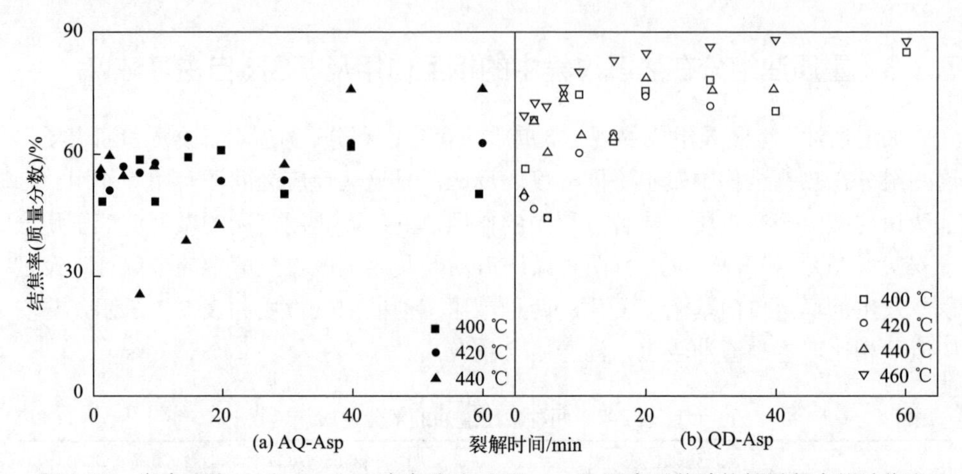

图 7-21 安庆渣油（AQ-Asp）和青岛渣油（QD-Asp）沥青质单独热解过程中的结焦率

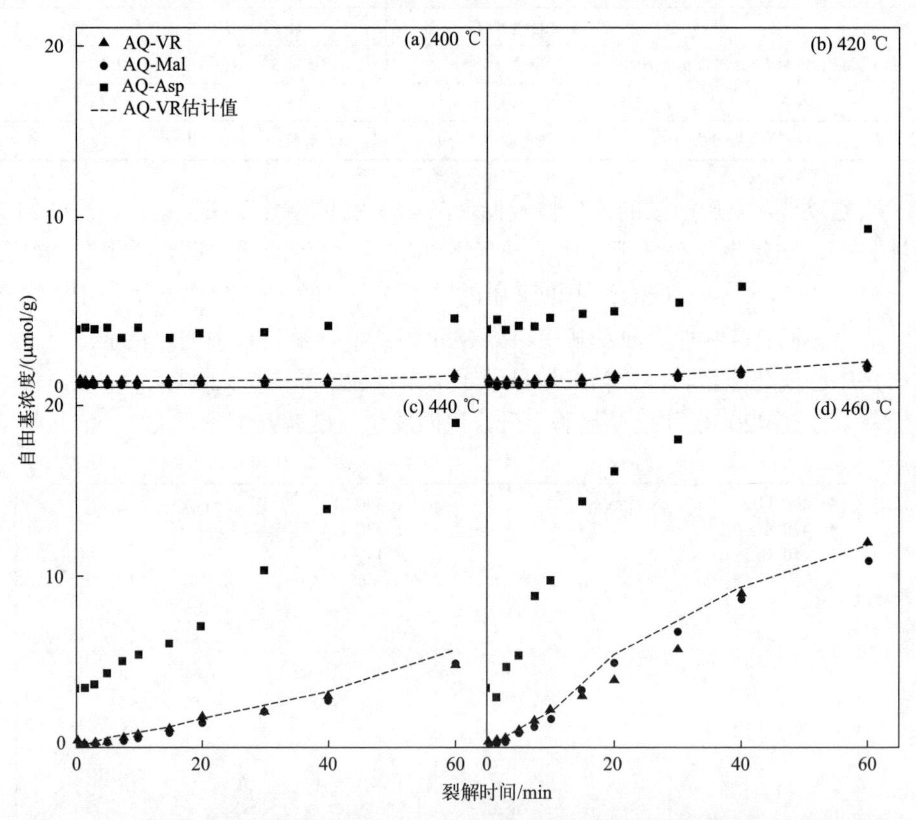

图 7-22 安庆渣油及其组分沥青质（Asp）和 Mal 热解过程中的稳定自由基浓度变化

自由基浓度变化最大，说明沥青质是缩聚的主要组分；由 Mal 和 Asp 的自由基浓度计算获得的渣油理论自由基浓度与实际测到的类似，说明渣油族组分在缩聚反应中的相互作用不大。

图 7-23 中两种渣油热解过程中稳定自由基浓度和结焦率的关系显示，低结焦率（< 4%）时，自由基浓度变化快（斜率较大），高结焦率时自由基浓度变化较慢，认为渣油裂解初期的结焦主要源于大分子物质的团聚和裂解，如 Asp 裂解释放小分子物质，导致结焦增量较小，自由基浓度增加较多；因为渣油的沥青质含量较低（表 7-7），裂解后期形成的焦主要源于其它组分（如 Mal 及其中的胶质）在已形成焦表面的反应；由于焦表面的自由基易于和液相的活性自由基反应，因此焦质量增加伴随的自由基浓度增加量较少。图 7-24 中沥青质裂解过程中结焦率和自由基浓度的关系显示，主要生焦组分沥青质在低温下（400 °C）发生团聚，但裂解量很少，所以自由基浓度随结焦率增加的变化不大；温度升高到 440 °C 及以上时，沥青质的裂解和缩聚量增大，所以结焦率的变化较小，但自由基浓度的变化较大。

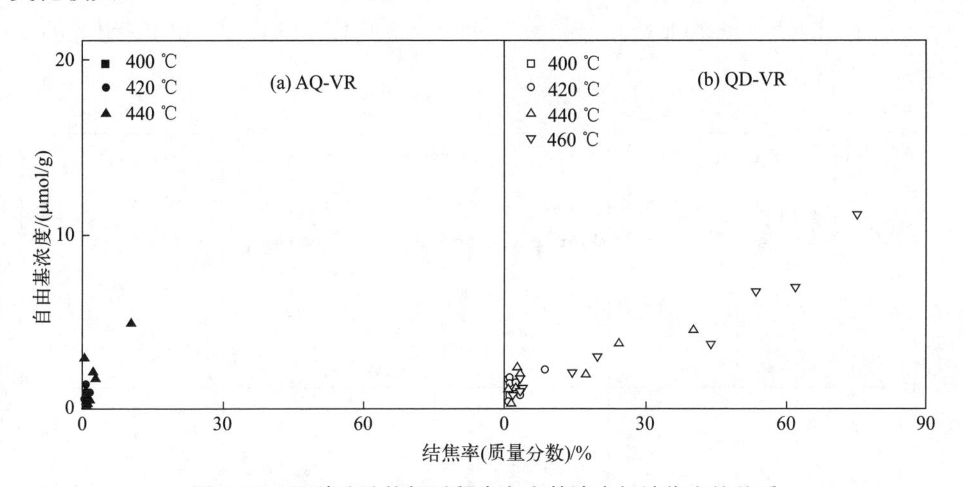

图 7-23　两种渣油热解过程中自由基浓度与结焦率的关系

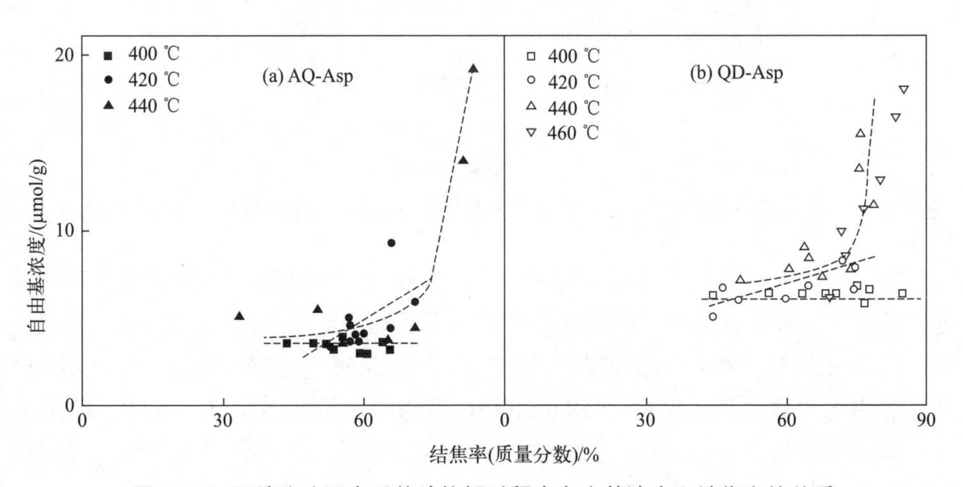

图 7-24　两种渣油沥青质单独热解过程中自由基浓度和结焦率的关系

基于渣油中各组分独自热解过程中的稳定自由基浓度变化以及它们在渣油中的分布，王廷等计算了渣油热解过程中实际检测的自由基浓度与各组分不发生相互作用假定下的“理论”自由基浓度的差值，通过图 7-25（安庆渣油）的对比，发现饱和分（Sa）和芳香分（Ar）共存与否对体系的自由基浓度的影响很小，可能源于这两个组分的裂解反应性均较差；Sa 和胶质（Re）共存会降低体系的自由基浓度，可能说明 Sa（如其稀释作用）抑制了 Re 结焦；Ar 和 Re 共存会增加体系的自由基浓度，可能源于带有侧链的 Ar 分子会发生裂解，也可能源于 Re 裂解生成的自由基诱导了 Ar 的反应。值得注意的是，Asp 与其它 3 个组分共存时均增加了热解过程中体系的自由基浓度，应该说明 Asp 热解生成的自由基碎片促进了其它 3 个组分的裂解和自由基缩聚，至少说明其它 3 个组分并不具备文献中报道的向 Asp 热解生成的自由基供氢的能力。这个推断应该是可靠的，因为所研究的两种渣油都是高温裂解后的产物，它们中 Sa、Ar 和 Re 组分的供氢能力应该很低。

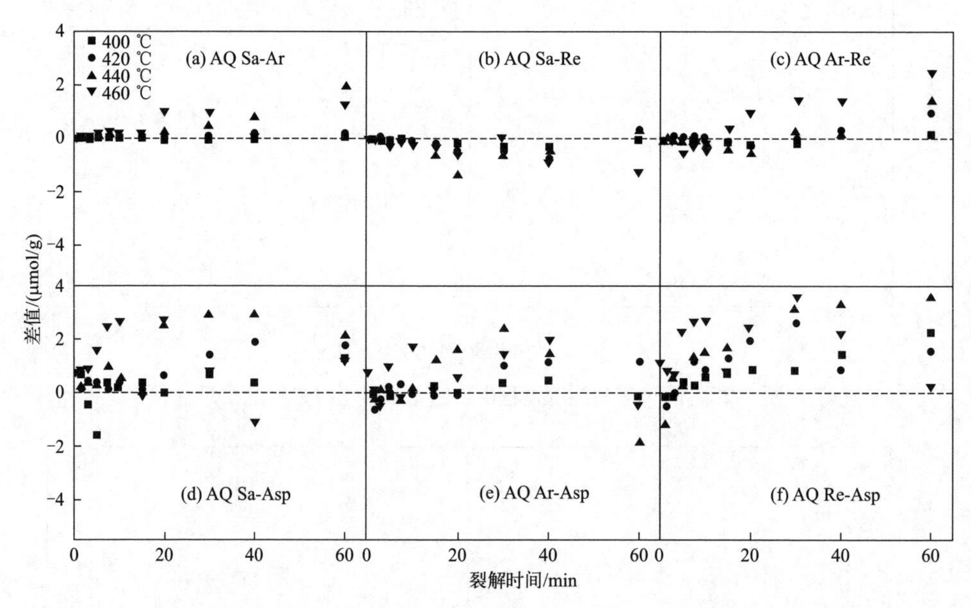

图 7-25　AQ 渣油热解的 ESR 自由基浓度与其组分 ESR 自由基浓度的加权平均值的差值

为了确认供氢会减少 Asp 热解过程中的缩聚反应并使得自由基浓度下降的假定，研究了 Asp 在四氢萘（供氢溶剂）存在下的裂解，图 7-26 显示，四氢萘确实降低了 Asp 热解过程中的稳定自由基浓度。比如 460 °C 热解 20 min 时，Asp 自身热解的稳定自由基浓度约为 18 μmol/g；但当四氢萘比 Asp 为 0.6 时，热解的自由基浓度降至约 8 μmol/g；当四氢萘比 Asp 为 2 时，热解的自由基浓度降至约 2.5 μmol/g。

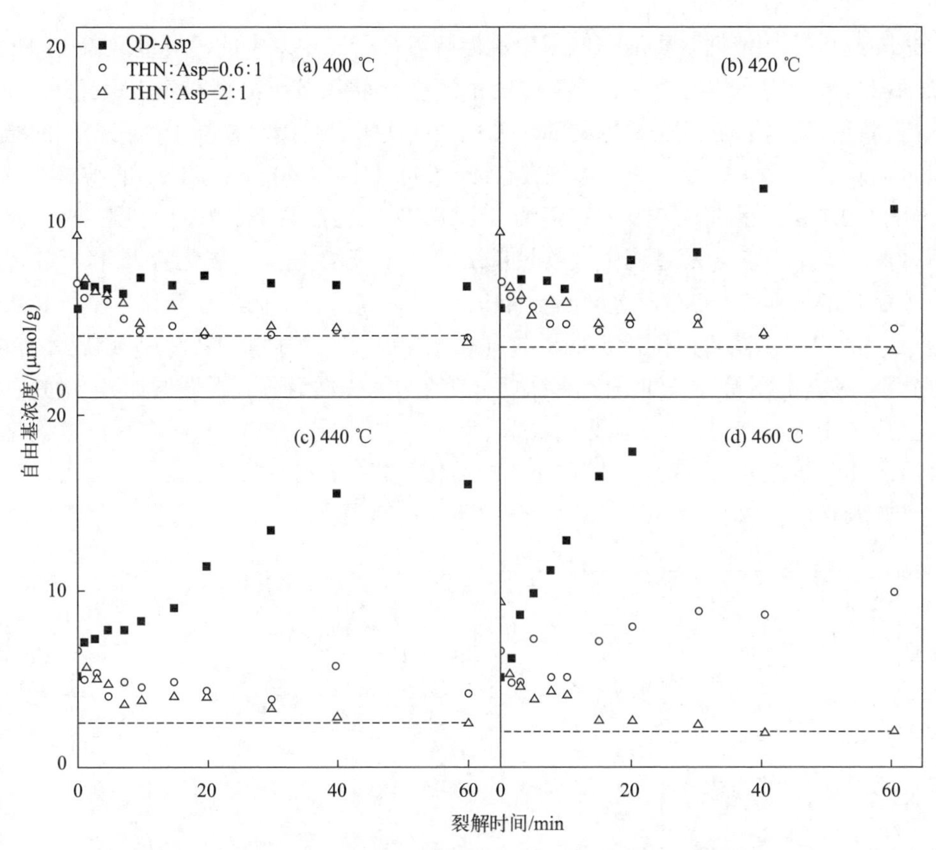

图 7-26　青岛渣油中沥青质在四氢萘中热解过程中的自由基浓度变化

7.3.4　重质油热解焦的性质演化及 ESR 自由基信息

需要指出，重质油的族组分是依据其中的分子在不同溶剂中的溶解度判断的，因此不同溶剂确定的相同名称的族组分的组成不同，它们在热裂解反应中的缩聚反应程度和自由基信息也不同。比如，有的文献定义沥青质为不溶于正庚烷但溶于甲苯或四氢呋喃，或二硫化碳，或氯仿等溶剂的物质，有的文献定义沥青质为不溶于正己烷，但溶于上述某一溶剂的物质。同样，不同文献对热解过程中形成焦的定义也不同，有的文献定义焦为甲苯不溶物，有的文献定义焦为四氢呋喃不溶物，有的文献定义焦为二硫化碳不溶物，还有的文献定义焦为氯仿不溶物。所以焦名称虽然相同，但不同文献研究的焦的组成和结构不同。这种定义的模糊性使得不同文献讨论的沥青质或焦的性质及反应行为没有可比性。但这种定义的差别可被用来研究沥青质或焦结构的演化，即用不同溶剂萃取同一样品，研究不同定义下的沥青质或焦的量和结构，从而较为深入地认识沥青质或焦的组成及其在反应中的演化。

陈泽州等[19]依据重质油在氯苯中的溶解度高于在甲苯中的溶解度现象（即重质油在氯苯中的不溶物少于在甲苯中的不溶物），将氯苯不溶物（W_{CI}）定义为“硬焦”，将甲苯不溶物（W_{TI}）定义为“总焦”＝软焦＋硬焦，并基于此在密闭的微型玻璃管反应器中研究了一种渣油在 250～500 °C、0～40 min 条件下的结焦率及 ESR 自由基信息的演化。发现该渣油含总焦 7%，包括约 3%的硬焦和约 4%的软焦（$W_{TI}-W_{CI}$）；在热解过程中，软焦量于 350 °C 开始增加，硬焦量于 440 °C 以上才显著增加（图 7-27），温度高于 440 °C 时，软焦逐渐向硬焦转化。鉴于总焦量在 350 °C 以上随着时间增加而单调升高，并趋向一个平衡值；硬焦量显示出自催化反应的 S 型特征（即从缓慢增加到快速增加，然后再到缓慢增加），认为总焦生成可用式（7-1）的二级反应表述，硬焦生成可用式（7-2）的二级＋自催化反应表述。经过式（7-3）～式（7-6）的转化，式（7-1）和式（7-2）可以表述为式（7-7）和式（7-8）。

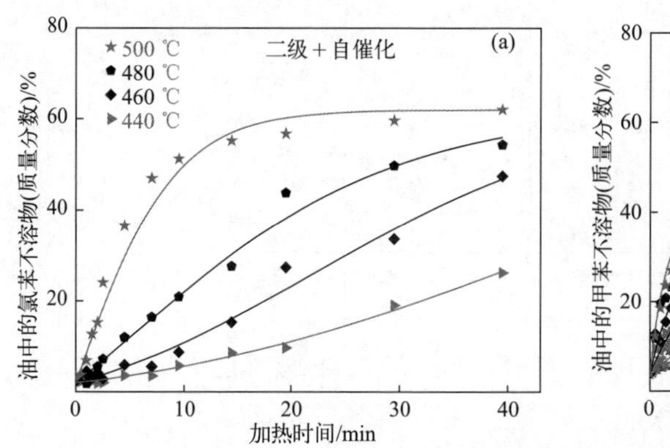

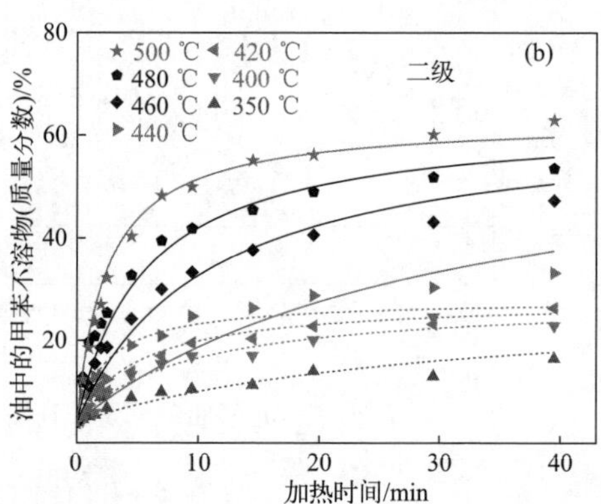

图 7-27　不同温度下不溶物的质量分数

(a) 硬焦 W_{CI}；(b) 总焦 W_{TI}

$$\frac{dC_{TI}}{dt}=k_{TI,2nd}{C''_{oil}}^2 \tag{7-1}$$

$$\frac{dC_{CI}}{dt}=k_{CI,2nd}{C'_{oil}}^2+k_{CI,auto}C'_{oil}C_{CI} \tag{7-2}$$

$$C_{TI}=C_0W_{TI} \tag{7-3}$$

$$C''_{oil}=C_0(W_{TI,max}-W_{TI}) \tag{7-4}$$

$$C_{CI}=C_0W_{CI} \tag{7-5}$$

$$C'_{oil}=C_0(W_{CI,max}-W_{CI}) \tag{7-6}$$

$$\frac{dW_{TI}}{dt}=k_{TI,2nd}C_0(W_{TI,max}-W_{TI})^2 \tag{7-7}$$

$$\frac{dW_{CI}}{dt} = k_{CI,2nd}C_0(W_{CI,max} - W_{CI})^2 + k_{CI,auto}C_0(W_{CI,max} - W_{CI})W_{CI} \tag{7-8}$$

式中，C_0 为初始渣油量；W_{TI} 和 W_{CI} 分别为总焦和硬焦在渣油中的质量分数；$W_{TI,max}$ 和 $W_{CI,max}$ 分别为最大总焦量和最大硬焦量；各种 k_i 为速率常数。

动力学拟合显示，硬焦生成的自催化反应速率常数 $k_{CI,auto}$ 大于二级反应速率常数 $k_{CI,2nd}$（图 7-28），表明自催化作用在硬焦形成中的作用很显著；总焦在 350～440 °C 范围的生成速率常数大于其在 440～500 °C 的生成速率常数，表明软焦向硬焦转化会释放轻组分导致焦质量减少。另外，作者认为图 7-27(a) 的 S 型趋势也可能说明结焦的诱导现象，即已经形成的焦促进了新焦生成，自催化的本质就是诱导结焦。从图 7-28 得出的硬焦生成活化能为：$E_{CI,2nd}$ = 269 kJ/mol，$E_{CI,auto}$ = 237 kJ/mol，说明自催化结焦的能垒较低，反应速率受温度的影响较小。总焦生成的活化能在 350～440 °C 范围为 98 kJ/mol，在 440～500 °C 范围为 184 kJ/mol，说明软焦（主要在低温段）比硬焦（主要在高温段）更易生成。

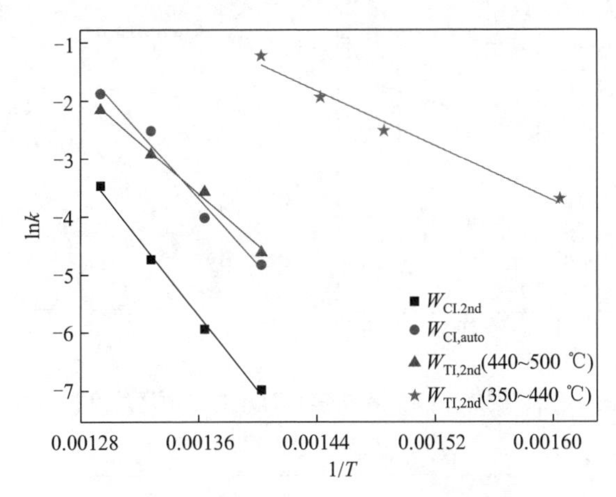

图 7-28 W_{CI} 和 W_{TI} 的阿伦尼乌斯图

图 7-29 显示了上述反应过程中 ESR 测定的反应体系总自由基浓度（C_t）的变化。显然，该渣油的 C_t 初始为 0.35 μmol/g，350 °C 时开始增加，在 500 °C 40 min 实验结束时达到最大值 26.6 μmol/g。这个规律与图 7-27(b) 的总焦量（W_{TI}）变化有所不同，即总焦量进入渐近线阶段时 C_t 仍然保持显著升高的趋势。硬焦和软焦均含有稳定自由基，但自由基浓度的变化没有出现类似于自催化或诱导结焦的现象。在整个温度范围内，硬焦和总焦的自由基浓度（C_{CI} 和 C_{TI}）可以用一级反应来描述［式（7-9）和式（7-10），图 7-30］，它们的生成活化能分别为 163 kJ/mol 和 132 kJ/mol；但在 350～440 °C 范围，总焦自由基浓度也可用二级反应来描述［式（7-11）］，对应的活化能为 99 kJ/mol（图 7-31）。由此作者认为，软焦的形成和焦

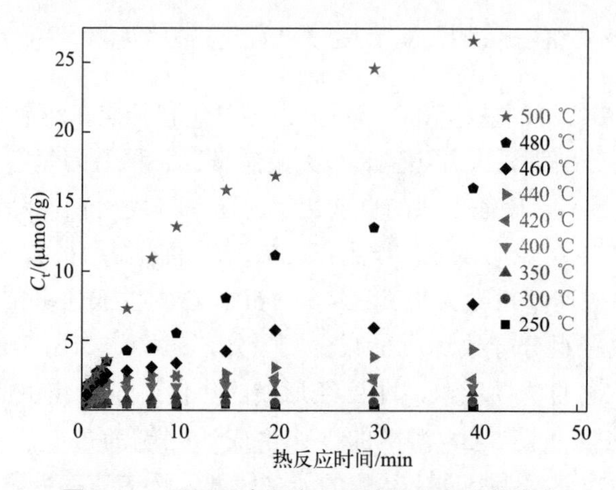

图 7-29　不同反应温度下重油的总自由基浓度

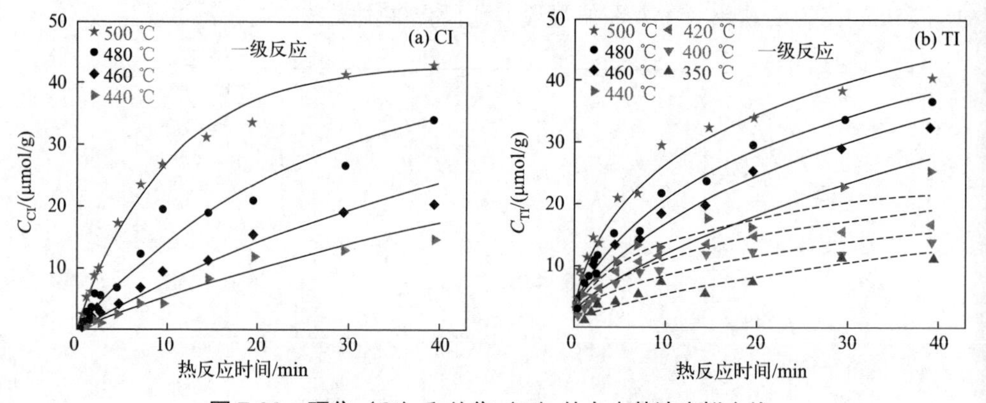

图 7-30　硬焦（CI）和总焦（TI）的自由基浓度拟合线

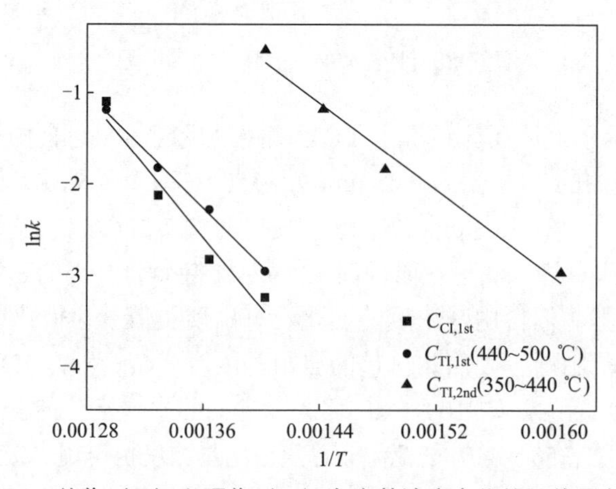

图 7-31　总焦（TI）和硬焦（CI）自由基浓度变化的阿伦尼乌斯图

自由基浓度升高遵循相同的动力学机制，而硬焦的形成及自由基浓度升高遵循不同的动力学机制[19]。需要指出，这种表述很易引起误解，因为本质上结焦量表述的是质量变化，而自由基浓度表述的是焦结构变化，二者变化相关但机理应该不同。比如，软焦缩聚成为硬焦会导致总焦质量减少，但不一定会减少焦的自由基浓度，甚至可能增加焦的自由基浓度。再比如，渣油中沥青质析出成为软焦会增加焦的质量，但不一定会改变焦的自由基浓度，因为沥青质的析出基本是物理过程，不涉及裂解和自由基反应。

$$\frac{\mathrm{d}C_{\mathrm{CI}}}{\mathrm{d}t}=C_0k'_{\mathrm{CI,1st}}(W_{\mathrm{CI,max}}-W_{\mathrm{CI}}) \tag{7-9}$$

$$\frac{\mathrm{d}C_{\mathrm{TI}}}{\mathrm{d}t}=C_0k'_{\mathrm{TI,1st}}(W_{\mathrm{TI,max}}-W_{\mathrm{TI}}) \tag{7-10}$$

$$\frac{\mathrm{d}C_{\mathrm{TI}}}{\mathrm{d}t}=C_0^2k'_{\mathrm{TI,2nd}}(W_{\mathrm{TI,max}}-W_{\mathrm{TI}})^2 \tag{7-11}$$

式中，C_0 为初始渣油浓度；W_{TI} 和 W_{CI} 分别为总焦和硬焦在渣油中的质量分数；$W_{\mathrm{TI,max}}$ 和 $W_{\mathrm{CI,max}}$ 分别为最大总焦量和最大硬焦量；各种 k_i 为速率常数。

图 7-32 显示了渣油热反应过程中体系总自由基浓度和不同焦形成量的关系。可以看出，C_t 逐渐升高，总焦和硬焦以自由基浓度 2.5 μmol/g 为界呈现两个阶段变化。当 C_t 低于该值时硬焦尚未生成，自由基主要存在于软焦中，对应的最大软焦量约为 25%；440 °C 以上时软焦量开始减少，硬焦出现，其自由基浓度高于软焦的自由基浓度。

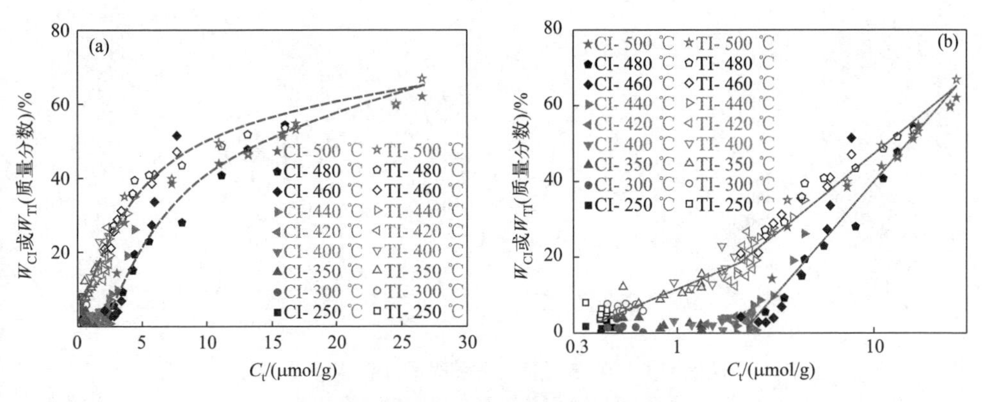

图 7-32　总自由基浓度与焦量的关系

(a) 线性坐标；(b) 对数坐标

图 7-33 显示，焦自由基浓度与焦结构密切相关，在 350～420 °C 范围，随软焦质量分数（W_{SC}）增加到约 13%，其自由基浓度（C_{SC}）增加至 8～20 μmol/g，说明

软焦生成的同时还发生了裂解；当软焦质量增到13%以上时，自由基浓度不再发生改变，说明软焦的结构不再变化。在440～500 °C范围，随硬焦质量分数的增加其自由基浓度也增大，当油中的硬焦质量分数（W_{HC}）达60%时焦的自由基浓度（C_{HC}）达到45 μmol/g，说明硬焦结构的缩聚程度高于软焦结构，且不断发生裂解。

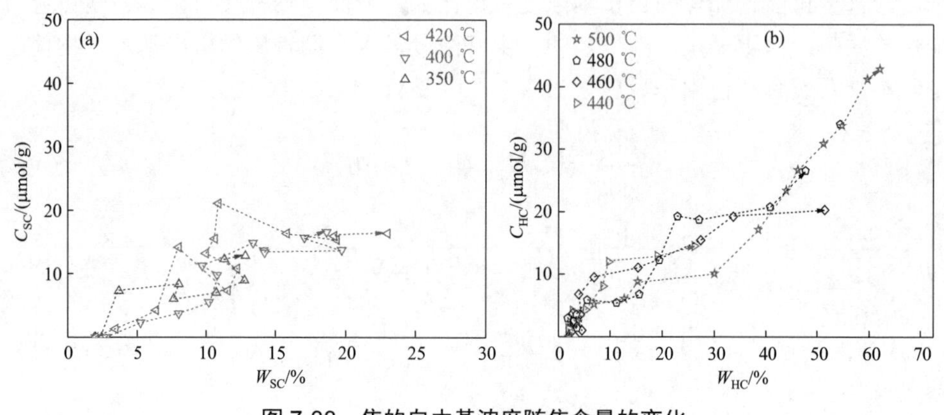

图 7-33 焦的自由基浓度随焦含量的变化

(a) 软焦，350～420 °C；(b) 硬焦，440～500 °C

ESR信息还显示，焦自由基的线宽随反应时间延长规律性减小，温度越高，初期减小的速度越快，硬焦和总焦的线宽类似［图7-34(a)］；焦自由基的线宽随结焦量增加而下降，硬焦的线宽小于总焦的线宽，但二者的差值逐渐减小［图7-34(b)］，说明软焦的线宽大于硬焦的线宽，但体系中软焦的比例逐渐减少。

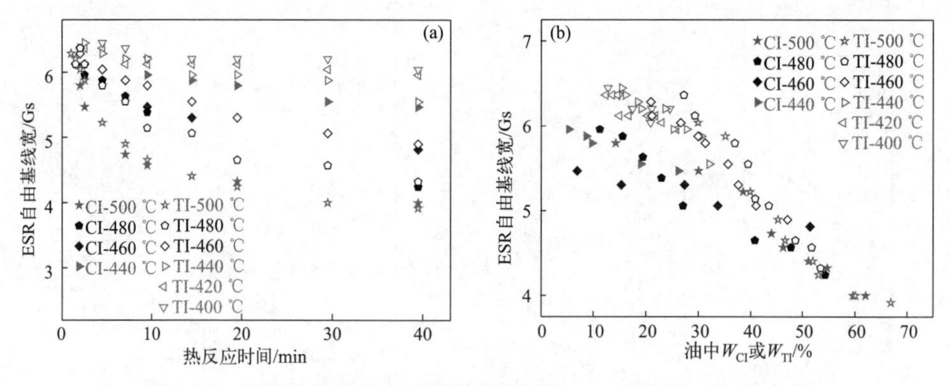

图 7-34 硬焦和总焦的自由基线宽随时间 (a) 和焦量 (b) 的变化

上述过程中焦形貌的扫描电镜照片（图7-35）显示，400 °C时反应5 min形成的焦为小颗粒，40 min时形成的焦颗粒增多但尺寸变化不大，此时仅有软焦；440 °C时，焦形貌显现出曾发生熔融的迹象，应该与软焦向硬焦转化有关；500 °C时已经没有软焦，所以图7-36显示的总焦和硬焦都是硬焦，二者的形貌一样，都是较为规整的片状。图7-37的同步荧光光谱图显示，400 °C的软焦（反应5 min和40 min）主要含有3环及3环以上的芳香结构，440 °C的软焦（反应40 min，接近硬焦）的芳环大都在4环以上，说明软焦主要是沥青质的团聚体，这些沥青质团聚体在向硬焦转化的过程中不断发生缩聚。

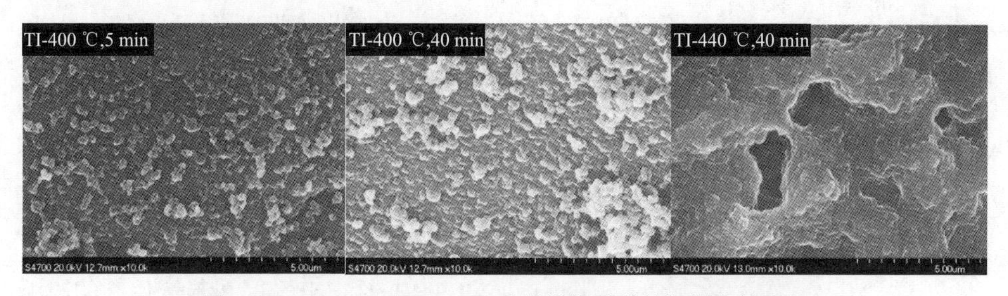

图7-35 400 °C和440 °C形成的焦形貌的扫描电镜照片

图7-36 500 °C形成的焦的扫描电镜照片

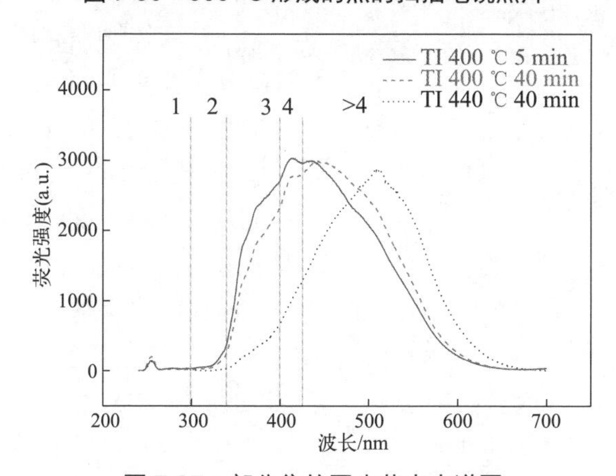

图7-37 部分焦的同步荧光光谱图

7.4 重质油热解过程中的自由基诱导作用

重质油热解过程中自由基的诱导作用包含两个方面，一是源于外加自由基引发剂生成的自由基，二是源于重质油自己生成的自由基。

7.4.1 外加自由基引发剂的诱导热解作用

重要的自由基反应调控方式之一是在原料中外加自由基引发剂，自由基引发剂在低于原料热解的温度下先热解生成自由基碎片，然后自由基碎片与原料分子发生反应，诱导其发生热解。Chang 等[7]在高压釜中分别研究了一种加拿大油砂沥青和正十二烷基苯的热解，发现加入自由基引发剂（过氧化二叔丁基，DTBP）可以显著提高二者的转化率。如在 430 °C 和 5 MPa 氢压下反应 60 min，DTBP 将油砂沥青的转化率从 59%提高到 92%；在 Ni/Al_2O_3 催化剂存在下，DTBP 将油砂沥青的转化率从 68%提高到 79%。图 7-38 显示了 410 °C 和 5 MPa 氢压下，DTBP 对正十二烷基苯转化率的影响，正十二烷基苯单独热解的转化率曲线为 c，加入 4% DTBP 后的热解转化率曲线为 a。曲线 a 显著高于曲线 c，说明 DTBP 引发了正十二烷基苯的热解。加入催化剂后，正十二烷基苯的热解转化率曲线降低（曲线 d），但同时加入 DTBP 可以提高正十二烷基苯的热解转化率曲线（曲线 b）。

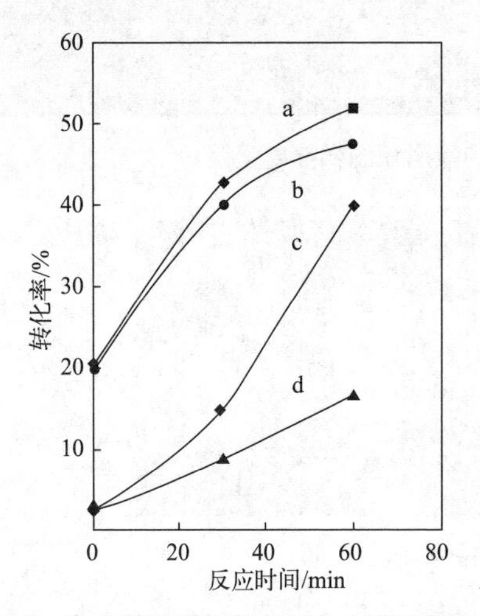

图7-38 自由基引发剂DTBP在410°C和5MPa氢压条件下对正十二烷基苯热解的引发作用

a—加入 4%的 DTBP；b—加入 4%的 DTBP 和 5%的 Ni/Al_2O_3 催化剂；c—不加 DTBP 和催化剂；d—加入 5%的 Ni/Al_2O_3 催化剂

石斌等[20]在高压釜中研究了三种自由基引发剂：偶氮二异丁腈（AIBN）、DTBP 和单质碘（I_2）对克拉玛依直馏蜡油（KVGO）和孤岛减压渣油（GDVR）在 $CoO\text{-}MoO_3/Al_2O_3$ 催化剂和硫黄存在下加氢热解（裂化）的影响，发现这些自由基引发剂均促进了这两种重质油的反应，轻质馏分油的产率明显增加，即这些自由基引发剂在较低的温度下提高了重质油的转化率和轻质油的产率。如表 7-8 所示，在初始氢压 7.0 MPa 下反应 1 h，加入 0.5%的自由基引发剂可显著地促进 GDVR 的轻质化，特别是显著地提高了柴油和蜡油馏分的产率，且这种促进作用随温度升高而更加显著。

鉴于正己烷（C_6）中 C_{al}—C_{al} 键的键能较高（342.7～357.3 kJ/mol），热解温度和能耗较高，而联苄（bibenzyl, BB）中 C_{al}—C_{al} 键的键能较低（90.5～126.6 kJ/mol），热解温度也较低，张旭瑞等[21]在微型密闭玻璃管反应器中研究了联苄对正己烷的诱导热解，发现正己烷在 400 °C 和 440 °C 的热解活性很低，反应 30 min 的转化率分别为 0.4%和 3.4%，在相同条件下加入等物质的量的 BB 后，正己烷的转化率提高了 10 倍左右，分别达到 5.9%和 31.5%，如图 7-39 所示。

表 7-8　三种自由基引发剂对孤岛减压渣油催化加氢反应的影响

温度/°C	自由基引发剂	产物分布（质量分数）/%					轻质产物总产率/%
		气体+汽油	柴油	蜡油	尾油	结焦	
390	无	4.3	9.2	7.9	78.5	0	21.5
	DTBP	5.0	11.4	9.9	73.7	0	26.3
	AIBN	4.0	11.4	9.3	76.3	0	24.8
	I_2	4.0	10.7	10.0	74.3	0	25.7
415	无	6.6	11.1	10.1	72.1	0	27.9
	DTBP	7.3	13.2	11.1	68.4	0	31.6
	AIBN	6.2	13.6	11.5	68.7	0	31.3
	I_2	6.6	13.6	12.2	67.5	0	32.6
435	无	26.0	24.2	16.1	29.0	4.7	66.3
	DTBP	28.3	32.6	18.7	14.6	5.8	79.7
	AIBN	23.9	32.0	19.0	19.6	5.6	74.9
	I_2	21.3	32.0	19.3	22.0	5.4	72.6

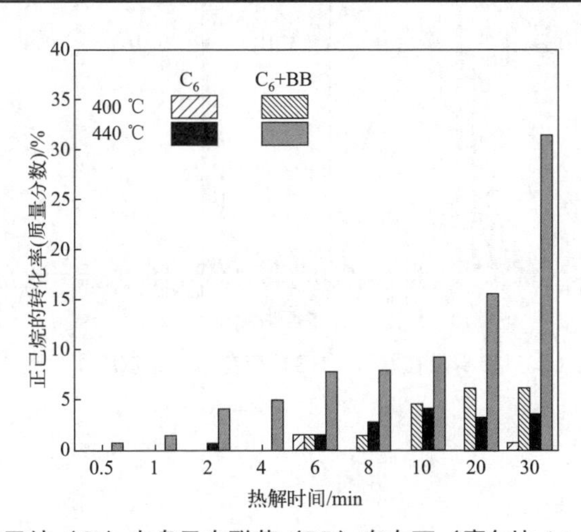

图 7-39　正己烷（C_6）自身及在联苄（BB）存在下（摩尔比 1∶1）的转化率

通过对图 7-40 的气体产物分析，认为联苄诱导正己烷发生了如图 7-41 的反应，即联苄先热解生成甲苯自由基，甲苯自由基可以和联苄反应夺取一个氢自由基［式 (a)］，也可以和失去一个氢（自由基）的联苄自由基反应生成甲苯和二苯乙烯［式 (b)］，还可以和正己烷反应生成多种正己烷自由基［式 (c)］，以及与正己烷自由基的裂解产物（R•）偶合、湮灭，生成烷基苯［式 (d)］。其中正己烷失去一个氢的自由基产物有三种，这些自由基裂解生成的自由基（R•）种类很多，涉及多条路径。图 7-40 的气体产物不含芳香烃，说明均是正己烷裂解的产物，因此提出了 3 条路径，但均不能很好地符合图中的产物分布，即甲烷和乙烷最多，丙烷和丙烯次之，丁烷和丁烯较少，乙烯最少。

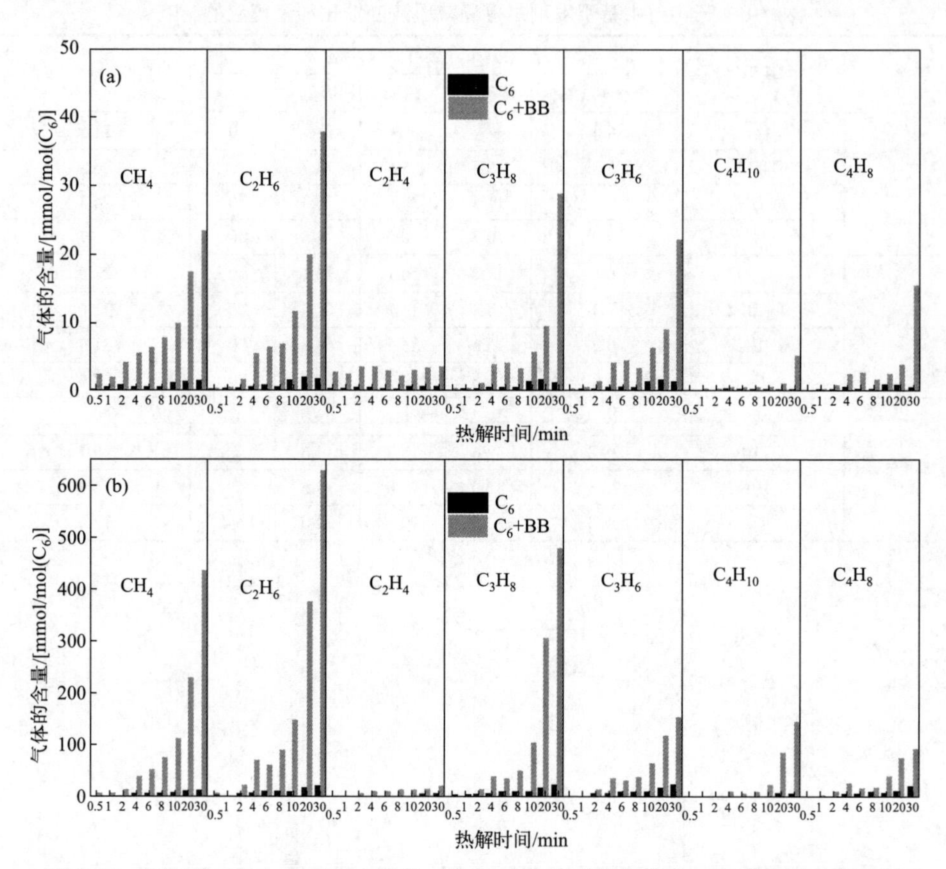

图 7-40　正己烷（C_6）自身及在联苄（BB）存在下（摩尔比 1：1）的气体产物产率

(a) 400 °C；(b) 440 °C

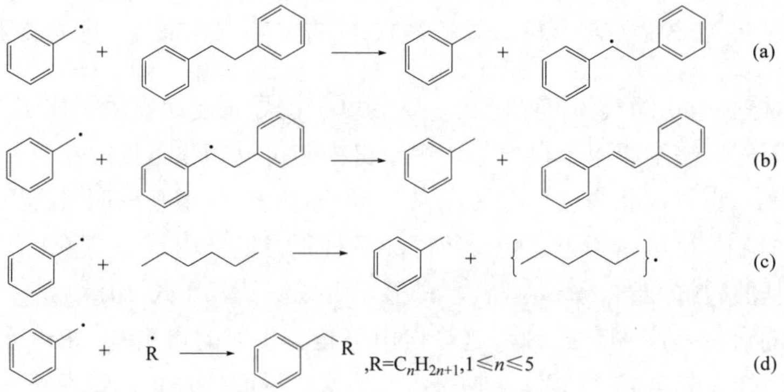

(a)

(b)

(c)

R　,$R=C_nH_{2n+1}, 1\leqslant n\leqslant 5$　(d)

图 7-41　联苄热解生成的甲苯自由基与联苄和正己烷的反应

研究发现，对于联苄和等物质的量正己烷在 440 °C 的反应，30 min 的液相产物以甲苯为主，然后是二苯乙烯，以及较少量的正烷基苯（乙苯 > 正丙苯 > 正丁基苯 > 正戊基苯 > 正己基苯）。这些现象表明，联苄诱导正己烷热解的主要作用是生成甲苯自由基，甲苯自由基的主要作用是从其它分子夺取氢原子（H 自由基），使这些分子变为自由基而降低稳定性，诱导其热解。图 7-42 显示，在 440 °C，联苄自身热解生成的甲苯物质的量大约是二苯乙烯物质的量的两倍，即一个联苄分子热解生成的两个甲苯自由基均从另一联苄分子夺取了氢自由基。在等物质的量正己烷存在下，热解初期联苄生成的甲苯自由基基本上还是从联苄夺氢，但 10 min 后甲苯的生成量开始超过二苯乙烯的两倍，20 min 和 30 min 的二苯乙烯量相同，但甲苯量大增，说明当甲苯量超过 150 mmol/mol（BB）后，甲苯自由基开始参与到诱导正己烷热解的反应中。这些信息似乎与图 7-40 的规律略有不同。

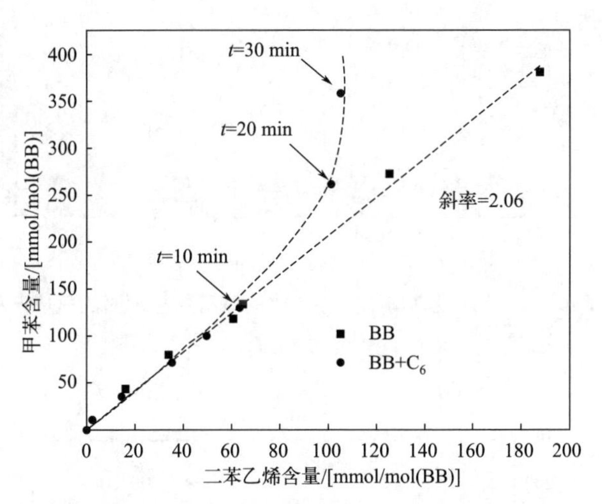

图 7-42　联苄及其与等物质的量正己烷共热解过程中二苯乙烯和甲苯生成量的关系（440 °C）

研究发现，联苄对正己烷的诱导与二者的比例有关。如图 7-43 所示，400 °C 时的最佳摩尔比是联苄：正己烷 = 1：50，440 °C 时的最佳摩尔比约为联苄：正己烷 = 1：10，说明联苄过多时其热解生成的甲苯自由基过多地诱导了自身热解，或联苄过多及温度升高时，系统中的各种自由基浓度过高，导致更多的自由基发生偶合而湮灭。无论从哪个角度看，用于诱导的自由基引发剂的添加量不宜很高，热解温度也不宜很高，否则引发剂的作用就不大。这个现象也可以从图 7-44 看出，在 400 °C 和 440 °C 时，自由基的平均传递历程随联苄与正己烷的摩尔比减小而增大，从二者 1：1 时的个位数（分别为 2.5 次和 8.4 次）增大到 1：100 时的百位数（均为 186 次），高温加快了自由基的传递速率，但不改变传递规律。

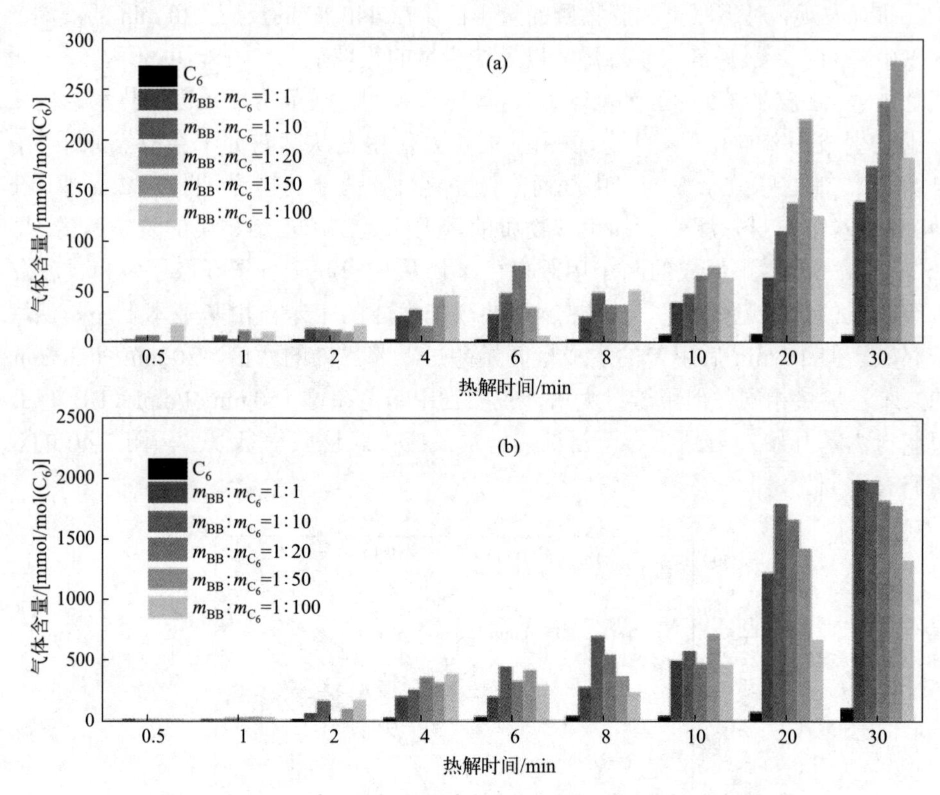

图 7-43　正己烷及其与不同摩尔比的联苄共热解时的气体产率

(a) 400 °C；(b) 440 °C

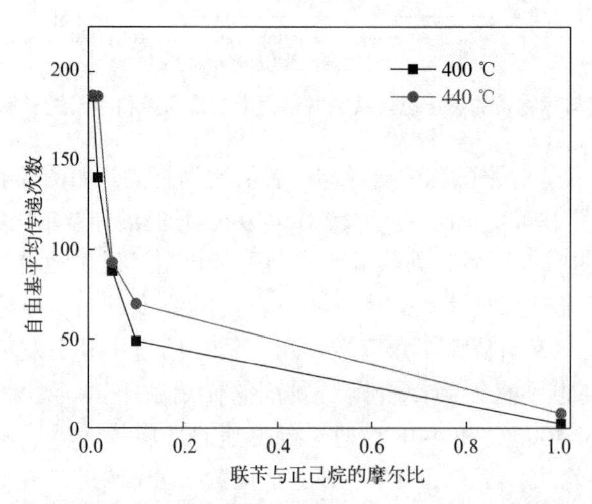

图 7-44　联苄用量对单位苄基自由基引发的自由基传递次数的影响

7.4.2　原料自身热解生成自由基的诱导热解作用

自由基引发原料热解或诱导原料热解的现象并不局限于外源自由基引发剂，也发生在原料自身热解过程中，因为任何物质热解生成的自由基都可能与尚未热解的分子作用，诱导其热解，比如上述联苄热解生成的甲苯自由基与联苄的反应［图 7-41(a)］。换言之，任何物质的热解均包含该物质的直接热解和被热解生成的自由基诱导的热解。为了认识原料热解过程中自身生成自由基的诱导热解作用，陈泽州等[22,23]提出了图 7-45 的设想，即原料热解包含两类反应——直接热解（direct pyrolysis, DP）和诱导热解（induced pyrolysis, IP）。在大量供氢溶剂存在下，直接热解生成的自由基碎片被供氢溶剂分子所包围，难以与原料反应，只能从供氢溶剂获得氢（自由基）而稳定，从而阻止了诱导热解。所以，原料自身热解和其在大量供氢溶剂存在下热解的差异就是诱导热解的作用。基于这个设想，他们研究了正丙基苯（*n*-propylbenzene, *n*-PrB）、正戊基苯（*n*-pentylbenzene, *n*-PeB）、正己基苯（*n*-hexylbenzene, *n*-HB）和正十二烷基苯（*n*-dodecylbenzene, *n*-DB）在有、无供氢溶剂四氢萘存在下的热解产物，并基于四氢萘向萘的转化量计算了四氢萘提供的氢自由基数。图 7-46 显示，在 420 °C 和 440 °C、四氢萘∶烷基苯（摩尔比）为 4∶1、反应 5～30 min 过程中，四氢萘向正丙基苯和正戊基苯的供氢量是这些烷基苯转化量的 1.8 倍，说明 90%的烷基苯裂解自由基从四氢萘获得了氢自由基，失去了与其它分子反应的能力。

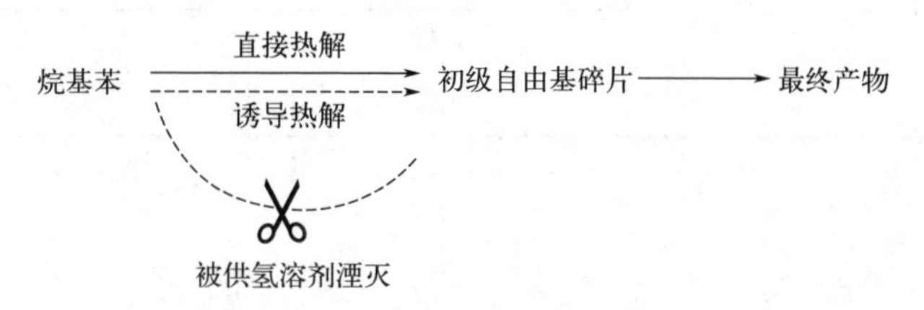

图 7-45　烷基苯的直接热解和诱导热解图示

研究发现，自由基诱导裂解显著地增加了气、液产物量，尤其是增加了气态产物量，且高温下的增加更为明显，说明诱导裂解会使烷基苯脂肪侧链在裂解后进一步断裂。以表 7-9 中的正丙基苯热解产物为例，其直接裂解（DP）的产物主要为气相的乙烷（0.37 μmol）和液相的甲苯（0.38 μmol），说明其路径主要是图 7-47 中的反应式 (a)，源于芳环侧链β位断裂，且该反应产生的自由基会获取四氢萘的 H 生成稳定产物。正丙基苯直接热解产物中的少量乙烯，源于 Fabuss-Smith-Satterfield 机理，如图 7-47 中的反应式 (c) 所示。

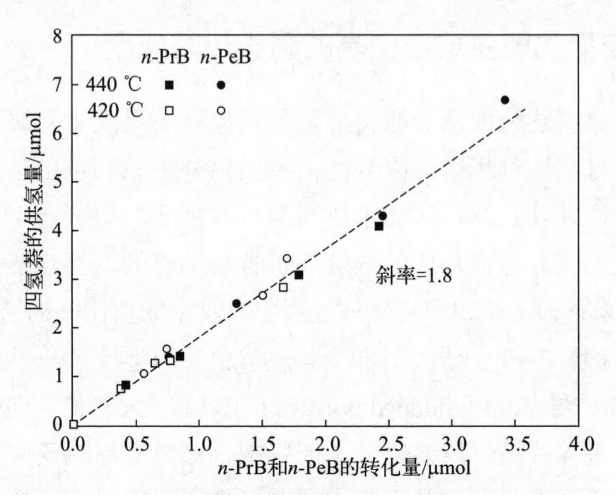

图 7-46　烷基苯转化量与四氢萘供氢量的关系

表 7-9　正丙基苯在 440 °C 热解 5 min 的气液产物分布　　单位：μmol

产物		正丙基苯（DP+IP）	正丙基苯+四氢萘（DP）
气态	H_2	0	0
	CH_4	1.15	0
	C_2H_6	0.25	0.37
	C_2H_4	0.35	0.03
	C_3H_8	0.02	0
	C_3H_6	0	0
液态	甲苯	0.62	0.38
	苯乙烯	1.11	0.02

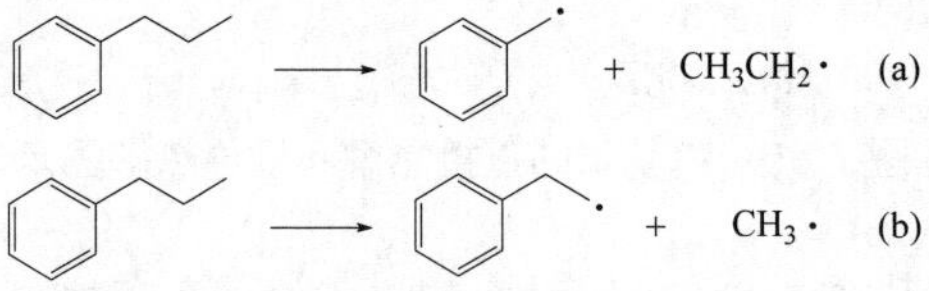

$$C_6H_5CH_2CH_2CH_3 \longrightarrow C_6H_5CH_2\cdot + CH_3CH_2\cdot \quad (a)$$

$$C_6H_5CH_2CH_2CH_3 \longrightarrow C_6H_5CH_2CH_2\cdot + CH_3\cdot \quad (b)$$

$$2CH_3CH_2\cdot \longrightarrow C_2H_4 + C_2H_6 \quad (c)$$

$$CH_3CH_2\cdot + CH_3\cdot \longrightarrow C_2H_4 + CH_4 \quad (d)$$

$$2CH_3\cdot \longrightarrow C_2H_6 \quad (e)$$

图 7-47　由正丙基苯及其在 4 倍四氢萘存在下的热解产物推断的反应路径

从表 7-9 还可以看出，诱导热解存在（即无四氢萘）时，直接热解的产物仍然存在，但主产物变成了气相的甲烷和乙烯及液相的苯乙烯。说明直接热解生成的甲苯自由基和乙基自由基夺取了正丙基苯烷基侧链上的氢生成正丙基苯自由基，如图 7-48 中的反应式 (a) 和式 (b) 所示。正丙基苯自由基随后发生了 Rice-Herzfeld 反应，生成等量的甲烷和苯乙烯［图 7-48 中的反应式 (c)］以及乙烯和甲苯［图 7-48 中的反应式 (d)］。

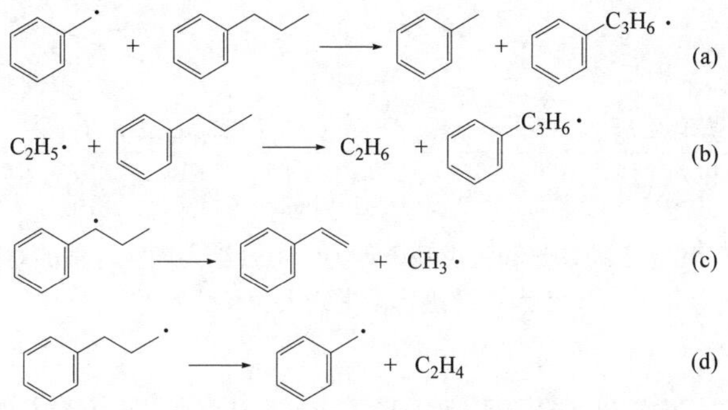

+ C_3H_6· (a)

C_2H_5· + → C_2H_6 + C_3H_6· (b)

+ CH_3· (c)

+ C_2H_4 (d)

图 7-48　由正丙基苯热解产物推断的反应路径

因四氢萘存在下正丙基苯热解生成的自由基中约 90%从四氢萘获得了氢自由基，约 10%发生了图 7-47 中的反应式 (c)、式 (d) 和式 (e) 的偶合反应，所以可以认为自由基诱导热解的反应路径被切断了。

基于上述数据以及对其它烷基苯热解数据的类似分析，他们提出了直接热解和诱导热解的共性反应式——式（7-12）和式（7-13），进而提出了直接热解和诱导热解的共性动力学表达式——式（7-14）和式（7-15）。图 7-49 显示，该动力学很好地描述了正丙基苯和正戊基苯直接热解和诱导热解的实验数据，诱导热解的速率常数大于直接热解的速率常数，正戊基苯热解的速率常数大于正丙基苯热解的速率常数（表 7-10）。

DP:　$$\mathrm{A} \longrightarrow 2\,\mathrm{R}\bullet \quad (\text{速率常数为 } k_{\mathrm{DP}}) \tag{7-12}$$

IP:　$$\mathrm{A} + \mathrm{R}\bullet \longrightarrow \mathrm{A}\bullet + \mathrm{RH} \quad (\text{速率常数为 } k_{\mathrm{IP}}) \tag{7-13}$$

$$-\frac{\mathrm{d}C_{\mathrm{A}}}{\mathrm{d}t} = \frac{1}{2}\frac{\mathrm{d}C_{\mathrm{R}\bullet}}{\mathrm{d}t} = k_{\mathrm{DP}}C_{\mathrm{A}} \tag{7-14}$$

$$-\frac{\mathrm{d}C_{\mathrm{A}}}{\mathrm{d}t} = k_{\mathrm{DP}}C_{\mathrm{A}} + k_{\mathrm{IP}}C_{\mathrm{A}}C_{\mathrm{R}\bullet} \tag{7-15}$$

式中，A 为烷基苯；C_A 为烷基苯浓度；R•为 A 直接热解生成的自由基碎片；$C_{R\bullet}$ 为自由基碎片的浓度；A•和 RH 为诱导热解产物；k_{DP} 为直接热解的速率常数；k_{IP} 为诱导热解的速率常数；t 为时间。

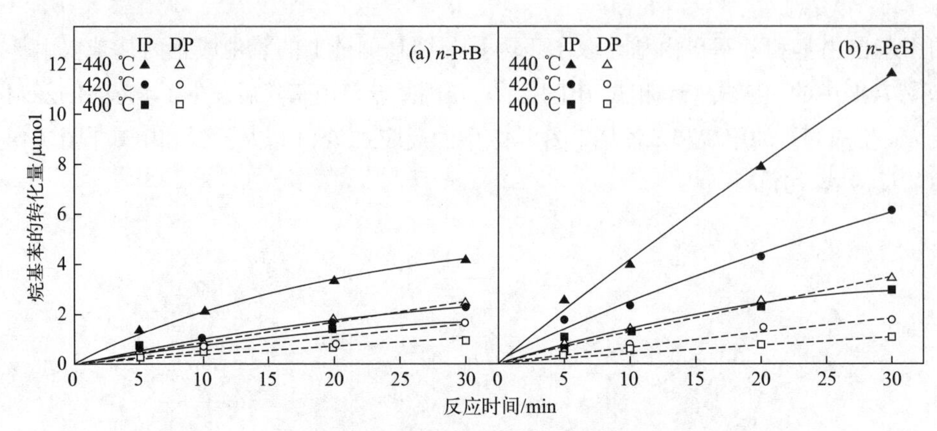

图 7-49 正丙基苯和正戊基苯动力学拟合结果和实验值的对比
（实线为诱导热解，虚线为直接热解）

表 7-10 正丙基苯（PrB）和正戊基苯（PeB）直接热解（DP）和诱导热解（IP）的动力学常数

温度/°C	直接热解（DP）/10^{-3} min^{-1}			诱导热解（IP）/[10^{-3} L/(mol•min)]		
	k_{PrB}	k_{PeB}	k_{PeB}/k_{PrB}	k_{PrB}	k_{PeB}	k_{PeB}/k_{PrB}
400	0.54	0.61	1.13	0.78	1.79	2.29
420	0.81	1.01	1.25	1.25	3.41	2.73
440	1.32	1.90	1.44	2.49	7.39	2.97

基于图 7-49 的数据，计算了两种烷基苯直接裂解和诱导热解的比例（图 7-50），发现不同温度下同一烷基苯诱导热解量（N_{IP}）和直接热解量（N_{DP}）的比值为常数，正丙基苯为 1.9，正戊基苯为 3.0，即随反应温度升高，直接热解量增大，诱导热解量也等比例增大。

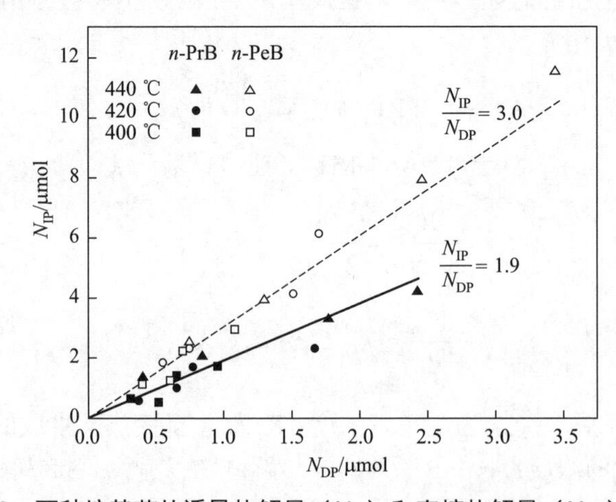

图 7-50 两种烷基苯的诱导热解量（N_{IP}）和直接热解量（N_{DP}）的关系

研究发现，相同条件下烷基苯的热解量随烷基侧链长度增加而增加，诱导热解量总是多于直接热解量（图 7-51）。烷基苯的直接热解和诱导热解的动力学速率常数也显示了相同的规律（图 7-52）。

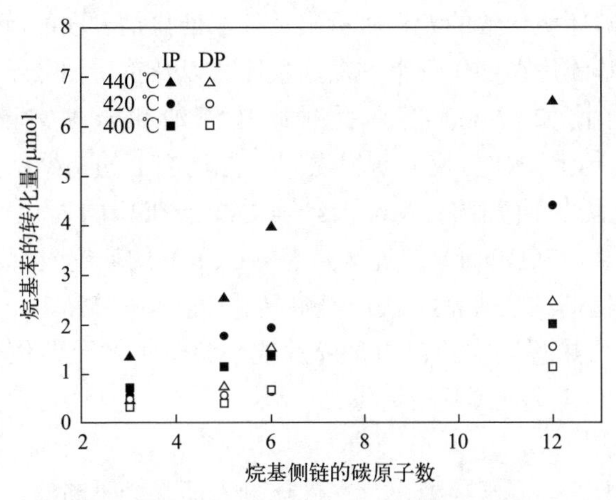

图 7-51　烷基苯侧链长度与直接和诱导热解量的关系（反应 30 min）

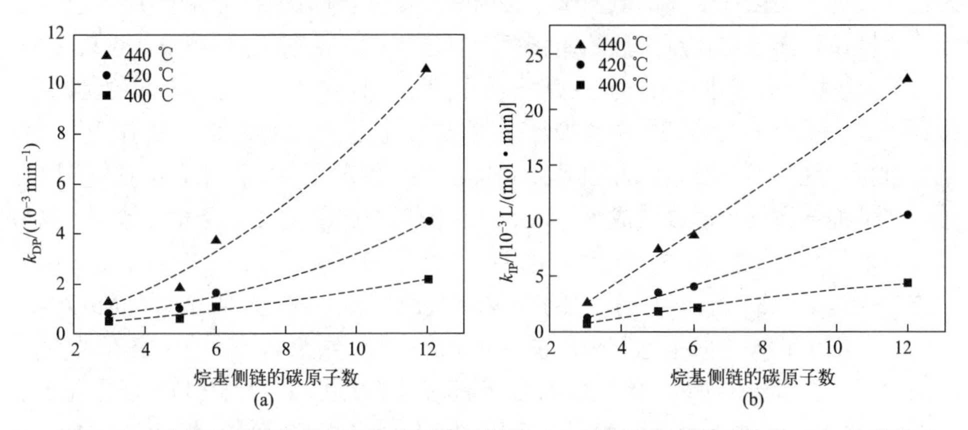

图 7-52　烷基苯侧链长度与直接热解速率常数 (a) 和诱导热解速率常数 (b) 的关系

7.5　重质油催化加氢反应中的自由基信息

重质油加工的重要方法之一是催化加氢。该过程采用的催化剂种类很多，包括过渡金属硫化物催化剂，如负载于多种载体（三氧化二铝、无定形硅铝及分子筛等）上的硫化钼、硫化钴、硫化镍以及它们的混合物等。由于重质油分子在预热器中就开始反应，在催化反应器中也不能全部接触催化剂，以及一些重质油分子或团簇的尺寸大于催化剂孔道而不能进入催化剂内部等原因，热反应在催化加氢过程中的作用仍然很大。

7.5.1 重质油催化加氢中的结焦

重质油在催化加氢过程中也结焦，结焦的原因很多，主要包括重质油胶体体系在升温过程中破坏所导致的沥青质析出及其在催化剂表面的沉积、重质油分子热解生成的自由基碎片在催化剂上的缩聚反应，以及重质油分子直接在催化剂表面脱氢缩聚等。比如 Wood 等对两种减压渣油和一种常压渣油在硫化的 $NiMo/Al_2O_3$ 催化剂上的加氢反应研究表明，催化剂上的初始结焦量随渣油中沥青质和胶质含量增加而升高；Morales 等对渣油在相同催化剂上的加氢脱硫（HDS）、加氢脱金属（HDM）及连续重整（CCR）的研究发现，渣油的沥青质含量增加使得催化剂结焦失活加快，渣油转化率下降；Mosby 等认为渣油中重组分先发生热解，热解生成的自由基碎片或小分子扩散至催化剂孔道内的活性中心才发生催化加氢反应（包括结焦）。显然，催化加氢过程中同时发生热解结焦和催化剂结焦[24]。

无论催化剂上的焦源于何处，焦在催化剂表面都会不断演化，因为加氢催化剂的活性之一是生成活化的氢原子（自由基），这些氢原子既可源于 H_2，也可源于烃类物质，所以催化剂上焦的演化机理有迹可循。在富 H_2 环境中（包括高 H_2 压力），催化剂更多地与 H_2 分子接触，因而吸附 H_2 并将其转化为表面的氢原子，进而可以为重质油及其表面的焦加氢，可将焦转化为非焦物质；但在缺 H_2 环境中，催化剂更多地与烃分子接触，因而会从其表面的烃分子（如沥青质分子）夺取氢原子，从而导致沥青质脱氢成为焦，因此焦的形成和演化与反应气氛有关，也与催化剂的组成和活性有关。文献中对这些结焦行为有很多报道，比如 Richardson 等[25]在 Athabasca 油砂沥青的连续釜式加氢反应研究中发现，硫化的 $NiMo/Al_2O_3$ 催化剂在 430 °C 及 7 MPa 氢气分压条件下的初始结焦量为 17%，但在 15 MPa 氢分压条件下的初始结焦量为 11%。Gualda 等[26]研究了硫化的 $NiMo/Al_2O_3$ 催化剂用于 Safanyia 常压渣油加氢脱金属（HDM）反应，发现氢气分压从 2 MPa 提高到 15 MPa，可以将结焦量从 10%降到 4%，而且焦的 H/C 比也发生了显著变化。Fonseca 等[27]用 ^{13}C NMR 分析了 $CoMo/Al_2O_3$ 催化剂上的焦随反应时间的变化，发现焦逐渐发生脱烷基和芳环缩合反应，芳香度逐步增加。De Jong 等研究了硫化的 $CoMo/Al_2O_3$ 和 Mo/Al_2O_3 催化剂用于一种 VGO 的固定床加氢过程，发现在 450 °C 和 3 MPa 条件下，两种催化剂的结焦量相似，但 $CoMo/Al_2O_3$ 的失活速率快于 Mo/Al_2O_3，因为 $CoMo/Al_2O_3$ 表面的焦分布均匀，活性位的覆盖率高，而 Mo/Al_2O_3 表面的焦以岛屿状分布，活性位的覆盖率较低[24]。

Matsushita 等[28]用四氢呋喃清洗了结焦的硫化 Mo/Al_2O_3 催化剂，然后通过程序升温氧化（TPO）分析了催化剂上焦的氧化过程，发现焦可分为软焦和硬焦两种类型，软焦主要是沥青质等，可在 300 °C 附近氧化除去；硬焦的缩聚程度较高，在大于 400 °C 时才能氧化除去。

7.5.2　溶剂的供氢作用及自由基信息

重质油催化加氢过程也涉及经由供氢溶剂的加氢或氢转移历程，因为有些重质油含有可供氢的组分，比如部分氢化的芳香烃（类似于四氢萘和二氢蒽等的结构）。由于这些结构中饱和环上脂肪 C_{al}—H 键的解离能小于氢气中 H—H 键的解离能，所以更容易为重质油裂解产生的自由基提供氢自由基，供氢溶剂供氢后的产物也易被催化剂原位加氢，如 Kubo 等提出的图 7-53 的机理所示[29]。

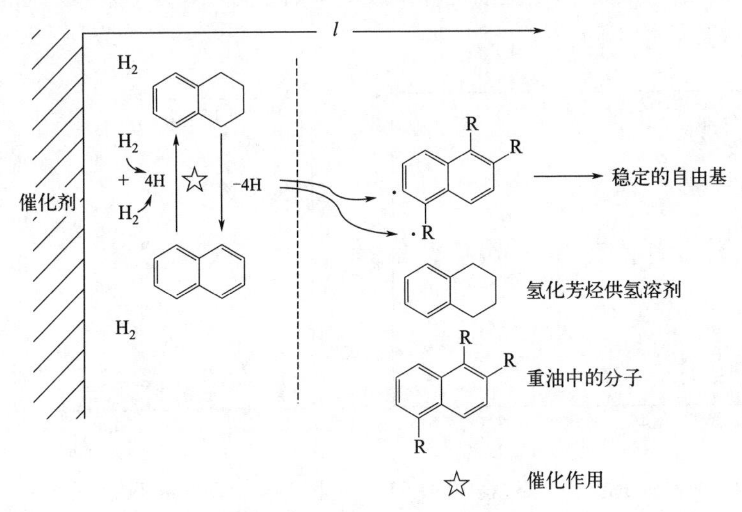

图 7-53　供氢溶剂作用机理

张旭瑞等[30]在密闭的微型玻璃管反应器中研究了石脑油和重油蒸汽热裂解产生的重质馏分的热解过程，通过 ESR 量化了热解过程中的稳定自由基浓度变化，通过添加供氢溶剂及供氢溶剂的转化量估算了裂解生成的活性自由基碎片量（即加氢量）。发现两种馏分均含有稳定自由基，较重的馏分 Tar-1（含沥青质 51.8%、胶质 13.8%）的稳定自由基浓度约为 0.4 μmol/g，较轻的馏分 Tar-2（含沥青质 39.0%、胶质 11.6%）的稳定自由基浓度约为 0.6 μmol/g。这些馏分的稳定自由基浓度在 300 °C 开始增加（图 7-54，仅显示增量），随温度升高而显著增高，表明这些馏分在 300 °C 已经开始裂解产生活性自由基碎片，且部分活性自由基碎片发生了缩聚反应，使得一些孤电子被约束于缩聚生成的大分子产物中；Tar-1 的稳定自由基浓度总是高于 Tar-2 的；自由基浓度升高的速率在 5 min 后变缓，说明大部分馏分的缩聚反应接近完成。

图 7-55 是两种重质馏分在供氢溶剂二氢蒽（DHA）存在下热解过程中由 DHA 转化率计算出的活性自由基量。显然，两馏分不含活性自由基，活性自由基的量在 300 ℃ 就很显著，说明它们的起始裂解温度低于稳定自由基的生成温度（图 7-54）；活性自由基量比稳定自由基浓度大 3 个数量级（前者是 mmol/g 量级，后者是 μmol/g 量级），但二者的变化规律类似；Tar-1 热解产生的活性自由基浓度总是高于 Tar-2 的；基于周斌等提出的共价键总量的计算方法[31,32]，二者在 400 °C 反应 10 min 所发生的共价键断键量分别约为共价键总量的 1.50%和 1.30%。基于这些数据，拟合出 Tar-1 和 Tar-2 在 DHA 存在下的一级断键动力学活化能分别为 31.0 kJ/mol 和 38.8 kJ/mol，并指出基于断键数的动力学和传统上基于原料质量转化或产物质量的动力学不同，因为对于重油这样组成复杂的混合物，断裂相同共价键所生成的自由基碎片质量不同。

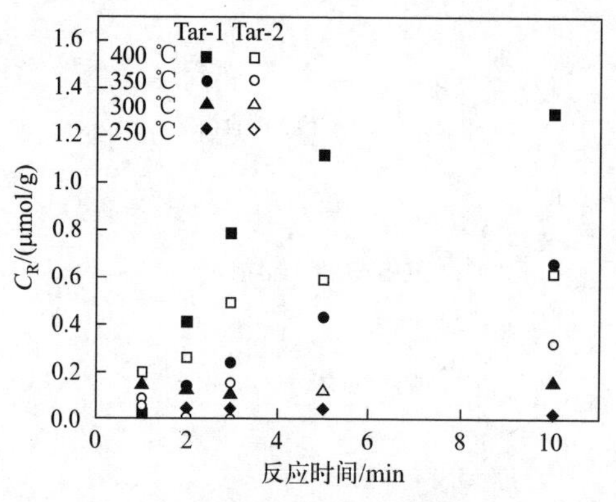

图 7-54　两种重质馏分热解过程中的稳定自由基浓度的变化

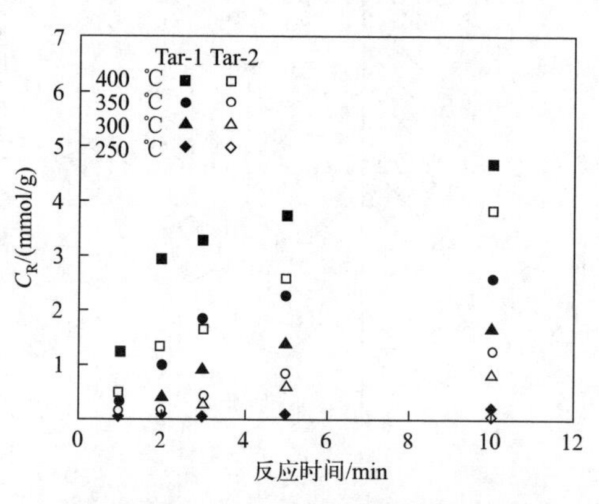

图 7-55　两种重质馏分在 DHA 存在下热解过程中的活性自由基量的变化

张旭瑞等[30]认为，不同供氢溶剂供氢时断裂的 C_{al}—H 键的解离能（BDE）不同，因此不同活性的自由基碎片从它们获得氢（自由基）的能力不同；基于此，用不同供氢溶剂和同一重油进行热解反应，就可根据不同供氢溶剂的供氢量判断该重油热解生成的众多自由基的活性差异。他们以二氢蒽（DHA，BDE = 326.4 kJ/mol）和四氢萘（THN，BDE = 346.9 kJ/mol）为供氢溶剂，分别研究了 Tar-1 和 Tar-2 热解生成的自由基的活性差别，将 THN 的供氢量定义为高活性自由基量（$N_{RR\text{-}HA}$），DHA 和 THN 供氢量的差值定义为低活性自由基量（$N_{RR\text{-}LA}$），由此得到了图 7-56。可以看出，热解初期（如 1 min）生成的低活性自由基多于高活性自由基，热解后期（3 min 以后）生成的高活性自由基多于低活性自由基。通过对两种重质馏分的族组成和 ^{13}C NMR 分析发现，这些馏分中沥青质及芳环侧链越多，断键量越大。

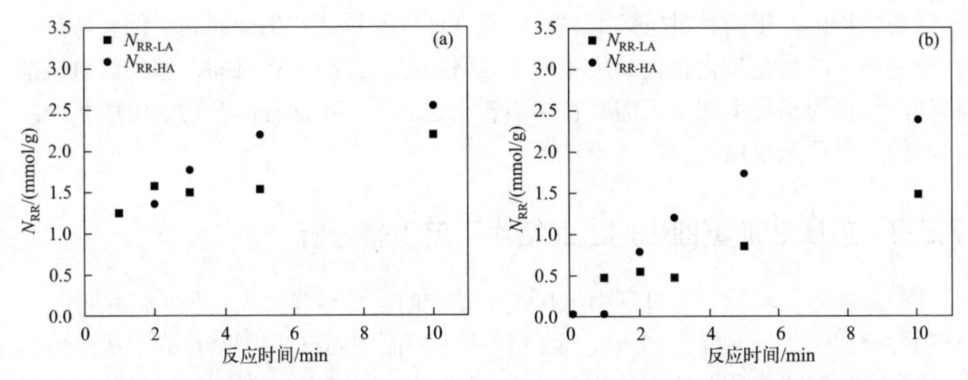

图 7-56　两种重质馏分在 400 °C，DHA 或 THN 存在下热解过程中生成的低活性自由基量（N_{RR-LA}）和高活性自由基量（N_{RR-HA}）的变化

(a) Tar-1；(b) Tar-2

基于赵晓胜等研究油页岩热解提出的稳定自由基和活性自由基的关联方式[33]，张旭瑞等认为，无供氢剂条件下热解过程中 ESR 测得的稳定自由基量可表述原料裂解产生的自由基碎片的热缩聚程度，在充足供氢溶剂条件下测得的活性自由基量可表述原料热解过程中断裂共价键的量，二者的比值是表述热解反应性和结焦趋势的重要参数，为此在图 7-57 中对比了两种重质馏分热解的差异。可以看出，两种馏分的稳定自由基浓度和高活性自由基浓度呈过原点的线性关系，说明稳定自由基源于高活性自由基，即自由基碎片的缩聚反应主要源于含有高活性自由基的碎片；低活性自由基对稳定自由基的生成没有贡献；Tar-1 热解初期生成了较多的低活性自由基，所以横轴有截距；Tar-2 热解初期生成的低活性自由基较少，所以横轴没有明显的截距。

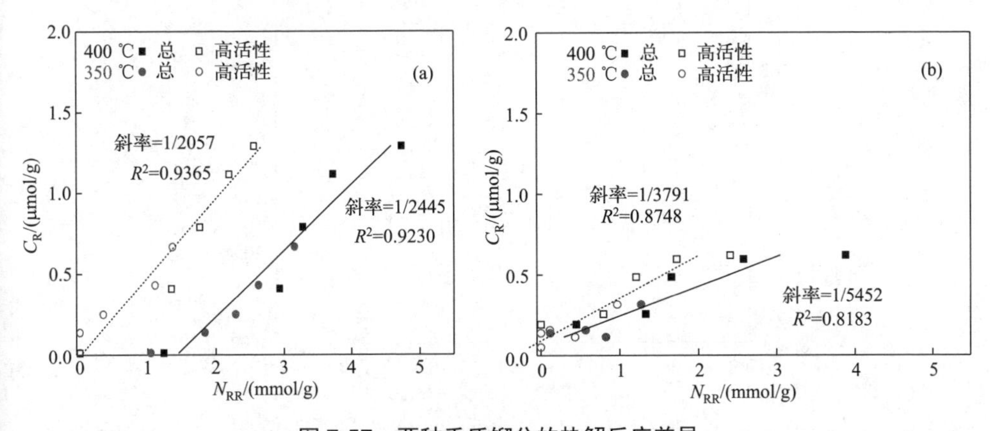

图 7-57　两种重质馏分的热解反应差异

(a) Tar-1；(b) Tar-2

需要指出，用两种供氢溶剂的反应程度评价原料热解生成的高活性和低活性自由基碎片的量是量化自由基反应的新思路，但其结果是相对的，因为供氢溶剂不同，得出的结果不同，还需其它结构表征方法分析不同时间产物的组成才能从化学的角度揭示自由基反应的差异。

7.5.3 重质油加氢催化剂上的结焦及自由基分析

如前所述，重油加工过程中催化剂上结焦的结构差异很大，与反应条件、催化剂种类和催化剂活性密切相关，不可一概而论。Hauser 等[34,35]在固定床反应器中研究了科威特渣油在硫化的 Mo/Al_2O_3 催化剂上于 380 °C 及 12 MPa 氢气压力下的加氢脱金属（HDM）反应，发现催化剂上的焦源于沥青质脱烷基化，开始的现象是沥青质的堆积体积变小，芳碳率增加，但芳香层片间距、芳香核大小和支链间距均未发生变化。随反应时间延长，催化剂上的结焦量增大，脂肪碳逐步减少，结构中的芳核逐渐变大；当结焦量达到稳定状态后，焦结构的主要变化是脱氢和芳环缩聚。图 7-58 显示，反应 250 h 后，结焦量达催化剂质量的 90%，焦的 H/C 比约为 1.15，高于很多煤的 H/C 。他们进而采用 ^{13}C NMR 研究了两种不同定义的焦［四氢呋喃不溶物（THFIS）和甲苯不溶物（TIS）］的结构演化，相比而言，THFIS 是“硬焦”，TIS 是“硬焦＋软焦”。如表 7-11 所示，两种焦的芳碳率随反应时间延长而增大，THFIS 焦的芳碳率（f_a）、芳香季碳率、桥碳率总是高于 TIS 焦。

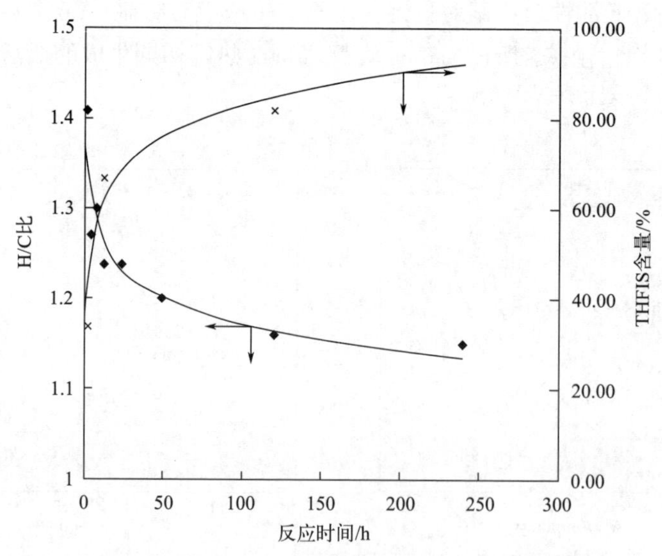

图 7-58　科威特渣油在硫化的 Mo/Al_2O_3 催化剂上的结焦量［四氢呋喃不溶物（THFIS）］和焦 H/C 比随反应时间的变化（380 °C，12 MPa H_2）

表 7-11　不同反应时间科威特渣油在硫化的 Mo/Al_2O_3 催化剂上结焦的 ^{13}C NMR 数据

C 的类别	1 h		12 h		120 h		6500 h	
	TIS	THFIS	TIS	THFIS	TIS	THFIS	TIS	THFIS
C_{ar}	58	68	65	70	66	71	78	84
$C_{ar;t}$	26	33	38	25	43	34	24	19
$C_{ar;q}$	32	36	27	45	23	37	54	65
$C_{ar;R}$	13	12	10	14	8	12	16	14
$C_{ar;b3}$	2	6	2	10	4	7	10	23
$C_{ar;b2,n,CH_3}$	10	14	12	17	11	13	23	19
$C_{ar;X}$	7	5	3	5	1	4	5	10
C_{al}	42	32	35	30	34	29	22	16
$C_{al;P}$	24	12	13	9	10	15	13	9
$C_{al;s}$	18	20	22	21	24	14	8	7
f_a	0.58	0.68	0.65	0.70	0.66	0.71	0.78	0.84

注：TIS—甲苯不溶物；THFIS—四氢呋喃不溶物；C_{ar}—芳香碳；$C_{ar;t}$—芳香叔碳；$C_{ar;q}$—芳香季碳；$C_{ar;R}$—链接烷基的芳香碳；$C_{ar;b3}$—3 桥头芳香碳；$C_{ar;b2,n,CH_3}$—链接萘环或甲基的双桥头芳香碳；$C_{ar;X}$—链接杂原子的芳香碳；C_{al}—脂肪碳；$C_{al;P}$—脂肪伯碳；$C_{al;s}$—脂肪仲碳；f_a—芳碳率。

师新阁等在微型密闭玻璃管反应器中研究了一种工业柴油加氢失活催化剂上的结焦与供氢溶剂四氢萘的反应及该过程中伴随的自由基信息。该催化剂为硫化的 Mo-Co-Ni/W-Al_2O_3，在装置上运行了 30 个月，其失活程度可由反应温度升高的幅度表示：从初始的 345 °C 到卸载前的 390 °C。研究发现，经 180 °C 脱油后，该失活催化剂含碳 4%。图 7-59 显示，这些焦可在 300～400 °C 与四氢萘反应 3 min 而脱除，温度越高，脱除率越大。图 7-60 显示，在 340 °C 以上经四氢萘脱焦后，催化剂的活性（以 360 °C 四氢萘的脱氢活性度量）得以恢复。四氢萘脱焦前后催

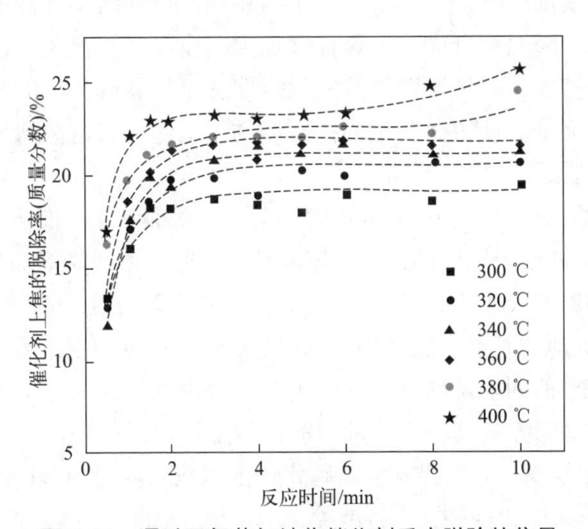

图 7-59　通过四氢萘与结焦催化剂反应脱除的焦量

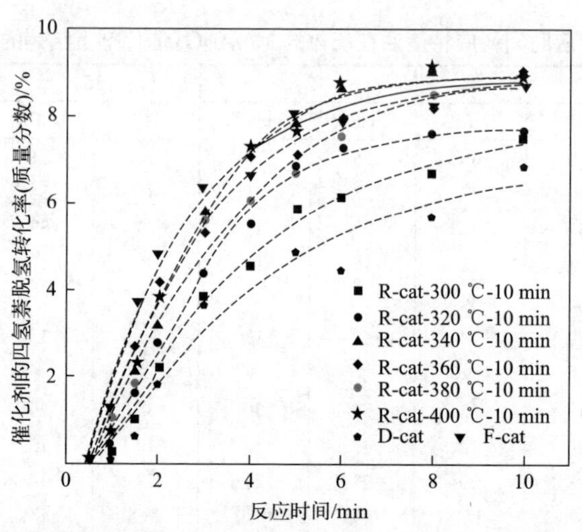

图 7-60　不同条件下四氢萘脱焦后催化剂在 360 °C 的四氢萘脱氢活性

R-cat—脱焦催化剂；D-cat—失活催化剂；F-cat—新催化剂

化剂的扫描电镜-X 射线能谱（SEM-EDS）和 ESR 分析表明，催化剂上的焦约有 19%～23%位于硫化钼上，这些焦的自由基浓度约为 42.6 μmol/g；Al_2O_3 载体上焦的缩聚程度较高，其自由基浓度约为 4.4 μmol/g，这些焦基本不能与四氢萘反应而脱除。

图 7-61 显示，失活催化剂的自由基浓度约为 13 μmol/g，加热 0.5 min 内下降至低于 10 μmol/g，无四氢萘时自由基浓度随后上升，且温度越高上升幅度越大，说明升温过程中催化剂上的部分焦软化，一些含孤电子的结构发生迁移、重组和偶合，使得自由基浓度下降。300 °C 以上自由基浓度随时间升高的现象表明，焦发生裂解和缩聚，随温度升高，缩聚程度加大。在四氢萘存在下，340 °C 及以上焦自由基浓度的持续下降说明四氢萘的供氢偶合了焦裂解生产的自由基碎片，阻碍了它们之间的缩聚，使得焦转化为挥发产物。上述所有这些现象说明这些焦的性质类似于沥青质。

研究发现，尽管图 7-61(b) 中 340 °C 及以上温度范围内，催化剂上焦的自由基浓度变化很类似，4 min 以后的自由基浓度甚至相同，但四氢萘供给焦的氢自由基量却不同。图 7-62 显示，四氢萘供给焦的氢自由基量随温度升高而增大，在 340 °C 及以上温度 3 min 即达到最大值，340 °C 的最大值对应 13%的四氢萘转化率，400 °C 的最大值对应 18%的四氢萘转化率，供出的氢自由基量约为焦中稳定自由基下降量的 11600 倍，说明除焦过程中共价键的断裂量很大。另外，上述过程中还生成了少量的 H_2 和十氢萘，证明四氢萘在硫化钼上生成了氢自由基，这些氢自由基除了给焦加氢外，还自己偶合生成 H_2 或给部分四氢萘加氢生成十氢萘，但这些反应主要在硫化钼上的焦脱除后（3 min 以后）发生，且在高温下更加显著。

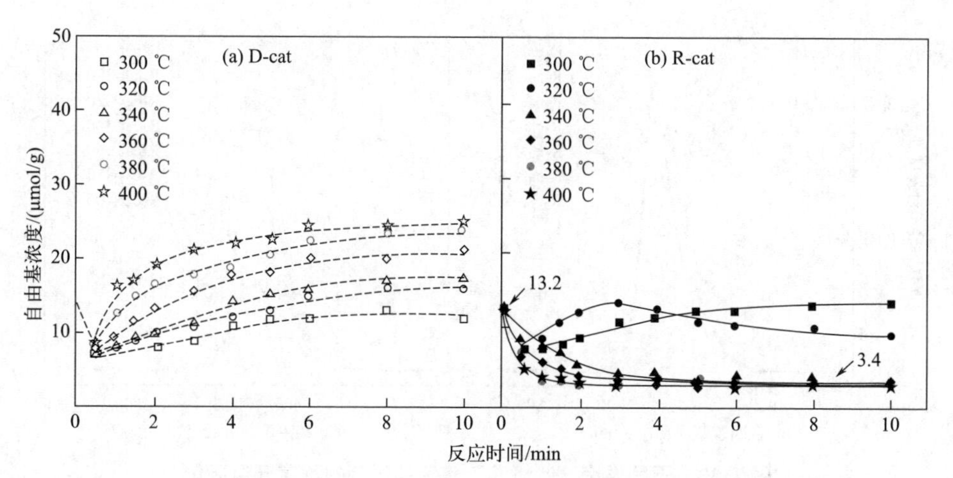

图 7-61 有无四氢萘条件下失活催化剂在不同温度下的 ESR 自由基浓度变化

D-cat—无四氢萘；R-cat—有四氢萘

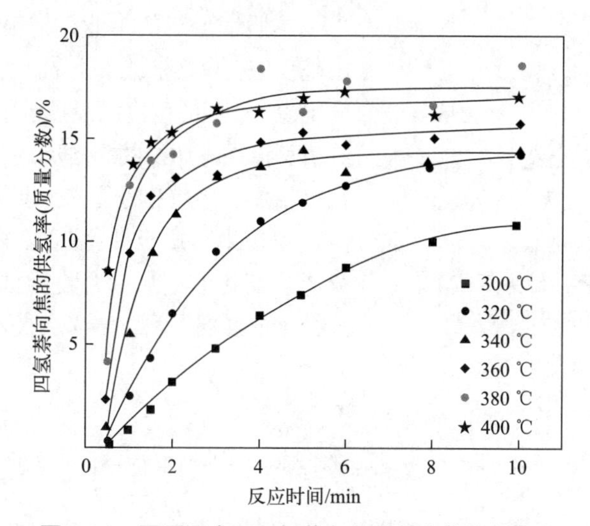

图 7-62 不同温度下四氢萘向催化剂上焦的供氢率

四氢萘除焦前后催化剂的程序升温氧化-质谱（TPO-MS）实验显示（图 7-63），所有催化剂均在 490 °C 显示一个 CO_2 释放峰，但峰前的释放量不同，除焦温度越高，除焦时间越长，CO_2 峰前的释放量越少，说明被四氢萘供氢除去的焦主要是低温氧化焦，即硫化钼上的焦在低温区氧化脱除，载体 Al_2O_3 上的焦在高温区氧化脱除，说明硫化钼上焦的芳香缩合度小于 Al_2O_3 上的焦，应该源于硫化钼的加氢活性。

基于上述数据，师新阁等提出了如图 7-64 所示的机理，包含四氢萘在硫化钼上活化，向其上的焦提供氢自由基促进焦加氢转化成为四氢萘可溶物，从而达到活性位除焦效果。

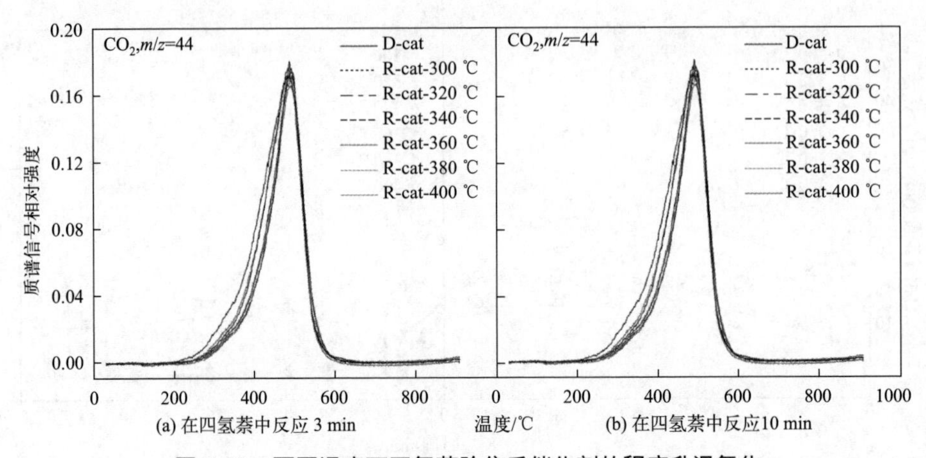

图 7-63　不同温度下四氢萘除焦后催化剂的程序升温氧化

D-cat—失活催化剂；R-cat—脱焦催化剂

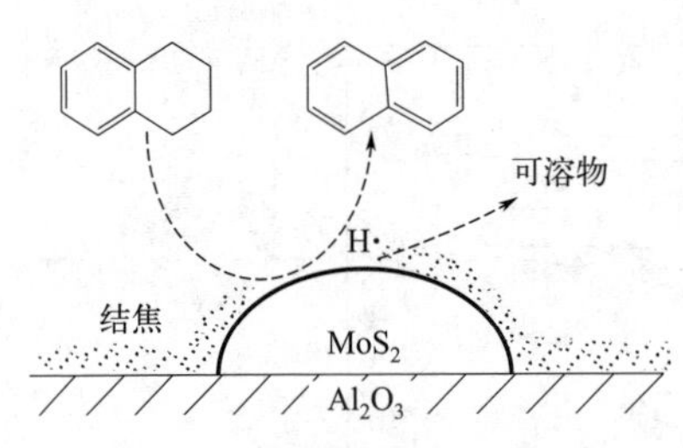

图 7-64　四氢萘脱除失活催化剂上结焦的机理图

重质油加工的工业过程很多，但对其自由基反应（包括催化剂上的自由基反应）的研究很少。近期的研究已经显示了自由基信息对分析和调控重质油的裂解历程、缩聚活性、催化剂结焦及除焦等方面的重要指导作用，进一步认识自由基反应并将其与传统上以不同馏分质量变化的信息耦合将会推动分子反应炼油技术的发展，科学意义和技术前景广阔。

参考文献

[1] Yen T F. The colloidal aspect of a macrostructure of petroleum asphalt [J]. Fuel Science & Technology International, 1992,10(4/5/6):723-733.

[2] 任强，代振宇，周涵. 重油胶体结构的介观模拟 [J]. 石油学报(石油加工), 2013(1): 98-106.

[3] Burklé-Vitzthum V, Bounaceur R, Marquaire P-M, et al. Thermal evolution of *n*- and *iso*-alkanes in oils. Part 1: Pyrolysis model for a mixture of 78 alkanes (C_1-C_{32}) including 13,206 free radical reactions [J]. Organic Geochemistry, 2012, 42(5): 439-450.

[4] 师新阁. 渣油热反应结焦和废催化剂再生研究 [D]；北京：北京化工大学, 2019.

[5] Cerqueira H S, Caeiro G, Costa L, et al. Deactivation of FCC catalysts [J]. Journal of Molecular Catalysis A Chemical, 2008, 292(1-2): 1-13.

[6] Meng X, Xu C, Gao J, et al. Studies on catalytic pyrolysis of heavy oils: Reaction behaviors and mechanistic pathways [J]. Applied Catalysis A General, 2005, 294(2): 168-176.

[7] Chang J, Fan L, Fujimoto K. Enhancement effect of free radical initiator on hydroThermal cracking of heavy oil and model compound [J]. Energy & Fuels, 1999, 13(5): 1107-1108.

[8] 杨朝合，郑海，徐春明，等. 渣油加氢裂化反应特性及反应机理初探 [J]. 燃料化学学报, 1999 (2): 97-101.

[9] Mullins O C. The modified Yen model [J]. Energy And Fuels, 2010, 24(4): 2179-2207.

[10] Wiehe, Irwin A. A Phase-separation kinetic model for coke formation [J]. Industrial & Engineering Chemistry

Research, 1993, 32(11): 2447-2454.

[11] Meena Marafi, Edward Furimsky, et al. Hydroprocessing catalysts containing noble metals: Deactivation, regeneration, metals reclamation, and environment and safety [J]. Energy Fuels, 2017, 31(6): 5711-5750.

[12] Marafi A, Albazzaz H, Rana M S. Hydroprocessing of heavy residual oil: Opportunities and challenges [J]. Catalysis Today, 2018, 329: 125-134.

[13] Yen T F, Erdman J G, Saraceno A J. Investigation of the nature of free radicals in petroleum asphaltenes and related substances by electron spin resonance [J]. Analytical Chemistry, 1962, 34(6): 694-700.

[14] Lewis I C, Singer L S. Electron spin resonance study of the reaction of aromatic hydrocarbons with oxygen [J]. The Journal of Physical Chemistry B, 1981, 85(4): 354-360.

[15] Kawai H, Kumata F. Free radical behavior in thermal cracking reaction using petroleum heavy oil and model compounds [J]. Catalysis Today, 1998, 43(3-4):281-289.

[16] Singer L S, Lewis I C. ESR study of the kinetics of carbonization [J]. Carbon, 1978, 16(6): 417-423.

[17] Shi X, Liu Z, Nie H, et al. Behavior of coking and stable radicals formation during thermal reaction of an atmospheric residue [J]. Fuel Processing Technology, 2019, 192: 87-95.

[18] Wang T, Liu Q, Shi L, et al. Radicals and coking behaviors during thermal cracking of two vacuum resids and their SARA fractions [J]. Fuel, 2020, 279: 118374.

[19] Chen Z, Yan Y, Zhang X, et al. Behaviors of coking and stable radicals of a heavy oil during thermal reaction in sealed capillaries [J]. Fuel, 2017, 208: 10-19.

[20] 石斌, 门秀杰, 郭龙德, 等. 自由基引发剂对重油加氢裂化的影响研究 [J]. 燃料化学学报, 2010, 38(4): 422-427.

[21] Zhang X, Chen Z, Liu Z, et al. Radical induced cracking of naphtha model compound: Using bibenzyl as a novel radical initiator [J]. Journal of Analytical and Applied Pyrolysis, 2021, 156: 105101.

[22] Chen Z, Zhang X, Liu Z, et al. Quantification of reactive intermediate radicals and their induction effect during pyrolysis of two *n*-alkylbenzenes [J]. Fuel Processing Technology, 2018, 178: 126-132.

[23] 陈泽洲. 煤加氢液化催化剂及相关条件下烃组分的反应研究 [D]. 北京: 北京化工大学, 2018.

[24] 闫玉新. 渣油催化加氢过程中催化剂表面的积炭行为研究 [D]. 北京: 北京化工大学, 2017.

[25] Richardson S M, Nagaishi H, Gray M R. Initial coke deposition on a NiMo/γ-Al_2O_3 bitumen hydroprocessing catalyst [J]. Industrial & Engineering Chemistry Research, 1996, 35(11): 3940-3950.

[26] Gualda G, Kasztelan S. Initial deactivation of residue hydrodemetallization catalysts [J]. Journal of Catalysis, 1996, 161(1): 319-337.

[27] Fonseca A, Zeuthen P, Nagy J B. ^{13}C NMR quantitative analysis of catalyst carbon deposits [J]. Fuel, 1996, 75(12): 1363-1376.

[28] Matsushita K, Hauser A, Marafi A, et al. Initial coke deposition on hydrotreating catalysts. Part 1. Changes in coke properties as a function of time on stream [J]. Fuel, 2004, 83(7-8): 1031-1038.

[29] Kubo J, Higashi H, Ohmoto Y, et al. Heavy oil hydroprocessing with the addition of hydrogen-donating hydrocarbons derived from petroleum [J]. Energy Fuels, 1996, 10(2): 474-481.

[30] Zhang X, Liu Z, Chen Z, et al. Bond cleavage and reactive radical intermediates in heavy tar thermal cracking [J]. Fuel, 2018, 233: 420-426.

[31] Zhou B, Shi L, Liu Q, et al. Examination of structural models and bonding characteristics of coals [J]. Fuel, 2016, 184: 799-807.

[32] Zhou B, Shi L, Liu Q, et al. Examination of structural models and bonding characteristics of coals [J]. Fuel, 2016, 186: 864-864.

[33] Zhao X, Liu Z, Liu Q. The bond cleavage and radical coupling during pyrolysis of Huadian oil shale [J]. Fuel, 2017, 199: 169-175.

[34] Alhumaidan F S, Hauser A, Rana M S, et al. Changes in asphaltene structure during thermal cracking of residual oils: XRD study [J]. Fuel, 2015, 150: 558-564.

[35] Hauser A, Stanislaus A, Marafi A. Initial coke deposition on hydrotreating catalysts. Part Ⅱ. Structure elucidation of initial coke on hydrodematallation catalysts [J]. Fuel, 2005, 84(2/3): 259-269.

第 8 章 硫的转化与迁移过程中的自由基反应

8.1 引言

前面几章介绍了各种重质有机资源热解过程中主要产物的产率及相关自由基信息，涉及的主要是碳、氢和氧元素构成的结构或组分，但煤、重质油、油页岩等重质有机资源都含硫，硫对产物品质、工艺过程和环境均有重要影响，热解过程中硫的转化是除了各产物产率之外的重要信息，其机理也主要遵循自由基反应，但目前文献中针对热解过程中含硫自由基的研究很少。

8.2 重质有机资源中的硫形态及其在热解过程中的硫迁移

8.2.1 煤中的硫形态

重质有机资源中硫的形态很多，但硫含量最高、形态最复杂的是煤，因此下面以煤为例展开讨论。煤中的硫包括有机硫和无机硫，总量一般为煤质量的百分之几，但最高可达 10%。煤中大部分硫均在加工过程中发生反应和迁移，其中间产物和最终产物的形态对加工过程、装备和产物品质、生态环境和人体健康的危害很大，如燃烧烟气中的 SO_2、煤气化和煤加氢液化过程中的 H_2S、COS 和 CS_2 等。

煤中的无机硫以硫化物为主，硫酸盐次之，单质硫很少。硫化物主要以黄铁矿（FeS_2）及其同质多象变体白铁矿（FeS_2）、少量闪锌矿（ZnS）、方铅矿（PbS）、黄铜矿（$CuFeS_2$）等形式存在。黄铁矿较稳定，白铁矿在 450 °C 能缓慢转化成黄铁矿。煤中硫酸铁的含量一般低于 0.1%，主要存在形式为石膏和重晶石，露天放置的煤中还有硫化铁氧化产生的水合态硫酸亚铁和硫酸铁。

煤中的有机硫包括：①脂肪和芳香硫醇，含有 C_{al}—S—H 和 C_{ar}—S—H 键，

其中 C_{al} 为脂肪碳，C_{ar} 为芳香碳；②脂肪、芳香或混合硫醚，含有 C_{al}—S—C_{al}、C_{ar}—S—C_{ar} 和 C_{al}—S—C_{ar} 键；③脂肪、芳香或混合二硫化物，含有 C_{al}—S—S—C_{al}、C_{ar}—S—S—C_{ar} 和 C_{al}—S—S—C_{ar} 键；④噻吩类杂环化合物，含有 C_{ar}—S—C_{ar} 键；⑤硫醌和硫蒽类化合物，含有 C_{ar}═S 键。煤中各显微组分的硫含量不同，一般而言壳质组的硫含量最高，镜质组居中，惰质组最低。

8.2.2 煤热解过程中硫的迁移

煤中硫在热解和液化过程中的反应很复杂。纯黄铁矿在惰性气氛中约于 550 °C 分解生成磁黄铁矿（$Fe_{1-x}S$，x 约为 0～0.2）和单质硫（S），氢气可降低黄铁矿的还原温度，生成磁黄铁矿和 H_2S；氢压越高，还原温度越低（图 8-1）[1]。煤也会降低黄铁矿的还原温度，比 N_2 气氛中纯黄铁矿的分解温度约低 100 °C。煤和 H_2 共存时黄铁矿还原温度的降幅更大（图 8-2）[1]。陈浩侃等认为，煤对黄铁矿还原反应的促进作用主要源于煤中有供氢能力的烃类，可以理解为煤有机质结构裂解产生的氢自由基或其它自由基促进黄铁矿的还原。黄铁矿与煤和 H_2 在 400 °C 以下反应生成磁黄铁矿和 H_2S 的现象是黄铁矿催化煤直接液化反应的关键步骤，日本 NEDL 煤直接液化工艺采用研磨后的天然黄铁矿为催化剂所依据的就是这个反应。

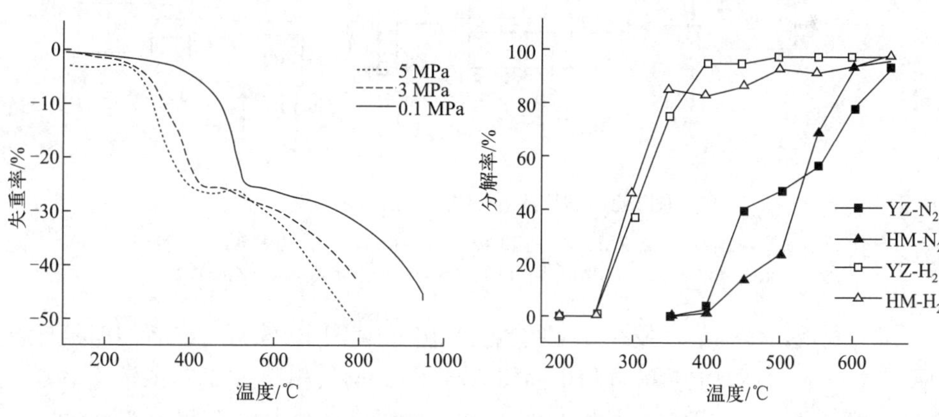

图 8-1　黄铁矿在氢气中还原的热重曲线

图 8-2　兖州煤（YZ）和红庙煤（HM）中黄铁矿在 N_2 和 H_2 中的分解

煤中有机硫的反应性与硫原子相连的结构有关。比如，硫醇和二硫醚不稳定，在热解中易分解为不饱和烃和 H_2S。脂肪硫醚相对不稳定，在加氢热解过程中易分解为不饱和烃和 H_2S。环硫醚的稳定性大于脂肪硫醚。芳香硫醚中的硫参与了芳香环共振，因此较为稳定。噻吩结构是煤中的主要硫结构，也是煤热解和加氢热解生成的主要含硫化合物的结构，烷基取代的噻吩在 500 °C 左右失去烷基，而噻吩环中硫由于参与了芳环共振，其碳硫键（C_{ar}—S）稳固，到 800 °C 才分解。

煤中有机硫的反应遵循自由基机理。Attar 认为[1,2]，有机硫反应的决速步骤是 C—S 键断裂生成自由基［式(8-1)］，这些自由基可与烃或氢反应生成硫醇［式(8-2)］，硫醇进一步分解成 H_2S 和烯烃。H_2S 也可与烯烃反应生成硫醇和硫醚。因 S—H 键的键能较低，H_2S 的反应也应该遵循自由基历程。

$$\mathrm{R{-}S{-}R'} \longrightarrow \mathrm{\cdot R' + R{-}S\cdot} \tag{8-1}$$

$$\mathrm{R{-}S\cdot + R'{-}H} \longrightarrow \mathrm{R{-}S{-}H + R'\cdot} \tag{8-2}$$

上述研究说明，煤热解过程中的硫迁移包含两个方面，一是煤中硫的反应和迁移，二是生成的 H_2S 等小分子硫化物与煤或焦的反应，后者甚至被认为是煤直接液化过程中重要的氢转移步骤。徐龙等[3,4]利用图 8-3 的装置在线检测了 19 种煤在程序升温热解（TPD）过程中烃（FID）和硫（FPD）的同时逸出行为，通过对比相同停留时间下两种谱图的差别指认出含硫的挥发物和不含硫的挥发物，以及单独的硫释放行为。

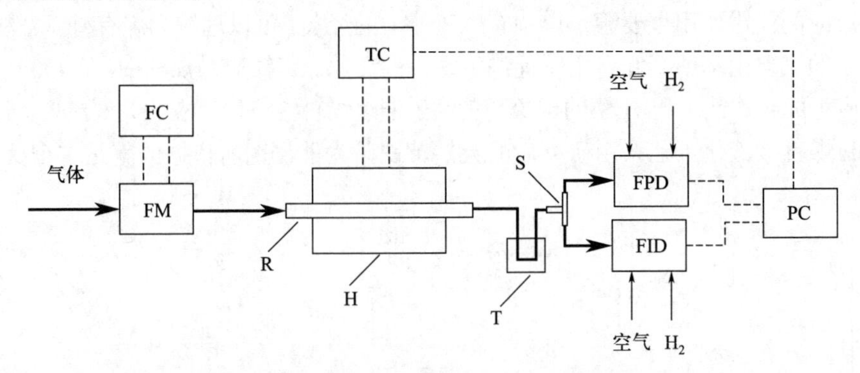

图 8-3　煤热解的 TPD-FPD/FID 系统

FC—流速控制器；FM—流量计；TC—温度控制；R—反应器；H—加热器；T—冷凝器；S—分流器；FPD—火焰光度检测器；FID—火焰离子化检测器；PC—电脑数据收集

研究发现，煤热解挥发烃和挥发硫的逸出规律不同，宏观上二者的差异与煤种没有显著的关系，但热解过程中固相总硫（S_t）向气相硫（S_{gas}）的转化率与煤的 H/C 摩尔比有一些关联，如图 8-4 显示，大部分煤的 S_{gas}/S_t 随煤 H/C 摩尔比增大而升高。鉴于常压 H_2 仅促进了部分煤在热解过程中生成 S_{gas}，但抑制了另一部分煤热解过程中生成 S_{gas}，说明硫形态的转化与硫的种类及煤结构中的氢转移有关，应该涉及自由基历程。

煤中无机硫的迁移不一定涉及自由基历程，但有机硫的迁移与自由基反应有关，H_2 可以起到稳定含硫自由基的作用，产生硫醇结构，然后在高温下被加氢形成气态硫。图 8-5 举例显示了兖州煤和大同煤热解过程中挥发烃和挥发硫的同时释放行为，这两种煤的 C 含量和 S 含量接近，但 H 含量、灰分含量和硫形态差异较大（表 8-1）。可以看出，两种煤在 N_2 气氛中烃（FID）逸出的峰形类似，都是

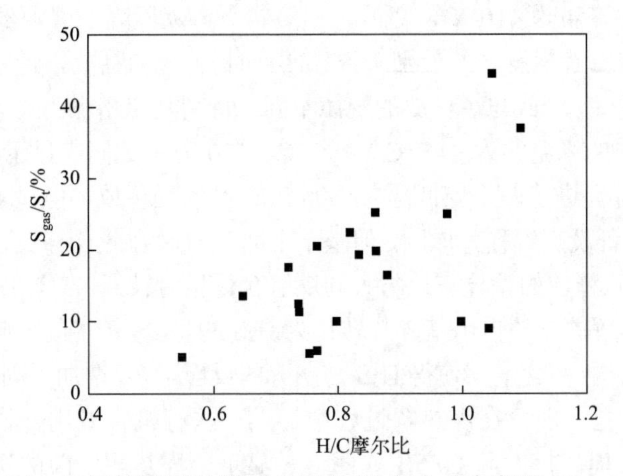

图 8-4　氮气下煤热解过程中固相总硫（S_t）向气相硫（S_{gas}）的转化率与煤的 H/C 摩尔比的关系

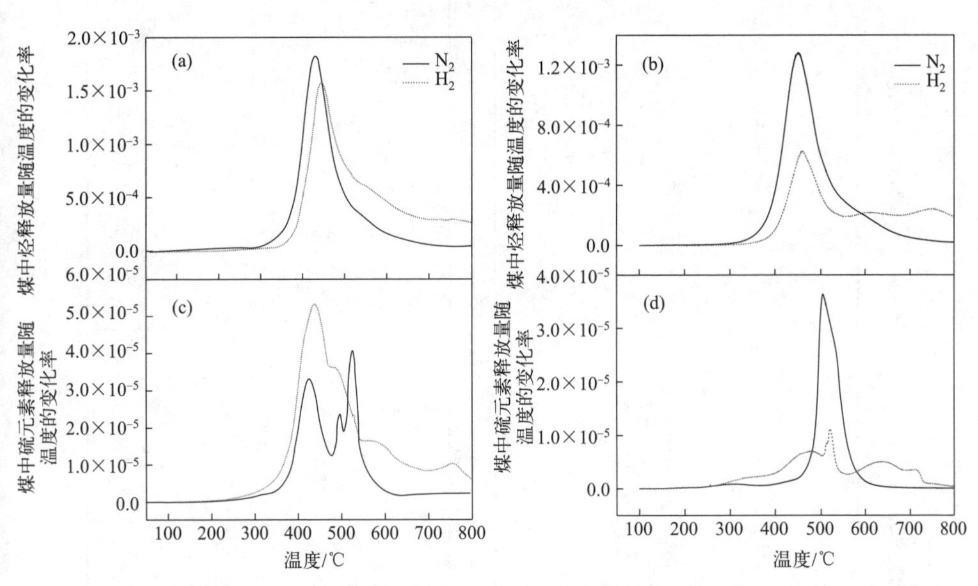

图 8-5　兖州煤［(a) 和 (c)］和大同煤［(b) 和 (d)］热解中挥发烃［(a) 和 (b)，FID］和挥发硫［(c) 和 (d) FPD］在 N_2 和 H_2 气氛中的释放曲线

表 8-1　大同煤和兖州煤的组成分析

煤样	工业分析（质量分数）/%			元素分析（质量分数，无水无灰基）/%			硫形态分布（质量分数）/%		
	M_{ad}	A_d	V_{daf}	C	H	S	黄铁矿	硫酸盐	有机硫
大同	3.2	14.2	31.0	82.8	5.1	2.4	64.2	3.0	32.8
兖州	2.7	2.8	44.7	81.5	5.9	2.7	23.1	0.0	76.9

单峰，兖州煤的峰温约 410 °C，释放量相对较大；大同煤的峰温约 470 °C，释放量相对较小，与二者挥发分的差别一致。H_2 抑制了烃的释放，特别是在低于峰温的范围。硫（FPD）释放与烃释放的规律不同，特别是兖州煤明显呈现出多个硫释放峰，N_2 气氛中的峰温约为 415 °C、485 °C、520 °C。大同煤显示 1 个明显的峰，峰温 510 °C。H_2 促进了两个煤低温（<500 °C）区的烃释放，但显著地抑制了大同煤的硫释放。作者没有解释其原因，但基于上面对 H_2S 在硫迁移过程中的影响可以推测，这两种煤硫释放的差异应该与大同煤氢含量相对较低、灰含量相对较高有关。氢含量少使得热解的含硫自由基碎片转化为 H_2S 的量少，较多的含硫自由基碎片偶合缩聚成固相结构；灰含量高使得 H_2S 与灰分的反应增多，增加了固相的无机硫量。

徐龙[4]等研究发现，在煤热解过程中加入一些有机含氧化合物（乙醇、丙酮或异丙醇等）可提高挥发硫的产生。图 8-6 显示，煤热解中硫的逸出率总是高于

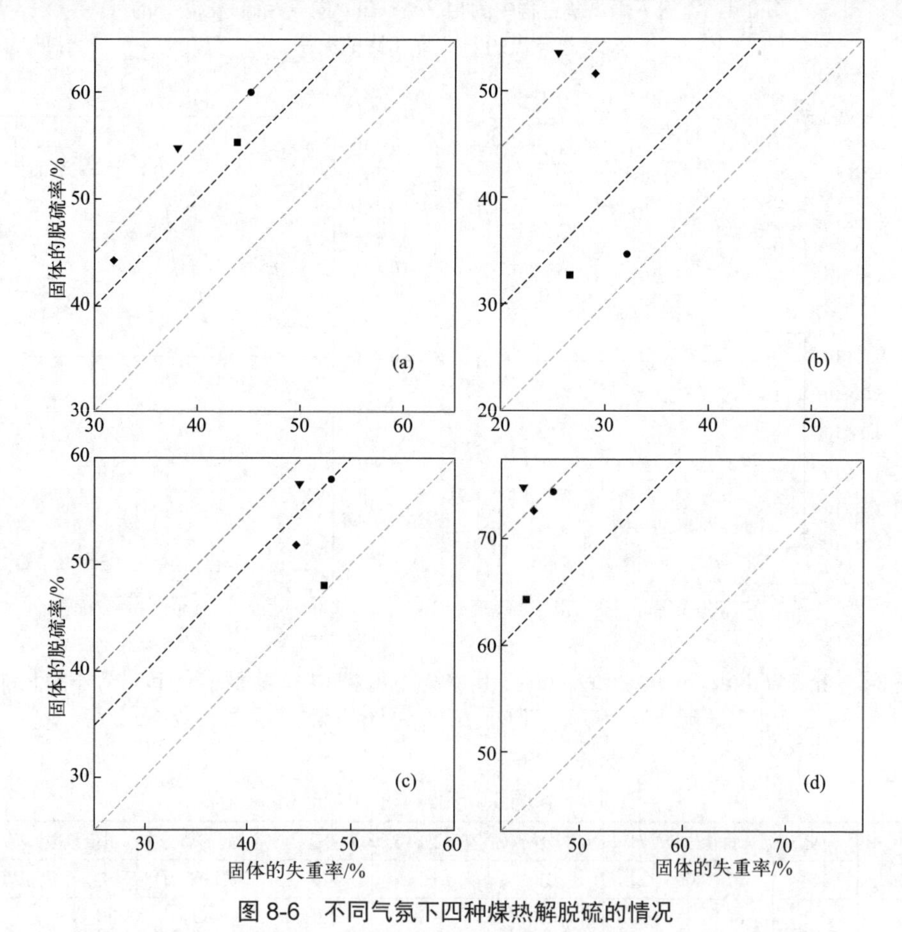

图 8-6 不同气氛下四种煤热解脱硫的情况

(a) 兖州煤；(b) 大同煤；(c) 先锋煤；(d) 西班牙煤（图中的对角线是挥发物和硫等百分比挥发的线，数据点位于对角线上方表示硫的逸出率大于挥发物的逸出率，说明焦的含硫量小于煤的含硫量）

■ N_2; ● H_2; ▼ $N_2+C_2H_5OH$; ◆ $N_2+CH_3COCH_3$

烃逸出率（数据点在对角线上方），与 N_2 气氛相比，少量的乙醇和丙酮可以选择性地提高硫的逸出率，且乙醇和丙酮的添加量越大，硫逸出率提高得也越多（表 8-2）。此外，与 H_2 气氛相比，乙醇和丙酮还抑制了烃的逸出，且煤阶越高，抑制作用越大。他们基于乙醇和丙酮自身热解产物的种类和逸出温度分析，推测了乙醇热解的自由基反应历程，提出了煤热解自由基诱导乙醇裂解产生自由基碎片，以及这些自由基碎片与煤热解含硫自由基碎片反应提高硫逸出量的机理。

表 8-2　有机含氧化合物用量对先锋煤热解脱硫率的影响（25～700 °C，10 °C/s，N_2 气氛）

添加物量/(mL/min)	焦/%	焦中硫/%	脱硫率/%
无	52.6	1.15	48.1
乙醇，0.08	55.1	0.89	57.8
乙醇，0.50	57.4	0.60	70.3
丙酮，0.10	55.3	1.01	51.9
丙酮，0.50	53.8	0.71	67.2

如前所述，煤热解过程中硫的迁移还包括热解生成的气相硫与焦的反应，特别是 H_2S 与焦的反应。Maa 等研究了 Kentucky #9 煤与含 3%H_2S 的氢气反应过程中硫的迁移，发现焦的硫含量升高，由此认为 H_2S 与煤发生了反应使其中的硫进入焦结构中[1]。周淑芬等研究了 H_2S 和酸洗脱灰后椰壳焦（含灰 0.10%，含硫 0.11%）的反应，通过反应后的程序升温氧化-火焰光度检测器（TPO-FPD）方法判断焦中硫含量的变化[5]。研究发现，H_2S 可与焦反应进入焦中形成硫化物和噻吩类硫；进入焦的硫量与反应温度有关，主要在 300 °C 左右和 700～800 °C 范围，如图 8-7 所示。焦中的硫在 400～650 °C 氧化生成 SO_2 和 COS，焦中的硅或外加硅抑制 H_2S 和焦反应进入焦结构（图 8-8）[6]。

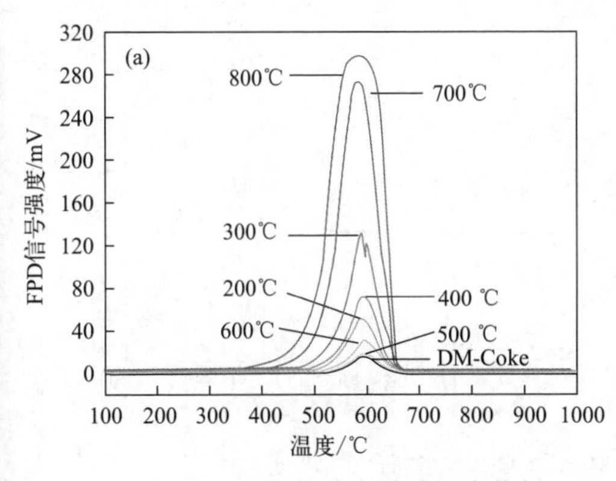

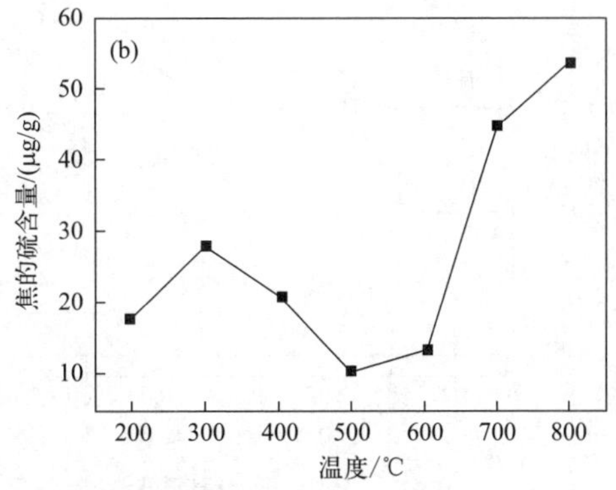

图 8-7　不同温度下酸洗椰壳焦与 H_2S 反应后程序升温氧化（TPO）释放的含硫化合物信号 (a) 及焦中总硫量 (b)

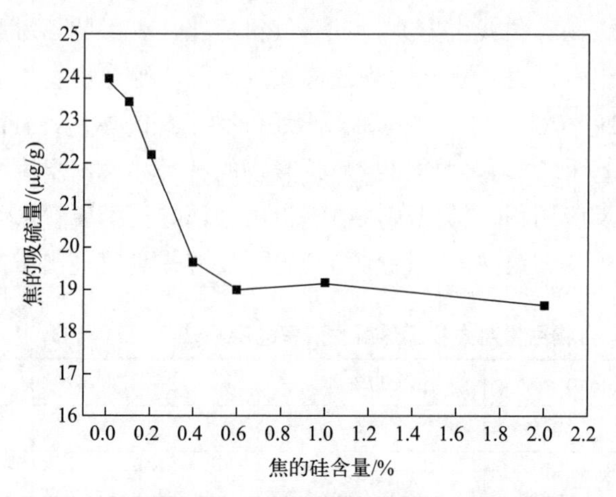

图 8-8 焦中的硅对 H_2S 和焦反应进入焦的影响

8.3 硫迁移过程中的自由基反应

8.3.1 模型含硫有机物热解的自由基反应

为了准确认识每一种有机硫的反应行为，闫金定等[7,8]在固定床-质谱系统中研究了多种含硫有机物在无硫、低灰(0.74%，质量分数)活性焦上的热解(TPD-MS)及热解残焦燃烧（TPO-MS）这两个前后连接过程中挥发性产物的逸出行为，发现苯甲基硫醚的热解挥发产物有甲苯、H_2S、SO_2 和 COS，这些物质均只有一个峰，且出峰范围和峰温相同，热解后残焦燃烧释放出 SO_2（图 8-9）。

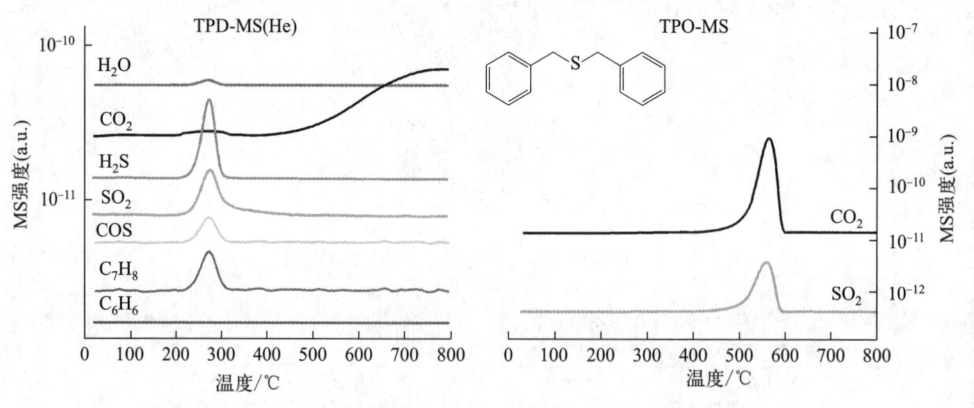

图 8-9 苯甲基硫醚在氦气氛中的 TPD-MS 和 TPO-MS 分析

TPD-MS—程序升温热解-质谱；TPO-MS—程序升温氧化-质谱

鉴于苯甲基硫醚自身的 TPD-MS 产物中没有苯，活性焦自身的 TPO-MS 产物中没有 SO_2，因此依据图 8-9 的产物，推测苯甲基硫醚的反应经历了图 8-10 的自由基机理：其中的 C_{al}—S 键于 215 °C 以上发生断裂产生苄基硫自由基和苯甲基自由基，由于担载于活性焦上的苯甲基硫醚的量较少，其分解产生的自由基碎片之间发生碰撞的概率很小，而与活性焦反应的概率很大。苯甲基自由基从活性焦夺取 H（氢转移）生成甲苯逸出；苄基硫自由基也从活性焦夺取 H 生成苯甲基硫醇，进而发生苯甲基硫醇裂解生成硫氢自由基和苯甲基自由基；硫氢自由基与活性焦发生一系列反应，包括从活性焦夺取 H 生成 H_2S、与活性焦上的含氧官能团反应生成 SO_2 和 COS，以及与活性焦反应生成固态硫结构；硫氢自由基和苯甲基自由基与活性焦发生相互作用还诱导生成了少量水和二氧化碳；部分硫氢自由基自身之间还发生了脱氢缩聚生成单质硫沉淀于反应器出口。

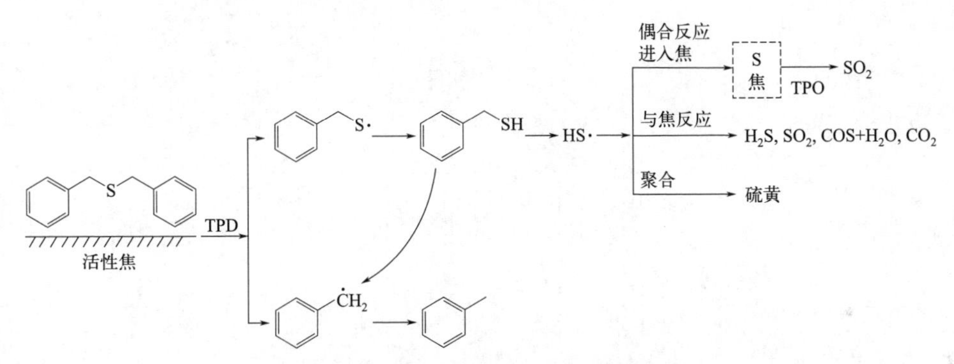

图 8-10　苯甲基硫醚在活性焦上热解的机理

TPD—程序升温热解；TPO—程序升温氧化

研究发现，芳香类有机含硫物 2-萘硫酚在活性焦上热解的挥发产物为萘、H_2S、SO_2 和 COS（图 8-11）。萘呈单峰逸出，起始于 280 °C，峰温约 315 °C，表明 2-萘硫酚发生了 C_{ar}—S 键断裂生成萘自由基和硫氢自由基。萘自由基从焦夺取 H 后生成稳定的萘逸出。H_2S、SO_2 和 COS 均显示两个逸出峰，第一个的峰温均在 315 °C 附近，高于图 8-10 中苯甲基硫醚的含硫气体的逸出温度，源于 C_{ar}—S 键的解离能大于 C_{al}—S 键的解离能。这些气态硫为硫氢自由基与活性焦反应的产物。第二个峰在 450 °C 附近，说明硫氢自由基与焦反应生成含硫结构并在高温下发生了分解。基于这些分析，2-萘硫酚的热解机理可由图 8-12 表示。

研究发现，活性焦上担载的二苯并噻吩在常温～800 °C 范围没有产生挥发性含硫化合物和烃化合物，而且在随后残焦的 TPO 过程中也没有产生 SO_2，鉴于反应器出口沉积了白色的二苯并噻吩，说明二苯并噻吩在低于其热解温度时就挥发了（熔点 97～100 °C，沸点 332～333 °C）。显然二苯并噻吩没有裂解产生硫氢自由基，因此不能与焦发生反应。

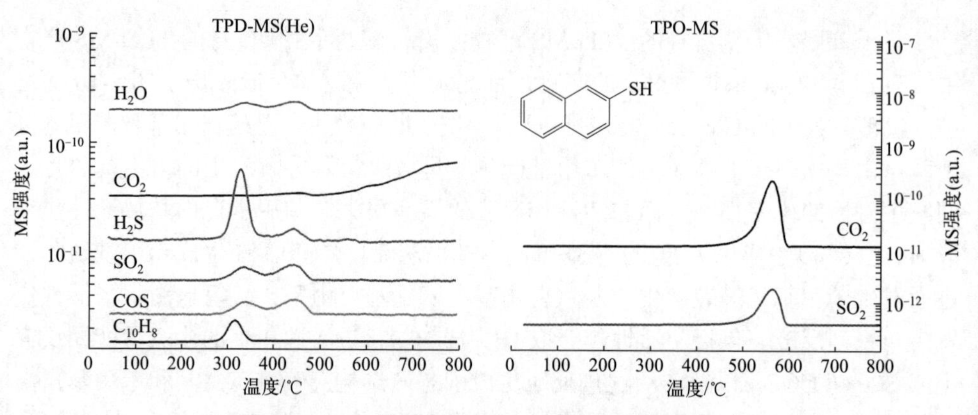

图 8-11　2-萘硫酚的 TPD-MS/TPO-MS 分析

TPD-MS—程序升温热解-质谱；TPO-MS—程序升温氧化-质谱

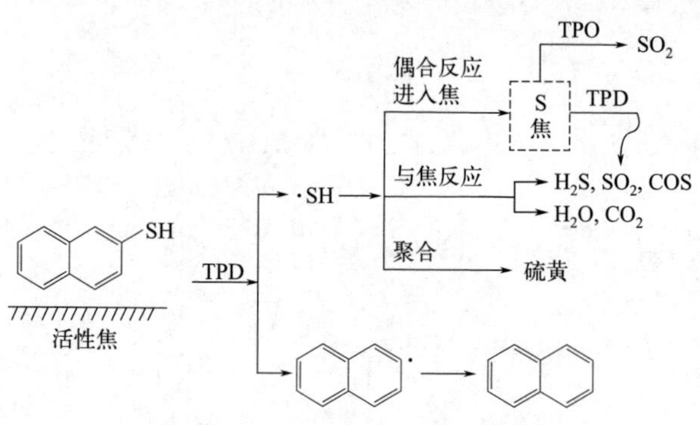

图 8-12　2-萘硫酚的热解机理

TPD—程序升温热解；TPO—程序升温氧化

上述研究说明，煤热解过程中硫迁移的活性中间体是硫氢自由基，源于 C_{al}—S 和 C_{ar}—S 键的断裂。硫氢自由基的反应性很强，不仅在挥发相反应，还与焦结构中的 H、O 和 C 原子反应，部分生成 H_2S、SO_2、COS 及单质硫等挥发性含硫化合物，部分成为活性焦结构的一部分。这些反应还产生水和二氧化碳。

上述硫迁移的自由基机理以及硫氢自由基的作用得到了密度泛函理论计算的支持。闫金定等采用 B3LYP/6-31G 方法计算了多种含硫化合物的热解历程。对苯甲基硫醚的起始热解路径计算（图 8-13）表明，路径 1 的能垒最小，约为 210.8 kJ/mol，产物是苄基硫自由基和苯甲基自由基。苄基硫自由基的后续反应如图 8-14 所示，其夺氢生成苯甲基硫醇的能垒很低，约为 29 kJ/mol；苯甲基硫醇裂解生成苯甲基自由基和硫氢自由基能垒约为 210 kJ/mol。

苯甲基硫醚在 0.1 MPa H_2 气氛中的 TPD-MS 和 TPO-MS 产物逸出行为支持了上述机理。如图 8-15 所示，苯甲基硫醚在 250 °C 临氢热解的气态产物为甲苯、较多的 H_2S 和少量 SO_2，没有 COS。与图 8-9 苯甲基硫醚在氦气中热解的产物逸出

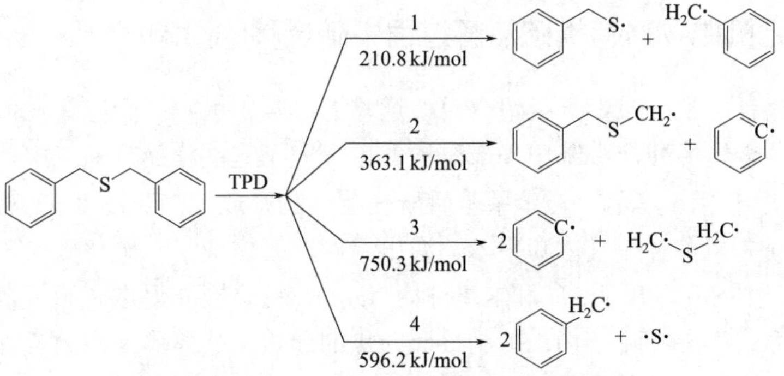

TPD
1
210.8 kJ/mol
2
363.1 kJ/mol
3
750.3 kJ/mol
4
596.2 kJ/mol

图 8-13 苯甲基硫醚初始热解路径的能垒分析

夺取H自由基
29 kJ/mol
210 kJ/mol
焦+温度
1243 kJ/mol

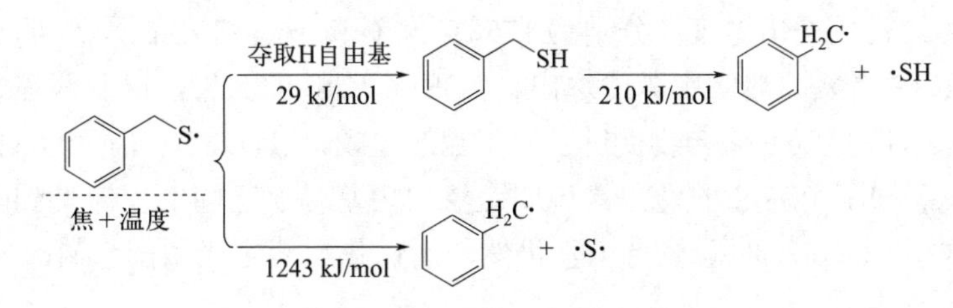

图 8-14 苄基硫自由基反应路径的能垒分析

TPD-MS(H2)
MS强度(a.u.)
温度/℃
CH4
CO2
H2S
SO2
COS
C7H8
C6H6
TPO-MS
CO2
SO2

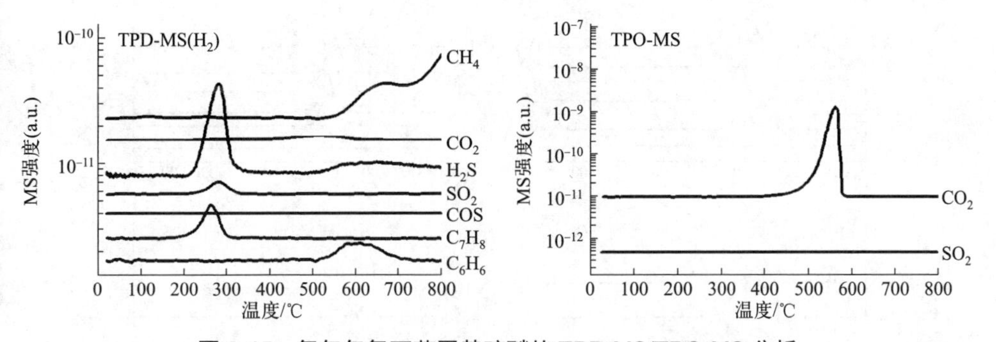

图 8-15 氢气气氛下苯甲基硫醚的 TPD-MS/TPO-MS 分析

TPD-MS—程序升温热解-质谱；TPO-MS—程序升温氧化-质谱

行为的差别表明，硫氢自由基与 H_2 发生了反应，减少了其与焦的反应。鉴于氢气没有改变甲苯和含硫气体起始逸出温度（215 °C），但在高于 500 °C 时有苯、甲烷和 H_2S 逸出，说明氢气不能促进或者抑制 C_{al}—S 键断裂，但参与了硫氢自由基的反应，并促进了部分甲苯自由基和硫氢自由基与焦反应生成固相结构，但这些固相结构于 500 °C 以上分解，并在 800 °C 以前释放焦中的硫。总体而言，H_2 在 200～300 °C 促进了硫氢自由基与焦的反应，在焦中生成含硫结构，但该含硫结构在 500 °C 开始被氢还原，在 700 °C 完全还原。

8.3.2 无机矿物对有机硫热解过程中硫迁移的影响

有研究者发现，煤中无机组分对硫迁移的影响很大。闫金定等在低灰活性焦上担载多种金属醋酸盐和苯甲基硫醚，然后研究了这些样品在氦气中热解的产物释放行为。图 8-16 显示，与苯甲基硫醚热解产物释放行为（图 8-9）相比，醋酸钠和醋酸钾提高了含硫气体和甲苯的逸出温度，还生成了二硫化碳 CS_2，但残焦燃烧没有产生 SO_2，表明 Na 和 K 抑制了 C_{al}—S 键断裂并促进了硫氢自由基与活性焦反应生成气态含硫产物，抑制了硫向焦的迁移。醋酸钙没有改变挥发物的逸出温度和峰形，但减小了含硫气体产物的逸出量，残焦燃烧释放了 SO_2，说明 Ca 的主要作用是将硫固定在焦中。醋酸亚铁［Fe(Ⅱ)］和醋酸铁［Fe(Ⅲ)］都降低了含硫气体的初始逸出温度（分别为 175 °C 左右和 160 °C 左右），说明它们均促进了 C_{al}—S 键断裂。热解中苯的逸出、COS 和 CS_2 的消失，以及残焦燃烧产生 SO_2 等现象表明这些 Fe 化合物促进了固相硫的生成。与 Na、K、Ca 和 Fe 的醋酸盐不同，醋酸镍抑制了 H_2S 的逸出，说明硫氢自由基与氢之间的反应受到阻碍。残焦燃烧生成了 SO_2，说明硫氢自由基仍然与活性焦反应生成了固态硫。

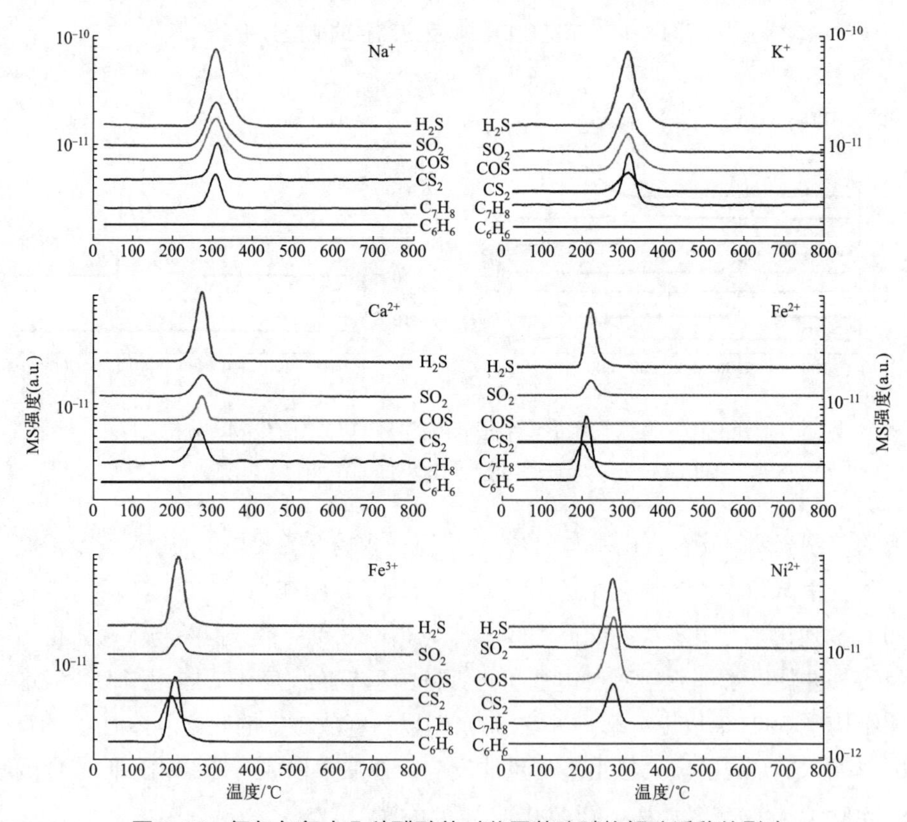

图 8-16 氦气气氛中几种醋酸盐对苯甲基硫醚热解硫迁移的影响

研究发现，担载于活性焦上的硫化亚铁（FeS）和黄铁矿（FeS_2）在氢气中热解产生 H_2S（图 8-17），但它们的残焦燃烧不产生 SO_2；担载于活性焦上的 $FeSO_4$、$Fe_2(SO_4)_3$［图 8-18(a)］、$ZnSO_4$［图 8-18(b)］在氦气中热解产生 SO_2，但它们的残焦燃烧也不产生 SO_2，因此认为 H_2S 和 SO_2 不能与活性焦反应生成固相有机含硫结构，说明硫氢自由基确实是煤热解过程中硫变迁的核心中间体。

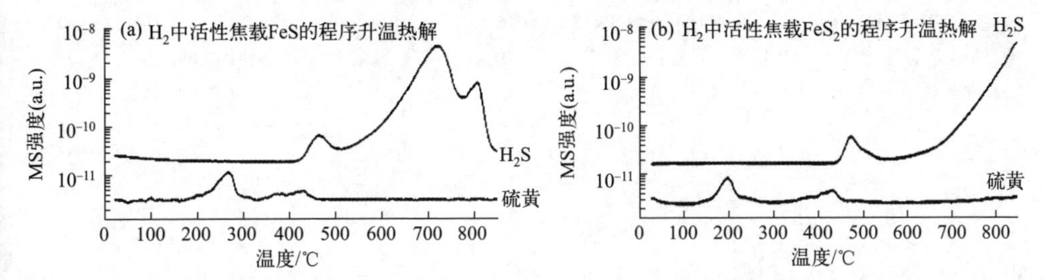

图 8-17　氢气气氛中 FeS (a) 和 FeS_2 (b) 在活性焦载体上热解释放的含硫产物

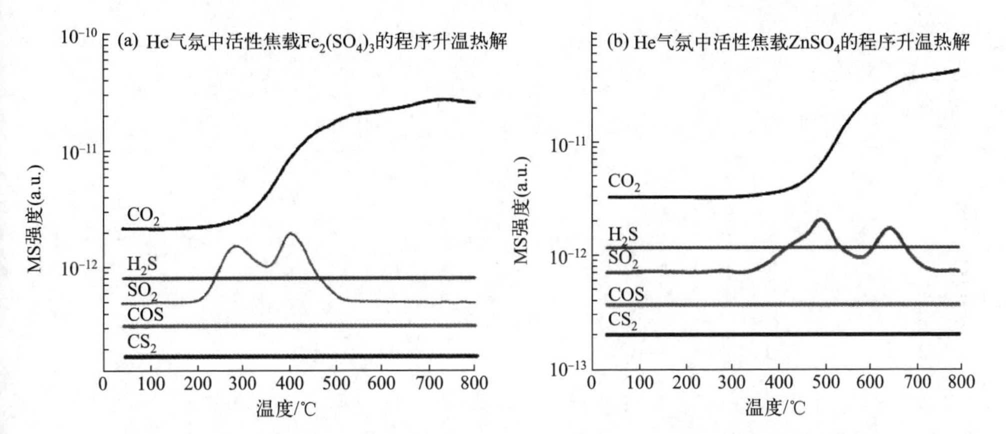

图 8-18　氦气气氛中 $Fe_2(SO_4)_3$ (a) 和 $ZnSO_4$ (b) 在活性焦载体上的热解

含硫化合物在热加工过程中的转化和迁移是重质有机资源利用中的重要内容，甚至决定加工过程的可用性，但这些过程的自由基反应机理没有得到充分的重视，已有的认识也未拓展到催化过程，特别是以金属硫化物为催化剂的加氢过程，相信从含硫自由基的角度（特别是 SH 自由基）剖析相关催化过程会显著促进催化剂的开发和硫的高效定向转化。

参考文献

[1] 袁权. 能源化学进展(精) [M]. 北京：化学工业出版社, 2005.

[2] Attar A. Chemistry, thermodynamics and kinetics of reactions of sulphur in coal-gas reactions: A review [J]. Fuel, 1978, 57(4): 201-212.

[3] Xu L, Yang J, Li Y, et al. Dynamic and simultaneous analyses of gaseous sulfur and hydrocarbon compounds released

during pyrolysis of coal [J]. Journal of Analytical and Applied Pyrolysis, 2004, 71(2): 591-600.

[4] 徐龙. 煤热解过程中硫向气相迁移特征及热解脱硫的研究 [D]. 太原：中国科学院山西煤炭化学研究所，2003.

[5] Zhou S, Yang J, Liu Z, et al. Effect of temperature on the reaction of H_2S with a coke [J]. Fuel Processing Technology, 2009, 90(7-8): 879-882.

[6] Zhou S, Yang J, Liu Z, et al. Influence of silicon on uptake of H_2S by a coke under elevated temperature [J]. Journal of Analytical & Applied Pyrolysis, 2009, 84(2): 165-169.

[7] Yan J, Yang J, Liu Z. SH radical: The key intermediate in sulfur transformation during thermal processing of coal [J]. Environmental Science & Technology, 2005, 39(13): 5043-5051.

[8] 闫金定. 炭载含硫化合物热解行为的研究 [D]. 太原：中国科学院山西煤炭化学研究所, 2005.

第9章

共热解及自由基反应

9.1 引言

顾名思义，共热解是两种或两种以上有机物共同发生热解，包括混合在一起热解和上下游串联热解。对于固态有机物而言，不同颗粒之间的接触点很少，颗粒中的绝大部分键合结构处于颗粒内部，所以物质颗粒之间的固-固相互作用不大，共热解反应主要包括两固体挥发物之间的相互作用、某一固体的挥发物与另一固体的相互作用，以及某一固体的挥发物与另一固体热解焦的相互作用。一般而言，人们常用共热解的某产物产率（如油产率或挥发物产率）与参与共热解的每一物质单独热解时该产物产率的加权值（数学加权平均值，也称预测值）对比，由此判断共热解物质之间是否发生了相互作用，如果实际值大于预测值，则称为发生了协同作用，但很少揭示共热解的反应网络及不同物质间相互作用的本质机理。本章以共热解过程中发生的自由基反应为主线，介绍文献中的相关工作，包括与自由基反应相关但没有直接测定自由基的工作。

9.2 煤和其它有机资源共热解及 ESR 自由基信息

煤热解的目的之一是制取焦油、化学品和煤气。因煤的 H/C 比不高，热解生成这些高 H/C 比气液产物的量较少，因此很多研究者希望利用一些废弃聚合物氢含量较高、芳香结构缩聚程度低的特点，通过聚合物热解生成的小分子物质参与煤热解反应，减少煤热解大分子自由基碎片的缩聚程度，从而得到较多的焦油、化学品和煤气。文献中这方面的报道很多，但结论不尽相同。有的认为煤和聚合物在热解中没有相互作用，有的认为二者有协同作用。若假定所有的研究数据都是真实的，这些相互矛盾的结论可能表明煤和聚合物的共热解反应极其复杂，每一项研究发现的仅是冰山一角。这个推断应该是可靠的，因为煤和聚合物各自的种类很多，它们的热解反应性差别很大，不同研究采用的热解条件和反应器形式也很多样，而且不同研究评判共热解结果的标尺也不同。因此，唯有挖掘包括自由基反应和挥发物反应在内的基本热解现象才能揭开煤和聚合物共热解的相互作用。

9.2.1 煤和高密度聚乙烯共热解

Tomita 等[1]在居里点反应器和气流床反应器中研究了 Yallourn 褐煤（干基含碳 63.9%）和 Illinois 6 号煤（干基含碳 68.4%）分别与高密度聚乙烯（HDPE）及其热解产物蜡（PWX）和油（POL）的共热解。居里点反应器的数据显示，共热解生成的 H_2 量及有机气体量分别少于这些物质单独热解生成的 H_2 量之和及有机气体量之和（图 9-1），由此认为 HDPE 及 PWX 和 POL 共热解生成的氢自由基和烃自由基供给了煤热解自由基，从而减少了煤热解自由基碎片的缩聚。气流床反应器的数据显示了和居里点反应器相似的结果，而且发现，共热解抑制了酚羟基分解，提高了焦油中含羟基组分的量，但这些酚羟基经二次反应生成了 CO；共热解也提高了焦油中 BTX（苯、甲苯和二甲苯）、萘类产物（萘、1-甲基萘和 2-甲基萘）以及茚、联苯、苊烯和菲的产率。

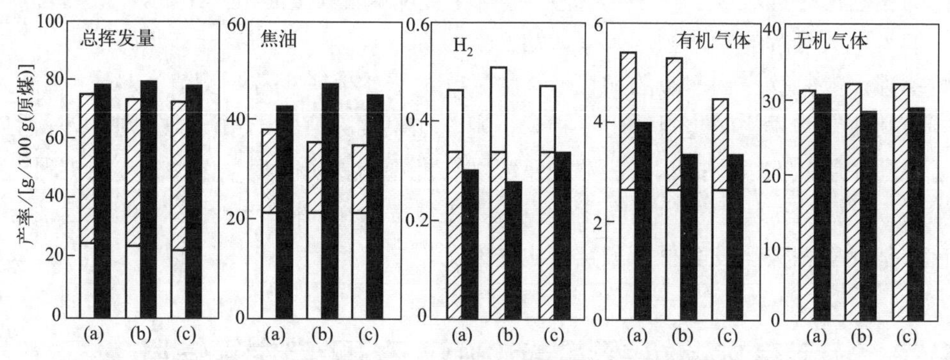

图 9-1 居里点反应器中 Yallourn 褐煤分别与 HDPE 及其热解产物 PWX 和 POL 共热解产物与这些物质单独热解产物的对比

(a) Yallourn 褐煤与 HDPE；(b) Yallourn 褐煤与 PWX；(c) Yallourn 褐煤与 POL

■ 共热解；▨ 褐煤；□ HDPE 或 PWS 或 POL

武云飞等[2]在原位热解-飞行时间质谱（Py-TOF-MS）系统中研究了平朔煤（PS，无水无灰基含碳 78.4%，干基挥发分 42.7%）和高密度聚乙烯（HDPE）单独热解和共热解的产物。图 9-2 测定了热解焦的 ESR 自由基谱线，并将≤500 °C 热解焦的自由基谱线分峰拟合为 4 个子峰（子峰-1～4），650 °C 热解焦的自由基谱线分峰拟合为 2 个子峰（子峰-1～2），根据这些子峰的 g 值范围归属了它们表示的自由基类别，进而分析了不同类别的自由基在热解过程中的变化。研究发现，与这些原料单独热解产物的加权值相比，共热解生成了更多的短链烯烃和二元酚，归结于 HDPE 热解产物对煤热解产物的供氢作用；450 °C 以下，共热解焦的总自由基浓度显著低于基于单独热解焦的预测值；共热解促进了焦中氧位自由基碎片的生成，抑制了焦中碳位和氮位自由基碎片的生成（图 9-3）。

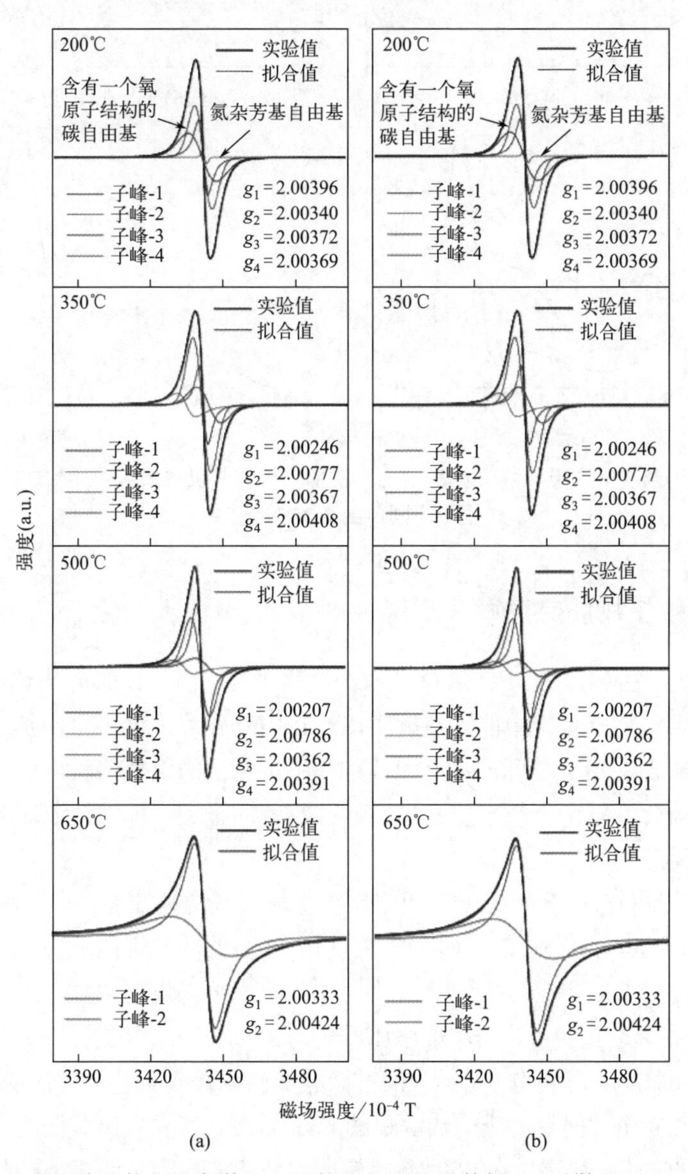

图 9-2　不同温度下热天平中煤 (a) 及其和 HDPE 共热解 (b)（煤：HDPE = 7：3）过程中固体的 ESR 谱线及分峰拟合结果

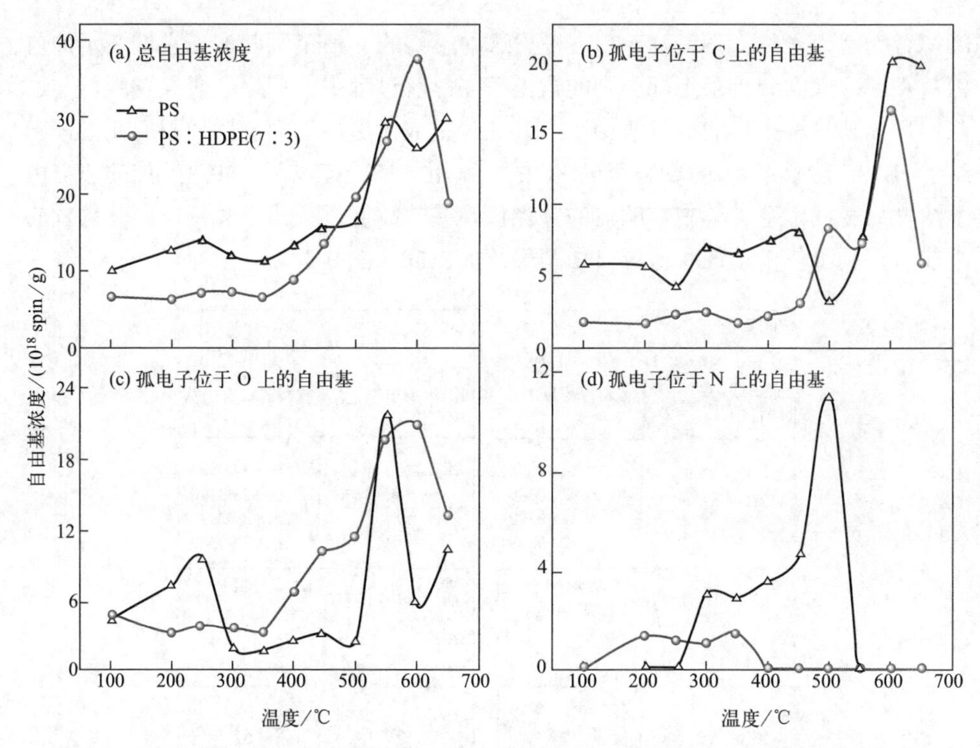

图 9-3 不同温度下热天平中平朔煤（PS）及其和 HDPE 共热解（PS：HDPE=7：3）过程中不同自由基类别的变化

9.2.2 煤和生物质共热解

一般认为，生物质的 H/C 和 O/C 原子比高于煤，而且比煤的热解温度低，因而可能在与煤共热解过程中向煤热解生成的自由基碎片提供氢自由基或富氢小分子自由基，加之生物质是可再生资源，它和不可再生的煤共热解可以降低过程的 CO_2 排放，因此文献中有很多煤和生物质共热解的报道，但涉及或研究共热解过程中自由基反应的研究很少。

Abdelsayed 等[3]研究了美国密西西比褐煤（干基含碳 51.8%，挥发分 43.8%）和黄松锯末（干基含碳 53.2%，挥发分 85.2%）在微波和常规电阻炉中的共热解，发现在热解终温 550 °C 及常压氮气条件下，微波加热褐煤比常规电阻炉加热生成的气体多焦油少（图 9-4）。向煤中添加质量为 25%的黄松可提高气体的产率，且微波加热提高气体产率的作用更大，同时微波加热也提高了共热解焦的芳碳含量。

图 9-5 为上述过程中生成的热解焦的 ESR 数据，可以看出黄松的自由基浓度远低于褐煤的。这两种物质在 550 °C 热解所得残焦的自由基浓度与加热方式有关：常规加热显著降低了褐煤焦的自由基浓度，但大大提高了黄松焦的自由基浓度，

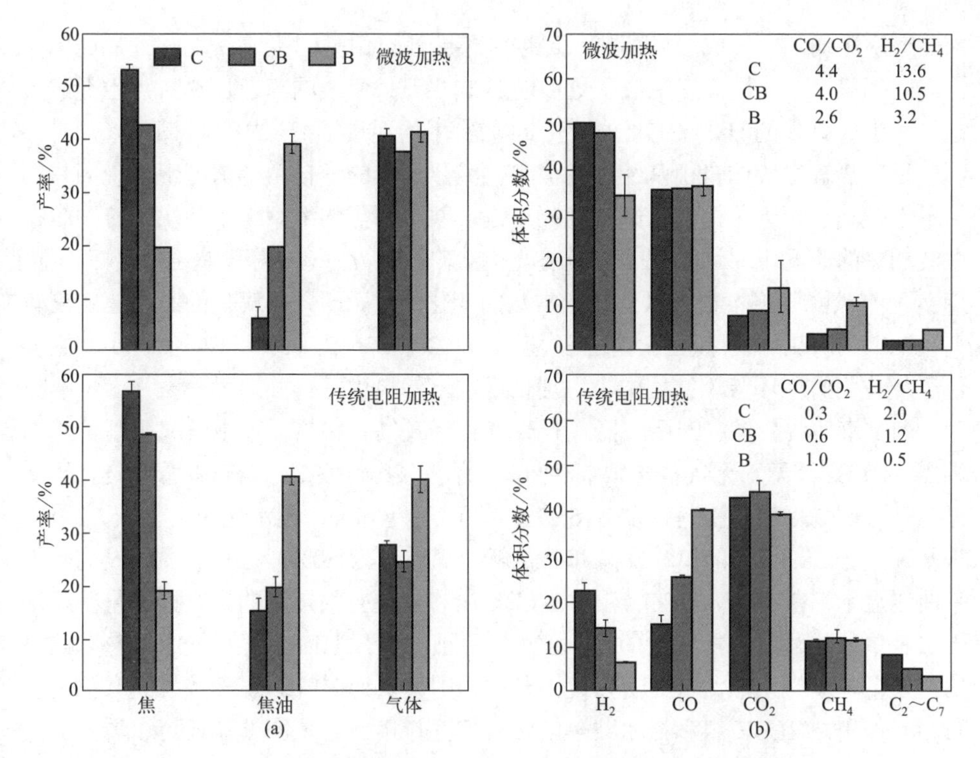

图 9-4　密西西比褐煤和黄松在 550 °C 热解和共热解的产物对比

(a) 焦、焦油和气体产率；(b) 气体组成

C—煤；B—黄松；CB—煤和黄松

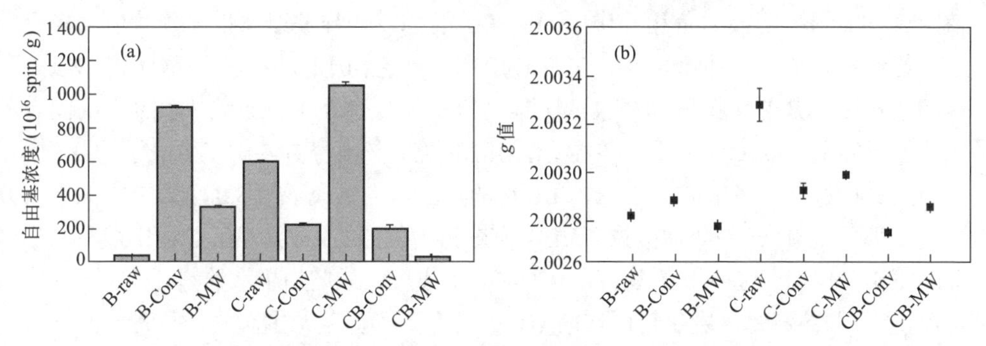

图 9-5　密西西比褐煤和黄松及它们 550 °C 热解和共热解焦的自由基浓度和 g 值

B-raw—黄松；B-Conv—常规加热黄松焦；B-MW—微波加热黄松焦；C-raw—褐煤；C-Conv—常规加热褐煤焦；C-MW—微波加热褐煤焦；CB-Conv—常规加热共热解焦；CB-MW—微波加热共热解焦

使其显著高于褐煤焦的自由基浓度。微波加热的效果不同，虽然也提高了两种焦的自由基浓度，但褐煤焦的自由基浓度高于黄松焦的自由基浓度。两种加热方式均降低了共热解焦的自由基浓度，且微波加热的降低作用最强，共热解焦的自由基浓度很低。他们认为，极性分子比非极性分子吸收微波的能力强，因而样品的

加热速率不均匀，形成的局部热点促进多环芳烃自由基的生成；黄松的H/C摩尔比高于褐煤，因此比褐煤生成了更多的H自由基；微波的高速加热特点也促进黄松热解生成更多的H和OH自由基，这些作用均促进了褐煤中芳环断裂，同时抑制了褐煤热解生成的自由基缩聚。另外，共热解焦的低自由基浓度现象说明焦的导电性较高，源于黄松的热解挥发物促进了共热解焦的缩聚速率加快，特别是在微波加热的情况下。这个现象与拉曼光谱给出的 I_G/I_{all}（I_G 为石墨结构碳峰强度，I_{all} 为所有碳峰强度）数据以及介电常数的变化一致，即共热解焦的石墨化程度较高。图 9-5(b) 中热解焦自由基的 g 值范围（2.0027～2.0033）表明焦自由基主要位于羟基化的多环芳烃结构中，包括位于碳上的自由基。

何文静等[4]在固定床反应器（无载气和有载气）和热天平中研究了呼伦贝尔褐煤（HLBE，无水无灰基含碳 73.9%，干基挥发分 29.9%）、核桃壳（WS，无水无灰基含碳 53.1%，干基挥发分 66.7%）和松木（pine，无水无灰基含碳 53.1%，干基挥发分 68.3%）的单独热解和共热解（煤质量为 50%）过程。图 9-6 的热天平曲线显示，在 50～850 °C 范围，HLBE 煤和核桃壳共热解的最终挥发量少于基于二者单独热解最终挥发量的预测值（简称预测值），HLBE 煤和松木共热解的最终挥发量基本等于预测值。若以此为判据，则会认为 HLBE 煤和核桃壳共热解有负相互作用，HLBE 煤和松木共热解没有相互作用。但从图 9-6 还可以看出，共热解过程可以分成两个阶段，第一阶段的终温略高于 380 °C，主要是生物质热解；第二阶段的终温约为 600 °C，主要是煤热解。HLBE 煤和生物质共热解在第一阶段的 DTG 曲线与预测值相似，说明二者没有相互作用，但在第二阶段的 DTG 峰值附近均显示了明显的负相互作用，即实验的挥发物释放速率小于预测值。换言之，若以 600 °C 为共热解终温，HLBE 煤和两种生物质的共热解均显示出明显的负相互作用，共热解挥发物释放量比预测值少 3.3～3.8 个百分点。表 9-1 的固定床热解至终温 600 °C 的产物分布显示，HLBE 煤和核桃壳共热解多生成了约 0.5 个百分点的焦和气，多生成了 2.0 个百分点的焦油，少生成了约 3.0 个百分点的水。显然，基于 600 °C 的焦油数据，HLBE 煤和两种生物质在共热解过程中发生了显著的正相互作用，这种相互作用减少了水的生成反应或增加了水的消耗反应。这些现象说明，共热解是否发生协同作用与评判的参数和温度范围有关，不应泛泛而论。

表 9-1 呼伦贝尔煤和核桃壳固定床热解的产物分布（无水无灰基，质量分数） 单位：%

热解原料	焦	焦油	水	气
煤（实验）	54.8	1.3	18.1	25.8
核桃壳（实验）	23.3	6.1	46.3	24.4
共热解（预测）	39.0	3.7	32.2	25.1
共热解（实验）	39.5	5.7	29.2	25.6

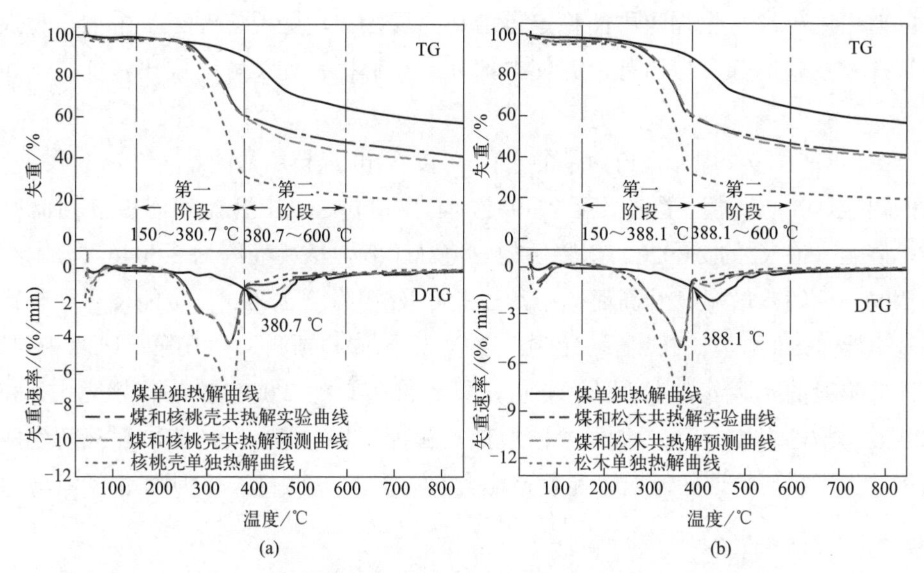

图 9-6　呼伦贝尔煤和生物质单独热解与共热解的热天平曲线

(a) 核桃壳；(b) 松木

图 9-7 是无载气固定床热解过程中体系的 ESR 自由基浓度变化。由于气体不含稳定自由基，液体的自由基浓度很低，所以展示的自由基浓度主要是焦的稳定自由基浓度。可以看出，生物质焦的稳定自由基浓度极低，在 300 ℃以上才显著增加，常温煤含有稳定自由基；二者热解焦的自由基浓度随热解温度升高而增大，煤焦的自由基浓度大都高于生物质焦的自由基浓度；共热解焦的自由基浓度在第一阶段和预测值类似，但在第二阶段小于预测值，说明第二阶段煤热解挥发物与第一阶段生物质热解生成的焦发生了反应，包括煤热解挥发物

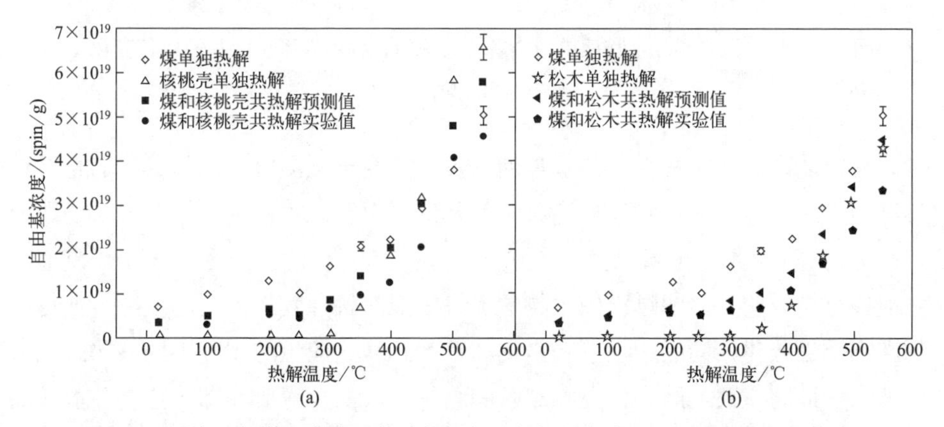

图 9-7　呼伦贝尔煤和生物质单独热解与共热解过程中体系的 ESR 自由基浓度

(a) 核桃壳；(b) 松木

中的自由基碎片与生物焦中的稳定自由基的反应。这些反应湮灭了生物焦和煤热解挥发物中的部分自由基，并使得部分煤热解挥发物裂解生成焦和气，正如表 9-1 所示。

图 9-8 是图 9-7 中体系自由基的 g 值。可以看出，煤自由基的 g 值约为 2.0034，在升温至 300 °C 过程中增大至 2.0035，但在 300 °C 以上开始随温度升高而减小，降至 550 °C 的 2.0028。生物质的 g 值高于煤，核桃壳约为 2.0046，松木约为 2.0038；随热解温度升高而减小，在 550 °C 均降至 2.0028，可能说明这些自由基主要是π自由基。共热解焦自由基的实际 g 值和预测 g 值在第一阶段相同，但第二阶段的实际 g 值小于预测 g 值，降至 550 °C 的 2.0025（煤/核桃壳焦）和 2.0026（煤/松木焦），也说明第二阶段煤热解挥发物与第一阶段生物质热解生成的焦发生了反应，这些反应可能使得焦含有更多的σ自由基，说明发生了氢转移反应。

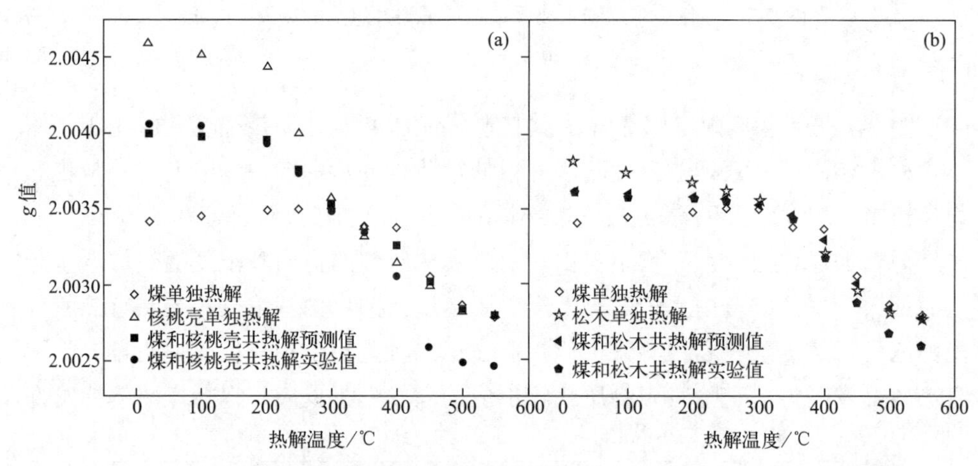

图 9-8　呼伦贝尔煤和生物质单独热解与共热解过程中体系自由基的 g 值变化

(a) 核桃壳；(b) 松木

研究发现，煤和核桃壳共热解焦油不仅产率高于预测值，而且其中的正己烷可溶物的组成变轻。如煤和核桃壳共热解焦油的正己烷可溶物中轻组分（酚和苯及其衍生物等）含量多于预测值，重组分（多环芳烃及衍生物）含量少于预测值。这些现象可能说明共热解过程中生物焦促进了煤热解挥发物的裂解反应，使得挥发物产物两极分化，同时增加了轻产物和重产物，这应该与图 9-9 的共热解焦油自由基浓度最高有关，因为挥发物裂解和缩聚生成的沥青质和部分焦会分散在焦油中，导致焦油自由基浓度升高。

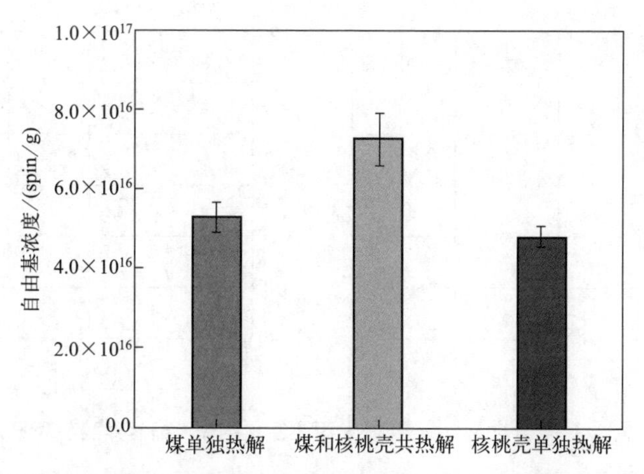

图 9-9 呼伦贝尔煤和核桃壳单独热解与共热解过程中产物焦油的自由基浓度

9.3 不同煤的共热解

很多工业过程使用混煤（或称配煤）以满足对某种转化产物的性质要求，特别是炼焦。炼焦是配煤在常压、950～1000 °C 条件下缓慢共热解生产冶金焦的过程，配煤的目的是保障生产的焦炭具备某些性质，使其能够在高炉中使用，或用廉价的煤替代部分高价焦煤，以降低焦炭成本。炼焦也产出焦油和气体，但这不是使用配煤的原因。换言之，前面介绍的利用某些富氢原料与煤共热解时的供氢作用提高油产率和组成的方法并不适用于炼焦。

由于配煤在共热解过程中发生的化学反应及相互作用对焦结构的影响比对焦油和气体的产率和组成的影响更加复杂，业界常用很多物性参数来关联焦的性质，但目前达到的关联度不高。采用的物性参数包括煤种、元素分析和工业分析、显微组成和镜质组反射率、胶质体厚度等；焦的性质包括强度、反应性、收缩率、热膨胀系数、密度、气孔率、比热容、热导率、电阻率和透气性，等等。比如 Barsotti 等[5]研究了多种配煤制焦，发现焦炭的抗碎强度（M_{40}）可由配煤挥发分含量（V）的二次函数表示（$M_{40} = 26.28 + 4.47V - 0.0915V^2$），但关联系数 R^2 仅为 0.46。Kumar 等[6]研究了 14 种合格焦炭的配煤组成，以冶金焦的热强度（CSR）需大于 58%为目标，发现配煤的挥发分含量应在 23%～25%之间［图 9-10(a)］，最大镜质组反射率（R_{max}）应在 1.1%～1.2%之间［图 9-10(b)］，镜质组含量需大于 55%（体积分数）。从这些图中可以看出，这些关联的误差较大。上述研究者还利用配煤在热解过程中胶质体的膨胀性[5]和流动度[6]等参数关联焦炭质量，但这些参数测定的准确度不高，成焦过程中其它因素也发生作用，它们与焦炭强度的关联度也较差。

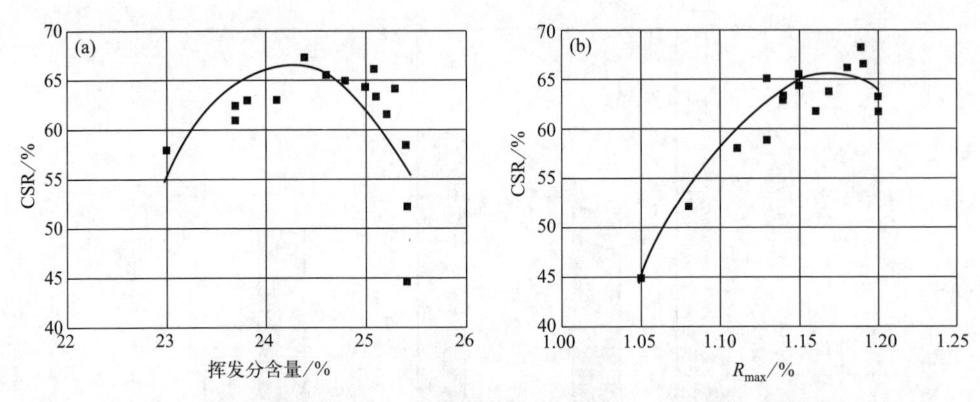

图 9-10 配煤挥发分含量 (a) 及最大镜质组反射率 (b) 与焦炭 CSR 的关系[6]

一般认为，炼焦配煤约在 300 °C 软化形成胶质体，随温度升高胶质体流动、膨胀，在 600 °C 左右固化成焦，焦随后发生收缩、开裂，最终成为焦炭。因此一些国家建立了在 600 °C 确定半焦形貌的标准方法，如英国的 ISO 502:2015（Coal-Determination of caking power-Gray-King coke test[7]），该标准将配煤在格-金（Gray-King，GK）装置中焦化至 600 °C，然后将半焦形貌分成从 A～G 等 7 种标准格-金焦型（GK coke type，GKCT），如图 9-11 所示，其中 A 型半焦为粉状且无结焦能力；B 型半焦微黏结，易碎；C 型半焦黏结，整块或少于三块，易碎；D 型半焦具有一定硬度且尺寸比煤的尺寸小；E 型半焦较硬，尺寸比煤的尺寸小，

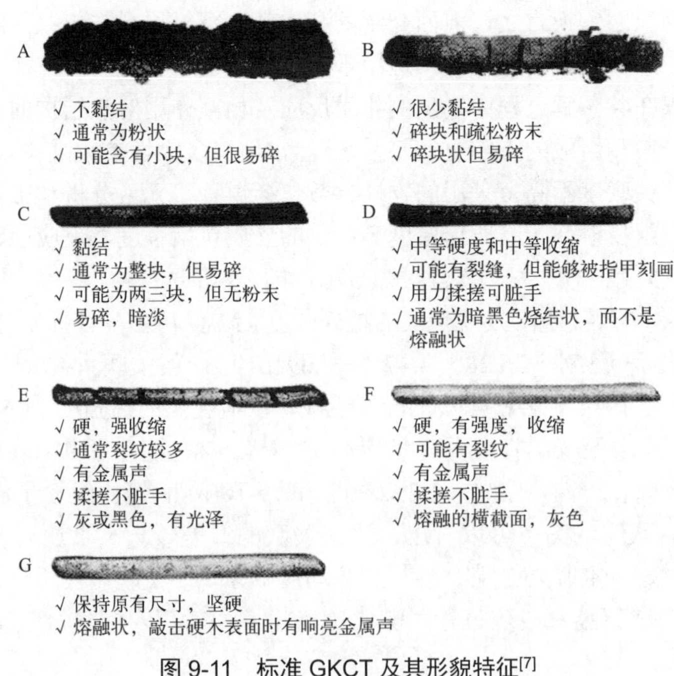

图 9-11 标准 GKCT 及其形貌特征[7]

裂纹较多；F 型半焦坚硬，尺寸比煤的尺寸小，有较少的裂纹；G 型半焦坚硬，尺寸与煤的相同，唯有 G 型半焦可满足冶金工业要求[8]。

如前所述，煤含有稳定自由基，其自由基浓度随煤的碳含量增加而增大；煤热解的核心反应是自由基反应；由于热解过程中的缩聚反应，产物焦的自由基主要在 300～600 °C 范围增加，然后随温度升高而下降，至 700 °C 左右消失[9,10]。因此，600 °C 既是煤焦形成块状形貌的重要温度，也是其自由基浓度的峰值，二者应该有关。

向冲等[11]发现，煤的 ESR 自由基浓度与其最大镜质组反射率有关，但二者的相关性不高，如图 9-12 所示。这个现象可能源于几个方面，比如煤的自由基浓度是煤中显微组分（镜质组、惰质组和壳质组）的共同、平均性质，镜质组反射率仅是镜质组的性质，而且受取样的影响较大；煤的自由基浓度受惰质组含量的影响较大，镜质组反射率与惰质组含量无关。鉴于配煤热解是煤中所有显微组分的共热解，煤中惰质组对焦炭性质的影响较大，煤自由基浓度易于测定且准确度高，还可反映煤中芳香单元结构的大小和缩聚程度，所以煤自由基浓度可能会比最大镜质组反射率更好地关联焦炭形貌。基于此，他们研究了 3 种焦煤［蒙西（MX）、开滦（KL）和吕梁（LL）］分别与 5 种非焦煤［呼伦贝尔（HLBE）、神木（SM）、补连塔（BLT）、兖州（YZ）和鹤壁（HB）］组成的配煤在格-金炉中的共热解焦的形貌[11]。表 9-2 是这些煤的工业分析和元素分析数据。图 9-13 是不同组成配煤的自由基浓度与 600 °C 共热解格-金焦形貌的关系。横轴刻度为 0∶1 表示 100%非焦煤（符号表示煤种）焦，6∶4 表示含有 60%焦煤的配煤焦，1∶0 表示 100%焦煤和焦。可以看出，向三种焦煤中添加 20%的非焦煤均可经共热解生成 G 型焦，对开滦焦煤而言，添加 60%的非焦煤（BLT、SM 和 HB）也可生成 G 型焦；生成 G

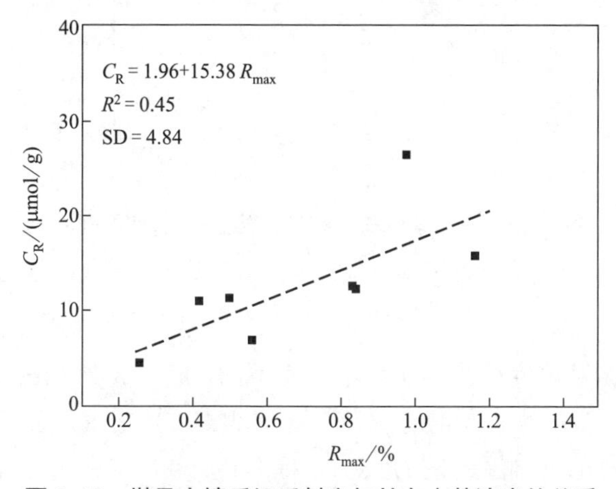

图 9-12　煤最大镜质组反射率与其自由基浓度的关系

C_R—煤的自由基浓度；R_{max}—煤的最大镜质组反射率

表 9-2 八种煤样的元素分析和工业分析结果 单位：%

煤		元素分析（无水无灰基，质量分数）					工业分析（质量分数）			
煤种	名称	C	H	O	N	S	M_{ad}	A_d	V_{daf}	FC (ad)
非焦煤	HLBE	73.9	5.1	19.4	1.1	0.4	31.0	13.2	50.1	29.9
	SM	78.6	4.6	15.2	1.1	0.5	7.7	8.1	36.5	53.8
	BLT	80.3	4.9	13.7	0.9	0.2	3.9	5.5	36.5	57.7
	YZ	81.5	5.9	8.6	1.3	2.7	2.7	2.8	44.7	52.3
	HB	86.9	3.7	7.6	1.4	0.3	0.6	7.3	13.6	79.6
焦煤	MX	85.4	4.2	8.1	1.2	1.1	1.2	11.1	30.5	61.0
	KL	85.5	4.3	8.0	1.2	1.0	1.0	12.6	32.3	58.6
	LL	88.7	4.5	4.2	1.5	1.3	0.5	8.3	20.9	72.2

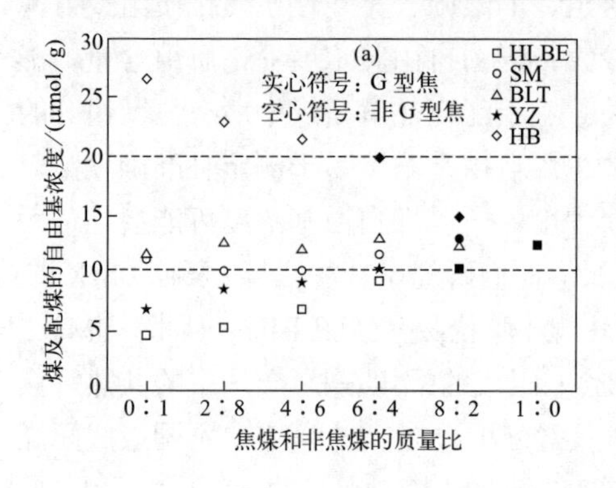

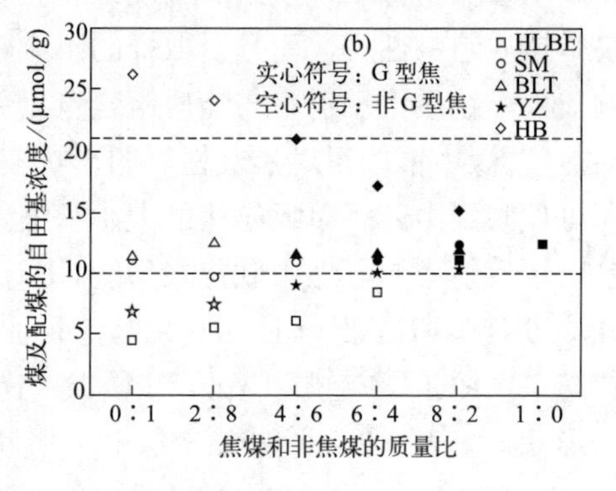

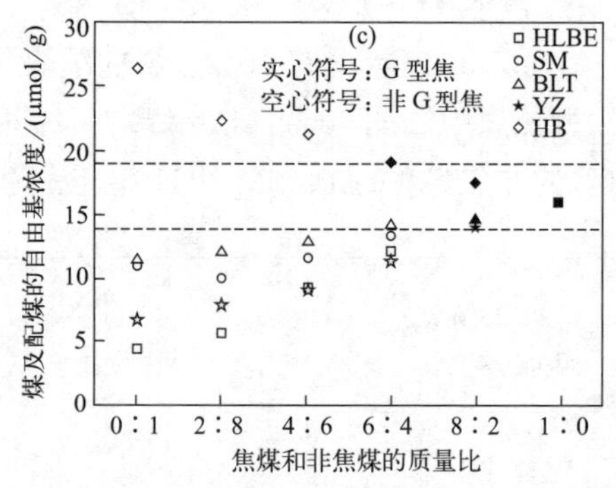

图 9-13 三种焦煤与非焦煤共热解格-金焦的形貌

(a) MX 焦煤与非焦煤；(b) KL 焦煤与非焦煤；(c) LL 焦煤与非焦煤

实心符号为 G 型焦；空心符号为非 G 型焦

型焦的配煤的自由基浓度范围随焦煤不同而不同，但大致在 14～20 μmol/g。研究发现，配煤的自由基浓度可与其它参数一起预测 GK 焦的形貌，2 参数、3 参数和 4 参数预测 G 型焦的准确度分别为 74%、79%和 81%，可形成 G 型焦的配煤的碳含量范围约在 82.4%～88.7%，氧含量范围小于 11%，自由基浓度范围约在 10.1～21.1 μmol/g，灰分范围约在 7.2%～12.7%，水分含量少于 7.2%。

鉴于人工方法仅能将格-金焦型与几个参数关联，而共热解焦型可能受到更多参数的影响，因此向冲等研究了三种机器学习方法对配煤焦型的判断，特别是自由基浓度在 G 型焦预测中的作用。三种方法是 K 近邻法（KNN），线性判别分析法（LDA）和支持向量机法（SVM）。研究发现，配煤中来自元素分析的碳（C）含量、ESR 的自由基浓度（C_R）和工业分析的灰分含量（A）是预测 G 型焦的主要参数；这些机器学习方法均可较好地预测 G 型焦的生成，但最适宜的方法是 SVM 法，该法的 5 参数预测准确度达 96%（图 9-14）。

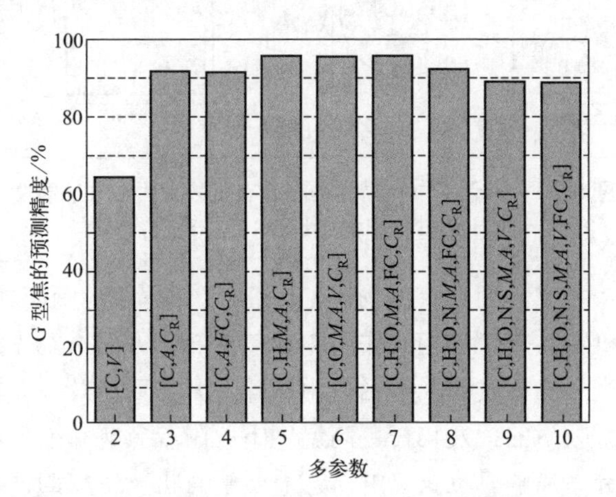

图 9-14　多参数支持向量机法（SVM）对 G 型焦的预测精度（符号见表 9-2）

9.4　共热解机理研究

前面几节的内容显示，不同物质在共热解过程中确实会发生相互作用，这些相互作用主要是不同挥发物之间的反应以及挥发物在焦表面的裂解及结焦，但这些路径均是基于最终产物种类和焦结构演化的猜测，尽管这些猜测可能是合理的，但并未得到实验确认。实验跟踪共热解过程中挥发物自由基反应的难度很大，但或许可以从下面的研究中得到印证。

9.4.1　不同固体混合层中的挥发物反应

石磊等[12]设计了如图 9-15 所示的热天平坩埚，用于分析 A 和 B 两种固态有机物在共热解过程中的相互作用。其中 C1 坩埚将 A 和 B 完全混合，二者的颗粒密切接触，热解生成的挥发物在颗粒间的空隙中扩散，并与另一固态有机物及其挥发物接触并反应。C2 坩埚设置与坩埚等高的挡板将两固态颗粒分开，阻止它们的热解挥发物与另一有机物及其挥发物接触。虽然两种有机物的挥发物离开坩埚后还会接触并发生反应，但在载气吹扫下这些挥发物的反应基本发生在坩埚外，缩聚反应生成的析炭（结焦）不能落到坩埚内并被热天平检测到（质量变化），所以原理上，两种有机物在 C1 坩埚中共热解可以发生相互作用，在 C2 坩埚中热解不能发生相互作用。

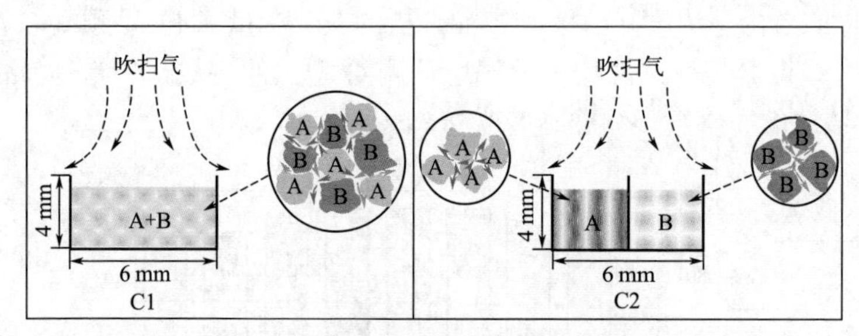

图 9-15　热天平中判断两种固态有机物是否在共热解中发生相互作用的坩埚设计及反应分析

通过对表 9-3 中 5 种固态有机物在 C1 和 C2 坩埚中的两两共热解过程研究，他们发现两种有机物共热解的相互作用主要包括 3 个方面：①先热解（即较低温度热解）有机物产生的挥发物（包括自由基碎片）在后热解（即较高温度热解）有机物上吸附；②吸附的挥发物在更高温度下脱附或裂解和缩聚，或吸附的挥发物中的自由基诱导后热解有机物热解；③后热解有机物生成的挥发物（包括自由基碎片）在先热解有机物的焦（包括自由基位点）上裂解和缩聚。这些现象可以从图 9-16 显示的丁基橡胶（IIR）和乙丙橡胶（EPR）在两种坩埚中热解的失重曲线和产物生成曲线的差异得出。如从图 9-16(a) 可以看出，这两种橡胶混合热解(C1)

表 9-3　用于研究共热解的 5 种物质的结构

名称	简称	共价键类别	结构	C2 坩埚热解温度/°C		
				始温	峰温	终温
补连塔烟煤	BLT			110	440	900
乙丙橡胶	EPR	$C_{al}—C_{al}$	$\left[\left(CH_2-CH_2\right)_x\left(CH_2-\underset{CH_3}{CH}\right)_y\right]_n$	380	455	490
丁基橡胶	IIR	$C_{al}—C_{al}$, $C_{al}═C_{al}$	$\left[\left(\underset{CH_3}{\overset{CH_3}{C}}-CH_2\right)_x CH_2-\overset{CH_3}{C}=CH-CH_2\left(\underset{CH_3}{\overset{CH_3}{C}}-CH_2\right)_y\right]_n$	310	385	430
聚乙烯吡咯烷酮	PVP	$C_{al}—C_{al}$, $C_{al}—N$, $C_{al}═O$	$\left[CH-CH_2\right]_n$ (N, O)	360	425	470
二萘嵌苯-3,4,9,10-四甲酸二酐	PTC	$C_{ar}—C_{ar}$, $C_{ar}—C_{al}$, $C_{al}—O$, $C_{al}═O$		475	595	700

的挥发物总量少于二者单独热解（C2）的挥发物总量。从图 9-16(b) 可以看出，两种橡胶分别在 C2 中产生两个清晰分离的热解峰，峰温分别为 385 °C 和 455 °C，但二者在 C1 中混合热解时，这两个热解峰融合，各自显著变小，且在二者之间的 410 °C 出现了一个大峰，表明 IIR 在 385 °C 附近热解产生的部分挥发物没有及时逸出，而是吸附在 EPR 上，然后在更高温度下脱附；但 410 °C 峰的面积大于 IIR 峰的减少量且 EPR 在 455 °C 附近挥发量也减少的现象说明，IIR 热解产生的自由基碎片与 EPR 反应，诱导 EPR 在较低温度下热解。上述挥发物的多种反应也会导致缩聚形成焦，否则就不会产生图 9-16(a) 所示的共热解总挥发量减少的现象。

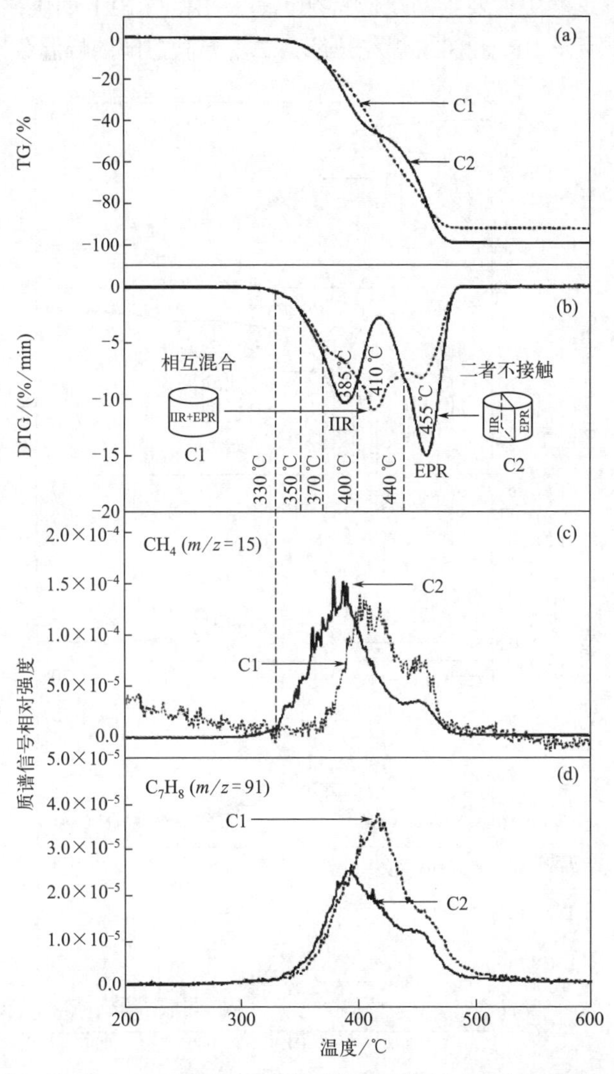

图 9-16　丁基橡胶（IIR）和乙丙橡胶（EPR）在两种坩埚中热解的挥发物释放量［(a)，TG］和释放速率［(b)，DTG］以及甲烷 (c) 和甲苯 (d) 的质谱曲线

共热解过程中两种橡胶发生相互作用的 3 个方面也可从热解生成气体产物的不同规律看出。图 9-16(c) 显示，二者单独热解时（C2），甲烷主要产生于 IIR；混合热解时（C1）甲烷峰滞后到 410 °C 附近，且 EPR 热解峰的甲烷逸出量增大。高温条件下甲烷逸出滞后的现象表明其不是源于 IIR 直接热解，而是源于 IIR 热解生成的大分子挥发物的反应，且生成甲烷的大分子挥发物（或含自由基的挥发物）与 EPR 发生了相互作用，包括吸附以及随后的裂解和缩聚，因为甲烷在这个温度范围的物理吸附量应该极少。图 9-16(d) 中 C1 坩埚的甲苯生成量多于 C2 坩埚甲苯生成量的现象证实了 IIR 挥发物在 EPR 上发生吸附、裂解和缩聚的推论。

上述共热解过程中挥发物的反应特征也可在 IIR 与 BLT 烟煤共热解过程中观察到。图 9-17 显示，IIR 比 BLT 煤先热解，二者单独热解的峰温分别为 385 °C 和

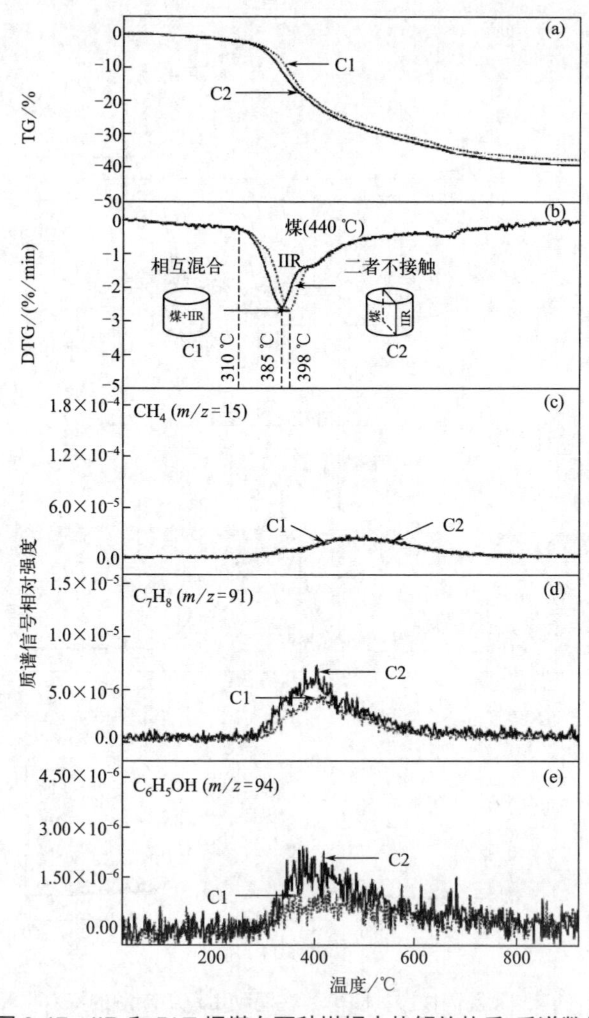

图 9-17　IIR 和 BLT 烟煤在两种坩埚中热解的热重-质谱数据

440 °C。二者共热解中，IIR 的挥发物释放滞后，峰温升高到 398 °C，虽然 BLT 煤热解挥发物释放的行为变化不大，但总挥发物量比单独热解减少 1.5%。显然，IIR 的部分挥发物与煤反应生成了固体产物，所以甲苯和苯酚的生成量均显著减少。这种现象可能表明，IIR 挥发物中含有双键的自由基碎片易在 BLT 表面发生缩聚反应，但并不足以诱导该煤在低温下热解。

图 9-18 显示了 BLT 烟煤与 PTC 共热解的情形。在这个组合中，BLT 煤先热解，PTC 后热解。可以看出，在煤热解的温度区间（< 485 °C），煤挥发物的释放曲线没有发生显著的变化，但 PTC 的热解显著提前，其挥发物逸出峰温从 595 °C 降低到 550 °C，说明煤挥发物中的一些小质量自由基碎片诱导了 PTC 的热解。

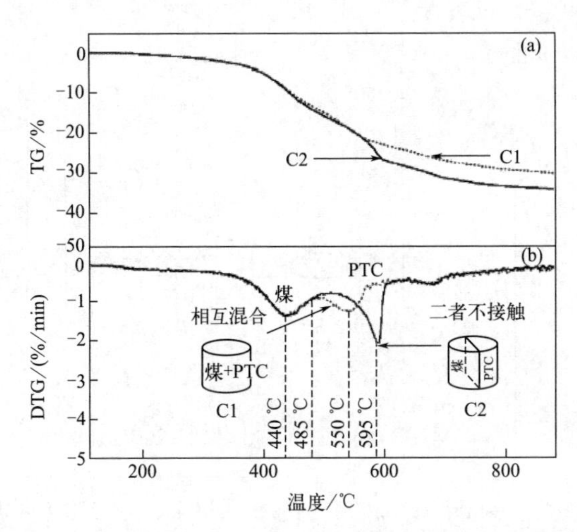

图 9-18　BLT 烟煤和 PTC 在两种坩埚中热解的热重-质谱数据

9.4.2　不同固体挥发物的反应

值得指出，上述展示的共热解行为仅是挥发量（或焦）和部分气体产物的变化，热解焦油的产率及其组成应该也发生了变化，但热天平-质谱系统不能分析焦油。研究表明，共热解总是增加挥发物的反应，包括裂解和缩聚，因此总是多形成一些结焦，而结焦量与参与热解物质的 H/C 比呈反比。如 EPR、IIR、PVP 和 PTC 的 H/C 摩尔比分别为 2.0、1.9、1.5 和 0.3，它们在 C1 坩埚中与煤共热解的挥发物总量相比于在 C2 坩埚中的挥发物总量分别减少 0.1%、1.5%、1.7%和 4.0%。另外，含有多环芳烃和杂原子的物质易促进共热解的相互作用，导致更多的缩聚反应。

上述研究分析了共热解过程中挥发物在固体颗粒间隙中的反应，但挥发物离开固体层后也会发生反应。因此，石磊等[13]设计了如图 9-19 所示的 4 种热天平坩埚以便分析两种烃热解挥发物在气相的反应。这些坩埚的底部都设置了相同高度的挡板，将两种固体分开，但上部的高度（h）不同，因此不同坩埚中挥发物反应的时间不同，如果挥发物在气相发生了反应并结焦，则焦的质量可以被热天平检测到。图 9-20 的热解失重速率曲线显示，坩埚高度对表 9-3 中 5 种物质单独热解失重过程有影响，IIR、PVP 和 PTC 的失重随坩埚高度增大而明显减小，特别是含有缩合芳环的 PTC 和含有 N 和 O 及五元环的 PVP，说明

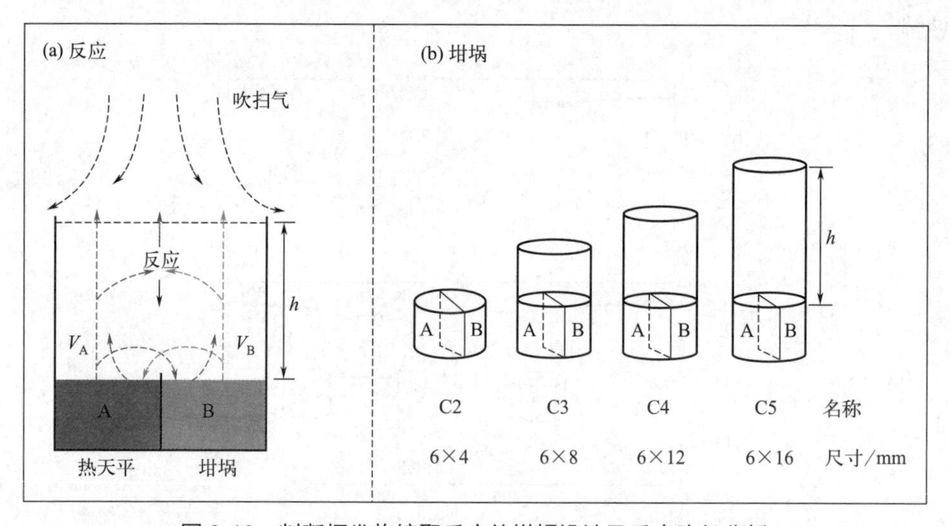

图 9-19　判断挥发物缩聚反应的坩埚设计及反应路径分析

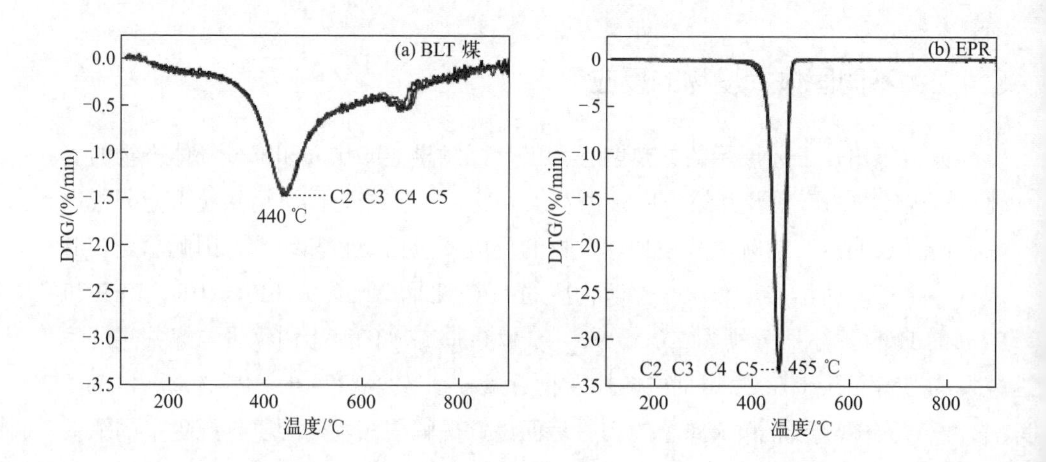

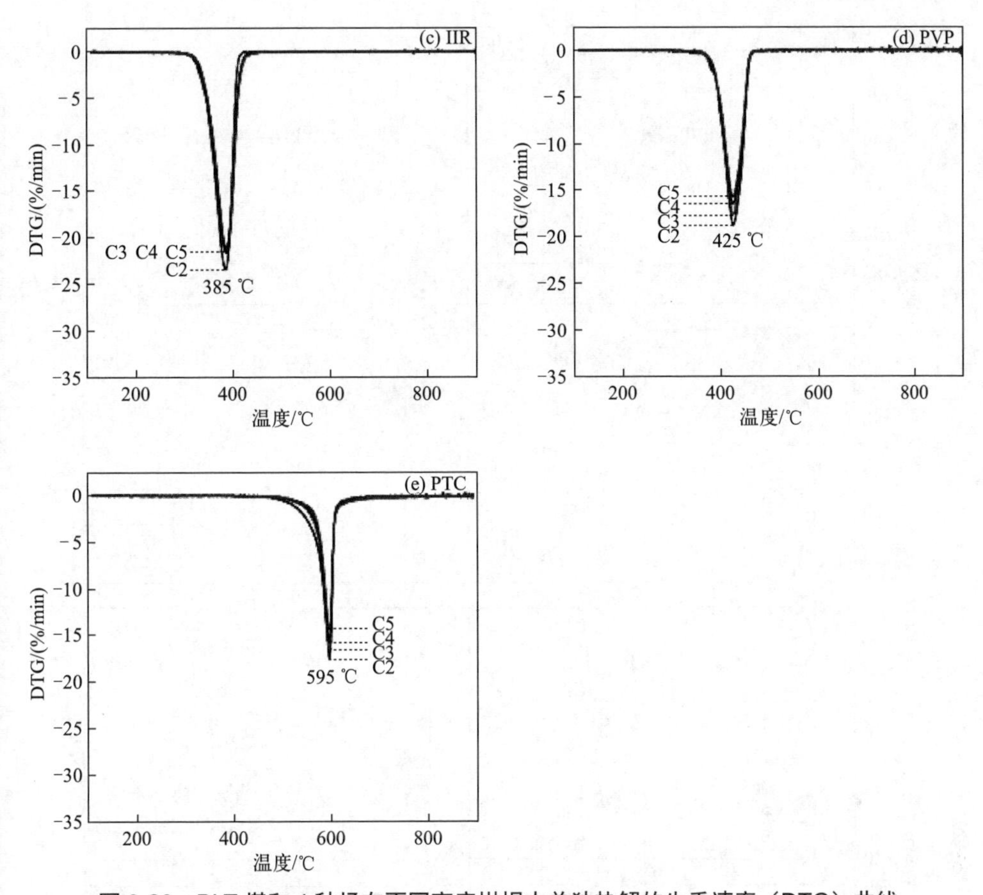

图 9-20　BLT 煤和 4 种烃在不同高度坩埚中单独热解的失重速率（DTG）曲线

它们的挥发物容易发生缩聚反应，也说明这样的坩埚设计可以判断共热解过程中挥发物缩聚反应。

图 9-21 显示，PVP 和 EPR 共热解过程中实际检测到的失重（TG）和失重速率（DTG）均小于基于二者单独热解数据的预测值，而且检测值和预测值的差别随坩埚高度增加而增大，说明二者的挥发物发生了缩聚反应，形成了不挥发的焦。另外，检测值和预测值的差别在先热解的 PVP 失重峰处小于在后热解的 EPR 失重峰处，这个现象与图 9-16 中 IIR 和 EPR 共热解的现象相同，说明 PVP 的部分挥发性自由基碎片吸附于 EPR 并诱导其热解。在线质谱显示，甲烷和甲苯的生成峰接近 EPR 的失重峰，说明它们源于 EPR 挥发物的反应，且该反应被 PVP 焦所催化。二者的产量随坩埚高度增加而增大的现象表明，EPR 挥发物与 PVP 焦接触越多（坩埚越高，挥发物被载气吹扫的量越少），被催化转化的量越大。

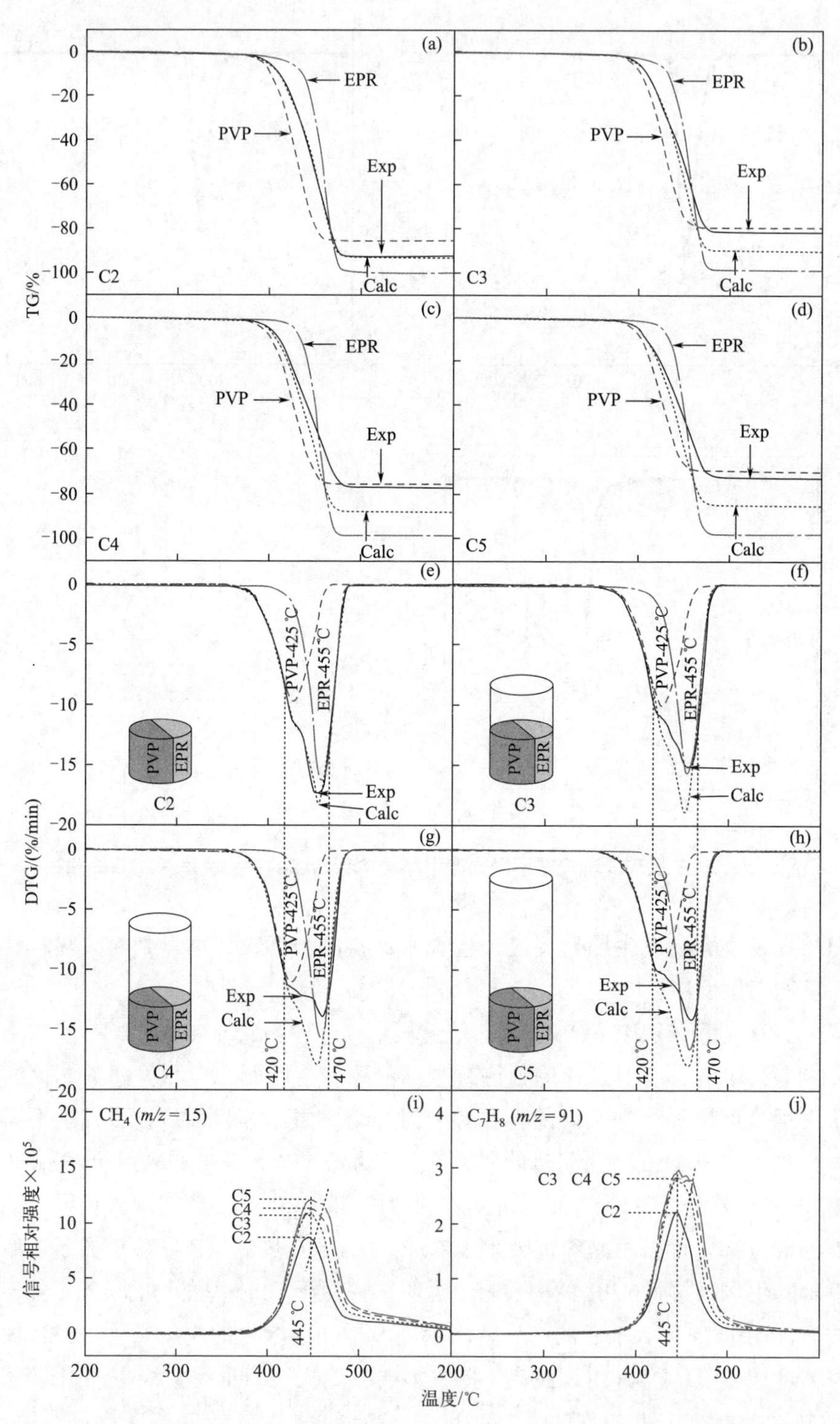

图 9-21　PVP 和 EPR 在不同坩埚中共热解的失重、失重速率和部分气体产物的曲线

9.5　串联热解过程中挥发物及自由基反应

如前所述，两种有机物共热解过程中先热解物质产生的挥发物会与后热解物质发生多种作用，包括吸附于后热解物质上并诱导其热解、与后热解物质的挥发物反应和缩聚等，而这些相互作用与二者的结构和组成有关。由于低阶煤富含脂肪碳-氧键（C_{al}—O），其解离能小于脂肪碳-碳键（C_{al}—C_{al}）和脂肪碳-氢键（C_{al}—H）的解离能，所以在中低阶煤和有机物共热解过程中，很多有机物的热解温度高于煤的初始热解温度，即在时间顺序上煤的部分结构先发生热解，有机物后发生热解，所以有机物热解难以促进并改变煤的热解历程，不易提高煤热解焦油的产率。因此很多文献研究了有机物和煤分级或串联的热解过程，即有机物在上游较高温度条件下热解，产生的挥发物（包括自由基碎片）与下游较低温度的煤接触，由此改变煤的热解过程。为了使二者的温度接近便于工程应用，常常采用催化剂来降低上游有机物的热解温度。

9.5.1　甲烷部分催化氧化串联煤热解的反应

甲烷是自然界最常见、最富氢的有机物，从元素组成的角度最适合与缺（需）氢的煤热解串联。胡浩权等[14]研究了多种甲烷催化转化技术与煤热解串联的反应过程，甲烷催化转化置于较高温度的上游，煤热解置于较低温度的下游，如图 9-22 所示。甲烷催化转化包括部分氧化和与 CO_2 或 H_2O 的重整和芳构化，此外还采用非催化的介质阻挡低温等离子体（DBD）和火花放电等离子体等方法促进甲烷转化。

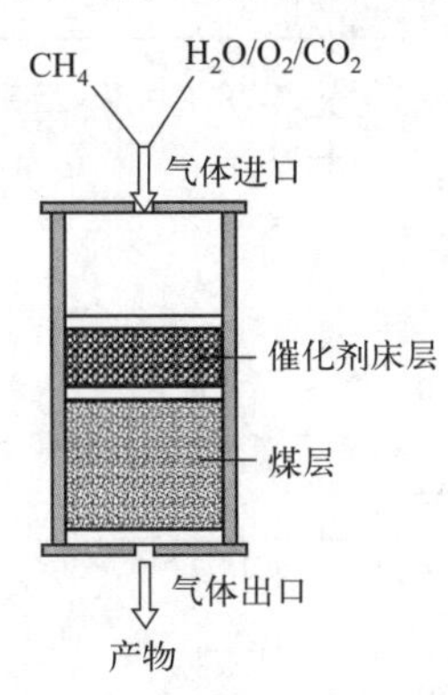

图 9-22　串联甲烷转化和煤热解反应的双层固定床反应器

图 9-23 显示了以 Ni/γ-Al_2O_3 为催化剂，2 MPa 条件下甲烷部分氧化与兖州烟煤热解串联过程的产物变化[14]。甲烷部分催化氧化在 700 °C 连续进行，产物主要是氢气和 CO；煤热解间歇进行 30 min，挥发物的起始释放温度约在 350 °C，图 9-23 中的产率是煤从低温到高温热解的累积值。可以看出，随煤热解温度升高，焦油产率提高，焦产率下降。700 °C 的焦油质量产率达 41.5%，分别是相同温度下 H_2 气氛中焦油质量产率的 1.7 倍或 N_2 气氛中焦油产率的 2.3 倍。其它煤也显示了类似的现象，如甲烷部分催化氧化与大同煤串联在 650 °C 的焦油质量产率达 31.8%，分别是 H_2 气氛下的 1.3 倍或 N_2 气氛下的 2.5 倍[15,16]。研究还发现，反应压力越高，串联过程提高焦油产率的程度越大；串联过程所得煤焦的硫含量显著低于 H_2 或 N_2 气氛中煤焦的硫含量。

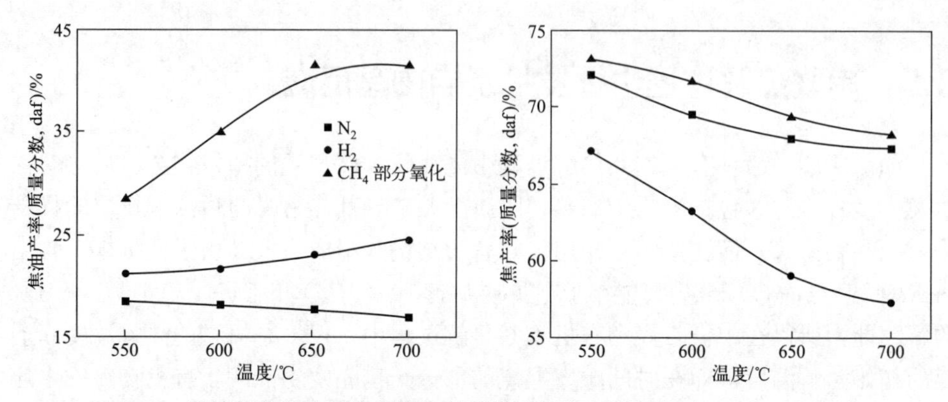

图 9-23　甲烷部分催化氧化串联兖州烟煤热解的产物产率（2 MPa, 30 min）

9.5.2　低碳烃 CO_2 重整串联煤热解的反应

图9-24[17]显示了甲烷/CO_2在Ni/MgO催化剂上重整与平朔煤热解串联的实验结果。可以看出，甲烷转化率随温度升高而增加，焦油产率显著提高。750 ℃的焦油质量产率达 33.5%，分别是同温度下 H_2 气氛中的 1.6 倍或 N_2 气氛中的 1.8 倍。与甲烷部分催化氧化不同的是 CH_4/CO_2 重整过程还发生了逆水气变换使得 H_2O 产率提高，也发生了析炭反应使得焦产率高于 H_2 和 N_2 气氛下的焦产率。

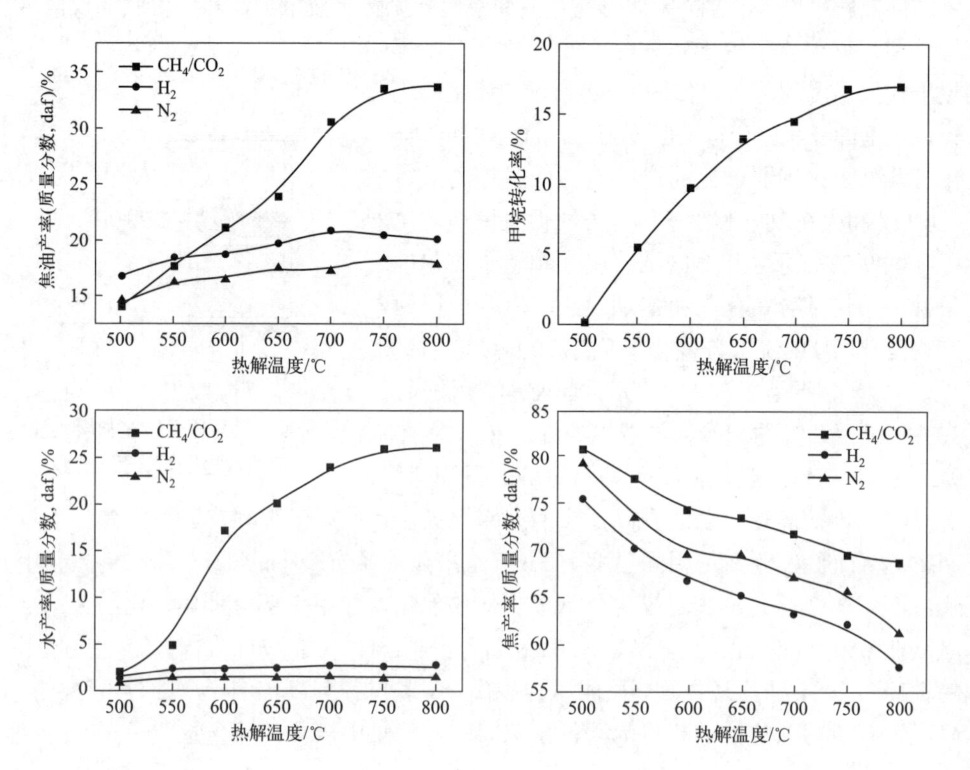

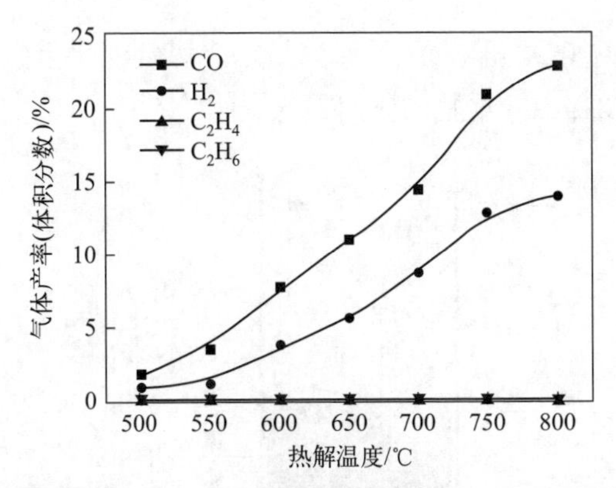

图 9-24　甲烷/CO_2 重整串联平朔煤热解的产物产率（CH_4：CO_2 = 1，30 min）

表 9-4[18]对比了四种煤（PS 为平朔煤；SD 为神东煤；LW 为灵武煤；HM 为哈密煤）在不同气氛下串联热解的产物产率，每一种煤在串联过程中的焦油产率均明显高于 H_2 和 N_2 气氛下的焦油产率，且焦产率也均高于 H_2 和 N_2 气氛下的焦产率。焦油产率与煤的 H/C 原子比线性相关。

表 9-4　四种煤热解与 CH_4/CO_2 重整串联的产物产率（热解温度 750 °C，反应 30 min，10%Ni/MgO 催化剂）

煤	焦油产率（质量分数）/%			水产率（质量分数）/%			焦产率（质量分数）/%			CH_4/CO_2 气氛下 CH_4 转化率/%
	CH_4/CO_2	H_2	N_2	CH_4/CO_2	H_2	N_2	CH_4/CO_2	H_2	N_2	
PS	33.5	20.4	18.5	25.8	2.5	1.4	69.5	62.3	65.8	16.8
SD	23.6	11.9	9.2	37.2	6.1	3.1	77.7	64.4	66.4	16.0
LW	17.5	6.8	4.9	44.1	6.1	4.7	75.3	67.3	70.0	16.3
HM	13.1	5.8	3.7	27.5	7.6	4.8	80.0	72.1	73.7	16.9

$Ni/\gamma\text{-}Al_2O_3$ 催化剂上氘代甲烷（CD_4）/CO_2 重整与煤热解串联的研究显示，焦油中的苯酚和 1-甲基萘均含有 D 原子，推断 CD_4 产生的自由基 D•与煤热解生成的 C_6H_5—O•自由基碎片和 C_6H_5—H_xC•自由基碎片发生了偶合反应，证明甲烷转化产生的小自由基参与了煤热解反应[17,19]。

上述研究还扩展到了低碳混合烃/CO_2 重整与煤热解串联的过程[20]。如图 9-25 显示，甲烷/CO_2 和乙烷/CO_2 在 Ni/La_2O_3 催化剂上分别生成自由基•CH_3、•C_2H_5 和•H，这些自由基参与了淖毛湖（NMH）煤热解过程。图 9-26 表明，600 °C 条件下串联过程的焦油产率比 N_2 气氛的焦油产率提高 18%，部分源于乙烷重整产生的自由基更易偶合煤热解产生的自由基。上述研究还被扩展到煤（热解）气/CO_2 重整与煤热解的串联过程。与煤在 N_2 气氛中热解相比，煤气/CO_2 重整与煤热解串联提高了焦油产率；焦油中轻油含量升高，苯和酚同系物的含量升高，沥青含量下降。同位素（D_2, CD_4和$^{13}CH_4$）研究显示，煤气催化重整产生的自由基与煤热解自由基偶合，CH_4/CO_2重整的作用最大[21]。

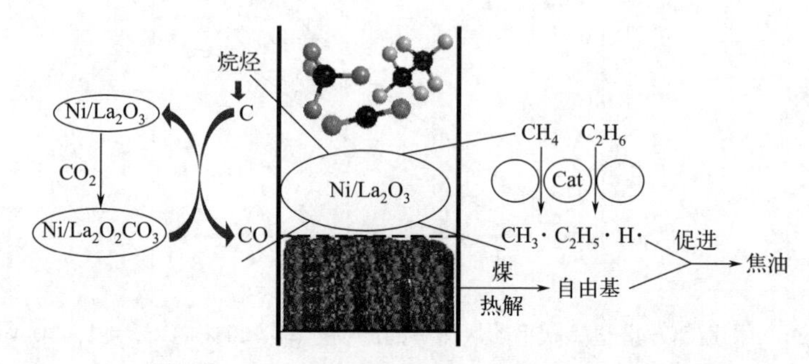

图 9-25 甲烷/乙烷/CO_2在Ni/La_2O_3催化剂上重整与淖毛湖煤热解串联的反应机理构想[20]

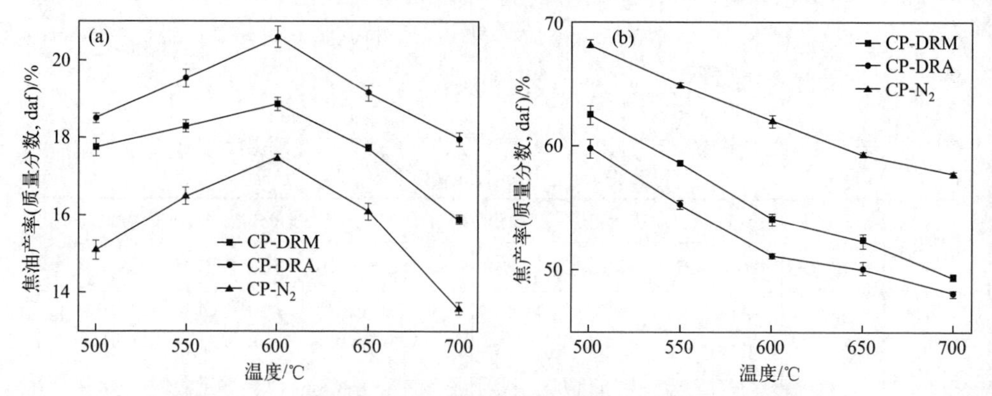

图 9-26 甲烷/乙烷/CO_2和甲烷/CO_2在Ni/La_2O_3催化剂上重整与淖毛湖煤热解串联的产物产率[20]

CP-DRM—煤热解-甲烷/CO_2重整；CP-DRA—煤热解-烷烃/CO_2重整；CP-N_2—煤热解-N_2气氛

9.5.3 低碳烃水蒸气重整串联煤热解的反应

甲烷水蒸气重整（SRM）与煤热解串联也可显著地促进煤热解过程。图 9-27 显示了CH_4和H_2O在Ni/Al_2O_3催化剂上重整并与锡林郭勒褐煤（XL）或霍林河褐煤（HL）热解串联的结果[21-23]。显然，与 SRM 串联的煤热解焦油产率较高。如在 650 °C 及CH_4与H_2O比为 1 的条件下，反应 30 min 的 HL 褐煤焦油质量产率达 17.8%，比单独热解和加氢热解的焦油产率分别提高 46%和 31%。提高甲烷转化率、缩短两床层间距，可促进重整产物与煤热解的相互作用、稳定煤热解自由基、抑制缩聚反应，提高焦油产率。该串联过程还可提高焦油中轻质焦油（沸点<360 °C）的含量，尤其是酚、萘及其C_1～C_3烷基取代物的含量，降低沥青质

含量。研究发现，添加少量 O_2 可提高热解的焦油产率，降低焦油的沥青质含量。以 D_2O、CD_4 和 $^{13}CH_4$ 为示踪剂，SRM 与 HL 褐煤热解串联或甲烷三重整与 HL 褐煤热解串联的研究表明，这些重整过程形成的•H 和•CH_x 自由基产物参与了煤热解生成焦油的反应[21,22]。

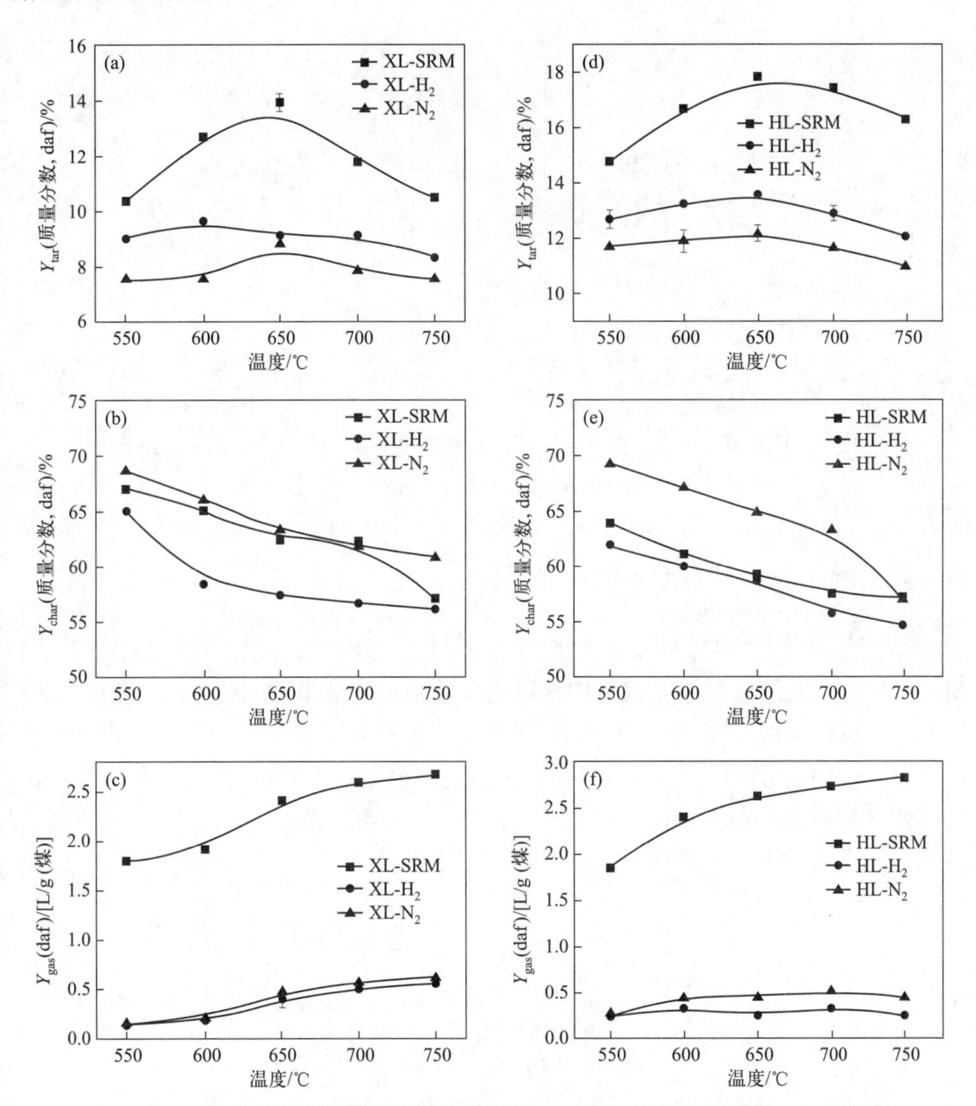

图 9-27　甲烷水蒸气重整串联锡林郭勒褐煤（XL）和霍林河褐煤（HL）热解的产物产率（CH_4∶H_2O=1, 30 min）

Ni/Al_2O_3 催化剂上乙烷水蒸气重整和丙烷水蒸气重整与煤热解串联显示了类似于图 9-27 的现象。比如 600 °C 下乙烷水蒸气重整串联不连沟次烟煤的焦油质量产率为 15.3%，分别比 N_2、H_2 或甲烷水蒸气重整气氛下的焦油产率高 42%、

9%和 4%（图 9-28[24]）。同温度下丙烷水蒸气重整与榆林煤热解串联的焦油产率比 N_2 气氛下的焦油产率提高 17%[22]。同位素研究显示，重整产生了•D、•CD_3 和•C_2D_5 等自由基，这些自由基参与了煤焦油的生成过程，使得焦油的分子量减小，轻油含量高、芳烃含量略高，沥青烯含量低。

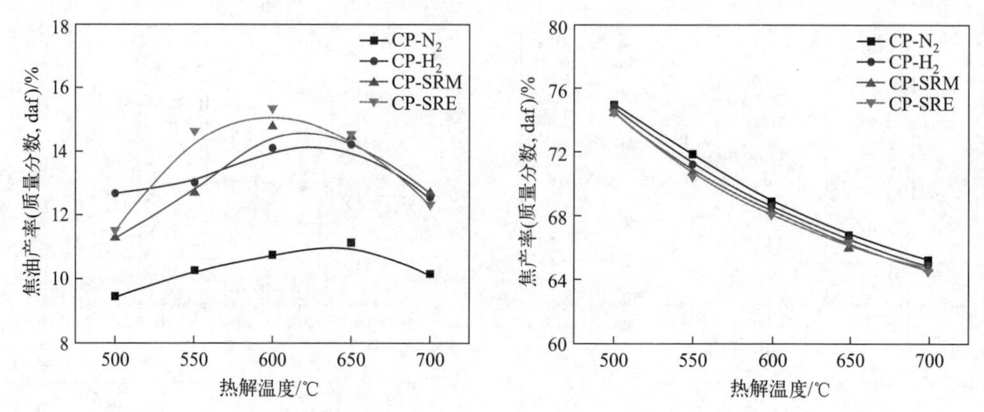

图 9-28　乙烷水蒸气重整串联不连沟煤热解的产物产率（CH_4：H_2O = 1, 30 min）

CP—煤热解；SRM—甲烷水蒸气重整；SRE—乙烷水蒸气重整

9.5.4　甲烷芳构化串联煤热解的反应

甲烷芳构化与煤热解串联（MAP）也可改变煤热解的结果。图 9-29 显示了以 Mo/HZSM-5 为催化剂的甲烷芳构化过程与神木煤热解串联的研究结果[23]。可以看出，在反应温度 700 °C 条件下，焦油质量产率达 21.50%，分别是同温度 H_2 和 N_2 气氛下的 1.4 倍和 1.5 倍。和 CH_4/CO_2 重整与煤热解串联相比，甲烷芳构化在提高煤热解焦油产率的同时，降低了水产率，与热解和加氢热解的水产率类似，焦油产率的增加部分主要为沸点低于蒽油的馏分[18,20]。

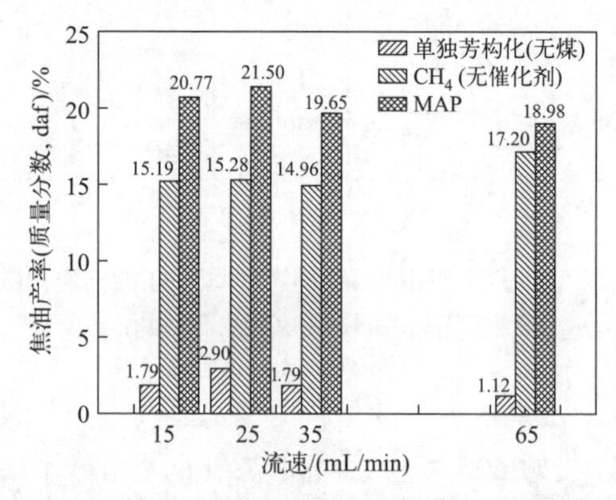

图 9-29　甲烷在 Mo/HZSM-5 催化剂上芳构化串联神木煤热解的焦油产率（700 °C，30 min）

9.5.5 CH_4/CO_2低温等离子体活化串联煤热解的反应

鉴于甲烷转化促进煤热解的主要机理是自由基反应，而 CH_4/CO_2 经常压低温等离子体活化后可产生大量的自由基（如•CH_3、•CH_2、•CH、•H、•O 等）[24]，介质阻挡放电（dielectric barrier discharge, DBD）低温等离子体被用来促进 CH_4/CO_2 活化并与神木煤（SM）热解过程串联。图 9-30[25]显示，DBD（图中以 P 表示）可显著提高焦油产率，400 °C 的焦油质量产率分别是 H_2 和 N_2 气氛下焦油产率的 1.8 倍和 2.0 倍，而且向 CH_4/CO_2 中添加 50%的 H_2（MGP 氛围）还能进一步提高焦油产率，并稳定放电过程。

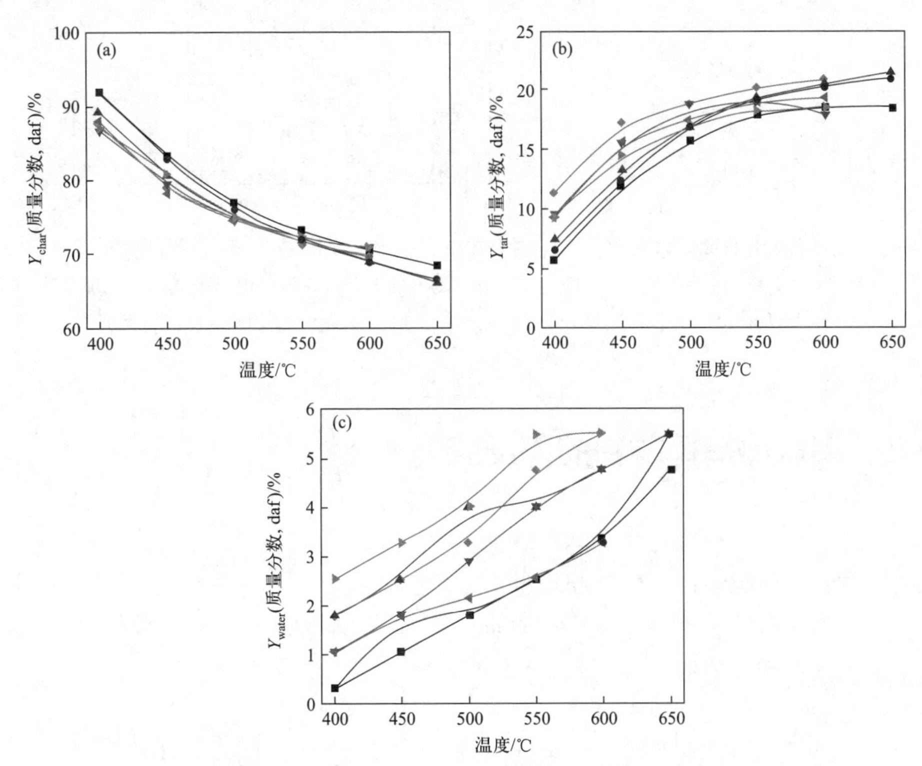

图 9-30 常压低温等离子体 CH_4/CO_2 活化与神木煤热解串联的产物产率（CH_4∶CO_2∶H_2 = 1∶1∶2，7 min，DBD 功率为 40 W）

—■— N_2；—▼— CH_4P；—●— H_2；—◄— CH_4/H_2P；—▲— H_2P；—►— CO_2/H_2P；—◆— MGP

研究发现，火花放电等离子体（SDP）也可活化 CH_4/CO_2 重整反应（CRM），该过程与煤热解串联（图 9-31）可促进煤热解过程。图 9-32 显示，火花放电等离子体活化 CRM 过程与不连沟次烟煤热解串联（Py-CRM）的焦油产率明显高于 CH_4/CO_2 混合气氛（Py-MG）和氮气气氛（Py-N_2）下的煤热解焦油产率。550 °C，

Py-CRM 的焦油质量产率为 13.3%，分别是 Py-MG 和 Py-N_2 的 1.4 倍和 1.5 倍，Py-CRM 的焦产率显著低于 Py-MG 和 Py-N_2 的焦产率[26]。

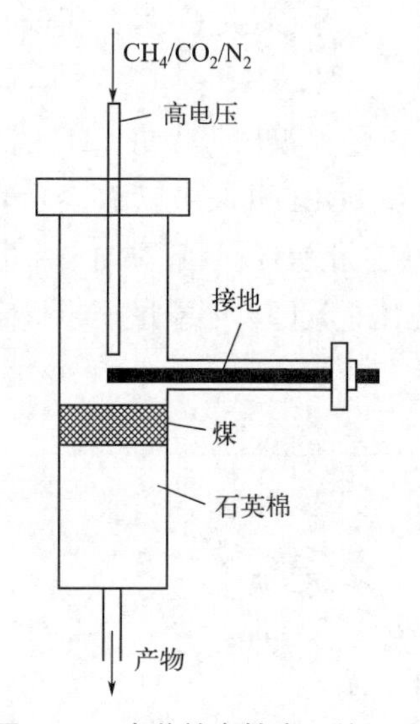

图 9-31 火花放电等离子体活化 $CH_4/CO_2/N_2$ 与煤热解串联的装置

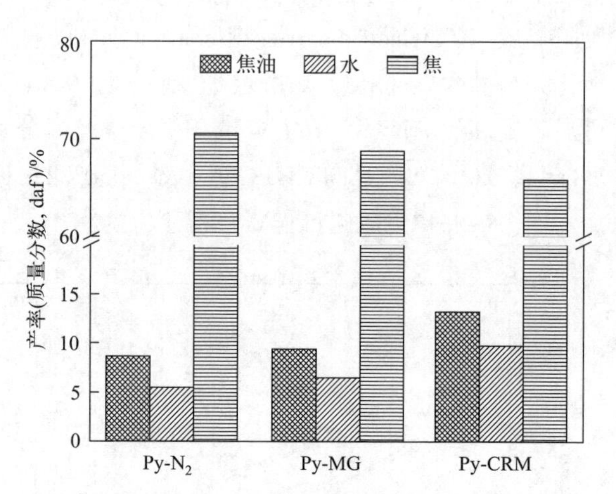

图 9-32 不连沟次烟煤在 550 °C 不同气氛下热解 20 min 的产物（Py-CRM 的 SDP 功率为 30 W）

Py-N_2—N_2 气氛；Py-MG—混合气体（CO_2+CH_4）气氛；Py-CRM—甲烷 CO_2 重整气氛

9.6 串联热解挥发物的再反应

上述甲烷活化反应与煤热解串联生成的挥发物（包括自由基碎片和稳定化合物）仍然含有很多重组分，焦油的沥青含量很高。因此胡浩权等研究了在煤热解下游加装催化剂床层对热解产物的转化行为。图 9-33 是将甲烷活化、煤热解和挥发物催化加工串联的多层床反应器，上部催化剂可用于甲烷或其它烃类物质的转化，也可用于甲烷/CO_2 或甲烷/H_2O 重整，下部的催化剂用于煤热解挥发物（特别是大分子挥发物）的裂解[27]。

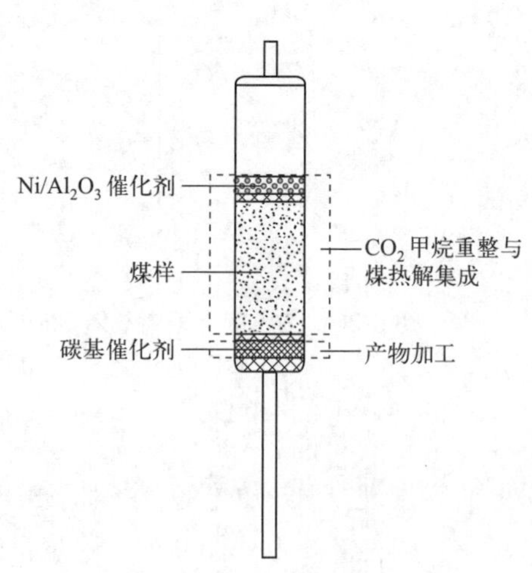

图 9-33 串联甲烷活化、煤热解和挥发物反应的多层床反应器

图 9-34 为 CH_4/CO_2 在 N_i/Al_2O_3 催化剂上重整、不连沟煤热解和挥发物经活

性炭催化转化后的焦油数据，其中 Char 为该过程产生的煤焦，MC 为经 800 °C 水蒸气活化 3 h 的煤焦（修饰焦），AC 为经 800 °C KOH 活化的煤焦（活化焦），轻焦油为模拟蒸馏确定的沸点低于 360 °C 的馏分。图 9-34(a) 显示，CH_4/CO_2 催化重整与不连沟煤热解串联的焦油产率在 650 °C 达到最大值，约为 15.2%；该过程产生的焦（Char）略微降低焦油产率，MC 和 AC 明显降低焦油产率，AC 的作用最大，焦油质量产率降至 13.1%。图 9-34(b) 中轻焦油产率的变化与焦油的相反，说明焦油中部分重组分被焦层裂解转化为轻组分，所以焦油中的轻组分质量含量从低于 60%升至 90%左右。AC 对挥发物的催化作用优于 MC 和 Char 的效果还体现在 AC 使得焦油中的酚油、萘油和洗油的含量更高（图 9-35），可能源于 AC 的结构更加无序、表面积和孔体积更大，能够将挥发物裂解生成更多的•H 和•CH_x 自由基参与生成焦油的反应[27]。

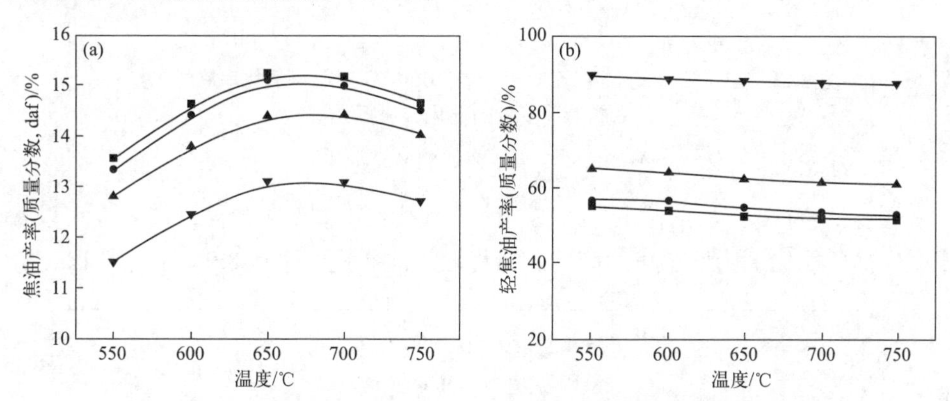

图 9-34　甲烷活化-煤热解-挥发物反应串联的焦油和轻焦油产率

(a) 焦油产率；(b) 轻焦油含量

—■— 无催化剂；—●— Char；—▲— MC；—▼— AC

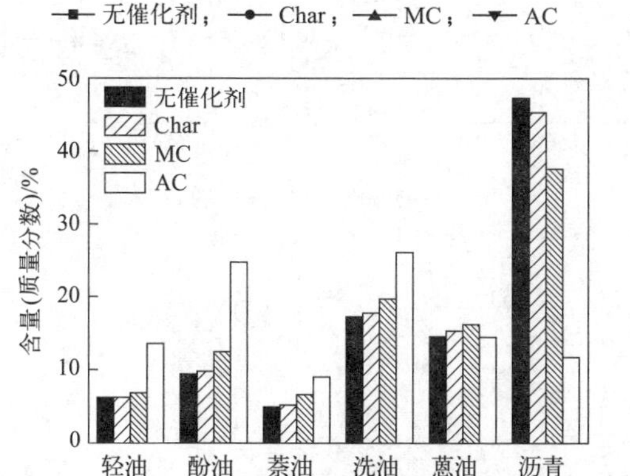

图 9-35　不同煤焦在 650 °C 对甲烷活化串联煤热解生成的挥发物的催化转化行为

图 9-36 显示[28]，含 5%Ni 的 Ni/Al_2O_3 催化剂在 650 °C 对甲烷活化串联煤热解生成的挥发物的催化转化高于图 9-35 的 AC，焦油最高质量产率降至 12.4%，但

轻焦油产率没有提高，说明很多焦油被催化转化为气体和固体（焦）。研究发现，Ni 含量越高，催化剂加入量越多，Ni/Al_2O_3催化剂的作用越强，该催化作用可能源于焦油裂解产生的自由基碎片被CH_4/CO_2重整产生的•H 和•CH_x自由基所稳定。

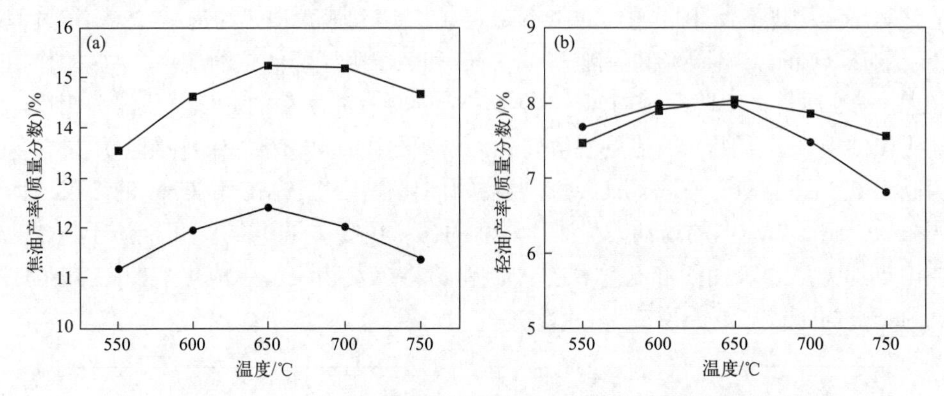

图 9-36　含 5%Ni 的 Ni/Al_2O_3 催化剂在 650 °C 对甲烷活化串联煤热解生成的挥发物的催化转化行为

—■— 无催化剂；—●— 商业 Ni/Al_2O_3 催化剂

图 9-37 为 650 °C 条件下焦油在 Ni/AC 催化剂上裂解的焦油产率[29]。可以看出，Ni/AC 催化剂降低了焦油产率，并将轻焦油质量产率从 8.0%提高到 12.2%，

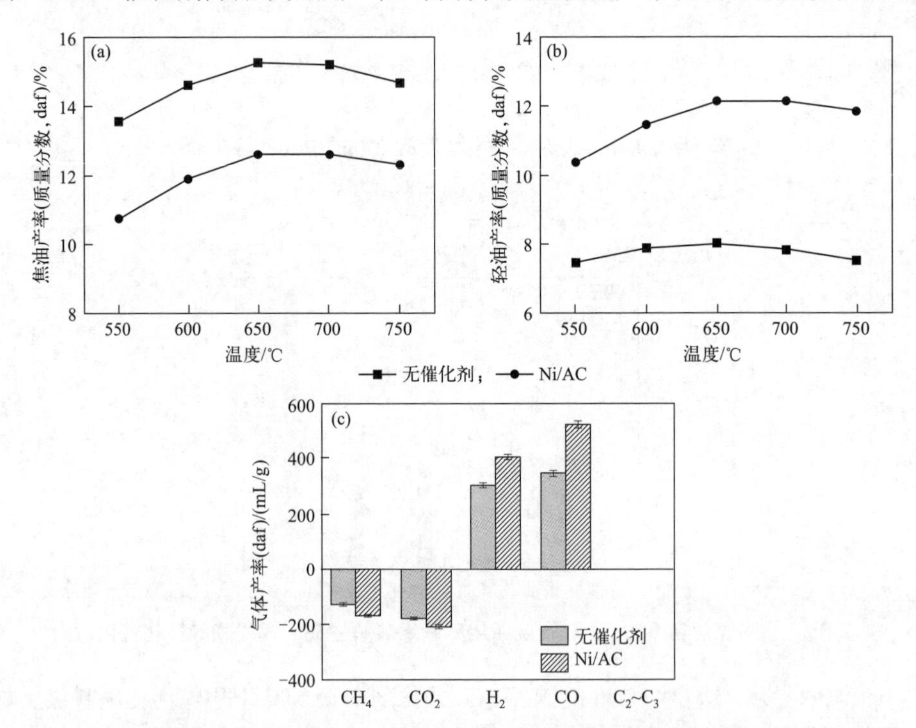

图 9-37　Ni/AC 催化剂在 650 °C 对甲烷活化串联煤热解生成的挥发物的催化转化行为

同时降低了气体中 CH_4 和 CO_2 的量，提高了 H_2 和 CO 的量。另外，Ni/AC 催化剂提高了焦油中轻油、酚油、萘油和洗油的含量，提升了 1 环和 2 环芳烃含量，使得焦油平均分子量从 279 降至 160，说明 CH_4/CO_2 重整产生的•H 和•CH_x 自由基与焦油裂解产生的自由基碎片偶合，降低了焦油自由基碎片之间的缩聚反应。

不同有机资源的共热解是热解技术发展的重要方向，国内外的研究很多，理论和实验均证明了其改变热解产物分布的实际作用，大规模成功应用局限在炼焦配煤（也有在配煤中添加废塑料的），但利用共热解制油的工业应用极少，主要原因应该包括热解本身的油产率不高，油的组成复杂，后续加工精制的难度大，催化剂易积炭失活且再生技术复杂、成本高等。从自由基反应的角度认识共热解，调控产物分布，应该是推动该技术发展、理性设计反应器和工艺流程的基础。本章虽然介绍了近年来这方面的一些进展，但目前积累的知识还很少，基本处于现象报道层面，还没有在传递和反应（特别是动力学）层面有重要的进步。

参考文献

[1] Tomita H, Hayashi J-i, Kusakabe K, et al. Flash co-pyrolysis of coal retaining depolymerized polyethylene as radical donor [J]. Coal Science & Technology, 1995, 24(06): 1511-1514.

[2] Wu Y, Zhu J, Wang Y, et al. Insight into co-pyrolysis interactions of Pingshuo coal and high-density polyethylene via in-situ Py-TOF-MS and EPR [J]. Fuel, 2021, 303: 121199.

[3] Abdelsayed V, Ellison C R, Trubetskaya A, et al. Effect of microwave and thermal co-pyrolysis of low-rank coal and pine wood on product distributions and char structure [J]. Energy & Fuels, 2019, 33: 7069-7082.

[4] He W, Yin G, Zhao Y, et al. Interactions between free radicals during co-pyrolysis of lignite and biomass [J]. Fuel, 2021, 302(3): 121098.

[5] Barsotti A, Damiani R. Coal properties evaluation and blending philosophy at Italsider as mean for predetermining coke characteristics according to blast furnace requirements [M]. 47 th Ironmaking Conference, 1988: 163-171.

[6] Kumar P P, Barman S, Ranjan M, et al. Maximisation of non-coking coals in coke production from non-recovery coke ovens [J]. Ironmaking Steelmaking, 2013, 35(1): 33-37.

[7] Coal—Determination of caking power—Gray-King coke test: ISO 502:2015 [M]. Switzerland: ISO, 2015.

[8] Adeleke A, Makan R, Ibitoye S. Gray-King assay characterisation of Nigerian Enugu and Polish Bellview coals for co-carbonisation [J]. Journal of Applied Science, 2007, 7: 455-458.

[9] Cheng X, Shi L, Liu Q, et al. Heat effects of pyrolysis of 15 acid washed coals in a DSC/TGA-MS system [J]. Fuel, 2020, 268: 117325.

[10] Xiang C, Liu Q, Shi L, et al. A study on the new type of radicals in corncob derived biochars [J]. Fuel, 2020, 277: 118163.

[11] Xiang C, Liu Q, Shi L, et al. Prediction of Gray-King coke type from radical concentration and basic properties of coal blends [J]. Fuel Processing Technology, 2021, 211: 106584.

[12] Shi L, Cheng X, Liu Q, et al. Reaction of volatiles from a coal and various organic compounds during co-pyrolysis in a TG-MS system. Part 1. Reaction of volatiles in the void space between particles [J]. Fuel, 2018, 213: 37-47.

[13] Shi L, Cheng X, Liu Q, et al. Reaction of volatiles from a coal and various organic compounds during co-pyrolysis in a TG-MS system. Part 2. Reaction of volatiles in the free gas phase in crucibles [J]. Fuel, 2018, 213: 22-36.

[14] 靳立军，李扬，胡浩权. 甲烷活化与煤热解耦合过程提高焦油产率研究进展 [J]. 化工学报，2017，68(10): 3669-3677.

[15] Zhou Y, Li L, Jin L, et al. Effect of functional groups on volatile evolution in coal pyrolysis process with in-situ pyrolysis photoionization time-of-flight mass spectrometry [J]. Fuel, 2020, 260: 116322.

[16] Niu B, Jin L, Li Y, et al. Isotope analysis for understanding the hydrogen transfer mechanism in direct liquefaction of Bulianta coal [J]. Fuel, 2017, 203: 82-89.

[17] Wang P, Jin L, Liu J, et al. Isotope analysis for understanding the tar formation in the integrated process of coal pyrolysis with CO_2 reforming of methane [J]. Energy & Fuels, 2010, 24: 4402-4407.

[18] Liu J, Hu H, Jin L, et al. Integrated coal pyrolysis with CO_2 reforming of methane over Ni/MgO catalyst for improving tar yield [J]. Fuel Processing Technology, 2010, 91(4): 419-423.

[19] Wang P, Jin L, Liu J, et al. Analysis of coal tar derived from pyrolysis at different atmospheres [J]. Fuel, 2010, 104(2): 14-21.

[20] Lv J, Wang D, Wang M, et al. Integrated coal pyrolysis with dry reforming of low carbon alkane over Ni/La_2O_3 to improve tar yield [J]. Fuel, 2020, 266: 117092.

[21] Zhao, H, Jin L, Wang M, et al. Integrated process of coal pyrolysis with catalytic reforming of simulated coal gas for improving tar yield [J]. Fuel, 2019, 255: 115797.

[22] Jiang H, Wang M, Li Y, et al. Integrated coal pyrolysis with steam reforming of propane to improve tar yield [J]. Journal of Analytical and Applied Pyrolysis, 2020, 147: 104805.

[23] Jin L, Xun Z, He X, et al. Integrated coal pyrolysis with methane aromatization over Mo/HZSM-5 for improving tar yield [J]. Fuel, 2013, 114: 187-190.

[24] Wu Y, Li Y, Jin L, et al. Integrated process of coal pyrolysis with steam reforming of ethane for improving tar yield [J]. Energy & Fuels, 2018, 32(12): 12268-12276.

[25] He X, Jin L, Ding W, et al. Integrated process of coal pyrolysis with CO_2 reforming of methane by dielectric barrier discharge plasma [J]. Energy & Fuels, 2011, 25(9): 4036-4042.

[26] Jin L, Li Y, Feng Y, et al. Integrated process of coal pyrolysis with CO_2 reforming of methane by spark discharge plasma [J]. Journal of Analytical & Applied Pyrolysis, 2017, 126: 194-200.

[27] Wang Y, Jin L, Li Y, et al. In situ catalytic upgrading of coal pyrolysis tar over carbon-based catalysts coupled with CO_2 reforming of methane [J]. Energy & Fuels, 2017, 31(9): 9356-9362.

[28] Wang M, Jin L, Li Y, et al. In-situ catalytic upgrading of coal pyrolysis tar coupled with CO_2 reforming of methane over Ni-based catalysts [J]. Fuel Processing Technology, 2018, 177: 119-128.

[29] Wang M, Jin L, Zhao H, et al. In-situ catalytic upgrading of coal pyrolysis tar over activated carbon supported nickel in CO_2 reforming of methane [J]. Fuel, 2019, 250: 203-210.

第10章

基于自由基反应的热解过程模拟

10.1 引言

前面几章介绍了几种重质有机资源的热解反应及自由基信息。可以确认，这些资源的结构均非常复杂，热解过程中发生断裂的共价键种类、生成的自由基碎片结构，以及自由基碎片的反应更加复杂。到目前为止，文献中重质有机资源热解的实验研究很多，很大一部分是在热天平（TG）中的热解，该方法精确地给出固体质量或挥发物质量随时间和温度的变化，而且下游耦合质谱（MS）或红外（IR）等还能提供气体产物的组成信息，但很难给出气体和液体的产率，更不能给出液体的组成。另外，热天平失重数据和气体产物组成数据之间有显著的时间差和空间差，即离开坩埚的挥发物在流出热解区的过程中仍在反应，不断改变气体和液体的组成，使得失重数据与 MS 或 IR 数据脱节，因此重质有机资源热天平热解的信息不多，很难提供自由基反应的信息。

文献中对重质有机资源热解的另一些研究是在固定床反应器中进行的，该方法给出气体和液体产率的信息，以及气体和液体的组成变化，也可能给出挥发物反应的信息，但绝大部分文献没有报道挥发物离开固体原料后在高温区经历的时空轨迹，因此无法认识反应器中挥发物的反应程度及其对气体和液体产率及组成的影响，也很难得到自由基反应的信息。

极少数文献用 ESR 研究了一些重质有机资源热解过程中固相和挥发相的稳定自由基浓度、g 值和线宽的变化，有的还通过分峰拟合分解出若干类别的稳定自由基的信息，但由于稳定自由基主要存在于因空间位阻难与外界接触且无法自由移动的含孤电子的大分子（如焦和沥青分子）结构中，其量仅约为热解反应过程中生成并参与反应的活性自由基量的千分之一水平，反映的主要是自由基缩聚反应的结果，因此也不能提供热解过程中活性自由基的信息。另外，热解过程中的缩聚反应包括两个方面，即固相结构演化过程中的直接缩聚和涉及挥发物反应的缩聚（包括挥发性自由基碎片之间及它们与固相的反应），后者与挥发物在反应器中经历的温度和时间轨迹有关，而这个轨迹又与反应器结构及气氛和压力有关，但很多文献不报道实验中挥发物经历的温度变化和时间变化，因而无法准确认识热解条件和最终产物产率及组成的关系，也无从解析自由基反应信息。

本书作者团队及部分文献报道了利用供氢溶剂或自由基稳定剂原位检测或估算热解过程中活性自由基量的方法，为揭示活性自由基的生成与反应提供了重要信息，但也发现这些溶剂消除或稳定了活性自由基，进而抑制了自由基之间的反应，削弱或抑制了自由基对原料的诱导热解反应，所以得到的主要是共价键初始断裂生成的自由基信息，不能完全反映自由基的反应历程。因此可以认为，现有的热解实验研究仅能基于产物或中间产物的详细表征推测自由基反应，虽然得出了反应机理或动力学，但这些结论大都是理想的或简单的，受限于研究者的认识，难以深入地揭示重质有机资源热解的自由基历程，也不能有效地指导热解技术的发展。

鉴于上述困难，一些学者通过多种理论计算或数值模拟方法研究重质有机资源的热解过程，部分方法基于共价键断裂、自由基生成和反应理论，部分方法揭示了过程中生成的自由基种类及其反应。

10.2 重质有机资源热解过程的模拟研究

对重质有机资源热解过程的模拟可追溯到 20 世纪 40 年代[1,2]，其主要发展历程可简要地由图 10-1 表述。从简单的幂级数动力学（即 n 级反应动力学）开始，发展到分布活化能模型（distributed activation energy model，DAEM），再到集总反应网络模型、官能团-分解挥发交联模型（functional group-depolymerization, vaporization, cross-linking，FG-DVC）、化学渗透挥发模型（chemical percolation devolatilization，CPD）、闪蒸链（flashchain）模型、化学反应力场（reactive force field，ReaxFF）与分子动力学（molecular dynamics，MD）相结合的反应力场-分

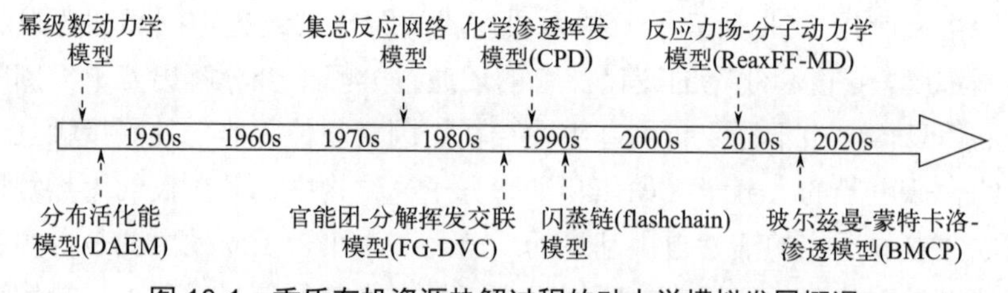

图 10-1　重质有机资源热解过程的动力学模拟发展概况

子动力学模型（ReaxFF-MD），以及玻尔兹曼-蒙特卡洛-渗透（Boltzmann-Monte Carlo-percolation，BMCP）模型。除了这些模型外，还有一些描述重质有机资源局部结构反应路径但不能模拟动力学的模型，如量子力学（quantum mechanics,QM）和可描述煤分子结构的基于经典分子力学（molecular mechanics，MM）的分子动力学模型。

10.2.1 简单幂级数动力学模型

幂级数动力学最简单，文献中一直都有报道，主要描述各种原料在热天平中热解的失重过程，也有描述热解过程中气、液产物或某种化合物的生成过程，多采用一级或二级不可逆反应的形式，如式（10-1）所示。由于这些动力学本质上假设复杂原料热解的宏观行为类似于单一基元反应的行为，还需实验确定相应热解条件下原料的最大挥发量（随反应器及终温条件而变），它们无法表述不同组分及不同结构同时发生变化的热解过程，所以很多研究只能采用分段模拟的策略才能得到所谓 “较好的拟合结果”。

$$\mathrm{d}V/\mathrm{d}t = k(V^{*}-V)^{n} \tag{10-1}$$

式中，V 和 V^{*}分别为挥发量和最大挥发量；k 为反应速率常数；n 为反应级数；t 为反应时间。

幂级数动力学的前提是质量作用定律，即化学反应速率与反应物的有效质量成正比，更准确地说是化学反应速率与各反应物浓度的幂的乘积成正比，这个前提自身还有一个隐性前提，即反应物的活性不随反应过程发生改变，在任一反应时刻，剩余反应物的活性和已经反应掉的反应物的活性相同。比如 H_2 和 O_2 反应生成 H_2O，当 H_2 转化掉 50%时，剩余 H_2 的反应性与反应掉 H_2 的反应性相同，所以反应过程中反应式 $2H_2+O_2 = 2H_2O$ 一直成立。显然，重质有机资源的热解反应并非如此。比如当煤热解生成挥发物的同时，“未反应煤”发生结构演化成为焦，焦的反应活性与煤相差很大，所以煤热解过程中挥发物的释放过程不仅与每一时刻“未反应煤”的质量有关，还与该时刻“未反应煤”的化学反应性有关。由此看来，原理上幂级数动力学不能用于表述重质有机资源的热解过程，幂级数动力学的实质是经验关联式，其科学意义和实用价值都很小。

除了基于质量作用定律外，幂级数动力学还使用阿伦尼乌斯方程（Arrhenius equation）描述反应速率常数与温度的关系，其依据是非平衡热力学，认为在输运区（即满足质量作用定律的化学反应线性区）的化学反应速率常数 k 是一个指数项 $e^{E/(RT)}$（E 为活化能；R 为气体常数；T 为反应温度，K）和一个指前因子 A 之积［即 $k = Ae^{E/(RT)}$］，指数项上的活化能与反应焓变正相关，指前因子与反应熵变有关，二者均与温度有关，但指前因子常被视为与温度无关。鉴于从实验数据直接获得的是速率常数 k，将其解耦所得指数项和指前因子项此消彼长，乘积不变，因而出现了 E 和 A“相互补偿”的现象（即所谓的补偿效应），难以获得它们的准确值。由此看来，因 A 被简化为与温度无关，所确定 E 值的物理意义并不明确，但文献中的很多动力学研究仅报道和讨论 E 值。

10.2.2 分布活化能模型

针对上述幂级数动力学模型的缺陷，一些研究采用分布活化能模型（DAEM）模拟热解过程中的脱挥发物历程。该方法由 Vand 于 1943 提出，随后于 1962 年被 Pitt 用于描述煤热解挥发物的释放[3]。该方法假设复杂结构原料热解过程中的挥发物释放反应由无数个平行一级不可逆反应构成，每个反应的动力学常数中的指前因子 A 相同，阿伦尼乌斯活化能 E 不同，且符合一定的分布规律（如高斯分布），如式（10-2）所示。显然，若将重质有机资源自身在热解过程中不断反应的现象表述为无穷个反应活性不同的物质的反应，DAEM 在原理上比幂级数模型更加接近真实。但由于 DAEM 也需预先确定相应条件下的挥发物最大释放量（V^*），且一级不可逆反应和所有反应都具有相同指前因子的假设仍然偏离实际，特别是偏离自由基反应机理（自由基碎片之间的反应应为二级，自由基诱导反应引发连串反应等），因此该模型本质上还是简单的经验性近似，不能反映热解机理。

$$\alpha = 1 - \int_0^{\infty} \exp\left[-A\int_0^{t} \exp\left(-\frac{E}{RT}\mathrm{d}t \right) f(E)\mathrm{d}E \right] \tag{10-2}$$

式中，$f(E)$ 为 E 的分布函数；E 为活化能；A 为指前因子；R 为气体常数；T 为温度；t 为反应时间；α为转化率（$\alpha=V/V^*$）。

10.2.3 集总反应网络模型

为了满足实际工艺对热解反应产物（气体、油、沥青、焦或某单一产品）生成动力学的要求，Chermin 和 van Krevelen 于 1957 年提出了连续反应动力学模型，后来发展到集总反应网络模型，集总二字的含义是将复杂的原料及众多反应产物分成几类物质，用动力学描述这些类别物质之间的转化。针对不同反应过程或研究者关注的特征产物，文献中提出了不同的集总网络结构[4–6]。图 10-2 是煤直接液化的两种集总反应网络，其中 (a) 的网络以煤为单一反应物[6]，(b) 的网络将煤分为可反应和不可反应 2 个部分，还有文献将煤分为高活性、低活性和无活性 3 个部分的反应网络。由于研究者大都不考虑热解生成的自由基碎片的反应，且由一级反应构成的集总反应网络可使用线性常微分方程组描述，即使反应网络较复杂，也可参考韦潜光（James Wei）提出的计算方法求取中间物或产物在反应相平面的轨迹[7]，因此大部分集总反应网络模型都用一级不可逆反应描述，有的还用分布活化能方法提高模型的拟合精度。从自由基反应的角度看，这些集总反应网络模型的构架仍然简单、表象，它们依赖的经验参数（如煤的组分、煤中可反应组分的最大转化率等）难以与煤的化学组成及结构参数相关联，模型也难以反映挥发物反应历程对热解最终结果的影响。所以集总反应网络模型也不能在科学上认识热解的自由基反应机理。

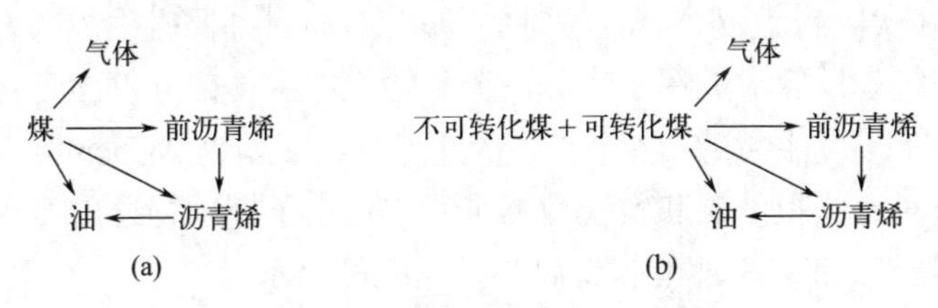

图 10-2　煤直接液化的反应网络

10.2.4　复杂反应网络模型

20 世纪后半叶，研究者提出了比上述热解动力学模型更为复杂的模型，加强了模型参数与原料化学组成和结构的关联，虽然这些关联式还是经验性的。这些模型包括 FG-DVC、闪蒸链模型及 CPD 模型。

Solomon 等在 1988 年提出 FG-DVC 模型[8,9]，FG 表示官能团，DVC 表示分解、挥发、交联。该模型依据煤中官能团的种类和丰度，通过十余个具有分布活化能的一级不可逆反应动力学方程拟合热解气体产物的组成。该模型认为，煤的大分子网络分解生成塑性体和焦油，其速率取决于桥键断裂速率；焦油生成速率取决于质量传递和挥发速率，正比于焦油组分的蒸气压和气体产率。虽然该模型认为官能团中不稳定桥键随机断裂生成自由基碎片，自由基碎片从煤颗粒进入焦油中，但模型并不考虑自由基信息，仅是基于实验测定的很多参数（包括低聚物长度 l、单体交联密度 m_0、不稳定桥键分率 W_B，以及产物分子量分布等）进行模拟，还需通过模拟值和实验值的对比调整这些参数，因为这些参数尽管包含化学信息，但仍是经验参数。因此，尽管该模型在煤、生物质、油页岩等热解方面得到研究[8,10,11]，可以比较准确地描述具体实验的产物分布，但仍是局限于具体原料和条件的经验模型，不涉及自由基反应机理。

Fletcher[12]于 1989 年提出了 CPD 模型，随后通过加入气液平衡模型、Bethe 点阵交联模型、氮逸出模型及气体组分模型等实现了对很多重质有机资源热解过程的模拟。该模型假设煤或生物质由含有脂肪侧链的芳香团簇通过易断裂和不易断裂的脂肪烃桥键链接而成，将芳香团簇视为 Bethe 点阵的节点，把桥键视为链接 Bethe 点阵节点的键，将点阵中不同尺寸团簇的形成概率表示为以阵点被占概率（p）和点阵配位数（σ+1）为自变量的函数，由此计算出各种产物的产率。据报道，与其它模型相比，CPD 模型所用参数较少、准确性较高[1]。图 10-3 为该模型的热解机理[12]，热解起始于芳香团簇之间的弱键£（实际应该是含有弱桥键£的芳香团簇）发生断裂生成的活性中间体£*，该活性中间体随后或裂解生成两个侧链 δ，或缩聚形成强桥键 c（实际应为仅含有强桥键的固态产物 c）并同时生成挥发物 g_2；随着热解进行，侧链 δ 反应形成挥发物 g_1。芳香团簇的主体部分仅含有强共价键，在常规热解条件下不发生裂解；各个步骤的速率常数 k 均为 Arrhenius 形式，但它们的数值需通过对比模拟结果和实验数据来确定；由于挥发物逸出速率与其分压有关，因此也需要确定断键速率常数 k_b 与挥发量的关系。

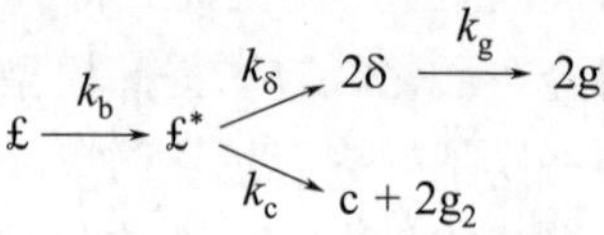

$$
£ \xrightarrow{k_b} £^* \quad
\begin{cases}
\xrightarrow{k_\delta} 2\delta \xrightarrow{k_g} 2g_1 \\
\xrightarrow{k_c} c + 2g_2
\end{cases}
$$

图 10-3 CPD 模型机理[12]

CPD 模型最初是为煤快速热解开发的，基于煤的 ^{13}C 核磁数据和实验确定的动力学参数拟合热解的气、液、固产率，所以模拟结果既与 ^{13}C 核磁数据的准确性有关，也与动力学形式和参数值有关。到目前为止，该模型较好地拟合了一些煤热解实验的产物产率，但对焦结构（包括其芳香度和侧链分布）的预测还缺乏足够的验证，即虽然通过标准实验获取了原料配位数（σ+1）和空位被占概率（p_0），但这些参数与煤的变质程度关系不大，难以反映煤中芳香团簇的真实交联情况。另外，该模型拟合慢速热解过程（如热天平数据）的能力不强，需要调整动力学参数才能用于少含或不含芳香团簇的原料（如油页岩、纤维素和半纤维素等），需要增加更多的动力学关系式才能准确地表示气体和焦油的组成，也需要耦合挥发物反应动力学以适应不同的反应器结构。因此，CPD 模型是半经验性的，需有实验数据或经验性关联式才能模拟热解各产物的产率，因此不能给出热解过程中的自由基反应信息。

闪蒸链（flashchain）模型是由 Niksa 提出的 Dischain 模型不断发展而来的[1]，该模型由煤的化学组成、反应机理、链结构统计以及闪蒸类比四个部分构成。煤的化学组成包括多种桥键以及由其链接的脂肪族、芳香族和杂环组分，它们共同决定了芳香度、芳香团簇尺寸及桥键数，这些信息可由煤的 ^{13}C 核磁、^{1}H 核磁及吡啶抽提率来间接测得。反应机理涉及四类反应，分别为桥键断裂、自发缩聚、双分子再聚合及外围官能团脱除。其中，桥键断裂反应和自发缩聚反应为不可逆一级反应，由分布活化能表述；双分子再聚合反应为二级不可逆反应；外围官能团的脱除为一级不可逆反应。热解反应源于不稳定桥键断裂，不稳定桥键主要是脂肪碳-氧（C_{al}—O）和脂肪碳-碳（C_{al}—C_{al}）键，它们的丰度随煤阶升高而减少。链结构统计由 Bethe 点阵表述。闪蒸类比的原理是焦油源于胶质体（metaplast），二者处于气液平衡，焦油生成速率与其分压有关，可用拉乌尔定律近似描述，焦油分压取决于热解温度和胶质体分子量。显然，闪蒸链模型含有许多经验方程和参数，如反应速率、胶质体的量和组成、拉乌尔常数等，虽然使用了煤的组成信息，但反应机理、链结构统计以及闪蒸类比等部分均需要经验性参数，还要调整煤中四个组分的相对量以匹配实验结果，所以其主要能力是预测热解结果，定性地关联热解过程中发生的现象，但不能反映分子层面的反应信息，也不能揭示主导热解过程的自由基反应机理。

10.3　热解过程的 ReaxFF-MD 模型

热解反应的分子模拟无需经验关联式，它基于原料的化学结构表征数据构建分子模型，通过模拟热解反应的动力学过程，获得热解过程的中间体和产物的演化趋势。主要方法是基于化学反应力场模型（ReaxFF）的反应分子动力学模型（ReaxFF-MD）。考察特定反应路径可能性的方法主要是基于量子化学计算（QM）。

10.3.1　ReaxFF-MD 模型的基本原理

与图 10-3 中的宏观模型不同，反应分子动力学模型可模拟体系中分子及分子片段（自由基碎片）随时间的演化行为。模拟基于波恩-奥本海默近似（Born-Oppenheimer approximation）解耦电子和原子之间的相互作用，不考虑量子效应，采用牛顿第二定律描述原子的受力与原子运动速度变化之间的关系。目前可行的原子受力对应的势能计算主要采用基于原子描述的势函数（反应分子力场 ReaxFF）。若假设体系中每一个原子的电子均存在差异，则可使用耦合簇理论［CCSD(T)］计算电子间的相互作用，因该理论的计算量与体系中原子数量的 7 次方成正比[13]，计算量巨大，即使采用目前较快的计算方法（例如密度泛函方法），量子化学模拟仅能对比作者选择的不同反应路径（通常为 10 步以内）的相对可行性（能垒大小），但不能给出速率信息，且可模拟的体系较小（几百个原子）、时间尺度较短（10^{-9} s，QM 可到 10^{-10} s）。

ReaxFF 反应力场最初由 van Duin 等于 2001 年提出，基于键级（bond order）的反应力场连续描述原子之间的成键和断键过程，因此无须预设反应路径。该模型在进行 ReaxFF-MD 模拟的每个时间步，均对原子电荷进行优化更新，能较好地描述动态的原子极化作用，因此仅基于由原料的详细化学结构所构建的分子模型即可计算获得共价键的断裂和生成随热解历程的变化。ReaxFF 势能计算式包括式（10-3）所示的多项势能项[14,15]。显然，ReaxFF 力场是可以比较完整地描述原子之间的共价键和非共价键［包括孤电子（自由基）和氢键］的作用力场，具有较高的计算准确性[16]。

$$E_{system}=E_{bond}+E_{lp}+E_{over}+E_{under}+E_{val}+E_{pen}+E_{coa}+E_{tors}+E_{conj}+E_{Hbond}+E_{vdWaals}+E_{Coulomb} \tag{10-3}$$

式中，E_{system} 为体系总势能，是成键相互作用能量项和非键相互作用能量项之和。成键相互作用能量项包含键能（E_{bond}）、过配位校正能（E_{over} 和 E_{under}）、键角作用能（E_{val}）、惩罚能（E_{pen}）、三体共轭作用能（E_{coa}）、二面角作用能（E_{tors}）、四体共轭作用能（E_{conj}）和氢键（E_{Hbond}）等，它们均为键级的函数。非键相互作用能量项包含孤电子对（E_{lp}）、范德华相互作用能（$E_{vdWaals}$）和库仑相互作用能（$E_{Coulomb}$）。

10.3.2 ReaxFF-MD 模型的发展和应用

Salmon 等最早将基于 ReaxFF 力场的反应分子动力学方法用于模拟澳大利亚 Morwell 褐煤的煤化过程[17]，该过程涉及生物质结构缓慢热解过程中的固相结构演化，随后很多研究者采用该方法研究了煤、生物质、高分子等多种重质有机资源的热解与燃烧的反应历程，有的还用其研究金属催化剂以及水-蛋白质体系的反应[15]。

李晓霞等认为，利用 ReaxFF-MD 模拟煤热解反应机理有 3 方面的挑战：一是煤大分子结构模型的构建[18]，二是直接模拟煤大分子结构的可行性与计算效率，三是模拟结果中化学反应信息的分析[16]，除了煤大分子结构模型构建与化学测试手段密切相关外，其它两个挑战均与程序和软件的能力有关。因此他们建立和发展了大规模 ReaxFF-MD 方法和计算平台，创建了基于 GPU 并行计算的 ReaxFF-MD 程序 GMD-Reax，实现了在单 GPU 上进行近 10 万个原子的煤热解反应体系模拟；利用化学信息学方法建立了针对模拟结果进行化学反应分析并可视化的程序 VARxMD，从而能够分析包含反应位点的大量中间物和产物的化学结构，该程序算法如图 10-4 和图 10-5 所示。

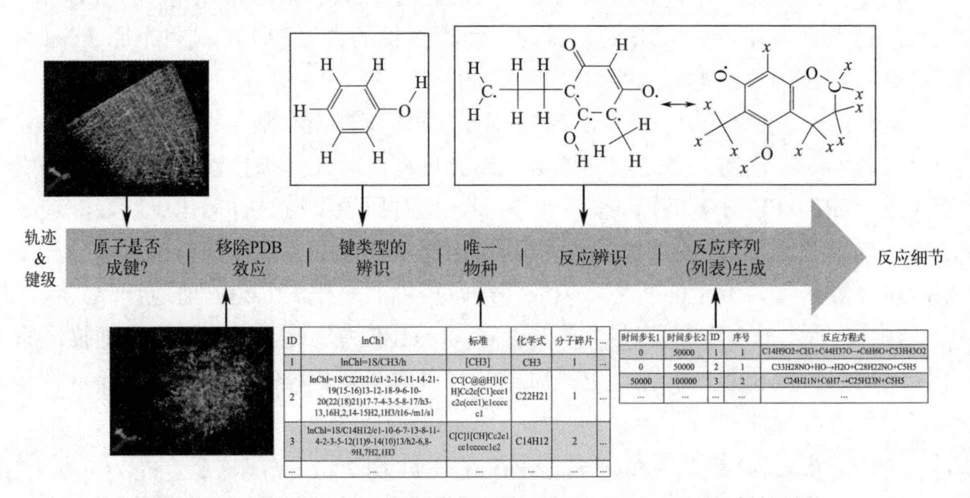

图 10-4 用于 ReaxFF-MD 模拟反应分析的 VARxMD 基础算法[19]

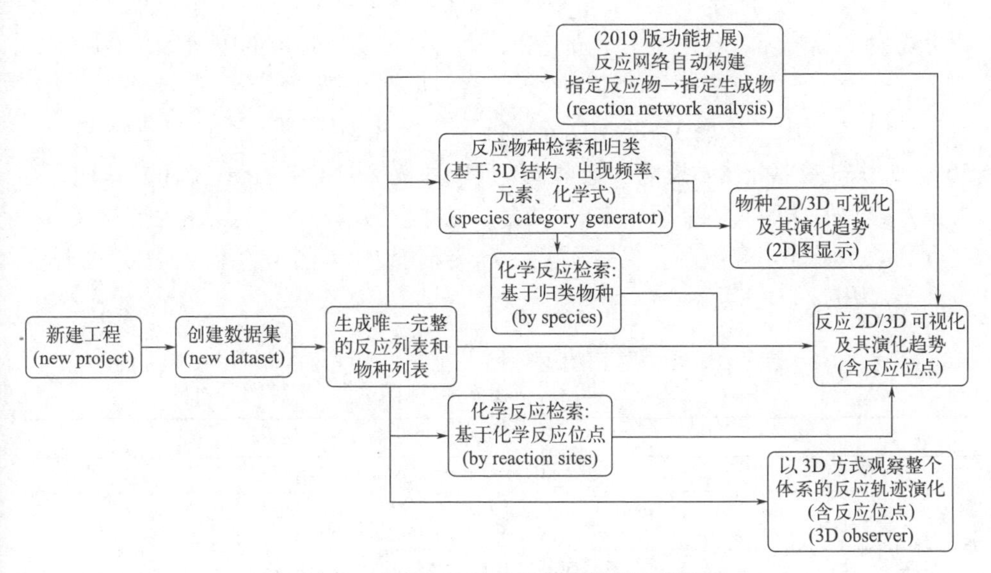

图 10-5　VARxMD 软件的反应分析功能概貌

图 10-6 是含有 28351 个原子的柳林烟煤模型（元素比例为 $C_{14782}H_{12702}N_{140}O_{690}S_{37}$）升温热解过程中部分集总产物的数据[16]。可以看出，在 1000～2200 K 范围热解 250 ps（皮秒，1 ps = 10^{-12} s）过程中，模拟所得各产物量的变化趋势与 300～600 °C 范围数分钟的热解实验产率变化趋势类似，如轻质焦油（C_5～C_{13}）和重质焦油（C_{14}～C_{40}）的量均随温度升高和反应时间延长而增大；在 2200～2500 K 范围，热解 250 ps 的模拟轻质焦油产率随温度升高而增大的趋势变缓，重质焦油产率随温度升高而下降，焦（C_{40}^+）产率增大，说明部分挥发产物发生了缩聚（炭化），这些现象类似于 600 °C 以上的实验数据。另外，模拟热解获得的小分子气体（H_2O, CO_2, CO 和 CH_4）的生成顺序与文献中的实验数据吻合，萘、甲基萘及二甲基萘产率随温度的变化趋势与快速升温热解实验（Py-GC/MS）的变化趋势相似。模拟

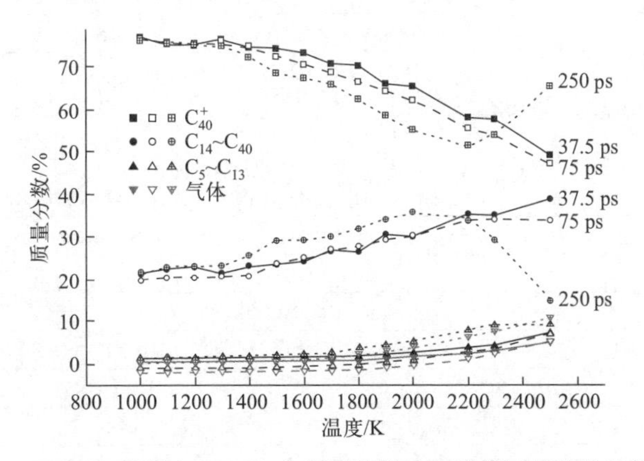

图 10-6　ReaxFF-MD 模拟含 28351 个原子的柳林烟煤模型获得的热解产物分布[16]

研究还发现，苯环的转化经历了五元环、七元环或更大环数的中间体，然后才生成其它产物，但煤热解实验中还未发现这些反应路径[20]。

表 10-1 列出了借助 VARxMD 分析得到的柳林煤模型在 2000 K 热解 37.5～50 ps 所获得的部分化学反应，绝大多数反应都包括 H_3C•、HS•、CHO•和 HO•等自由基碎片的作用（表中粗体字的物质），这些自由基碎片不仅参与生成了 CH_4、H_2O 和 CO_2 等小分子气体，也参与了大分子结构裂解为焦油的反应，甚至参与了焦的生成[16]。

表 10-1　包含 28351 个原子的柳林烟煤模型在 2000 K 热解 37.5～50 ps 的主要化学反应（粗体字是自由基）

序号	反应
1	$C_{35}H_{30}O_2N \longrightarrow C_{34}H_{27}O_2N+\mathbf{CH_3}$
2	$C_{246}H_{197}O_{11}NS+C_{276}H_{221}O_{12}N_2S+\mathbf{CHO_2} \longrightarrow C_{209}H_{162}O_{10}N+C_{36}H_{31}O+2\mathbf{HS}+C_{276}H_{221}O_{12}N_2+CH_2O+\mathbf{CHO}$
3	$C_{306}H_{246}O_{13}N_3S+\mathbf{HO} \longrightarrow C_{30}H_{28}N+C_{276}H_{219}O_{14}N_2S$
4	$C_{17}H_{21}O \longrightarrow \mathbf{HO}+C_{17}H_{20}$
5	$\mathbf{HO}+C_{36}H_{30}OS \longrightarrow H_2O+C_{36}H_{29}OS$
6	$\mathbf{HO}+C_{14}H_{11}O \longrightarrow H_2O+C_{14}H_{10}O$
7	$CH_2O+C_{29}H_{25}N+C_{276}H_{218}O_{14}N_2S \longrightarrow C_{25}H_{23}ON+C_{276}H_{216}O_{13}N_2S+C_5H_5+\mathbf{HO}$
8	$CO_2+C_{35}H_{30}O_2N \longrightarrow C_{35}H_{26}O_3N+\mathbf{HO}+\mathbf{CH_3}$
9	$C_{11}H_{15}O+C_{14}H_{14} \longrightarrow C_{11}H_{16}O+C_{14}H_{13}$
10	$C_{247}H_{198}O_{12}NS+\mathbf{CH_3} \longrightarrow C_{181}H_{147}O_8S+\mathbf{CHO}+C_{65}H_{48}O_2N+\mathbf{HO}+CH_4$
11	$C_{275}H_{215}O_{14}N_2+C_4H_7O+\mathbf{CH_3} \longrightarrow C_{239}H_{187}O_9N+2\mathbf{HO}+C_{35}H_{30}O_2N+\mathbf{CHO_2}+C_5H_5$
12	$C_{280}H_{223}O_{13}N_2+\mathbf{HS} \longrightarrow C_{209}H_{165}O_8NS+C_{47}H_{36}O_2N+\mathbf{HO}+CO_2+C_5H_5+C_{18}H_{17}$
13	$C_{241}H_{193}O_{10}NS+3\mathbf{HO} \longrightarrow C_{241}H_{196}O_{13}NS$
14	$C_{35}H_{30}O_2N \longrightarrow C_{34}H_{26}ON+\mathbf{HO}+\mathbf{CH_3}$
15	$C_{243}H_{201}O_9N_3+\mathbf{HO} \longrightarrow CH_4+C_{30}H_{27}N+C_{212}H_{171}O_{10}N_2$
16	$C_{258}H_{207}O_{14}N_2S+\mathbf{HO}+C_{18}H_{17} \longrightarrow C_{240}H_{193}O_{11}N+C_{35}H_{30}O_2N+\mathbf{CHO_2}+\mathbf{HS}$
17	$C_{211}H_{174}O_{11}NS \longrightarrow C_{209}H_{169}O_9NS+\mathbf{CHO}+\mathbf{HO}+\mathbf{CH_3}$
18	$C_{310}H_{254}O_{12}N_3S \longrightarrow C_{280}H_{225}O_{12}N_2+C_{30}H_{28}N+\mathbf{HS}$
19	$C_{272}H_{220}O_{11}N_2+4\mathbf{HO}+C_{34}H_{26}ON+C_{241}H_{191}O_{11}NS \longrightarrow C_{242}H_{195}O_{14}NS+C_{34}H_{27}O_2N+C_{30}H_{28}N+C_{241}H_{191}O_{11}N$
20	$C_{275}H_{223}O_{11}N_2S+CO_2+\mathbf{HO} \longrightarrow C_{276}H_{223}O_{14}N_2+\mathbf{HS}$
21	$C_{282}H_{229}O_{14}N_2S+2\mathbf{HO}+C_{276}H_{217}O_{14}N_2S+C_{14}H_{12}O \longrightarrow C_{258}H_{204}O_{15}N_2S+C_5H_5+C_{65}H_{48}O_3N+C_{18}H_{17}+\mathbf{CH_3}+C_{14}H_{13}O+C_{210}H_{169}O_{11}NS+\mathbf{CHO}$
22	$C_{281}H_{227}O_{15}N_2S \longrightarrow C_{275}H_{219}O_{12}N_2S+2\mathbf{HO}+\mathbf{CHO}+C_5H_5$
23	$\mathbf{CH_3}+\mathbf{CHO} \longrightarrow C_2H_4O$
24	$C_{34}H_{26}ON+\mathbf{HO} \longrightarrow C_{34}H_{27}O_2N$
25	$C_{246}H_{198}O_{12}NS \longrightarrow C_{241}H_{189}O_9N+3\mathbf{HO}+C_5H_5+\mathbf{HS}$
26	$C_{222}H_{175}O_{10}N+\mathbf{HS}+C_{240}H_{190}O_8NS+CO_2 \longrightarrow C_{222}H_{175}O_{10}NS+C_{241}H_{191}O_{10}NS$
27	$C_{280}H_{222}O_{12}N_2+\mathbf{HS} \longrightarrow C_{280}H_{222}O_{11}N_2S+\mathbf{HO}$
28	$C_{271}H_{214}O_{10}N_2S \longrightarrow H_2O+C_{209}H_{167}O_8NS+C_{62}H_{45}ON$

续表

序号	反应
29	$\mathbf{2HO}+C_{232}H_{186}O_{10}N+C_{14}H_{10}O \longrightarrow H_2O+C_{228}H_{179}O_{12}N+C_{18}H_{17}$
30	$C_{280}H_{224}O_{12}N_2S+\mathbf{CHO_2}+C_{240}H_{191}O_{12}NS+\mathbf{CH_3}+C_{14}H_{14} \longrightarrow$ $C_{276}H_{223}O_{12}N_2S+CH_2O_2S+C_5H_5+C_{240}H_{188}O_{11}N+H_2O+C_{14}H_{13}$
31	$C_{247}H_{196}O_{11}NS+\mathbf{3HO}+C_{17}H_{16}O \longrightarrow C_{247}H_{200}O_{14}NS+C_{17}H_{15}O$
32	$C_{241}H_{191}O_{11}NS+\mathbf{CHO_2} \longrightarrow C_{242}H_{191}O_{12}NS+\mathbf{HO}$
33	$C_{90}H_{72}O_2N_2 \longrightarrow C_{64}H_{49}ON+C_{26}H_{23}ON$
34	$C_{189}H_{144}O_{11}NS+C_{28}H_{28}O \longrightarrow C_{184}H_{140}O_{11}NS+C_5H_5+C_{28}H_{27}O$
35	$CO_2+C_{229}H_{181}O_{12}NS+C_{24}H_{23}ON \longrightarrow C_{229}H_{181}O_{13}NS+\mathbf{CHO}+C_{24}H_{22}ON$
36	$C_{257}H_{204}O_{14}N_2S+C_{263}H_{207}O_{15}N_2S+\mathbf{CHO_2} \longrightarrow C_{258}H_{202}O_{15}N_2S+C_{262}H_{206}O_{12}N_2S+2H_2O+CO_2$
37	$C_{226}H_{179}O_8N+C_{48}H_{38}O_3N+CO_2+\mathbf{HS} \longrightarrow C_{275}H_{218}O_{13}N_2S$
38	$C_{241}H_{194}O_{11}NS \longrightarrow C_{240}H_{191}O_9N+\mathbf{CHO}+\mathbf{HS}+\mathbf{HO}$

通过柳林煤模型在 2 K/ps 条件下的热解，郑默等认为整个热解过程可以分成三个阶段（图 10-7）[14]。阶段Ⅰ为煤结构的活化阶段，发生于 500～1400 K 范围，裂解量很少，仅生成了一些小自由基碎片。阶段Ⅱ的煤裂解量很大，生成焦（C_{40}^+）、焦油和气体，且该阶段可分为两部分，其中阶段ⅡA 在 1400～1800 K 范围，主要发生醚键（C_{al}—O—C_{al}）断裂，称为一次反应；阶段ⅡB 在 1800～2400 K 范围，主要发生脂肪碳-碳键（C_{al}—C_{al}）的断裂以及芳香碳-碳键（C_{ar}—C_{ar}）的生成，称为二次反应。阶段Ⅲ在 2400 K 以上，主要发生挥发物的缩聚反应，生成更多的轻焦油和气体。基于小自由基碎片和气体产物的种类，也可以划分热解阶段，如水（H_2O）源于阶段Ⅰ和阶段ⅡA，甲烷（CH_4）源于阶段ⅡB。

图 10-8 显示，小自由基碎片在阶段Ⅰ生成，其量随温度升高而增加，在阶段Ⅱ保持相似的水平，直到阶段ⅡB 开始下降；自由基参与的反应在阶段Ⅰ占 95%，在阶段ⅡA 占 60%以上，然后随温度升高而降低。

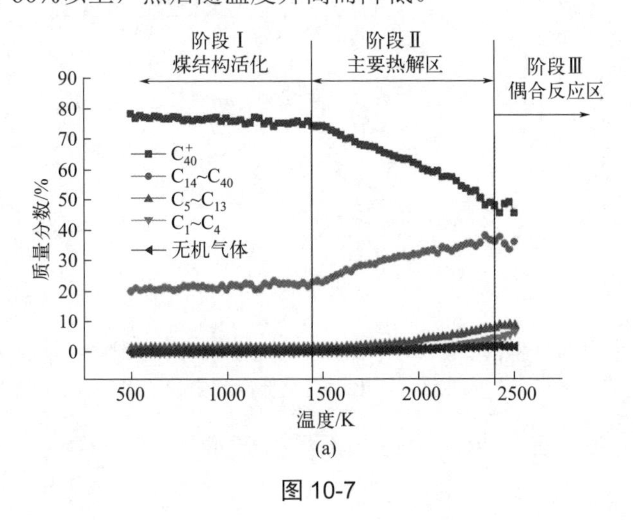

图 10-7

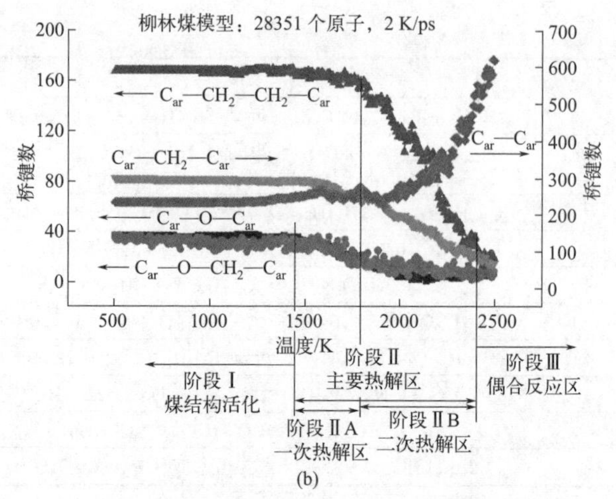

图 10-7　柳林煤模型热解（2 K/ps）的三个阶段

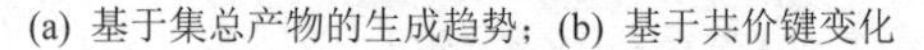
(a) 基于集总产物的生成趋势；(b) 基于共价键变化

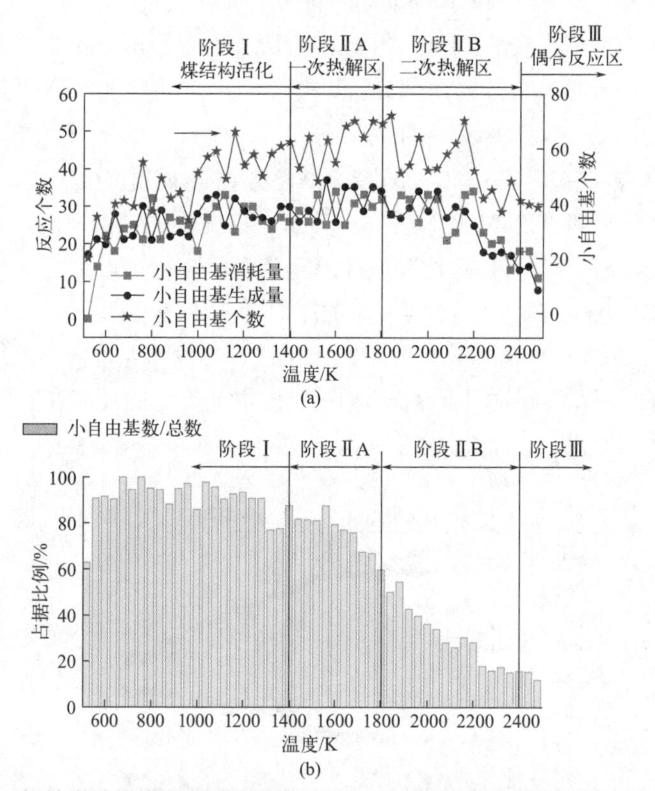

图 10-8　柳林煤结构模型（28351 个原子）在三个热解阶段的小自由基生成和反应 (a) 以及它们出现在全部反应中的比例 (b)

值得注意的是，图 10-8(a) 中任一阶段中同一时刻的小自由基生成量均与小自由基消耗量基本一致，说明小自由基的生成和消耗是同时的，符合自由基活性高、反应快的特征，但这个现象也说明，作者对阶段Ⅲ的表述［即“偶合反应区”（recombination dominant）］值得商榷，因为该阶段生成和消耗的小自由基数也基本相同，其与阶段Ⅱ的差别仅是自由基的生成和消耗量均减少，说明可以断裂的弱共价键数量显著减少，或残余的弱共价键数显著减少，所以阶段Ⅲ应该是“弱共价键断裂趋于完成段”，或“弱共价键量趋于消失段”。

郑默等用 GMD-Reax 模拟了一种与柳林烟煤模型类似的煤模型（含有 26487 个原子，元素比例为 $C_{14188}H_{11461}N_{122}O_{658}S_{58}$）在 2 K/ps 条件下的热解（500～2500 K）和燃烧（加 20000 个 O_2 原子，1000～2800 K）反应，并用 VARxMD 分析了含 N 结构的演化[21]。发现热解条件下该模型中约 65%的 N 存在于焦（C_{40}^{+}）中，约 25%的 N 迁移至焦油（C_5～C_{40}）中，其余的 N 经过小自由基的形式迁移到气体中；燃烧条件下，NH_3、HCN、HNCO、NO、N_2 和 NO_2 等含 N 气体的生成与•CN、•NH_2、•NH、NCO 和 HNO 等活性中间体有关。如约 50%的 NO 源于•CN 自由基氧化生成的 NCO 中间体；吡咯氮的氧化起始于 O_2 夺取与氮原子相连的 H，然后 O 原子插入环结构中。表 10-2 显示了该模型燃烧过程中发现的自由基碎片和其它中间体。图 10-9 显示了燃烧过程中含 N 环结构与 O₂ 反应的几个路径。

表 10-2　煤燃烧过程中的含 N 小自由基的种类

类别	分子式	结构	分子式	结构
C_0	H_2N	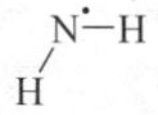 $H—\dot{N}—H$	N	N
	NH	N:—H	HN_2	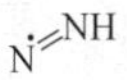 $\dot{N}=NH$
	H_2NO	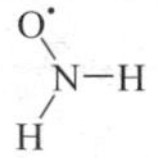 $\dot{O}—N(—H)—H$	HONO	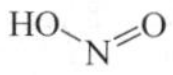 $HO—N=O$
	HNO	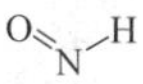 $O=N—H$	HON	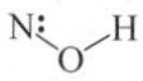 $N\colon—O—H$
	HONH	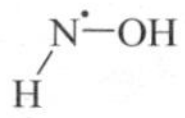 $H—\dot{N}—OH$	$HONH_2$	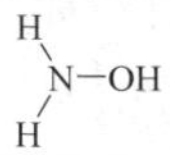 $H—N(—H)—OH$
	HON_2	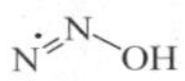 $\dot{N}=N—OH$	H_2NO_2	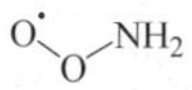 $\dot{O}—O—NH_2$
	HO_2NO	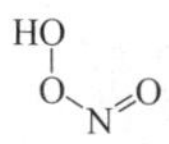 $HO—O—N=O$	$HONO_2$	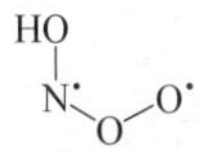 $HO—\dot{N}—O—\dot{O}$
	HNO_2	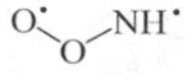 $\dot{O}—O—\dot{N}H$		
C_1	NHCH	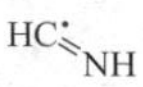 $H\dot{C}=NH$	H_2NCO	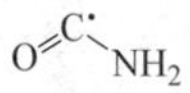 $O=\dot{C}—NH_2$
	$NCOH_2$	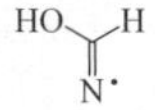 $HO—C(H)=\dot{N}$	CN	$\dot{C}\equiv N$

续表

类别	分子式	结构	分子式	结构
C_1	H_2NOCO	O C• O NH_2	$NHCO_2H$	HO NH• O
	CHO_2N	O N H O	NCO_2H	N O OH
	NCO	O• N	$ONCO_2$	O N O C• O
	CH_3N	H_2C NH	HCN_2	N NH•
	NOCO	O N C• O	ONOCOH	O N O C• OH
	HNCNH	HN• C• NH		
C_2	NC_2H_2	N CH_2•	NC_2H_3	N CH_3
	NC_2H	N CH:	H_2NC_2H	HC• C• NH_2
	NC_2OH	N• C• O	NC_2OH	N O
	NC_2O_2	O C• O N	HNC_2O_2	O C• O NH
	NC_2OH_2	O• N	NC_2OH_2	H_2C• O N
	NC_2OH	N OH		

单一煤分子 ($C_{193}H_{161}O_5NS$) —C—O 醚键断裂→ 大碎片 + (H, N)

C—C 键断裂

H_2C• H N + CH•

单一煤分子 ($C_{193}H_{161}O_5NS$) —C—O 醚键断裂→ 大碎片 + (CH_2• N H)

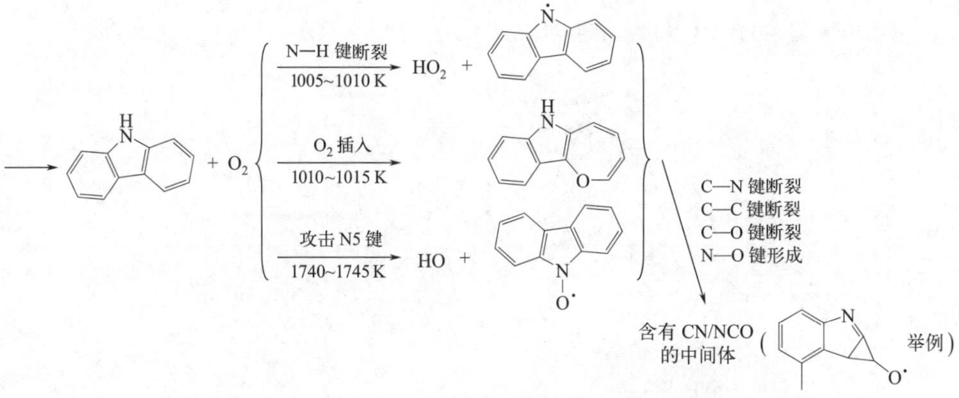

N—H 键断裂
1005~1010 K
HO_2 +
O_2 插入
1010~1015 K
攻击 N5 键
1740~1745 K
HO +
+ O_2
C—N 键断裂
C—C 键断裂
C—O 键断裂
N—O 键形成
含有 CN/NCO 的中间体（举例）

图 10-9　煤结构（$C_{14188}H_{11461}N_{122}O_{658}S_{58}$）燃烧过程中含 N 的五元环结构与 O_2 反应的几个路径[21]

研究发现，海拉尔褐煤热解的 ReaxFF-MD 模拟结果和热解-同步辐射真空紫外光电子质谱（Py-SVUV-PIMS）以及闪速热解-色谱-质谱（Py-GC/MS）实验检测到的很多产物的趋势类似，如脂肪烃、单环芳烃和烷基酚，如图 10-10 所示。模拟显示，与酚自由基碎片偶合的氢自由基（即氢原子）源于邻近结构的氢转移，CHO_2 中间体和大碎片促成 CO_2 生成和缩聚反应，如图 10-11 所示[22]。

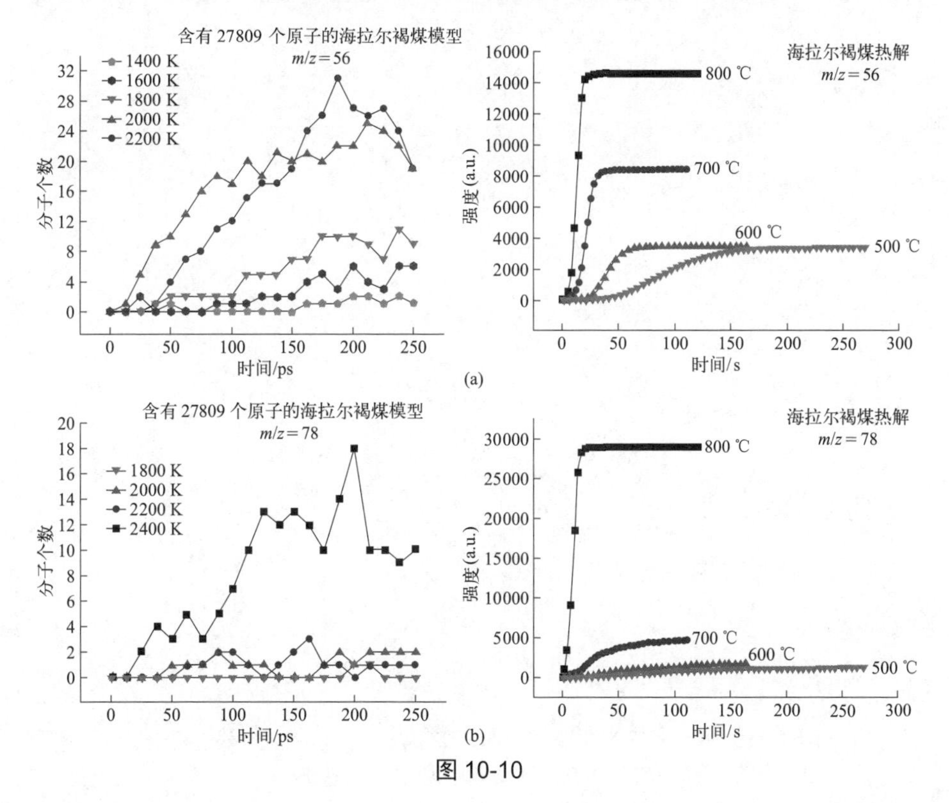

图 10-10

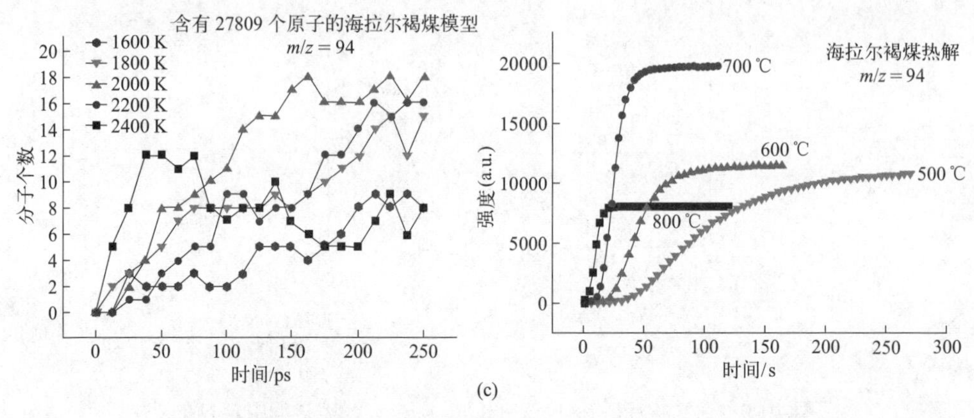

(c)

图 10-10　海拉尔褐煤热解的 ReaxFF-MD 模拟（1400～2400 K）和 Py-SVUV-PIMS 实验（500～800 °C）数据对比（m/z = 56 为丁烯，m/z = 78 为苯，m/z = 94 为苯酚）

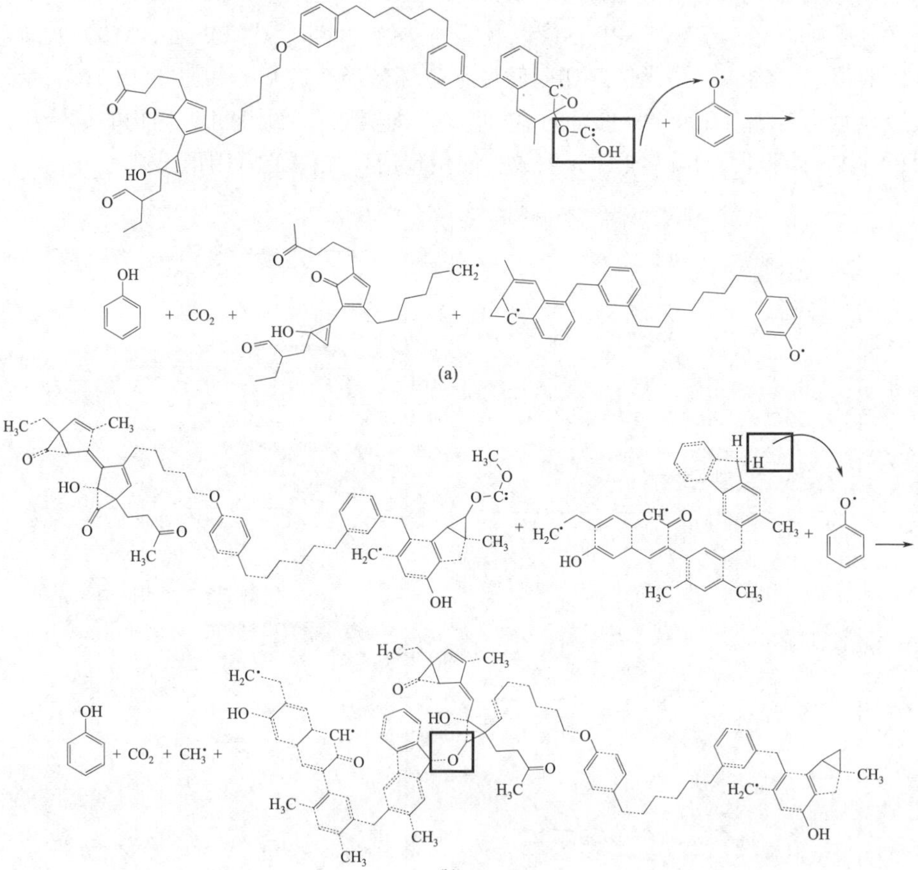

(a)

(b)

图 10-11　ReaxFF-MD 耦合 VARxMD 模拟海拉尔褐煤热解过程中（1400～2400 K）苯酚生成的自由基路径

郑默等[23]对比研究了原子个数分别为 2338（小）、13498（中）和 98900（大）的三个柳林煤模型的热解过程，发现它们热解的集总产物表现出类似的趋势，即随温度升高，焦（C_{40}^{+}）产率逐步下降，挥发产物的产率逐步增加，挥发产物以重焦油（C_{14}～C_{40}）为主；但大结构模型的焦产率显著高于其它两个结构模型，其重焦油产率显著低于其它两个模型；小结构模型的焦和重焦油产率波动很大，在 500～1500 K 范围重焦油产率的波动超过 50%，但大结构模型的产率波动很小，如图 10-12 所示。另外，三个煤结构模型热解生成的焦油组成有较大的差异，比如脂肪烃组分、单环结构组分和两环结构组分。如图 10-13(a) 所示，小结构模型的热解不生成脂肪烃，但中、大两个结构模型一开始就生成了脂肪烃，且大模型的脂肪烃生成量显著高于中模型的脂肪烃生成量，增大倍数大于两个模型的原子个数倍数。图 10-13(b) 显示，小模型热解不能给出产物中含酚结构的变化信息，但大模型热解清楚地显示了含酚结构的生成和演化趋势，且该现象与 Py-GC/MS 实验在 673～1073 K 温度范围的结果相符。显然，规模大的合理煤结构模型的 ReaxFF-MD 模拟可以更加清楚地显示热解的微观机理以及分子量较大的单一产物（或结构）的演化过程。

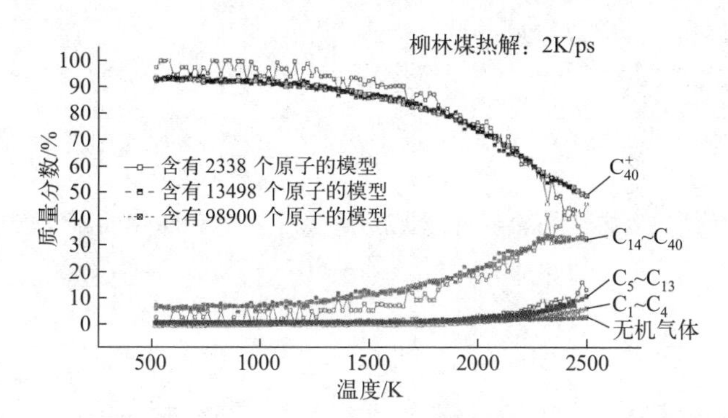

图 10-12 不同尺度的柳林煤结构模型在热解模拟（2 K/ps）中的挥发物分布

李晓霞等在纤维素热解模拟中也证实了上述煤结构模型规模与热解产物的关系。图 10-14 表明，对于热解产物乙醇醛（$C_2H_4O_2$）和左旋葡聚糖（$C_6H_{10}O_5$）而言，17664 个原子的纤维素模型比 7572 个原子的纤维素模型更加准确地表述了 Py-GC/MS 的数据趋势。这些模拟结果可能表明，无论采用何种规模的结构模型，其中远距离原子的相互作用均可忽略不计，因此规模对反应结果的影响可能源于有限的计算时间尺度下，大模型计算的偶然性小于小模型计算，增加小模型的计算次数，有可能获得和大模型计算一致的现象和趋势。

高明杰等研究了包含有 23898 个原子的府谷次（Fugu）烟煤结构模型的慢速热解过程[24]。该结构模型由表 10-3 所示的 75 个大分子和 29 个小分子构成，通过压缩构成密度为 0.991 g/cm^3 的固态体系（与该煤接近），总体元素比例（不是分子式）为 $C_{11995}H_{10363}N_{159}O_{1366}S_{15}$，与该煤的分析数据非常接近，如表 10-4 所示。

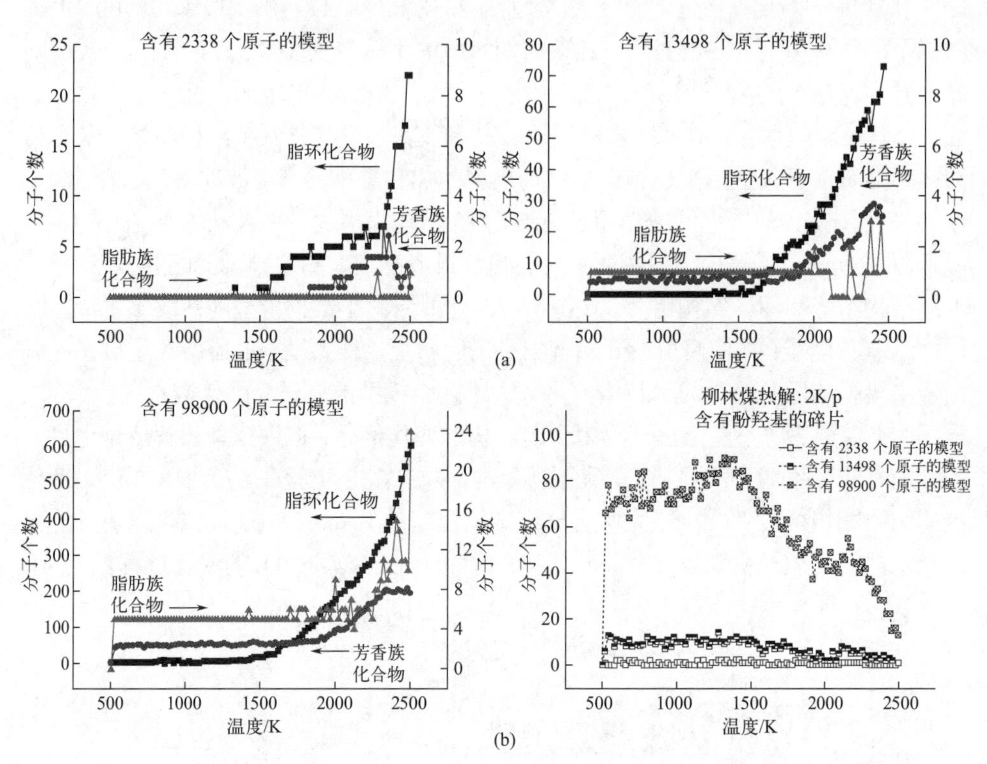

图 10-13 不同尺度的柳林煤结构模型在热解模拟（2 K/ps）中的部分集总产物分布

(a) 脂肪烃、芳香烃和环烃；(b) 含酚结构

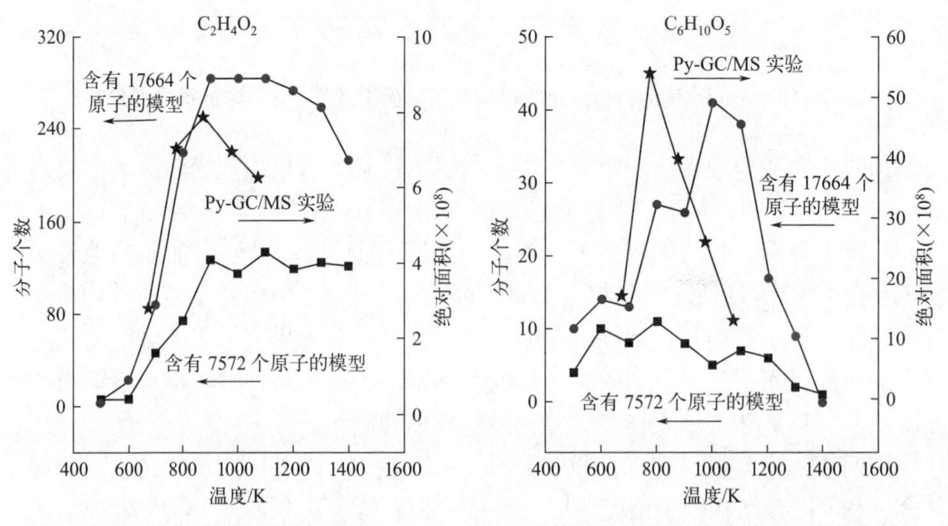

图 10-14 不同尺度的纤维素模型经 ReaxFF-MD 模拟的热解产物乙醇醛和左旋葡聚糖的生成趋势（800～1400 K）与 Py-GC/MC 实验数据（673～1073 K）的对比[19]

表 10-3　由 104 个分子构成的府谷次烟煤结构模型

组分	分子式	分子个数
M-Ⅰ	$C_{76}H_{63}NO_9$	30
M-Ⅱ	$C_{151}H_{128}N_2O_{18}$	15
M-Ⅲ	$C_{227}H_{191}N_3O_{27}$	9
M-Ⅳ	$C_{303}H_{258}N_4O_{35}$	6
M-Ⅰ-S	$C_{76}H_{63}NO_8S$	3
M-Ⅱ-S	$C_{151}H_{128}N_2O_{17}S$	3
M-Ⅲ-S	$C_{227}H_{191}N_3O_{26}S$	3
M-Ⅳ-S	$C_{303}H_{258}N_4O_{35}S$	6
小分子	—	29

表 10-4　府谷次烟煤的结构信息与模型信息的对比

项目	组成（daf）/%					结构参数①			
	C	H	N	S	O	f_a	f_a^N	f_a^B	χ_b
Fugu 煤	81.15	4.90	1.25	0.26	12.44	67.11	31.75	12.79	0.20
3D 模型	80.48	5.79	1.24	0.27	12.22	66.11	32.01	12.19	0.20

① sp^2-C 的分数。

注：f_a—芳碳率；f_a^N—非质子化的芳碳率；f_a^B—桥头芳碳率；χ_b—缩聚度。

图 10-15(a) 显示了模拟热解过程中不同类别产物的分布，其中 C_0～C_4 为气体，C_5～C_{13} 为轻焦油，C_{14}～C_{40} 为重焦油，C_{40}^+ 为不挥发的固体（固定炭或焦），C_{41}～C_{100} 和 C_{100}^+ 分别为小分子焦和大分子焦。依据 C_{40}^+ 的质量变化，热解过程可分为 4 个阶段，1200 K 以下为阶段Ⅰ（Stage-Ⅰ），主要发生 C_{40}^+ 缓慢转化为重焦油的反应，仅有少数弱共价键发生了断裂，生成大分子产物，这与图 10-15(b) 中主要发生 C—O 键断裂的现象一致。VARxMD 显示，该阶段发生断裂的 C—O 键主要包括 PhO—CH_2—、—CH_2—O—CH_2—、PhO—CH_3 和—COO—CH_2—等。阶段 II 的温度范围是 1200～2200 K，期间 C_{40}^+ 的转化加快，主要生成重焦油以及少量轻焦油和气体。该阶段可分为两期，前期（Stage-ⅡA）主要源于 C—O 键的断裂，后期（Stage-ⅡB）主要源于 C—C 键的断裂。值得注意的是 C—H 键的断裂在阶段ⅡB 才出现，可能说明缩聚反应加速。图 10-15 还显示了焦结构的演化。阶段Ⅰ和阶段Ⅱ均发生 C_{100}^+ 的减少，但阶段Ⅱ发生了 C_{41}～C_{100} 的增加，可能源于重焦油分子的缩聚。阶段Ⅲ（Stage-Ⅲ）在 2200 K 以上，主要发生重焦油减少、C_{40}^+ 和气体增加，说明发生了重焦油的缩聚成焦和气体的反应，导致较多的 C—H 键的断裂。

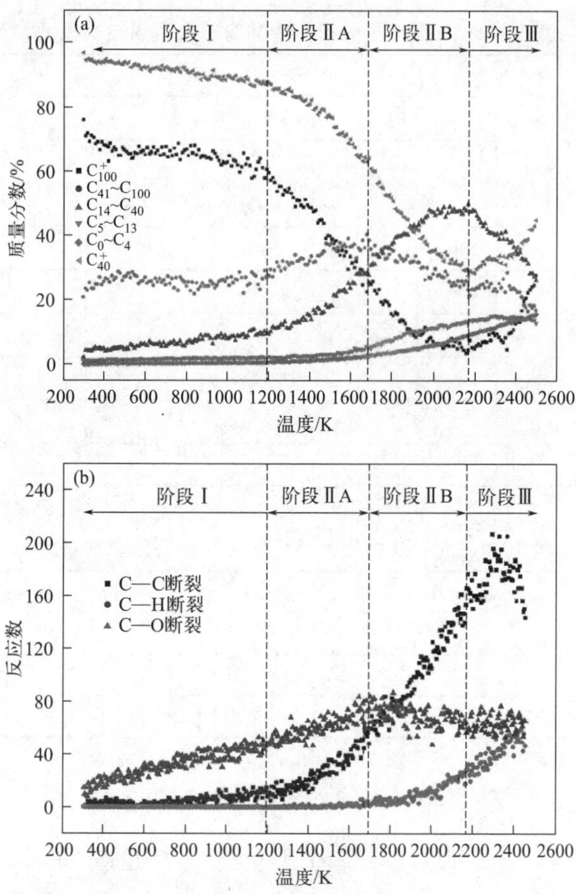

图 10-15 府谷次烟煤结构模型热解过程中的产物变化 (a) 和断键量变化 (b)

上述作者认为，这些模拟结果与该煤在热天平中以 10 K/min 的升温速率热解的趋势类似，尽管热天平中的阶段Ⅰ的温区为 300～623 K，阶段Ⅱ的温区为 623～823 K，阶段Ⅲ的温区为 823 K 以上。但需要指出的是，煤在热天平及气相流动的反应器（如流化床反应器）中的热解不会出现焦（C_{40}^{+}）质量在阶段Ⅲ增加的现象，因为挥发物不断逸出，不会停留在反应器中继续反应（缩聚）。另外，虽然构建的煤模型在密度和元素组成上类似煤，但在实际热解反应中，挥发物的反应发生在更大空间（或低密度空间）内（包括流动），因此模拟过程中挥发物分子之间接触和反应与实际过程中的情形有很大不同。

VARxMD 给出的气体产物生成历程显示，早期生成的 CO_2、H_2 和 H_2O 遵循了表 10-5 所示的自由基反应路径，比如 CO_2 源于羧基或酯基的反应，H_2 和 H_2O 的生成也与羧基的反应有关；甲烷在低温区的生成源于 O—CH_3 结构断裂生成甲基自由基的反应，在高温区（特别是在阶段Ⅲ）源于 C—CH_3 结构断裂生成甲基自由基的反应。

表 10-5　府谷次烟煤结构模型热解过程中 CO_2、H_2 和 H_2O 生成涉及的自由基反应

反应路径	模拟温度/K
CO_2 生成路径	
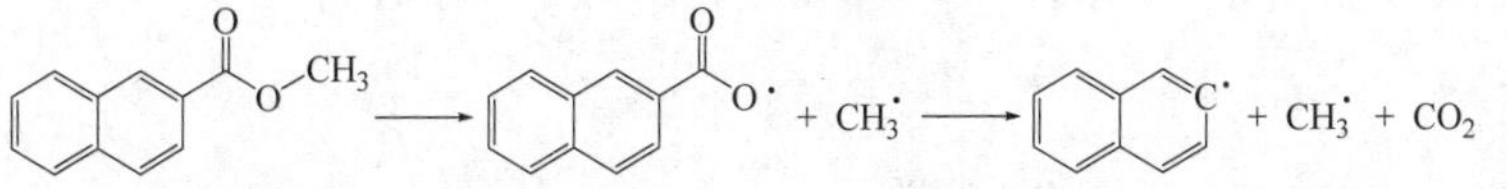 O, O, CH_3 ⟶ O, $O^{\cdot}$ + $CH_3^{\cdot}$ ⟶ $C^{\cdot}$ + $CH_3^{\cdot}$ + CO_2 (P_{CO_2}-Ⅰ)	≥400
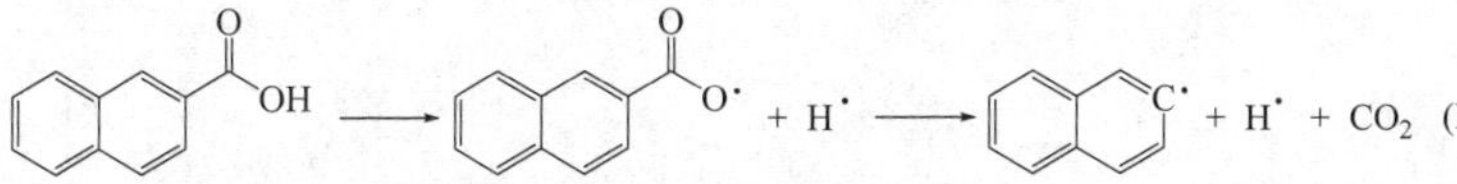 O, OH ⟶ O, $O^{\cdot}$ + $H^{\cdot}$ ⟶ $C^{\cdot}$ + $H^{\cdot}$ + CO_2 (P_{CO_2}-Ⅱ)	≥400
H_2 生成路径	
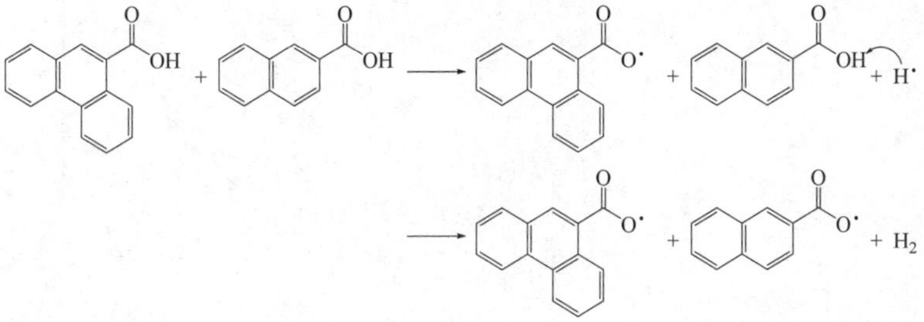 O, OH + O, OH ⟶ O, $O^{\cdot}$ + O, OH + $H^{\cdot}$ ⟶ O, $O^{\cdot}$ + O, $O^{\cdot}$ + H_2 (P_{H_2}-Ⅰ)	≥450
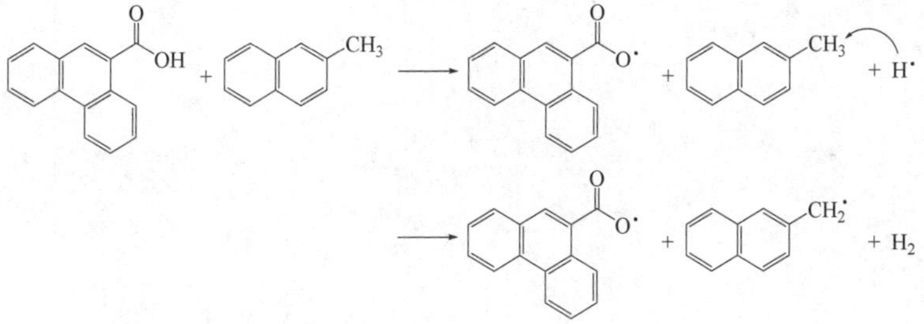 O, OH + CH_3 ⟶ O, $O^{\cdot}$ + CH_3 + $H^{\cdot}$ ⟶ O, $O^{\cdot}$ + $CH_2^{\cdot}$ + H_2 (P_{H_2}-Ⅱ)	≥1400
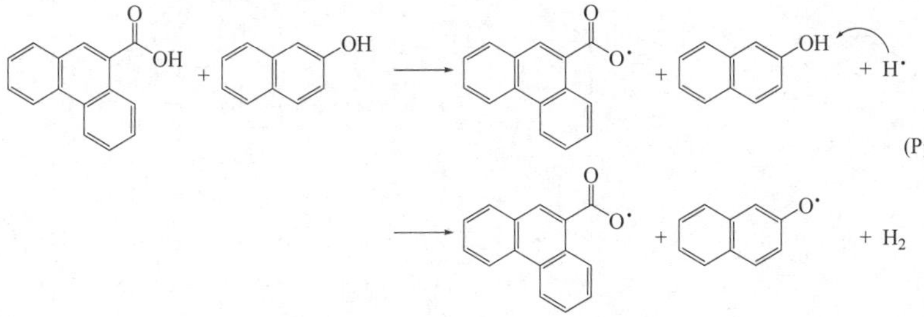 O, OH + OH ⟶ O, $O^{\cdot}$ + OH + $H^{\cdot}$ ⟶ O, $O^{\cdot}$ + $O^{\cdot}$ + H_2 (P_{H_2}-Ⅲ)	≥1450
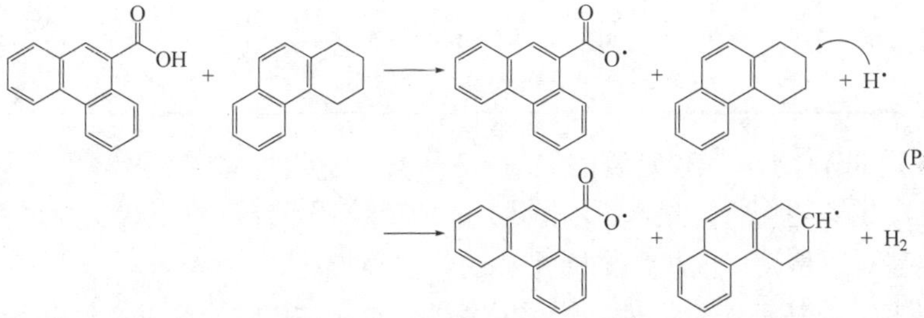 O, OH + ⟶ O, $O^{\cdot}$ + + $H^{\cdot}$ ⟶ O, $O^{\cdot}$ + $CH^{\cdot}$ + H_2 (P_{H_2}-Ⅳ)	≥1450

续表

反应路径	模拟温度/K
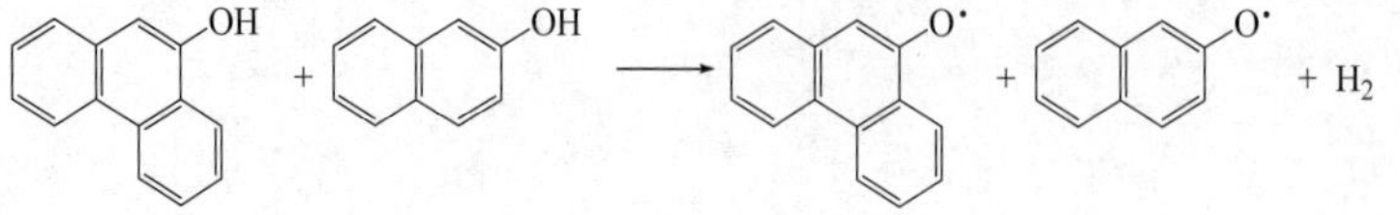 OH + OH → O· + O· + H_2 (P_{H_2}-Ⅴ)	≥1700
H_2O 生成路径	
OH + OH → O· + OH· + H·	
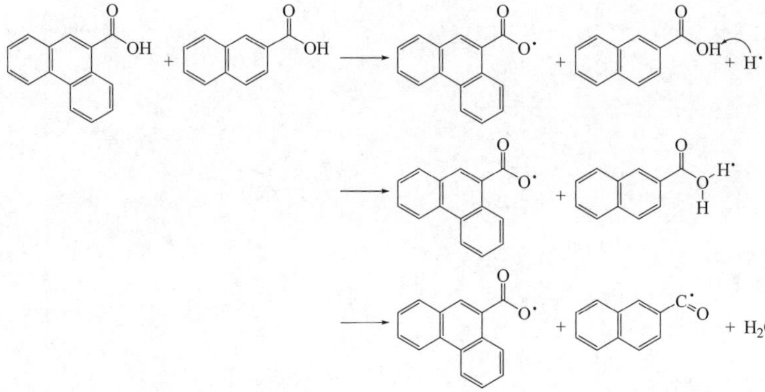 → O· + H· O H (P_{H_2O}-Ⅰ)	≥650
→ O· + C· O + H_2O	
OH + OH → O· + OH + H·	
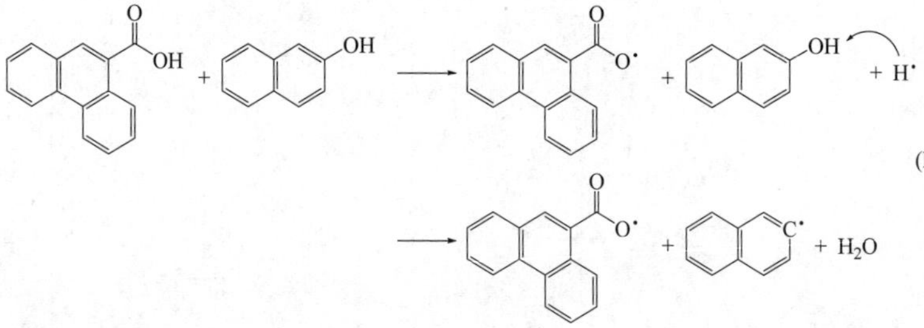 (P_{H_2O}-Ⅱ)	≥950
→ O· + C· + H_2O	
OH + OH → O· + OH + H·	
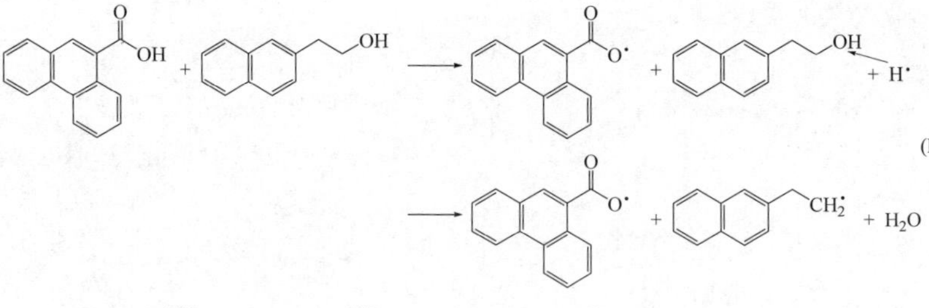 (P_{H_2O}-Ⅲ)	≥1250
→ O· + CH_2· + H_2O	
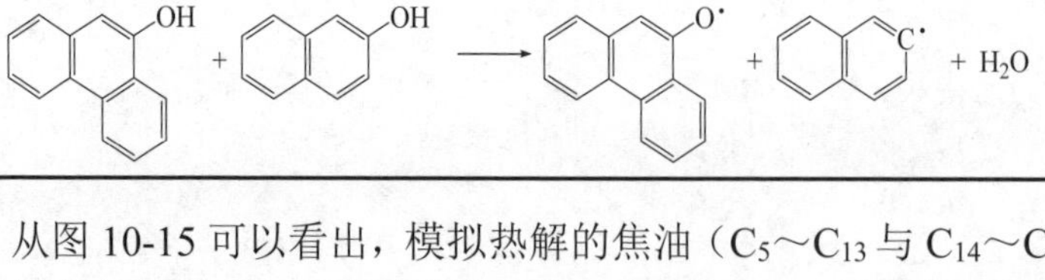 OH + OH → O· + C· + H_2O (P_{H_2O}-Ⅳ)	≥1500

从图 10-15 可以看出，模拟热解的焦油（C_5～C_{13} 与 C_{14}～C_{40} 之和）产率远高于文献中任何煤热解的实验数据，说明模拟热解的反应还不能准确反映实际过程，主要问题可能是对缩聚反应的机制缺乏足够的认识和描述。

上述研究表明，基于一个合理的煤结构模型，ReaxFF-MD 可以通过并行计算和反应分析结果的可视化研究分子较复杂的重质有机资源热解反应的历程和自由基机理，但该方法的实际、准确应用仍然面临诸多挑战，主要包括如何获取正确的力场参数，特别是模拟含有相变和相际传递的过程、芳香结构的缩聚过程、含有无机组分或催化剂的过程；还包括如何在连续的模拟过程中提取化学反应过程和动力学信息；如何克服模拟温度和实际反应温度的差异、如何克服模拟的时空限制、如何有效利用离散的模拟数据，以及如何加快模拟速度，等等。

10.4　热解过程的玻尔兹曼-蒙特卡洛-渗透模型

相比于 ReaxFF-MD 方法精确模拟重质有机资源复杂大分子结构在热解每一时刻的具体共价键变化以及共价键断裂生成自由基碎片的种类和偶合反应过程，郭啸晋等于 2015 年提出了快速模拟热解过程的 Boltzmann-Monte Carlo 模型，并以木质素为例进行了热解模拟[1,25]，后于 2018 年将该模型发展为 BMCP 模型（Boltzmann-Monte Carlo-percolation）[26]。

10.4.1　玻尔兹曼-蒙特卡洛-渗透模型的基本原理

BMCP 模型避开大量分子反应的详尽演化过程，采用“透视”的思路，将重质有机资源复杂大分子结构的具象集总(或抽象)为含有十余种共价键的体系[27,28]，认为每一类共价键在热解过程中发生断裂的分率服从玻尔兹曼(Boltzmann)分布，具体数值与该共价键的解离能和热解温度有关；共价键断裂生成的自由基碎片发生随机碰撞，碰撞概率可由蒙特卡洛方法（Monte Carlo method）表述，碰撞形成产物的大小由基于贝特点阵（Bethe lattice）的渗透模型决定。这些步骤的基本原理和数学表达式简述如下：

任何化学反应的本质都是化学键的变化，如化学反应式等号两侧的原子种类和数量相同，但原子的键合方式不同。对重质有机资源而言，热解过程中发生的反应仅是共价键结构的变化，该变化宏观上包括两步：共价键断裂生成自由基碎片（称为键解离步骤）和自由基碎片组合形成新共价键（称为键生成步骤）。对单一共价键而言，这两步反应有先后顺序，但对数量巨大、连续热解的重质有机资源大分子而言，这两步反应同时发生、连续进行。重质有机资源主要由 C、H、O、N 和 S 这 5 种元素组成，涉及的共价键种类包括 $C_{ar}—C_{ar}$、$C_{ar}—C_{al}$、$C_{al}—C_{al}$、$C_{ar}—H$、$C_{al}—H$、$C_{ar}—O$、$C_{ar}═O$、$C_{al}═O$、$C_{al}—O$、O—H、$C_{ar}—N$、$C_{al}—N$、N—H、N—O、$C_{ar}—S$、$C_{al}—S$、S—O、S—H 及少量其它键（其中 C_{ar} 为芳香碳，

C_{al} 为脂肪碳），假设共价键在热解过程中仅存在断裂和不断裂两种状态，就可推演出一般共价键在一个弛豫时间内断裂的表达式。

对于由元素 X 和 Y 构成的共价键 X—Y，其在振动能 $E_{\text{vibration X—Y}}$ 具有 n 个能态，假设在能态 m+1 到能态 n 时发生断裂，其分率为 x_1，其表达式为式（10-4）；在能态 1 到能态 m 时不发生断裂，其分率为 x_2，则其表达式为式（10-5）。假设 x_1 和 x_2 的配分函数大致相等，则弛豫时间内发生与不发生断裂的共价键分率之比为式（10-6）。由于式（10-6）中间一步中分子上发生断裂的最高能态分率远小于最低能态分率，分母上不发生断裂的最高能态分率远小于最低能态分率，因此可忽略。鉴于 $x_1+x_2=1$（归一化条件），式（10-4）也可表示为式（10-7），其中共价键的解离能正是共价键发生断裂的能态 m 对应的振动能。对于硫酸盐木质素而言，相关共价键的种类、BDE 及数量示于表 10-6。

$$x_1 = \frac{\sum_{i=m+1}^{n} e^{-E_{\text{vibration X}-\text{Y}i}/(RT)}}{q} x^{\infty} \tag{10-4}$$

$$x_2 = \frac{\sum_{i=1}^{m} e^{-E_{\text{vibration X}-\text{Y}i}/(RT)}}{q} x^{\infty} \tag{10-5}$$

$$\frac{x_1}{x_2} = \frac{\sum_{i=m+1}^{n} e^{-E_{\text{vibration X}-\text{Y}i}/(RT)}}{\sum_{i=1}^{m} e^{-E_{\text{vibration X}-\text{Y}i}/(RT)}} = \frac{e^{-E_{\text{vibration X}-\text{Y}m+1}/(RT)} - e^{-(n-m)\Delta\varepsilon/(RT)}}{e^{-E_{\text{vibration X}-\text{Y}1}/(RT)} - e^{-m\Delta\varepsilon/(RT)}} \approx \frac{e^{-E_{\text{vibration X}-\text{Y}m+1}/(RT)}}{e^{-E_{\text{vibration X}-\text{Y}1}/(RT)}} \tag{10-6}$$

$$x_1 = \frac{e^{-\text{BDE}_{\text{X}-\text{Y}}/(RT)}}{1+e^{-\text{BDE}_{\text{X}-\text{Y}}/(RT)}} \tag{10-7}$$

表 10-6 硫酸盐木质素中主要共价键的种类、BDE 及数量

共价键种类	BDE/(kJ/mol)	输入共价键分布/(mol/mol)	
		松柏醇	Quasi-kraft 木质素
C_{ar}=C_{ar}	728	7.00	18.40
C=O	532	0	2.70
C_{ar}—C_{ar}	478	1.00	1.47
C_{ar}—H	468	5.00	14.22
H—H	436	0	0
C_{ar}—O	417	2.00	16.81
C_{ar}—C_{al}	361	1.00	3.56
O—H	356	2.00	16.81
C_{al}—H	344	5.00	9.32
C_{al}—C_{al}	282	0	5.55
C_{al}—O	240	4.00	25.41

式中，x_1为共价键X—Y在发生断裂的弛豫时间内断键个数占全部共价键的分率；x_2为弛豫时间内不能发生断裂的共价键X—Y个数占全部共价键的分率；$E_{\text{vibration X-Y}i}$为共价键X—Y处于$i$能态的振动能量，J/mol；$q$为配分函数；$\text{BDE}_{\text{X-Y}}$为共价键X—Y的解离能，J/mol；$\Delta\varepsilon$为相邻两个能态的能量差，J/mol；$R$为理想气体常数，8.314 J/(mol•K)；$T$为绝对温度，K；$x^{\infty}$为达到平衡时可断裂的共价键占总共价键的分率。

自由基碎片偶合生成新共价键的步骤可认为是自发过程，即只要自由基碎片之间发生有效碰撞，就会生成新共价键。原理上，自由基碎片发生有效碰撞的概率与温度、自由基的体积浓度、自由基的结构（如分子量和分子直径以及孤电子的空间位阻）等诸多因素有关，但统计地看，可以用等概率或非等概率随机碰撞来描述该步骤，因此可用带有不同精度假设的Monte Carlo算法来描述[1]。在暂时不考虑S和N的前提下，共价键断裂生成的自由基碎片可分为4类，包括以芳香碳为中心的自由基碎片C_{ar}•（如C_{ar}═C_{ar}•和C_{ar}—C_{ar}•）、以脂肪碳为中心的自由基碎片C_{al}•（如C_{ar}—C_{al}•和H_3C_{al}•）、以氧为中心的自由基碎片O•（如HO•和$H_3C_{al}O$•），以及氢自由基H•。这些自由基碎片可经两种方式碰撞，偶合形成10种共价键（不包括O—O键），一种方式是不区分碎片质量和性质（只考虑质点）的随机偶合（assumption random，AR）；另一种方式是区分或依赖碎片质量的随机偶合，即遵循理想气体Maxwell-Boltzmann速率分布的偶合（assumption ideal gas，AI），以式（10-8）表述。

$$Z_{\text{average}} = 4nd^2\sqrt{\frac{\pi kT}{m_{\text{average}}}} = 4nd^2\sqrt{\frac{\pi kT}{(m_{\text{radical 1}}m_{\text{radical 2}})^{0.5}}} \tag{10-8}$$

式中，Z_{average}为平均碰撞频率；n为体系中的分子个数；d为分子直径；π为圆周率；k为Boltzmann常数；T为温度；$m_{\text{radical 1}}$和$m_{\text{radical 2}}$分别为发生碰撞的两个自由基的分子量。

借鉴CPD模型描述煤热解产物结构的方法，使用贝特点阵（Bethe lattice）描述自由基偶合生成产物结构的概率。贝特点阵的参数有σ和p，σ是一个阵点连接下一层级阵点的数量，如图10-16所示，其中G（generation）表示层级，G1为第一层，G2为第二层，G3为第三层。C_{al}的σ值为3，C_{ar}的σ值为2，O的σ值为1，H的σ值为0；p是贝特点阵中的阵点被占据的概率，当贝特点阵中所有阵点均被占据时（$p=1$），只要σ值大于0，就只会形成无限大的团簇，但当$p<1$时，则有可能形成有限大小的团簇。假设组成重质有机资源的每一个原子都是贝特点阵中的一个阵点，那么基于共价键分布，可以由式（10-9）和式（10-10）计算出该物质的平均配位数σ_{average}和空位被占概率p。

$$\sigma_{\text{average}} = \frac{3n_{C_{al}} + 2n_{C_{ar}} + n_O}{n_{\text{total}}} \tag{10-9}$$

$$p = \frac{\sum n_{X-Y} - \sum n_{X-H} - \sum n_{X=O}}{\sum n_{X-Y}} \tag{10-10}$$

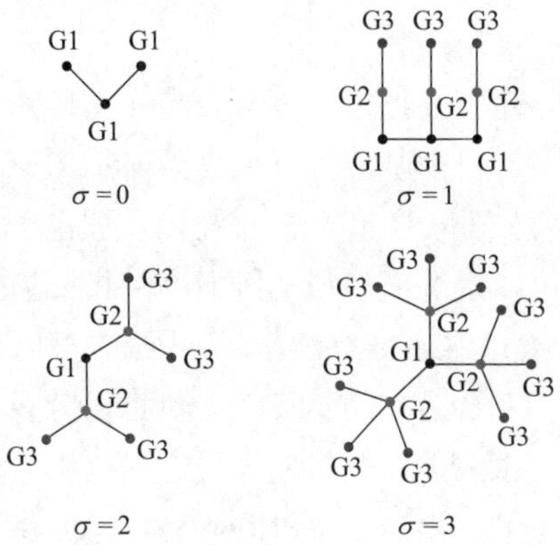

式中，$n_{C_{al}}$ 为所有包含脂肪碳共价键的物质的量；$n_{C_{ar}}$ 为所有包含芳香碳共价键的物质的量；n_O 为所有包含氧共价键的物质的量；n_{total} 为所有共价键的物质的量；n_{X-Y} 为所有共价键 X—Y 的物质的量；n_{X-H} 为所有与氢相连共价键的物质的量；$n_{X=O}$ 为所有羰基的物质的量。

图 10-16　具有不同 σ 值的贝特点阵

热解产物均是含有多个点的团簇，所有有限大团簇的生成概率之和 $F(p)$ 可由式（10-11）计算；包含 n 个阵点的团簇生成概率 $F_n(p)$ 可由式（10-12）计算，其中的 nb_n，s 和 τ 均可表达为 σ 和 p 的函数，如式（10-13）～式（10-15）所示。与 CPD 模型类似，可将 $F(p)$ 视作重质有机资源热解后挥发物的产率，则包含一定范围阵点数量的团簇生成概率之和可表示不同分子量热解产物的产率。

$$F(p) = \sum_{n=1}^{\infty} F_n(p) = \left(\frac{1-p}{1-p^*}\right)^{\sigma+1} = \left(\frac{p}{p^*}\right)^{\frac{\sigma+1}{\sigma-1}} \tag{10-11}$$

$$F_n(p) = nb_n p^s (1-p)^\tau \tag{10-12}$$

$$nb_n = \frac{\sigma+1}{s+\tau} \times \frac{\Gamma(s+\tau+1)}{\Gamma(s+1)\cdot\Gamma(\tau+1)} = \frac{\sigma+1}{n\sigma+1} \times \frac{\Gamma(n\sigma+2)}{\Gamma(n)\cdot\Gamma(n\sigma-n+3)} \tag{10-13}$$

$$s = n-1 \tag{10-14}$$

$$\tau = n(\sigma-1)+2 \tag{10-15}$$

式中，n 为团簇包含 C 或 O 原子的数量；p^* 是方程 $p^*(1-p^*)^{\sigma-1} = p(1-p)^{\sigma-1}$ 的非平凡解（即 $p^* \neq p$ 的解）；b_n 是任意一个点位属于 n 个原子形成团簇的概率；nb_n 可使用由 n 和 σ 决定的 gamma 函数计算。

基于上述思路，构建了如图 10-17 所示的 BMCP 模拟流程[26]。该流程仅依据原料的共价键种类和数量即可算出不同温度下热解体系内每一种共价键数量随循环次数（正比于碰撞次数或时间）的变化趋势，进而算出不同分子量产物的分布。

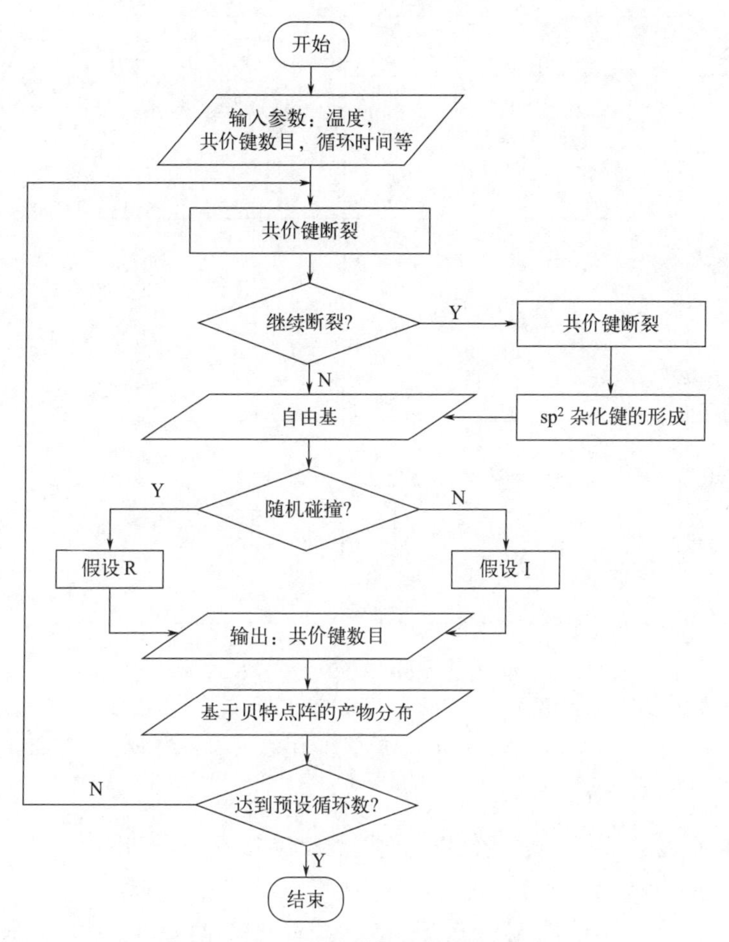

图 10-17　BMCP 模拟思路及流程框图

10.4.2　玻尔兹曼-蒙特卡洛-渗透模型的发展和应用

图 10-18 是该模型模拟 Rhenish 褐煤热解过程中 H—X 键（X = C_{ar}、C_{al} 和 O）随模拟循环次数的变化趋势。可看出，在 AR 和 AI 两个不同的碰撞频率假设下，随热解温度增加和时间延长，C_{ar}—H 键量增加，C_{al}—H 键量减少，O—H 键的变化较为复杂，在 AI 假设下出现先增后减的趋势，这些规律与这些键的解离能大小有关。C_{ar}—H 键的解离能最高，为 468 kJ/mol，所以其相对量在热解中逐步增加；C_{al}—H 键的解离能最低，为 344 kJ/mol，所以其相对量逐步减少；O—H 键的解离能居中，为 350 kJ/mol，所以其相对量在 C_{al}—H 键主要解离的区间呈现增加，在 C_{al}—H 键较少的区间呈现减少的趋势。这些键数量的变化趋势与学界对热解过程的一般认知相符[29]。

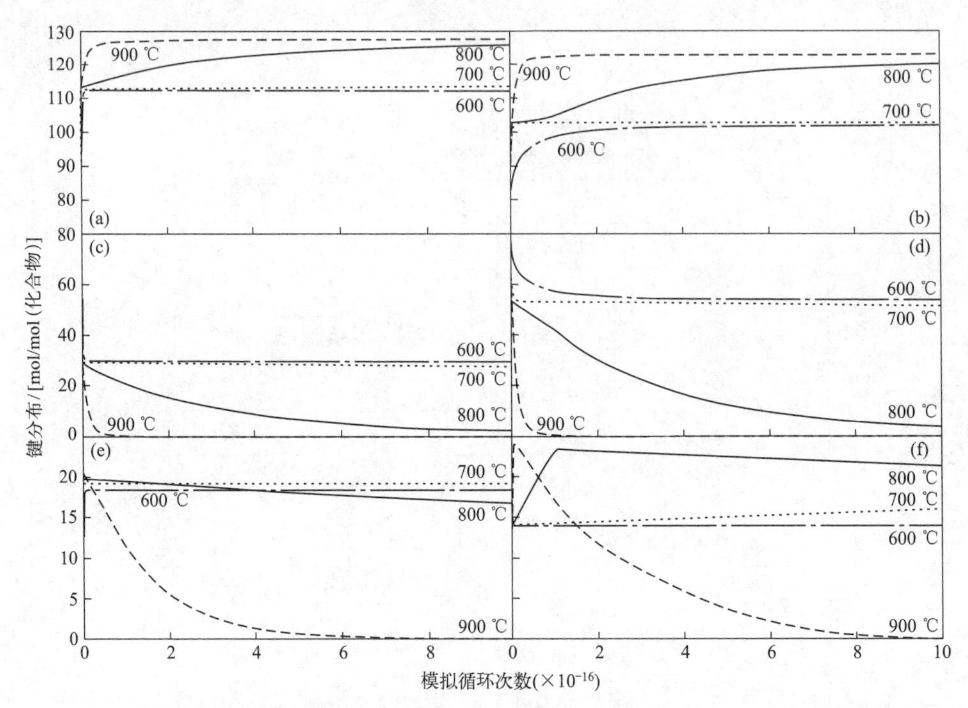

图 10-18 Rhenish 褐煤热解过程中 H—X 键（X = C_{ar}、C_{al}或 O）的变化趋势

(a) AR 假设下的 C_{ar}—H 键；(b) AI 假设下的 C_{ar}—H 键；(c) AR 假设下的 C_{al}—H 键；
(d) AI 假设下的 C_{al}—H 键；(e) AR 假设下的 O—H 键；(f) AI 假设下的 O—H 键

图 10-19 显示了 900 °C 条件下热解气（含 0～5 个点阵的团簇）、轻油（含 6～10 个点阵的团簇）、沥青烯（含 11～50 个点阵的团簇）和前沥青烯（含 51～100 个点阵的团簇）随模拟循环次数的变化。可以看出，两种自由基碎片碰撞方式下产物的宏观变化类似，均是由多到少，且长循环次数时二者预测的产物概率类似，但 AR 碰撞方式下产物的变化更快，更快达到稳态值；AI 碰撞方式下产物的变化较慢，各产物值略高于 AR 碰撞方式的对应值。

BMCP 模型的模拟循环次数正比于反应时间，如能获得循环次数与反应时间的关系，则可得到不同热解时间的产物分布，从而使得模型具有定量的能力。鉴于 H_2 是最不易变化的热解产物，且仅包含一种共价键 H—H，它应该是关联模拟循环次数和热解实验时间的合适标志物。通过对比了 Montana 煤在丝网反应器中 600～900 °C 热解的 H_2 产率[30]和 BMCP 模拟的 H_2 产率，发现在 AR 假设下循环次数与热解时间的对应关系大致为 2×（10^{14}～10^{15}）次循环对应 1 s，AI 时循环次数与热解时间的对应关系大致为 8×（10^{15}～10^{16}）次循环对应 1 s[31]。基于这些关系，图 10-20 对比了自由基碎片在两种碰撞方式下的模拟结果与几种煤挥发分的工业分析，图 10-21 对比了两种碰撞方式下的模拟结果与几种煤在 600 °C 热解的焦油和煤气产率，可以看出，模拟结果大致吻合实验数据，相对偏差为 20%左右，两种碰撞方式的假设并不显著影响模拟结果[31]。模型针对挥发分的模拟结果比焦油的模拟结果更为准确，可能说明模型在高温下的精度更高。不同碰撞方式所得模拟结果近似的现象可能说明煤热解过程中共价键的断裂是速率控制步骤，当对共价键的断裂假设合理时，模拟结果差异不大。此外，图10-20和图10-21模拟采用的煤结构源于文献，有的使用固体核磁、有的使用液化产物组合来获取煤的具体结构，因此上述模拟输入的共价键分布不同，这两图的模拟结果可能说明准确使用原料的结构参数对模拟结果的正确性有显著影响，但也说明BMCP模型对表述重质有机资源热解有普适性。

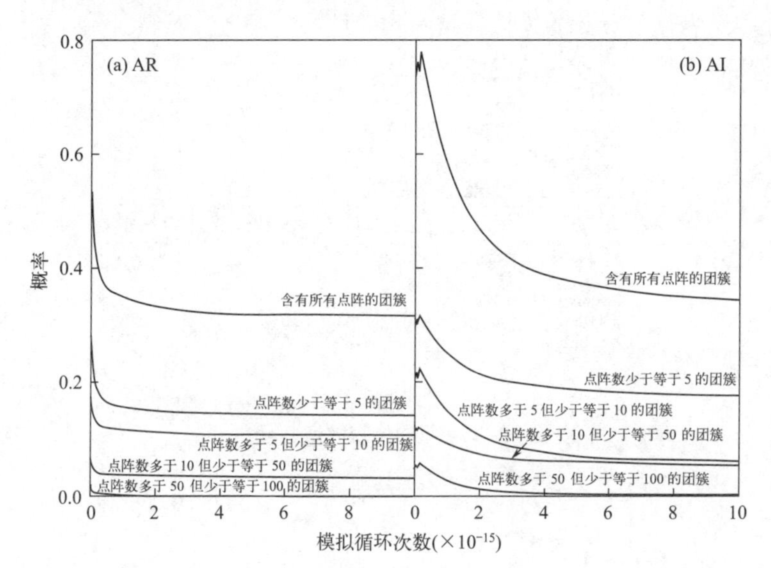

图10-19　不同假设下900 °C时不同热解产品的产率

(a) 随机碰撞假设（AR）；(b) 理想气体碰撞假设（AI）

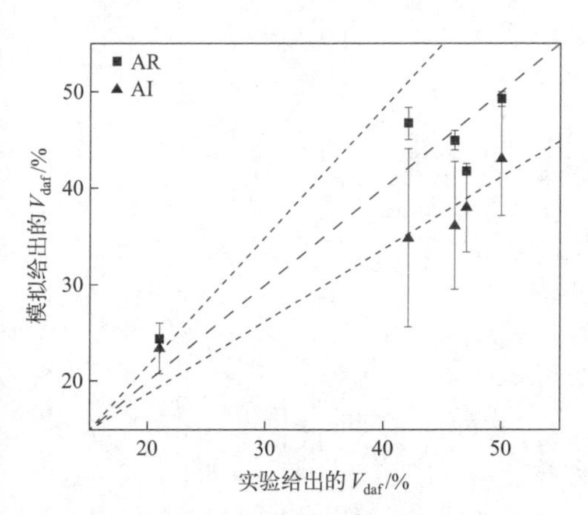

图10-20　两种碰撞方式所得模拟结果与几种煤挥发分的对比

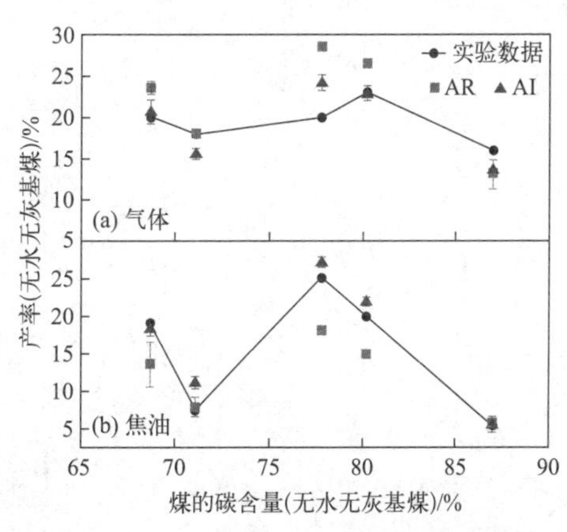

图10-21　两种碰撞方式所得模拟结果与几种煤在600 °C热解的焦油和煤气产率的对比

为了认识 BMCP 模型对热解的模拟能力，郭啸晋等模拟了煤焦油的裂解并与图 10-22 的固定床的实验数据对比[32]。该固定床为多段，煤样置于第一段的坩埚中，温度为 110 °C。将煤样直接推至已加热至 600 °C 的第三段炉体中可获得原始焦油，通过 ^{1}H 和 ^{13}C 液体核磁共振谱图分析获取其共价键分布信息；将煤样推入已加热至 600 °C 的第二段炉体中，将第三段炉体分别恒温在 600 °C、700 °C、800 °C 和 900 °C，可获得裂解焦油。煤热解挥发物在第二段和第三段的停留时间约为 1 s。基于 AI 假设的焦油（含 6～100 个阵点的团簇）裂解模拟显示，焦油产率与实验数据接近（图 10-23），高温下的焦油产率模拟更准确；^{13}C 液体核磁共振给出的共价键分布作为输入参数的模拟结果与实验结果更接近；模型对焦油裂解的预测精度高于其对煤热解的预测精度。

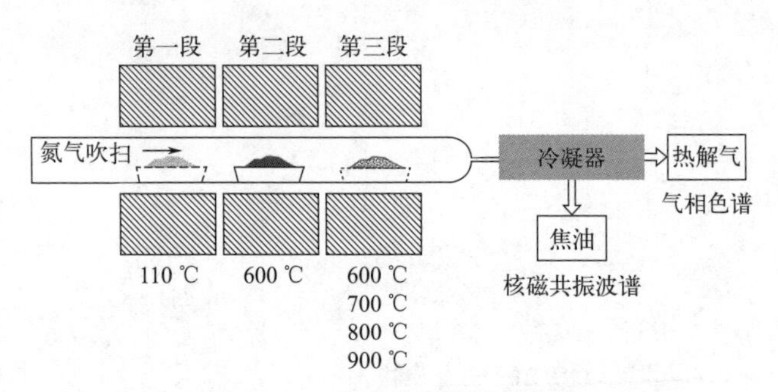

图 10-22　焦油热裂解实验示意

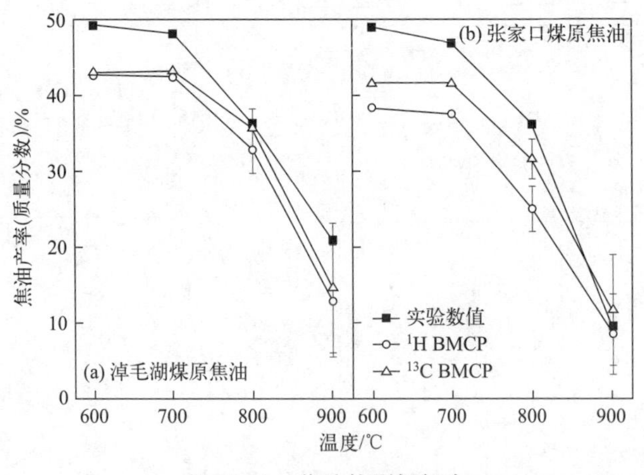

图 10-23　焦油热裂解行为

CP/MAS ^{13}C 固体核磁共振技术广泛用于分析有机物的共价键，该技术利用碳原子周围的氢交叉极化增强信号，但也会高估富氢碳（如脂肪碳）的数量。郭啸晋等认为，BMCP 模型具有可靠预测热解焦油的能力，因此提出依据模拟出的焦油产率反推原料共价键分布，进而校正原料的 CP/MAS ^{13}C 固体核磁共振数据的思路[33]。校正参数 k 是芳香碳和脂肪碳的 NOE（nuclear overhauser effect）增强因子（η_i）之比，如式（10-16）所示，其中的未知参数是脂肪碳和芳香碳的平均自旋-晶格弛豫时间 τ_{al} 和 τ_{ar}。

$$k = \frac{\eta_{ar}}{\eta_{al}} = e^{-t\left(\frac{1}{\tau_{ar}} - \frac{1}{\tau_{al}}\right)} \tag{10-16}$$

式（10-16）中的 k 值也可通过对比某热解产物的模拟值和实验值反推，图 10-24 是乌海西煤在不同 k 下 BMCP 模拟出的焦油产率与挥发分产率，循环次数和 k 平面上的线段为与典型热解时间对应的循环次数［实验中挥发物（焦油）的停留时间约为 1 s[34]］。可以看出，随模拟循环次数增加，焦油产率先增后减，k 对峰值及其位置均有影响；挥发分产率下降，k 的影响不大。

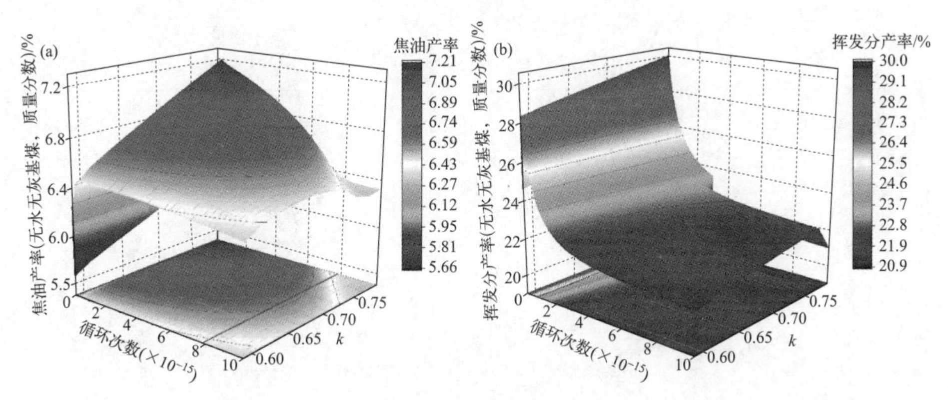

图 10-24　不同 k 值下乌海西煤 BMCP 模拟所得焦油产率 (a) 和挥发分产率 (b)

基于 14 种煤热解焦油产率的实验值对共价键分布进行校正，得出了图 10-25 的模拟结果。可以看出，校正后的模拟焦油产率误差普遍小于 5%，模拟挥发分

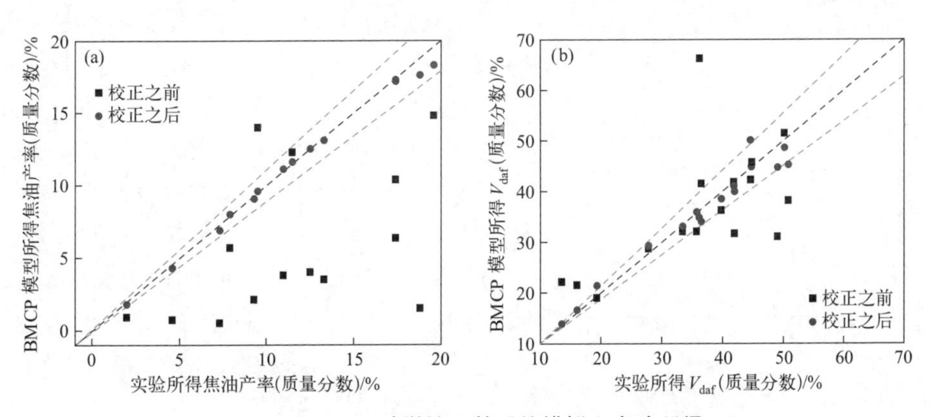

图 10-25　14 种煤校正前后的模拟和实验所得

(a) 焦油产率；(b) 挥发分产率

产率误差普遍小于 10%。由于 k 由焦油产率使用 BMCP 模型反向求出，因此具备较小的预测误差，但挥发分产率的预测误差同样很低，证明校正获取了更为正确的共价键分布，因此可使用由 CP/MAS ^{13}C 固体核磁共振谱图所得的共价键分布作为 BMCP 模型的输入参数。

基于上述结果，郭啸晋等模拟了煤化过程中 k 与无水无灰基碳含量 C_{daf}（质量分数）和无水无灰基挥发分 V_{daf}（质量分数）间的关系，从图 10-26 可以看出，k 随煤阶增加总体呈现减小趋势，意味着煤阶越高芳香碳信号和脂肪碳信号受到氢增强作用的差异越大。随着煤阶增高，芳香团簇尺寸增大，其中季碳与氢的平均距离也增加，因此更难被氢通过 NOE 增强。此外，k 在 $C_{daf} < 79.4\%$（$V_{daf} > 36.5\%$）和在 $C_{daf} > 88.5\%$（$V_{daf} < 19.3\%$）时呈缓慢变化趋势，但在此之间则变化较为剧烈，缓慢变化与剧烈变化的交点与第一次煤化作用跃变和第二次煤化作用跃变对应的 C_{daf} 和 V_{daf} 基本一致，进一步表明了 k 与煤的化学结构高度相关。

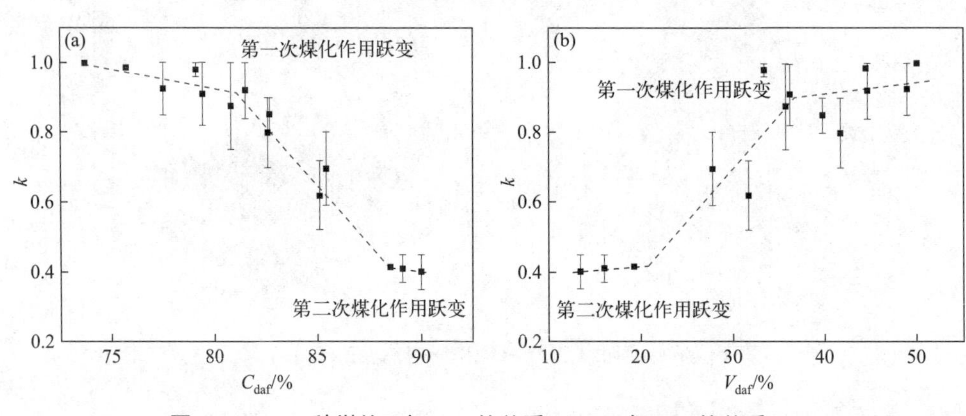

图 10-26　14 种煤的 k 与 C_{daf} 的关系 (a)；k 与 V_{daf} 的关系 (b)

BMCP 模型对热解的模拟能力还可通过一些边界条件的设定而进一步提高，例如假设高温热解半焦不含有 C_{al}—C_{al}、C_{al}—O、C_{al}—H 和 O—H 等弱共价键，结合渗透理论中的渗透方程和周长方程以及共价键的归一化方程，可计算出半焦和挥发分各自的共价键分布，并可由此获取半焦和挥发分的 H/C 比等信息。图 10-27 是基于这些假设拟合的 7 种煤在 900 °C 下热解 1 s 后所得挥发物和半焦 H/C 比，半焦的 H/C 原子比约在 0.5，低于煤的 H/C 比；挥发物的 H/C

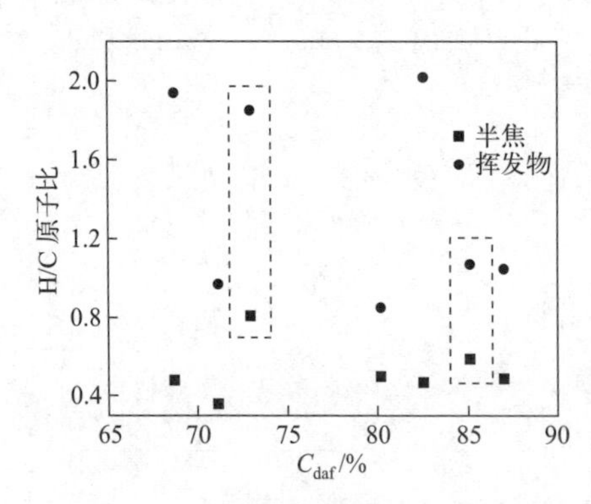

图 10-27　7 种煤在 900°C 热解 1s 后热解所得挥发物和半焦 H/C 比

原子比约在 1～2 之间，超过煤的 H/C 比，这与对煤热解过程的一般认知相符[25]。

郭啸晋等认为，不同原料热解的 BMCP 模拟对低温热解反应拟合精度低的现象可能源于模型没有考虑自由基诱导热解作用。通过 ωB97XD/6-31G**的密度泛函理论计算发现，C_{ar}—C_{al} 键的解离能（BDE）约为 427 kJ/mol，但在 H•自由基诱导下该键的能垒降为 236 kJ/mol，即使在较高能垒的•CH_3 自由基诱导下，该键的 BDE 能垒也降为 323 kJ/mol（图 10-28），自由基诱导降低共价键断裂能垒的程度对低温热解速率的影响大于高温热解。这些结论与陈泽洲等实验研究烷基苯热解观察到的现象一致[35]。

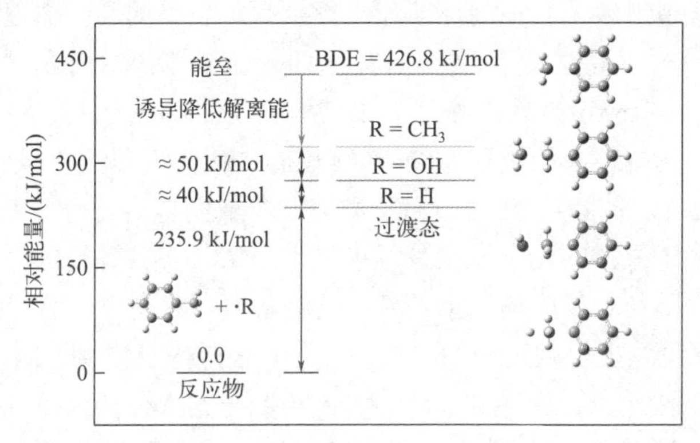

图 10-28　不同种类自由基对甲苯中 C_{ar}—C_{al} 键诱导反应断键的能垒

毕山松等[36]使用 ωB97XD/6-31G**的密度泛函理论计算方法对三种自由基（•CH_3、•OH 和 H•）诱导 51 种模型物中的七类共价键（C_{ar}—C_{al} 键、C_{al}—C_{al} 键、C_{ar}—O 键、C_{al}—O 键、C_{ar}—H 键、C_{al}—H 键和 O—H 键）的反应能垒进行了计算，发现每一类自由基诱导降低每一类共价键能垒的作用可以近似为定值，将诱导作用引入 BMCP 模型后预测低温热解的准确性显著提高。图 10-29 显示了考虑诱导

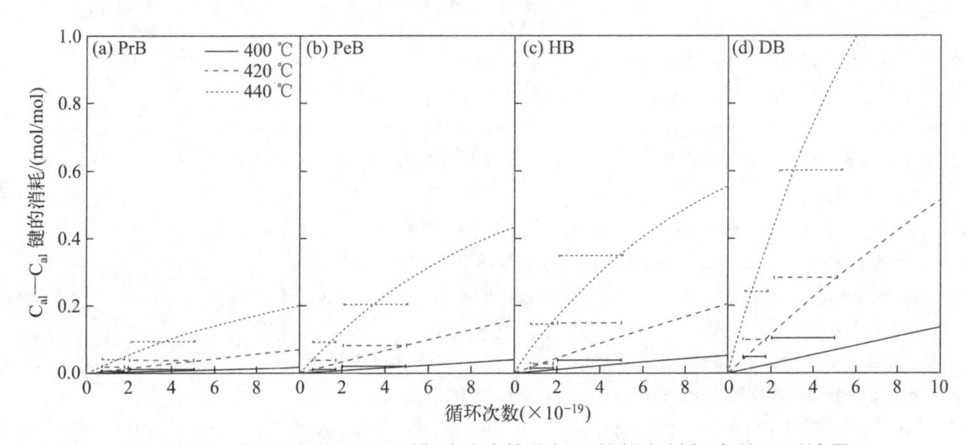

图 10-29　扩展后的 BMCP 模型对烷基苯低温热解断键行为的预测结果

作用后四种烷基苯在 400～440 °C 范围的断键数量模拟结果，其中横线为 10 min 和 30 min 的实验值。显然，横线与模拟所得曲线相交，可认为模拟结果与实验结果接近。

截至目前的研究显示，BMCP 模型通过降低分子反应精度提高计算速度，可给出热解过程中各类共价键断裂生成自由基的信息以及大类别产物的分布，但不能像 ReaxFF-MD 和 VARxMD 方法那样给出具体的热解中间物或产物的结构及变化规律。

重质有机资源热解的自由基反应历程极其复杂，宏观上涉及相互影响的气液固三相反应，微观上涉及大量的连续和平行反应，且不同反应的速度差别与反应条件（环境）有关，仅通过实验不能获得足够的反应中间体（特别是活性自由基）信息，反应过程模拟应该是探索和剖析该过程机理的重要方法。借助于 21 世纪以来计算科学和计算机技术的快速发展，热解反应过程的机理性模拟已经崭露头角，展示出令人惊叹的模拟能力。在现已开发的众多模拟方法中，ReaxFF-MD 和 BMCP 方法仅基于原料的化学结构进行模拟，不依赖实验确定的经验关联式，如果它们的基本原则和对反应的约束条件（包括边界条件）符合化学原理和实验的条件，应该能够反映出热解过程的自由基历程。但也应该看到，ReaxFF-MD 虽然经过 20 多年的发展已经能够模拟含有 10 万个原子的大分子体系的热解反应中间体（特别是自由基），BMCP 模型经过 7 年多的发展也可预测热解过程中键合关系的合理变化，但这两种方法模拟的结果距离实际工艺过程设计的要求还有较大的距离，比如 ReaxFF-MD 的模拟时间很短、模拟温度远高于实验温度；BMCP 的模拟循环次数与实际时间的关系还很宽泛，其模拟的键合关系变化难与实验关注的具体产物信息关联。由此看来，这些模型还需要经过较大的改进或还需与传递过程耦合才能指导实际热解过程的控制，或用于工艺设计。

参考文献

[1] 郭啸晋. 煤热解过程中挥发物反应的共价键断裂—生成模型研究 [D]. 北京：北京化工大学, 2015.

[2] Fuchs W, Sandhoff A G. Theory of Coal Pyrolysis [M]. Cambridge: Cambridge University Press, 2002.

[3] Lancha J P, Colin J, Almeida G, et al. A validated distributed activation energy model (DAEM) to predict the chemical degradation of biomass as a function of hydrothermal treatment conditions [J]. Bioresource Technology, 2021, 341: 125831.

[4] Quan S, Shi L, Zhou B, et al. Study of temperature variation of walnut shell and solid heat carrier and their effect on primary pyrolysis and volatiles reaction [J]. Fuel, 2021, 292(5): 120290.

[5] Shen T, Wang Y, Liu Q, et al. A comparative study on direct liquefaction of two coals and hydrogen efficiency to the main products [J]. Fuel Processing Technology, 2021, 217: 106822.

[6] Cronauer D C, Shah Y T, Ruberto R G. Kinetics of thermal liquefaction of belle ayr subbituminous coal [J]. Industrial & Engineering Chemistry Process Design & Development, 1978, 17(3): 281-288.

[7] Wei J, Prater C D. The structure and analysis of complex reaction systems [J]. Advances in Catalysis, 1962, 13: 203-392.

[8] Solomon P R, Hamblen D G, Carangelo R M, et al. General model of coal devolatilization [J]. Energy & Fuels, 1988, 2(4): 405-422.

[9] Solomon P R, Hamblen D G, Yu Z Z, et al. Network models of coal thermal decomposition [J]. Fuel, 1990, 69(6): 754-763.

[10] Serio M A, Charpenay S, Bassilakis R, et al. Measurement and modeling of lignin pyrolysis [J]. Biomass and Bioenergy, 1994, 7(1–6): 107-124.

[11] 王擎, 王锐, 贾春霞, 等. 油页岩热解的 FG-DVC 模型 [J]. 化工学报, 2014, 65(6): 2308-2315.

[12] Fletcher T H. A review of 30 years of research using the CPD model [J]. Energy & Fuels, 2019, 33(12): 12123-12153.

[13] Friesner R A. Ab initio quantum chemistry: Methodology and applications [J]. Proceedings of the National Academy of Sciences, 2005, 102(19): 6648-6653.

[14] Zheng M, Li X, Nie F, et al. Investigation of overall pyrolysis stages for liulin bituminous coal by large-scale Reaxff molecular dynamics [J]. Energy & Fuels, 2017, 31(4): 3675-3683.

[15] 张婷婷. 基于 ReaxFF MD 的木质素热解反应机理研究 [D]. 北京：中国科学院大学, 2016.

[16] 李晓霞, 郑默, 韩君易, 等. 煤热解模拟新方法——ReaxFF MD 的 GPU 并行与化学信息学分析 [J]. 中国科学•化学, 2015,45(4): 373-382.

[17] Salmon E, Duin A, Lorant F, et al. Early maturation processes in coal. Part 2: Reactive dynamics simulations using the ReaxFF reactive force field on Morwell Brown coal structures [J]. Organic Geochemistry, 2009, 40(12): 1195-1209.

[18] Gao M, Li X, Ren C, et al. Construction of a multicomponent molecular model of Fugu coal for ReaxFF-MD pyrolysis simulation [J]. Energy & Fuels, 2019, 33(4): 2848-2858.

[19] Li X, Zheng M, Ren C, et al. ReaxFF molecular dynamics simulations of thermal reactivity of various fuels in pyrolysis and combustion [J]. Energy & Fuels, 2021, 35(15): 11707 - 11739.

[20] Zheng M, Li X, Liu J, et al. Pyrolysis of liulin coal simulated by GPU-Based ReaxFF MD with cheminformatics analysis [J]. Energy & Fuels, 2014, 28(1): 522-534.

[21] Zheng M, Li X, Guo L. Investigation of N behavior during coal pyrolysis and oxidation using ReaxFF molecular dynamics [J]. Fuel, 2018, 233: 867-876.

[22] Zheng M, Pan Y, Wang Z, et al. Capturing the dynamic profiles of products in Hailaer brown coal pyrolysis with reactive molecular simulations and experiments [J]. Fuel, 2020, 268(5): 117290.

[23] Zheng M, Li X, Nie F, et al. Investigation of model scale effects on coal pyrolysis using ReaxFF MD simulation [J]. Molecular Simulation, 2017, 43(13-16): 1081-1088.

[24] Gao M, Li X, Guo L. Pyrolysis simulations of Fugu coal by large-scale ReaxFF molecular dynamics [J]. Fuel Processing Technology, 2018, 178: 197-205.

[25] Guo X, Liu Z, Liu Q, et al. Modeling of kraft lignin pyrolysis based on bond dissociation and fragments coupling [J]. Fuel Processing Technology, 2015, 135: 133-149.

[26] Guo X, Liu Z, Xiao Y, et al. The Boltzmann-Monte-Carlo-Percolation (BMCP) model on pyrolysis of coal: The volatiles, reactions [J]. Fuel, 2018, 230: 18-26.

[27] Shi L, Liu Q, Guo X, et al. Pyrolysis behavior and bonding information of coal — A TGA study [J]. Fuel Processing Technology, 2013, 108: 125-132.

[28] Zhou B, Shi L, Liu Q, et al. Examination of structural models and bonding characteristics of coals [J]. Fuel, 2016, 184: 799-807.

[29] 郭啸晋, 刘振宇, 刘清雅, 等. 基于共价键结构 BMCP 热解模型的建立和发展 [J]. 中国基础科学, 2018, 20(4): 21-26.

[30] Suuberg E M, Peters W A, Howard J B. Product compositions in rapid hydropyrolysis of coal [J]. Fuel, 1980, 59(6): 405-412.

[31] Guo X, Liu Z, Xiao Y, et al. Simulations on pyrolysis of different coals by the Boltzmann-Monte Carlo Percolation (BMCP) model [J]. Energy & Fuels, 2019, 33: 3144-3154.

[32] Guo X, Xue X, Xiao Y, et al. Tar cracking predicted by Boltzmann-Monte Carlo-Percolation (BMCP) model [J]. Fuel Processing Technology, 2019, 195: 106130.

[33] Guo X, Shi L, Liu Z, et al. The Boltzmann-Monte-Carlo-Percolation (BMCP) model on pyrolysis of coal: The quantitative correction on CP/MAS ^{13}C solid-state NMR spectra and insight on structural evolution during coalification [J]. Fuel, 2021, 304: 121488.

[34] Lei S, Liu Q, Liu Z, et al. Oils and phenols-and-water-free tars produced in pyrolysis of 23 Chinese coals in consecutive temperature ranges [J]. Energy & Fuels, 2013, 27: 5816-5822.

[35] Chen Z, Zhang X, Liu Z, et al. Quantification of reactive intermediate radicals and their induction effect during pyrolysis of two *n*-alkylbenzenes [J]. Fuel Processing Technology, 2018, 178: 126-132.

[36] 毕山松，郭啸晋，王波，等. 重质有机资源热解过程中自由基诱导反应的密度泛函理论研究 [J]. 燃料化学学报, 2021, 49(5): 684-693.

索 引

（按汉语拼音排序）

J

K

L

M

P

其他